全国技工院校"十二五"系列规划教材
中国机械工业教育协会推荐教材

局域网组建与维护实例教程
（任务驱动模式）

主　编　张友俊　陈桂英
副主编　任晓东　钟晓棠　鞠　猛
参　编　刘　艺　郑　宇　乔丛枫　张海涛

机 械 工 业 出 版 社

本书按照局域网组建的实际工作步骤，从网络组建、管理和故障排除等几个方面详细地介绍了局域网组建与维护知识，并巧妙地将知识点融入到不同的任务之中，使学生通过完成任务来深化对知识的理解与应用，增强学生的学习兴趣。

本书共分为十一个单元，主要内容包括：局域网基础知识、组建家庭局域网、组建小型局域网并进行资源共享、组建企业局域网、组建无盘局域网、组建无线局域网、架设局域网服务器、局域网维护常用命令、局域网安全和远程管理、局域网故障的分析与排除、网络设备设置基础。每个单元均配有思考与练习，以便于学生自查自测。

本书可供技工院校、职业技术学校、职业高中的师生使用，也可供局域网用户和网络技术人员参考。

图书在版编目(CIP)数据

局域网组建与维护实例教程：任务驱动模式/张友俊，陈桂英主编. —北京：机械工业出版社，2012.8（2016.11 重印）
全国技工院校“十二五”系列规划教材
ISBN 978-7-111-38938-5

Ⅰ.①局… Ⅱ.①张…②陈… Ⅲ.①局部网络—技工学校—教材
Ⅳ.①TP393.1

中国版本图书馆 CIP 数据核字（2012）第 150779 号

机械工业出版社（北京市百万庄大街 22 号 邮政编码 100037）
策划编辑：郎 峰 责任编辑：郎 峰 王华庆
版式设计：霍永明 责任校对：王 欣
封面设计：张 静 责任印制：常天培
北京圣夫亚美印刷有限公司印刷
2016 年 11 月第 1 版第 4 次印刷
184mm×260mm ·17.5 印张·432 千字
6501—8400 册
标准书号：ISBN 978-7-111-38938-5
定价：35.00 元

凡购本书，如有缺页、倒页、脱页，由本社发行部调换
电话服务 网络服务
服务咨询热线：010-88379833 机 工 官 网：www.cmpbook.com
读者购书热线：010-88379649 机 工 官 博：weibo.com/cmp1952
教育服务网：www.cmpedu.com

金 书 网：www.golden-book.com

全国技工院校“十二五”系列规划教材
编审委员会

序

“十二五”期间，加速转变生产方式，调整产业结构，将是我国国民经济和社会发展的重中之重。而要完成这种转变和调整，就必须有一大批高素质的技能型人才作为后盾。根据《国家中长期人才发展规划纲要（2010—2020年）》的要求，至2020年，我国高技能人才占技能劳动者的比例将由2008年的24.4%上升到28%（目前一些经济发达国家的这个比例已达到40%）。可以预见，作为高技能人才培养重要组成部分的高级技工教育，在未来的10年必将会迎来一个高速发展的黄金期。近几年来，各职业院校都在积极开展高级工培养的试点工作，并取得了较好的效果。但由于起步较晚，课程体系、教学模式都还有待完善与提高，教材建设也相对滞后，至今还没有一套适合高级技工教育快速发展需要的成体系、高质量的教材。即使一些专业（工种）有高级工教材也不是很完善，或是内容陈旧、实用性不强，或是形式单一、无法突出高技能人才培养的特色，更没有形成合理的体系。因此，开发一套体系完整、特色鲜明、适合理论实践一体化教学、反映企业最新技术与工艺的高级工教材，就成为高级技工教育亟待解决的课题。

鉴于高级技工教材短缺的现状，机械工业出版社与中国机械工业教育协会从2010年10月开始，组织相关人员，采用走访、问卷调查、座谈等方式，对全国有代表性的机电行业企业、部分省市的职业院校进行了历时6个月的深入调研。对目前企业对高级工的知识、技能要求，各学校高级工教育教学现状、教学和课程改革情况以及对教材的需求等有了比较清晰的认识。在此基础上，他们紧紧依托行业优势，以为企业输送满足其岗位需求的合格人才为最终目标，组织了行业和技能教育方面的专家精心规划了教材书目，对编写内容、编写模式等进行了深入探讨，形成了本系列教材的基本编写框架。为保证教材的编写质量、编写队伍的专业性和权威性，2011年5月，他们面向全国技工院校公开征稿，共收到来自全国22个省（直辖市）的110多所学校的600多份申报材料。在组织专家对作者及教材编写大纲进行了严格的评审后，决定首批启动编写机械加工制造类专业、电工电子类专业、汽车检测与维修专业、计算机技术相关专业教材以及部分公共基础课教材等，共计80余种。

本套教材的编写指导思想明确，坚持以达到国家职业技能鉴定标准和就业能力为目标，以各专业的工作内容为主线，以工作任务为引领，由浅入深，循序渐进，精简理论，突出核心技能与实操能力，使理论与实践融为一体，充分体现“教、学、做合一”的教学思想，致力于构建符合当前教学改革方向的，以培养应用型、技术型、创新型人才为目标的教材体系。

本套教材重点突出了三个特色：一是“新”字当头，即体系新、模式新、内容新。体系新是把教材以学科体系为主转变为以专业技术体系为主；模式新是把教材传统章节模式转变为以工作过程的项目为主；内容新是教材充分反映了新材料、新工艺、新技术、新方法。二是注重科学性。教材从体系、模式到内容符合教学规律，符合国内外制造技术水平实际情况。在具体任务和实例的选取上，突出先进性、实用性和典型性，便于组织教学，以提高学生的学习效率。三是体现普适性。由于当前高级工生源既有中职毕业生，又有高中生，各自学制也不同，还要考虑到在职人群，因此教材在内容安排上尽量照顾到了不同的求学者，适用面比较广泛。

此外，本套教材还配备了电子教学课件，以及相应的习题集，实验、实习教程，现场操作视频等，初步实现了教材的立体化。

我相信，本套教材的出版，对深化职业技术教育改革，提高高级工培养的质量，都会起到积极的作用。在此，我谨向各位作者和所在单位及为这套教材出力的学者表示衷心的感谢。

原机械工业部教育司副司长
中国机械工业教育协会高级顾问

郝广发

前言

当前，计算机技术正在向网络化、系统化、协同化的方向发展。对普通的计算机用户来说，网络与学习、工作和生活已密不可分。自己动手组建与维护网络已经成为普通计算机用户迫切需要掌握的技能。鉴于此，作者在总结多年教学和实践经验的基础上，结合当前计算机网络技术的新成果，对局域网的组建与维护技术进行系统归纳，编写了本书。本书以局域网环境为基础，以设计、组建和维护局域网为主线，以基本的应用为前提，对局域网的组建与维护进行了详细的阐述。为使读者能够很好地理解局域网组建与维护的基本操作步骤，本书以大量的图片形象地描绘了局域网组建与维护的基本过程。

本书以“任务驱动”模式编写，内容新颖、概念清晰、深入浅出、易学易懂。全书共分为十一个单元，单元一为局域网基础知识，主要介绍局域网的种类、用途、组成、拓扑结构和常用的通信协议；单元二为组建家庭局域网，主要介绍组建家庭局域网的方法；单元三为组建小型局域网并进行资源共享，主要介绍组建小型局域网和设置网络共享的基本方法；单元四为组建企业局域网，主要介绍大型局域网的组建步骤和网络操作系统的安装方法，以及配置和架设各种服务器的方法；单元五为组建无盘局域网，主要介绍两种常用无盘局域网组网软件的安装和应用；单元六为组建无线局域网，主要介绍家庭无线局域网的组建方法；单元七为架设局域网服务器，主要介绍各种 Windows Server 2003 服务器的安装与管理方法，如 DHCP 服务器、WWW 服务器等；单元八为局域网维护常用命令，主要介绍局域网维护中常用到的几个命令；单元九为局域网安全和远程管理，主要介绍杀毒软件和远程控制软件的安装和设置方法；单元十为局域网故障的分析与排除，主要介绍局域网常见故障的分析与排除方法；单元十一为网络设备设置基础，主要介绍思科交换机和华为交换机的基础设置知识。

本书由张友俊、陈桂英任主编，任晓东、钟晓棠、鞠猛任副主编，刘艺、郑宇、乔丛枫、张海涛参加编写。

本书可供技工院校、职业技术学校、职业高中的师生使用，也可供局域网用户和网络技术人员参考。

由于编者水平有限，书中难免存在不妥之处，恳请广大读者批评指正。

编　者

目录

单元一　局域网基础知识

1

通过网络设备和连线，将分布在不同地理位置的多台计算机连接在一起，以实现各计算机之间信息相互交换的网络，称为计算机网络。

随着计算机技术和通信技术的迅速发展，计算机网络已经成为现代社会最热门的学科之一。计算机网络技术的发展和应用将改变人们的学习、生活和工作方式。当今，计算机网络正对整个社会产生着巨大的影响，人们越来越离不开计算机网络。

计算机网络按覆盖范围分为局域网（LAN）、城域网（MAN）和广域网（WAN）三种。见表 1-1。

表 1-1　计算机网络的分类

网络种类	距　　离	覆盖范围
局域网	几米至几千米	房间、办公楼、校园
城域网	10km	城市
广域网	>100km	地区或国家

任务一　在 Windows XP 中配置网络组件

知识目标：

掌握在 Windows XP 中配置网络组件的方法。

技能目标：

根据要求，能够完成局域网 IP 地址的设置。

任务分析

连接到互联网（Internet）的计算机可以方便地互相通信、传输数据，那么这一切是如何实现的呢？其实，其大致原理和现实中的邮局快递一样。我们在邮寄信件时要在信封上标明收件人和发件人的地址，以实现准确的传递，而在 Internet 中，每一台计算机也有着属于自己的地址——IP 地址。局域网中的两台或者多台计算机在相互通信时，在它们所传送的数据包里都会含有某些附加信息，这些附加信息就是发送数据的计算机的 IP 地址和接收数据的计算机的 IP 地址。本任务是在 Windows XP 中，为局域网中的计算机设置 IP 地址。

相关知识

在局域网中，每台计算机都有一个唯一的 IP 地址，用于确定计算机的位置，好像每一个住宅都有唯一的门牌号码一样，这样才不至于在传输资料时出现混乱。因此，合理地为计算机分配 IP 地址显得尤为重要。

1. 常用的术语

（1）IP 地址　Internet 是由几千万台计算机互相连接而成的。我们要确认网络上的每一台计算机，靠的就是能唯一标志该计算机的网络地址，这个地址就叫做 IP（Internet Protocol）地址，即用 Internet 协议语言表示的地址。

（2）子网掩码　子网掩码也称为子网屏蔽，是与 IP 地址结合使用的一种技术。它的主要作用有两个，一是用于确定 IP 地址中的网络号和主机号，二是用于将一个大的 IP 网络划分为若干小的子网络。

（3）网络中 IP 地址的分配原则　通过 IP 地址可确认网络中的任何一个网络和计算机，而要识别其他网络或其中的计算机，则要根据这些 IP 地址的分类来进行。一般将 IP 地址按结点计算机所在网络规模的大小分为 A、B、C 三类，默认的网络屏蔽是根据 IP 地址中的第一个字段来确定的。

1）A 类地址的表示范围为 1. 0. 0. 1 ~ 126. 255. 255. 255，默认子网掩码为 255. 0. 0. 0。A 类地址被分配给规模特别大的网络使用。在 A 类地址中，第一组数字表示网络本身的地址，后面三组数字表示连接于网络上的主机的地址。Internet 有 126 个可用的 A 类地址。

127. 0. 0. 0 ~ 127. 255. 255. 255 是保留地址，在循环测试时使用。

2）B 类地址的表示范围为 128. 0. 0. 1 ~ 191. 255. 255. 255，默认子网掩码为 255. 255. 0. 0。B 类地址被分配给一般的中型网络使用。在 B 类地址中，第一、二组数字表示网络的地址，后面两组数字表示网络上的主机地址。

169. 254. 0. 0 ~ 169. 254. 255. 255 是保留地址。如果计算机的 IP 地址是自动获取的，而在网络上又没有找到可用的 DHCP 服务器，那么这时将会从 169. 254. 0. 0 ~ 169. 254. 255. 255 中临时获得一个 IP 地址。

3）C 类地址的表示范围为 192. 0. 0. 1 ~ 223. 255. 255. 255，默认子网掩码为 255. 255. 255. 0。C 类地址被分配给小型网络使用，如一般的局域网，它可连接的主机数量是最少的，采用把所属的用户分为若干网段的方式进行管理。在 C 类地址中，前三组数字表示网络的地址，最后一组数字表示网络上的主机地址。每个 C 类地址可连接 254 台主机。

（4）默认网关　网关就是一个网络连接到另一个网络的关口，是一个网络通向其他网络的 IP 地址。如果没有路由器，那么两个不同的网络是不能进行 TCP/IP 通信的，即使这两个网络连接在同一台交换机上，TCP/IP 协议也要根据子网掩码来检查两个网络中的计算机是否处在不同的网络中，而要实现这两个网络间的互相通信，必须要通过网关。只有在设置网关后，TCP/IP 协议才能使不同网络之间的计算机相互通信。

（5）DNS　网络中计算机之间的通信是通过 IP 地址来实现的。有些 Web 服务器提供的是域名，当计算机访问域名时，DNS 就将要访问的域名解析成 IP 地址供计算机连接。DNS 的 IP 地址一般都由 ISP（Internet 服务商）提供。

2. 局域网通信协议

就像人与人之间的交流需要共同的语言一样，数据在网络上交换必须遵循一定的规则，这种规则称为网络协议。在局域网中，常用的网络协议为 TCP/IP、IPX/SPX 和 NETBEUI 三种。

（1）TCP/IP 协议　TCP/IP（Transmission Control Protocol/Internet Protocol）协议即传输控制协议/网际协议，又叫网络通信协议。它规范了网络上的所有通信设备，尤其是一台主机与另一台主机之间的数据传送方式。TCP/IP 协议是 Internet 的基础协议。用户如果要访问 Internet，那么必须在网络协议中添加 TCP/IP 协议。

简单地说，TCP/IP 协议就是由网络层的 IP 协议和传输层的 TCP 协议组成的。TCP/IP 协议定义了电子设备（如计算机）如何连入 Internet，以及数据如何在它们之间传输的标准。在局域网中，TCP/IP 协议已经成为唯一的网络协议。

（2）IPX/SPX 协议　IPX/SPX（Internetwork Packet Exchange/Sequences Packet Exchange）协议即网际包交换/顺序包交换协议，是由 Novell 公司开发应用于局域网的一种高速协议。它被应用于 NetWare 构建的客户机/服务器网络，被一些网络管理软件所采用。与 TCP/IP 协议不同，它不使用 IP 地址，而是使用网卡的物理地址，即 MAC 地址。在实际使用中，它基本不需要什么设置，只要装上就可以使用。在网络普及初期，IPX/SPX 协议得到了很多厂商的支持，现在很多软件和硬件均支持这种协议。在以 Windows 9x/NT/ 2000 /XP 为平台的网络中，一般不使用 IPX/SPX 协议。

（3）NetBEUI 协议　NetBEUI（NetBios Enhanced User Interface）协议是 NetBIOS 协议的增强版本，曾被许多操作系统采用，例如 Windows 9x 系列、Windows NT 等。NetBEUI 协议是 Windows 98 之前操作系统的默认协议。NetBEUI 协议是一种通信效率高的广播型协议，安装后不需要进行设置，特别适合利用“网络邻居”传送数据。除了 TCP/IP 协议之外，局域网中的计算机最好也安装上 NetBEUI 协议。如果一台只安装了 TCP/IP 协议的 Windows 98 计算机想要加入到 Windows NT 域，那么也必须安装 NetBEUI 协议。现在，Windows 2000/XP /2003 系统中已经看不到 NetBEUI 协议的身影了。

（4）IPv4 协议　目前的全球 Internet 所采用的协议族是 TCP/IP 协议族。IP 是 TCP/IP 协议族中网络层的协议，是 TCP/IP 协议族的核心协议。目前，IP 协议的版本号是 4（简称为 IPv4），发展至今已经使用了 30 多年。

Internet 所使用的主要是 TCP/IP 协议。现在使用的 IP 协议主要是 IPv4 协议。IPv4 协议的地址位数为 32 位，也就是最多有 2^{32} 台计算机可以联到 Internet 上。近十年来，由于 Internet 的蓬勃发展，IP 地址的需求量越来越大，使得 IP 地址的发放越趋严格。

（5）IPv6 协议　IPv6 是下一代 Internet 的协议。它的提出是因为随着 Internet 的迅速发展，IPv4 协议定义的有限地址空间将被耗尽，地址空间的不足必将妨碍 Internet 的进一步发展。为了扩大地址空间，拟通过 IPv6 协议重新定义地址空间。IPv6 协议采用 128 位地址长度，几乎可以不受限制地提供地址。按保守方法估算，IPv6 协议实际可分配的地址，在整个地球的每平方米面积上仍可分配 1000 多个。在 IPv6 协议的设计过程中，除了一劳永逸地解决了地址短缺问题以外，还考虑了在 IPv4 协议中解决不好的其他问题，主要有端到端 IP 连接、服务质量（QoS）、安全性、多播、移动性、即插即用等。IPv4 协议中规定 IP 地址长度为 32 位，即有 $2^{32}-1$ 个地址，而 IPv6 协议中 IP 地址的长度为 128 位，即有 $2^{128}-1$ 个地址。

（6）其他协议　除了以上协议外，在 Internet 上还会用到下面的协议：

1）超文本传输协议（HTTP），用于传输组成万维网页面的文件。

2）文件传输协议（FTP），用于交互式文件的传输。

3）简单邮件传输协议（SMTP），用于传输邮件消息和连接。

4）远程登录（TELNET）协议，用于远程登录到网络主机。

5）域名系统（DNS），用于把主机名解析成 IP 地址。

任务准备

实施本任务所使用的实训设备为：一台交换机和两台以上的计算机，并组成一个星形局域网。

任务实施

在局域网中为了防止网内的计算机之间发生冲突，需要手动为计算机设置 IP 地址。下面以 Windows XP 为例，介绍设置 IP 地址的步骤。

1）在桌面上右击“网上邻居”图标，在弹出的快捷菜单中单击“属性”命令，弹出“网络连接”窗口，如图 1-1 所示。

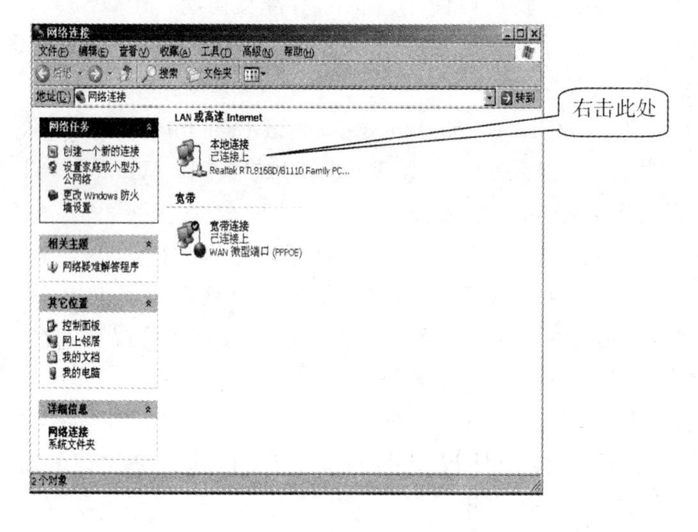

图 1-1 “网络连接”窗口

2）在“本地连接”上右击，从弹出的快捷菜单中选择“属性”命令，弹出“本地连接 属性”对话框，从中可以看到有一个“Internet 协议（TCP/IP）”选项，将其选中后单击“属性”按钮，如图 1-2 所示。

3）打开“Internet 协议（TCP/IP）属性”对话框（见图 1-3），在这里可以设置 IP 地址，根据要求手动填写 IP 地址，最后单击“确定”按钮，即可完成局域网中 IP 地址的设置。

扩展知识

1. 局域网的含义及特点

局域网（Local Area Network，LAN）是指在某一区域内由多台计算机相互连接组成的计算机网络。局域网的范围一般是方圆几千米以内。局域网内的计算机可以实现相互之间的数据通信、文件传递和资源共享。局域网是封闭型的，可以由办公室的两台计算机组成，也可

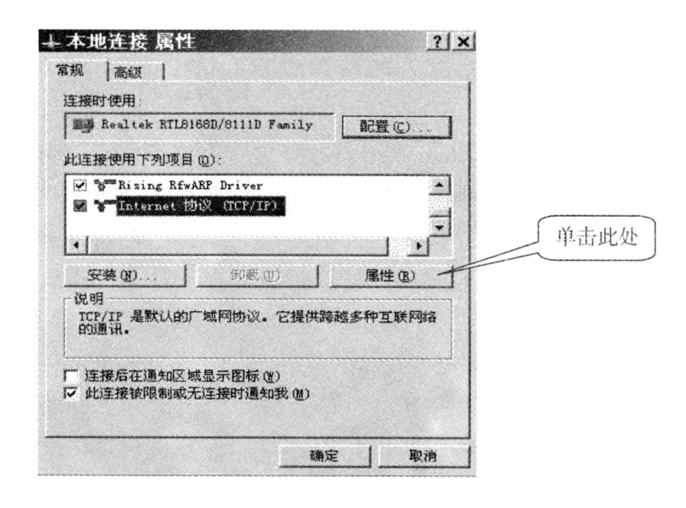

图 1-2　“本地连接　属性”对话框

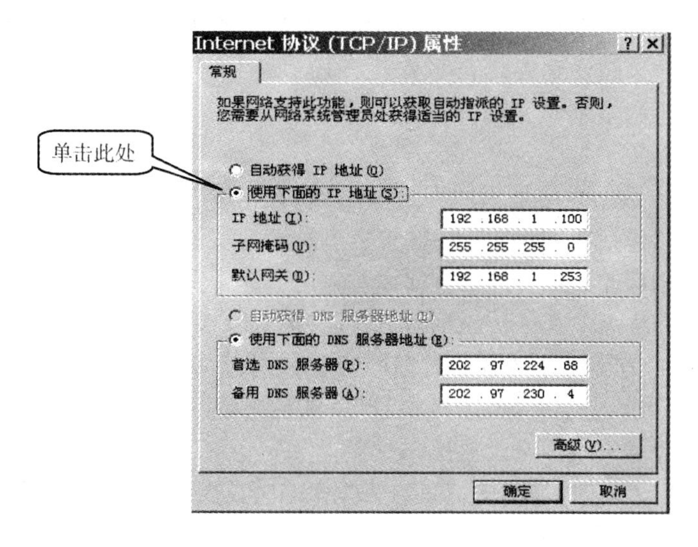

图 1-3　“Internet 协议（TCP/IP）属性”对话框

以由一个公司的上千台计算机组成。

由于局域网中的计算机处于同一个网络中，距离比较近，所以传输数据非常快，出错率低。局域网具有以下几个特点：

1）网络所覆盖的地理范围比较小，通常不超过 10km，甚至只在一个校园、一幢建筑或一个房间内。

2）数据的传输速率比较高，从最初的 1Mbit/s 到后来的 10Mbit/s、100Mbit/s，近年来已达到 1000Mbit/s 甚至 10000Mbit/s。

3）具有较低的延迟和误码率，其误码率一般为 10^{-8} ~ 10^{-11}。

4）便于安装、维护和扩充，建网成本低、周期短。

5）能方便地共享外部设备、主机、软件和数据，通过局域网中的一台计算机可访问全网。

6）系统的可靠性、可用性较高。

2. 局域网的种类

局域网的种类较多，根据组网方式和通信介质的不同，通常可分为对等网、客户机/服务器网、无线局域网等。

（1）对等网　对等网（Peer-to-Peer Networks）是指网络中没有专用的服务器（Server），每一台计算机的地位平等，每一台计算机既可充当服务器又可充当客户机（Client）的网络。对等网是小型局域网最常用的连接方式。对等网的组建比较简单，不需要架设专用的服务器，不需要过多的专业知识，一般应用于计算机数量在十台至几十台的网络。

（2）客户机/服务器网　客户机/服务器（Client/Server）网简称 C/S 网。与对等网不同，客户机/服务器网中至少要有一台采用网络操作系统（如 Windows 2000/2003 Server、Linux、UNIX 等）的服务器，其中服务器可以扮演多种角色，如文件和打印服务器、应用服务器、电子邮件服务器等。基于服务器的网络可连接的计算机数量多为几十台、几百台甚至上千台。

（3）无线局域网　无线局域网（Wireless Local Area Network，WLAN）是采用无线通信技术代替传统线缆，提供有线网络功能的网络。其接入简单、方便，并且随着技术的成熟和设备价格的降低，越来越受到人们的青睐。无线局域网不会替代有线网络，只是用于弥补有线网络的不足，实现网络延伸。

3. 局域网的用途

（1）文件传输　数据通信是局域网最基本的功能。局域网用来快速传送计算机与计算机之间的各种信息，包括程序、文字、图片、各种音视频等。如果没有局域网，计算机之间文件的传输就只能用移动硬盘等外部存储设备完成，非常麻烦，而在局域网中几分钟就可以将几十兆字节或几吉字节的文件传送到对方，十分方便、快捷。

（2）资源共享　为了保障网络和数据的安全，同时也为了节约成本，在局域网中可以共享硬件设备（如硬盘、光驱、打印机等），以满足局域网内用户的需求。要保证网络资源不被滥用以及保证数据安全，可设置操作权限。

（3）Internet 共享　在局域网中，只需将一条 ADSL 线或光纤与 Internet 连接，即可实现所有局域网内计算机共享上网。

（4）联网游戏　现在好多游戏都加入了对网络的支持。用户可在局域网内玩联网游戏，与朋友一决高低，还可以共同接入 Internet，并在 Internet 上“作战”。

任务二　制作双绞线

知识目标：

掌握双绞线的制作方法。

技能目标：

能够根据要求熟练地制作双绞线。

任务分析

目前，小型局域网中常见的拓扑结构是星形拓扑结构。星形拓扑结构所用的传输介质是双绞线。在双绞线的两端必须都安装 RJ-45 插头（水晶头），以便双绞线能够连接到网卡和交换机的 RJ-45 端口上。制作双绞线是组建星形拓扑结构必须要掌握的一门技术。

相关知识

1. 局域网拓扑结构

网络中的计算机等设备要实现互连，就需要以一定的方式进行连接，这种连接方式就叫做“拓扑结构”。局域网常见的拓扑结构有以下三种：

（1）总线型拓扑结构　总线型拓扑结构采用单根传输线作为传输介质。所有的结点（计算机）都通过相应的硬件接口直接连接到传输介质或总线上。任何一个结点发送的信息都可以沿着介质传播，而且能被所有其他结点接收。总线型拓扑网络以同轴电缆作为传输介质。一般总线型拓扑网络中不能超过 30 台计算机，当超过 30 台计算机后电子脉冲的强度会变弱，增加误码率，这时必须增加中继设备来增强信号。总线型拓扑结构如图 1-4 所示。

优点：结构简单，安装和维护方便，组网成本低，组网灵活，某个结点失效时不会影响其他结点。

缺点：传输介质故障较难排除，并且由于所有结点都直接连接在总线上，因此任何一处故障都会导致整个网络瘫痪，另外，介质访问控制也比较复杂。总线型拓扑结构在局域网中曾经有过广泛应用，近几年开始逐渐被星形拓扑结构所取代。

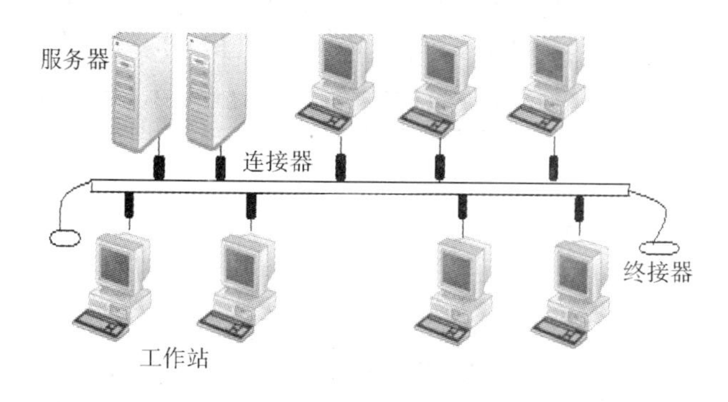

图 1-4　总线型拓扑结构

（2）星形拓扑结构　星形拓扑结构是目前使用最多的拓扑结构，由通过点到点线路连接到中央结点的各结点组成。星形拓扑结构中有一个唯一的转发结点（中央结点），每台计算机都通过单独的通信线路连接到中央结点，再由中央结点向目的结点传送信息，如图 1-5 所示。

星形拓扑结构与总线型拓扑结构相比，其优点是：安装容易。由于所有结点都与中央结点相连，移动或删除某个结点十分简单；除中央结点外单个结点的故障不影响全网，即使中央结点出现故障也可以方便快速地更换；网络稳定性好，易于网络的扩展和网络故障诊断。缺点是：每个结点直接与中央结点相连，需要大量网线，费用较高，当中央结点出现故障时，全网不能工作，因此，对中央结点的可靠性要求高。

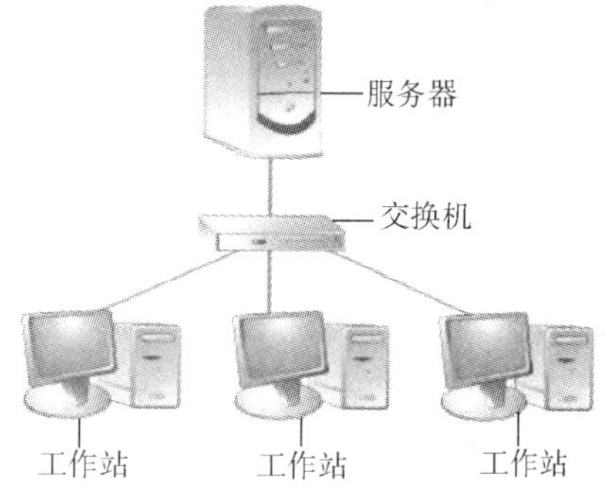

图 1-5　星形拓扑结构

（3）环形拓扑结构　环形拓扑结构是一些中继器和连接中继器的点到点链路组成的一个闭合环，计算机通过各中继器接入这个环中，构成环形计算机网络。该网络中各个结点的地位相等。

环形拓扑结构中的每个站点都是通过一个中继器连接到网络中的，网络中的数据以分组的形式发送。网络中的信息流是定向的，网络的传输延迟也是确定的，如图 1-6 所示。

优点：数据传输质量高，可以使用各种介质，网络实时性好。

缺点：网络扩展困难，网络可靠性不高，故障诊断困难。

环形拓扑结构平时用得比较少，主要用于跨越较大地理范围的网络，适合于网际网等超大规模的网络。

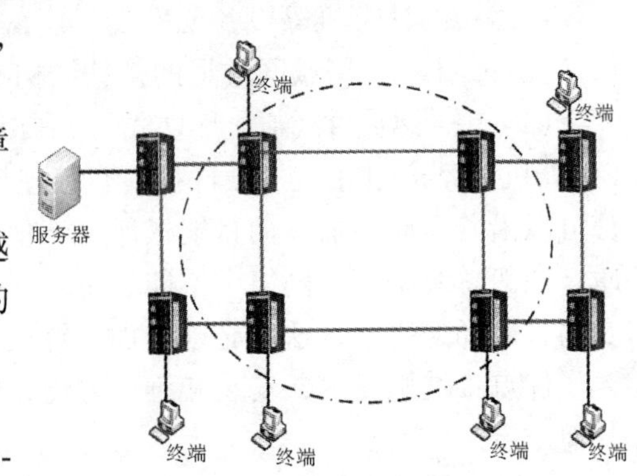

图 1-6　环形拓扑结构

2. 双绞线的制作标准

目前，在 10Base-T、100Base-T 以及 1000Base-T 网络中，常用的布线标准有两个，即 EIA/TIA 568A 标准和 EIA/TIA 568B 标准。EIA/TIA 568A 标准描述的线序从左到右依次为白绿、绿、白橙、蓝、白蓝、橙、白棕、棕，EIA/TIA 568B 标准描述的线序从左到右依次为白橙、橙、白绿、蓝、白蓝、绿、白棕、棕，见表 1-2。

表 1-2　EIA/TIA 568A 标准和 EIA/TIA 568B 标准线序

标准	1	2	3	4	5	6	7	8
EIA/TIA 568A	白绿	绿	白橙	蓝	白蓝	橙	白棕	棕
EIA/TIA 568B	白橙	橙	白绿	蓝	白蓝	绿	白棕	棕
绕对	同一绕对		与 6 同一绕对	同一绕对		与 3 同一绕对	同一绕对	

一条双绞线两端 RJ-45 插头中的线序排列完全相同的网线称为直通线（Straight Cable），一般采用 EIA/TIA 568B 标准，通常只适用于计算机到集线设备之间的连接。当使用双绞线直接连接两台计算机或连接两台集线设备时，另一端的线序应做相应的调整，即第 1 根线、第 2 根线与第 3 根线、第 6 根线对调，制作为交叉线（Crossover Cable），采用 EIA/TIA 568A 标准。

任务准备

实施本任务所使用的实训设备为：双绞线、RJ-45 插头、网线钳、网线测试仪。

任务实施

网线的制作方法如下：

（1）直通线的制作

1）准备好双绞线、RJ-45 插头和一把网线钳，如图 1-7 所示。

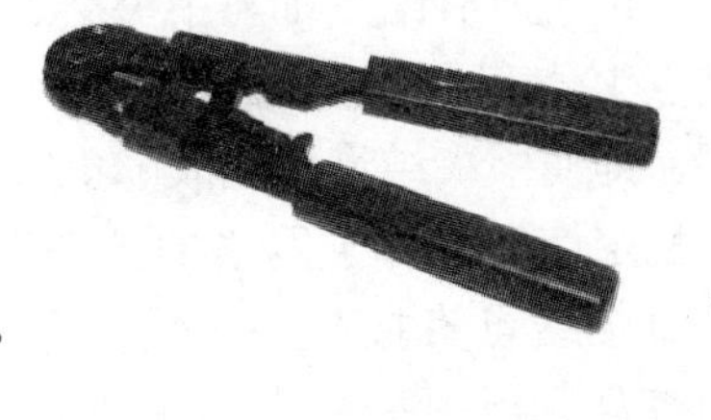

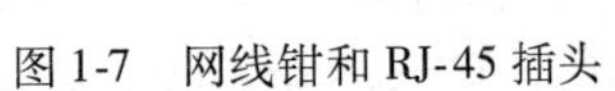

图 1-7　网线钳和 RJ-45 插头

2）用网线钳的剥线刀口将双绞线的外保护套管

划开（注意不要将双绞线的绝缘层划破，刀口距双绞线的端头至少 2cm），将划开的外保护套管剥去（旋转、向外抽），露出双绞线电缆中的 4 对双绞线，如图 1-8 和图 1-9 所示。

图 1-8　用网线钳划开双绞线保护套管

图 1-9　露出 4 对双绞线

3）将露出的 4 对双绞线，按照 EIA/TIA 568B 标准规定的序号排好，然后使 8 根双绞线整齐平行排列，双绞线间不留空隙，再用网线钳的剪线刀口将 8 根双绞线剪断。剪断时注意要将双绞线剪得整齐，不可太短，先留长一些，注意不要剥开导线的绝缘外层，如图 1-10 和图 1-11 所示。

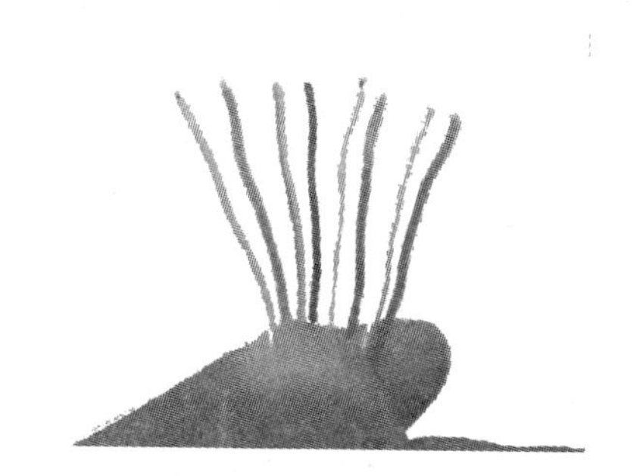

图 1-10　按 EIA/TIA 568B 标准排列双绞线

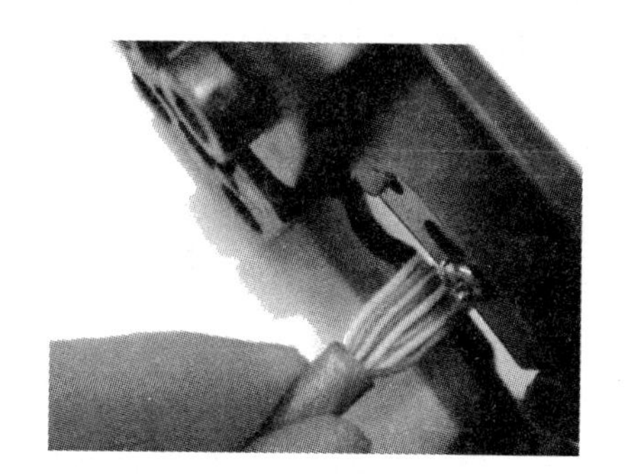

图 1-11　剪断 8 根双绞线

4）将剪断的双绞线放入 RJ-45 插头试试长短，要能插到底，双绞线的外保护层最后应能够在 RJ-45 插头内的凹陷处被压实。反复进行调整，在确认一切都正确后（注意不要将导线的顺序排列反），将 RJ-45 插头放入压线钳的压头槽内，准备最后压实 RJ-45 插头，如图 1-12 和图 1-13 所示。

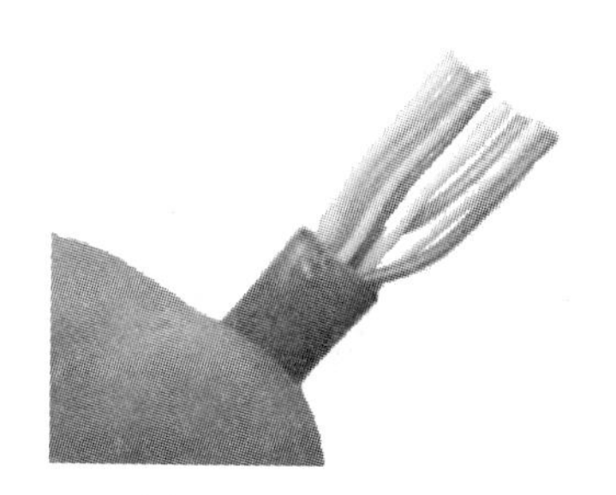

图 1-12　剪断后的双绞线

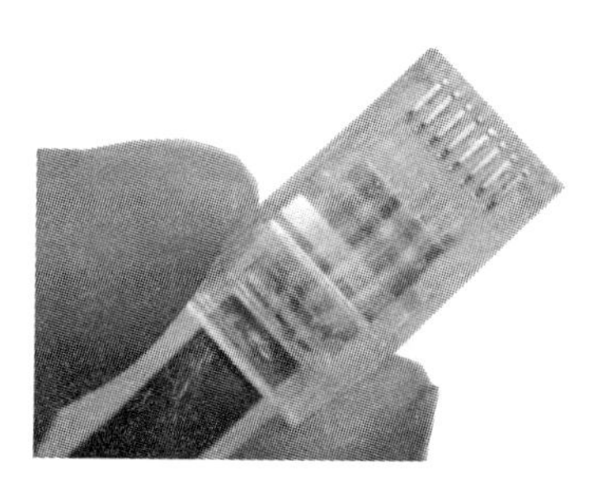

图 1-13　将双绞线插到 RJ-45 插头内

5）用双手紧握网线钳的手柄，用力压紧，使插头的8个引脚接触点穿过双绞线的绝缘外层，分别和8根双绞线紧紧压接在一起，如图1-14和图1-15所示。用同样的方法，将双绞线另一个RJ-45插头制作好，用网线测试仪测试连通性后，把双绞线两端分别接入计算机网卡接口和交换机端口上。

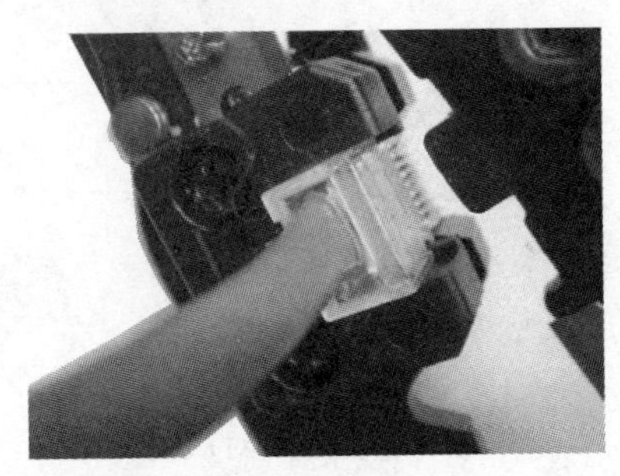

图1-14　准备压实RJ-45插头

图1-15　压实RJ-45插头

（2）交叉线的制作　交叉线的制作步骤与直通线的制作步骤相同，只是双绞线的一端应采用EIA/TIA 568A标准，另一端则采用EIA/TIA 568B标准。

扩展知识

局域网中除了计算机外，还需要有传输介质、集线设备、服务器和防火墙等设备。由于局域网的应用及规模不同，所采用的网络设备也不相同。

1. 传输介质

传输介质是指在两个通信设备之间实现物理连接的部分，它能将信号从一方传输到另一方。网络中的数据传输必须依靠传输介质来实现。常用于局域网中的传输介质有双绞线、同轴电缆和光纤。

（1）双绞线　双绞线（Twisted Pair Cable）是综合布线工程中最常用的一种传输介质。双绞线由两根具有绝缘保护层的铜导线组成。两根铜线绞合在一起，能够减少各导线之间的电磁干扰，并具有抗外界电磁干扰的能力。

双绞线电缆可以分为两类：屏蔽型双绞线（STP）和非屏蔽型双绞线（UTP）。屏蔽型双绞线外面环绕着一圈保护层（见图1-16），而非屏蔽型双绞线没有保护层，易受电磁干扰，但成本较低，广泛应用于星形拓扑结构的以太网。双绞线的有效传输距离为100m。由于网线与网卡相连，所以在网线的头部有一个图1-17所示的水晶头（RJ-45插头）。双绞线

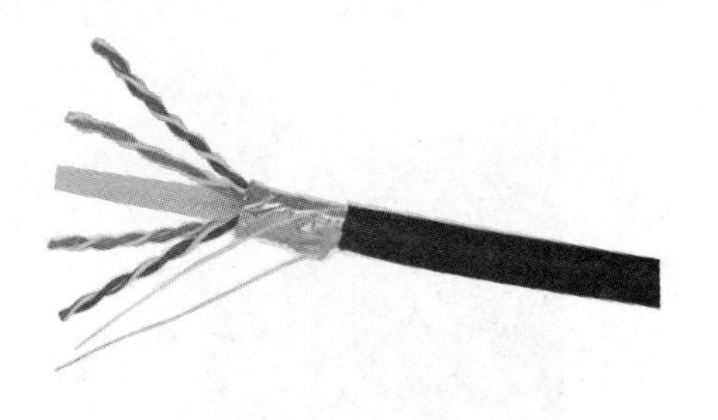

图1-16　屏蔽型双绞线

图1-17　带RJ-45插头的双绞线

的两端都必须安装有 RJ-45 插头，用于连接到网络设备上。RJ-45 插头与电话线使用的插头非常相似，价格比同轴电缆的 T 形插头便宜，而且在移动时不易损坏。

（2）同轴电缆　同轴电缆由内、外两个导体组成，而且这两个导体是同轴线，所以称为同轴电缆。在同轴电缆中，内导体是一根导线，外导体是一个圆柱面，两者之间有填充物，如图 1-18 所示。外导体能够屏蔽外界电磁场对内导体信号的干扰。直径为 0.25in（1in = 0.0254m）的同轴电缆称为细缆，最大传输距离为 185m，如果超过最大距离，那么必须使用中继器放大信号，延长传输距离。细缆的传输速率为 10Mbit/s。直径为 0.5in 的同轴电缆称为粗缆，最大传输距离为 500m，传输速率为 10Mbit/s。

（3）光纤　光纤全称为光导纤维，其结构与同轴电缆相似，如图 1-19 所示。光纤由纤芯、包层及保护套组成。纤芯由玻璃或塑料组成；包层是玻璃的，可使光信号反射回去，沿着光纤传输；护套由塑料组成，用于防止外界的伤害和干扰。

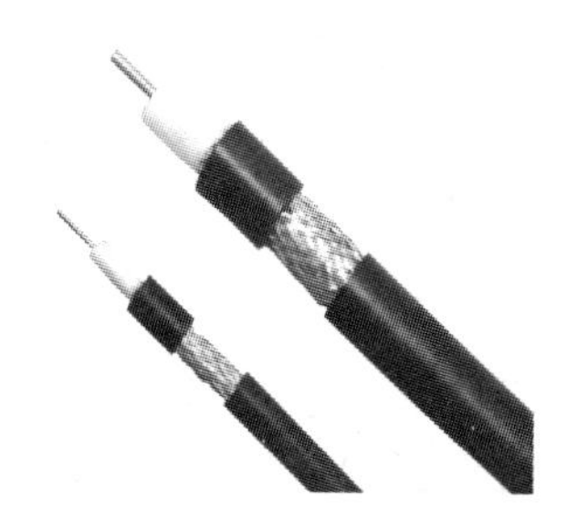

图 1-18　同轴电缆

图 1-19　光纤

光缆由一捆极细的玻璃管构成。每一根比人的头发还细的玻璃管称为光纤。光缆通常由坚固的内部支持金属线、多股覆盖着塑料绝缘体的光纤和强硬的外部覆盖物组成。光纤传输损耗小，频带宽，传输距离几乎不受限制，而且具有极强的抗电磁干扰能力，是今后网络传输介质的发展方向。

2. 网卡

网卡又称为网络适配器或网络接口卡（NIC），是计算机与网络之间连接的桥梁。网卡插在计算机主板插槽中，负责将用户要传递的数据转换为网络上其他设备能够识别的格式，通过网络介质传输，如图 1-20 所示。

图 1-20　网卡

目前，网卡一般分为普通工作站网卡和服务器专用网卡。网卡按总线类型可分为 ISA 网卡、EISA 网卡和 PCI 网卡三种，其中 PCI 网卡较为常用。ISA 网卡的带宽一般为 10Mbit/s。PCI 网卡的带宽有 10Mbit/s、100Mbit/s、10/100Mbit/s（自适应网卡）和 1000Mbit/s。同样是 10Mbit/s 网卡，因为 ISA 总线为 16 位，而 PCI 总线为 32 位，并且 PCI 网卡要比 ISA 网卡的传输速率高，所以 ISA 网卡已被淘汰。网卡按连接方式可分为 AUI（粗缆）接口网卡、BNC（细缆）接口网卡、RJ-45（双绞线）接口网卡和光纤接口网卡四种。另外，网卡有板载网卡、独立网卡和无线网卡等，现在的主流计算机主板都集成百兆网卡或千兆网卡。

任务三　连接网络设备

知识目标：

掌握交换机的级联和堆叠方法。

技能目标：

能够根据实际要求连接局域网设备。

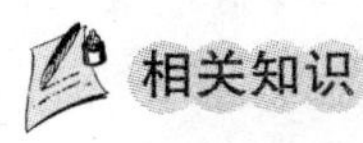

任务分析

随着计算机数量的增加和网络规模的扩大，很多局域网中的交换机取代了集线器，多台交换机互联取代了单台交换机。交换机的级联和堆叠在局域网中应用广泛。级联技术可以实现多台交换机之间的互联；堆叠技术可以将多台交换机组成一个单元，从而提高更大的端口密度和更高的性能，降低网络管理成本，简化管理操作。

本次任务是实现交换机与交换机之间的连接，包括普通口连接、级联口连接。

相关知识

1. 集线设备概述

集线设备在局域网中应用广泛，承担着连接网络中所有设备的任务。它的性能在很大程度上决定着整个网络的性能和网络中数据的传输速率。集线设备分为集线器（HUB）和交换机（Switch）两种。由于交换机的性能远超过集线器的性能，并且近几年交换机的价格与集线器的价格相差无几，因此集线器正逐渐被淘汰，现在网络所用设备多数是交换机，如图1-21所示。

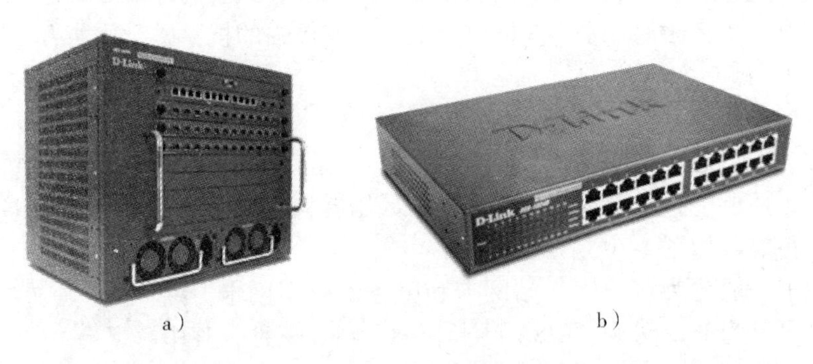

a）　　b）

图 1-21　D-Link 企业级交换机和 24 口智能交换机

a）企业级交换机　b）24 口智能交换机

局域网中交换机的最主要功能是连接局域网中的服务器、计算机等设备。交换机上的所有端口都有独享的带宽，以保证每个端口上数据的高效传输。交换机根据所传递信息的目的地址，可将信息从源端口传送到目的端口，而不会向所有端口发送，可以避免与其他端口发生冲突，减少误包和错包现象出现，避免共享冲突。

交换机分为两种：广域网交换机和局域网交换机。广域网交换机主要应用于电信领域，提供通信基础平台；局域网交换机则应用于局域网络，用于连接终端设备，如计算机和网络打印机等。

按现在复杂的网络构成方式，网络交换机可分为接入层交换机、汇聚层交换机和核心层交换机。其中，核心层交换机全部采用机箱式模块化设计，基本上都设计了与之相配备的1000Base-T模块；接入层支持的1000Base-T以太网交换机基本上是固定端口式交换机，以10/100Mbit/s端口为主，并且以固定端口或扩展槽的方式提供1000Base-T的上联端口；汇聚层1000Base-T交换机同时存在机箱式和固定端口式两种设计，可以提供多个1000Base-T端口。一般也可以提供1000Base-X等其他形式的端口。接入层和汇聚层交换机共同构成完整的中小型局域网解决方案。

从传输介质和传输速率上看，局域网交换机可以分为以太网交换机、快速以太网交换机、千兆以太网交换机、ATM交换机和令牌环交换机等多种。

（1）服务器　服务器是局域网中通过运行管理软件来控制对网络或网络资源进行访问的一种计算机，能够为网络上的计算机提供资源。服务器是网络环境中的高性能计算机，它侦听网络上其他计算机提交的服务请求，并提供相应的服务。

服务器用于向用户提供各种网络服务，如文件服务、Web服务、FTP服务、电子邮件服务、数据库服务、打印服务等，通常分为文件服务器、数据库服务器和应用程序服务器等。相对于普通计算机来说，服务器在稳定性、安全性、性能等方面都要求更高，因此其CPU、主板、芯片组、内存、硬盘、网卡、电源等硬件和普通计算机有所不同。IBM服务器如图1-22所示。

图1-22　IBM服务器

（2）工作站　工作站是指在网络中享有服务并用于完成某种工作和任务的计算机。工作站使用客户端软件与服务器相连，能共享服务器提供的各种资源和服务。在对等网中，每一台计算机既是服务器又是客户机，能享受局域网内其他计算机提供的服务，又可向局域网内其他计算机提供服务。

（3）路由器　路由器（Router）是用来将多个网络连接在一起的网络设备。它会根据信道的情况自动选择和设定路由，以最佳路径，按先后顺序发送信号。路由器是互连网络的枢纽和“交通警察”。目前，路由器已经广泛应用于各行各业，各种不同档次的路由器已经成为实现各种骨干网内部连接、骨干网间互连和骨干网与Internet互连的重要设备。它的作用是连接不同类型的网络，隔离广播域，避免广播风暴。D-Link路由器如图1-23所示。

图1-23　D-Link路由器

路由器按性能可分为高端路由器和中低端路由器。高端路由器主要用于大型网络，中低端路由器适用于小型局域网和家庭用户接入 Internet。

（4）网络防火墙　网络防火墙是位于计算机和计算机所连接网络之间的软件。局域网中计算机流入流出的所有网络通信均要经过防火墙。防火墙对流经它的网络通信进行扫描，这样能够过滤掉一些攻击，以免其在目标计算机上被执行。防火墙可以关闭不使用的端口，还能禁止特定端口的流出通信，封锁木马病毒。网络防火墙可以禁止来自特殊站点的访问，从而防止来自不明入侵者的所有通信。网络防火墙分为硬件防火墙和软件防火墙。

硬件防火墙的硬件和软件都单独进行设计，有专用芯片来处理数据。硬件防火墙使用专门的操作系统，这样可避免常用操作系统的漏洞，其安全性和可靠性较高，可维护性较好，但价格较高。硬件防火墙外观和交换机差不多，一般会提供几个端口与内外网相连接。硬件防火墙如图 1-24 所示。

图 1-24　硬件防火墙

软件防火墙是安装在计算机系统中的软件产品，通过操作系统来实现网络管理和防御。由于操作系统的复杂性和自身存在的安全隐患，与硬件防火墙相比，软件防火墙的安全性和可靠性要差一些。

2. 光纤跨接线及交换机光纤端口类型

光纤分为单模光纤和多模光纤。交换机光纤端口、光纤跨接线都必须与综合布线时使用的光纤类型相一致。也就是说，如果综合布线时使用的是多模光纤，那么交换机的光纤接口就必须执行 1000Base-SX 标准，也必须使用多模光纤跨接线；如果综合布线时使用的是单模光纤，那么交换机的光纤接口就必须执行 1000Base-LX/LH 标准，也必须使用单模光纤跨接线。需要注意的是，多模光纤有两种类型，即 62. 5/125μm 多模光纤和 50/125μm 多模光纤。虽然两者的交换机光纤端口完全相同，并且也都执行 1000Base-SX 标准，但是光纤跨接线的芯径必须与光缆的芯径完全相同，否则，将导致连通性故障。另外，相互连接的交换机光纤端口的类型必须完全相同，要么均为多模交换机光纤端口，要么均为单模交换机光纤端口。若光纤的一端是多模交换机光纤端口，而另一端是单模交换机光纤端口，则将无法连接在一起。

模块化交换机的传输性能更高，但价格也高，而光电转换设备的价格较低，应当根据网络的数据传输需要和投资额度决定采用哪种设备。需要注意的是，并非全部光纤收发器都支持全双工，部分产品只支持半双工，在购买时应当注意。另外，还要考虑模块的兼容性，建议选用相同品牌和类型的产品。光电收发器的一端使用光纤跨接线连接至光纤配线架，另一端使用双绞线跨接线连接至交换机的 RJ-45 端口。

当网络超出双绞线所能支持的传输距离时，应借助于光纤进行数据的传输。如果网络用户数量较少，仅仅是为了实现远距离通信，对网络性能和数据传输速率没有太高要求，那么可以在两端均使用光电收发器和普通 RJ-45 端口交换机的方式，从而大幅降低网络成本。

如果整个网络连接有多个建筑，并且对数据传输性能要求较高，那么当某一子网不需要较高的性能时，可以一端使用光电收发器，另一端使用带有光纤接口的骨干交换机，这样既可保证整体网络性能又可提高网络的性价比。

3. 传输速率与双工模式

（1）半双工模式　是指数据可以在一个信号载体的两个方向上传输，但是不能同时传输。例如，在一个局域网上使用半双工传输技术时，一个工作站可以在线上发送数据，然后立即在线上接收数据，这些接收的数据来自数据刚刚传输的方向。

（2）全双工模式　是指交换机在发送数据的同时也能够接收数据，两者同步进行，这好像我们平时打电话一样，说话的同时也能够听到对方的声音。目前的交换机都支持全双工模式。全双工模式的好处在于迟延小，速度快。

与 1000Base-T 不同，1000Base-SX、1000Base-LX/LH 和 1000Base-ZX 均不能支持自适应，而不同速率和双工模式的端口将无法连接并进行通信，因此，要求相互连接的光纤端口必须拥有完全相同的传输速率和双工模式，不可将 1000Mbit/s 的交换机光纤端口与 100Mbit/s 的交换机光纤端口连接在一起，也不可将全双工模式的交换机光纤端口与半双工模式的交换机光纤端口连接在一起，否则将导致连通性故障。

4. 交换机与交换机的连接方法

交换机与交换机的连接有交换机级联和交换机堆叠两种方式。

交换机的级联只需一根普通的双绞线即可，成本低并且基本不受距离和交换机厂家的限制；而交换机的堆叠方式投资相对较大，只能在很短的距离内并且只能在同一厂家的设备之间连接，而且只有具有堆叠功能的交换机才可实现。堆叠连接电缆的宽带一般在 1M 左右，只能在近距离内使用。堆叠方式比级联方式具有更好的性能，信号不易衰竭，通过堆叠方式可以集中管理多台交换机，减少了管理工作量。

级联方式最好选用 Uplink 端口的连接方式，这样可以在最大程度上保证信号强度，如果是普通端口之间的连接，那么会使网络信号严重受损。

交换机堆叠连接方式主要在大型网络中对端口需求比较大的情况下使用。交换机的堆叠是扩展端口最快捷、最便利的方式，同时堆叠后的带宽是单一交换机端口速率的几十倍。

任务准备

实施本任务所使用的实训设备为：带级联口的智能交换机、带光纤接口的智能交换机、光纤跨接线、光纤模块和光纤收发器。

任务实施

1. 交换机与交换机之间的连接

交换机与交换机连接是常用的一种多台交换机连接方式，通过交换机上的级联口（Uplink）进行连接。需要注意的是，交换机不能无限制级联，超过一定数量的交换机级联会引起广播风暴，导致网络性能严重下降。级联分为以下两种：

（1）普通端口级联　就是通过交换机的某一个常用端口（RJ-45端口）进行连接。需要注意的是，这时所用的连接双绞线要用EIA/TIA 568A标准制作。普通端口级联如图1-25所示。

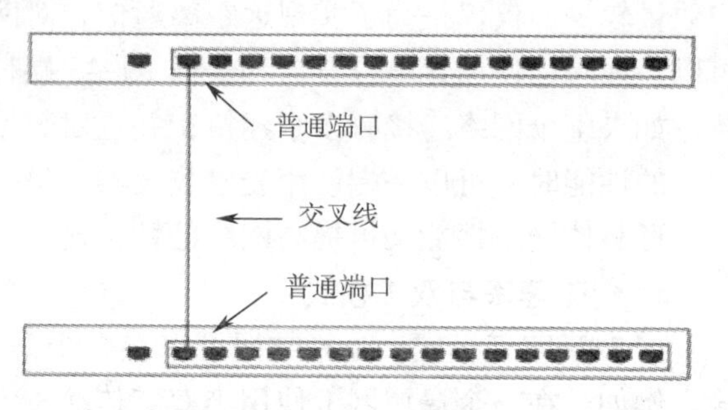

图1-25　普通端口级联

注意：现在比较先进的交换机都支持智能端口。所谓智能端口就是交换机中的所有RJ-45端口都能智能判断对方端口连接的是普通网络终端还是其他网络设备，并自动将端口类型切换到与之相适应的类型，只需要一根标准的直通线（EIA/TIA 568B标准）即可。

（2）Uplink端口级联　在交换机端口的旁边有一个Uplink端口，如图1-26所示。此端口是专门为上行连接提供的，只需通过直通双绞线将该端口连接至其他交换机上除Uplink端口外的任意端口即可（注意，这不是Uplink端口的相互连接）。Uplink端口级联连接如图1-27所示。

图1-26　交换机的Uplink端口

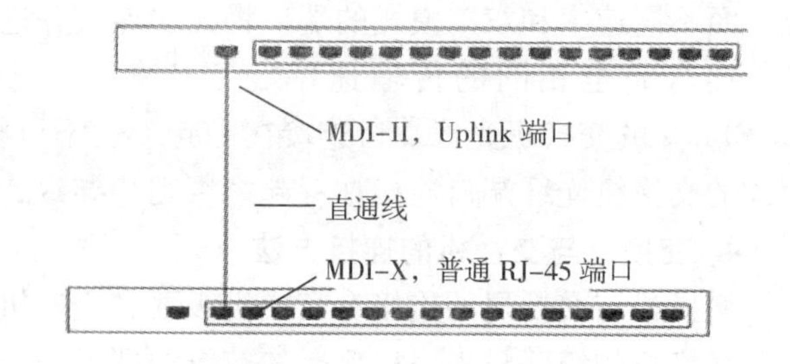

图1-27　Uplink端口级联

2. 交换机与光纤接口连接

（1）交换机光纤端口的级联　由于交换机光纤端口价格昂贵，所以光纤主要被用于核心交换机和骨干交换机之间的连接，或被用于骨干交换机之间的级联。需要注意的是，交换机光纤端口均没有堆叠的能力，只能被用于级联，如图1-28所示。

图1-28　交换机光纤端口

（2）光纤跨接线的交叉连接　所有的交换机光纤端口都有两个，分别是发送端口和接收端口。光纤跨接线也有两根（见图1-29），否则端口之间将无法进行通信。当交换机通过交换机光纤端口级联时，必须将光纤跨接线两端的收发对调，当一端接“收”时，另一端接“发”；同理，当一端接“发”时，另一端接“收”。现在的光纤模块都标记有收、发标志，左侧向内的箭头表示“收”，右侧向外的箭头表示“发”，如图1-30所示。如果光纤跨接线的两端均连接“收”或“发”，那么该端口的LED指示灯不亮，表示该连接失败，只有当交换机光纤端口连接成功后，LED指示灯才转为绿色。

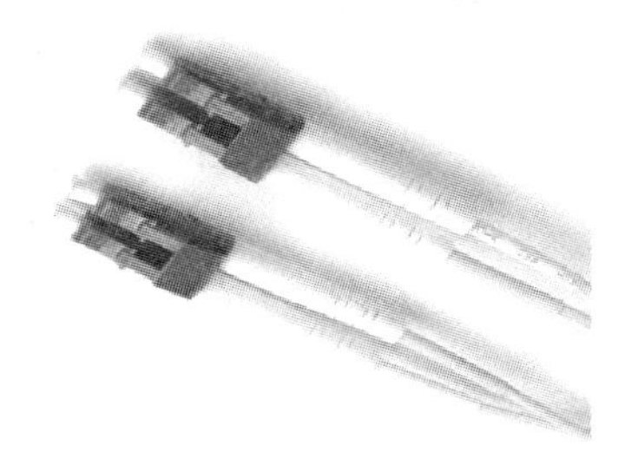

图 1-29　光纤跨接线

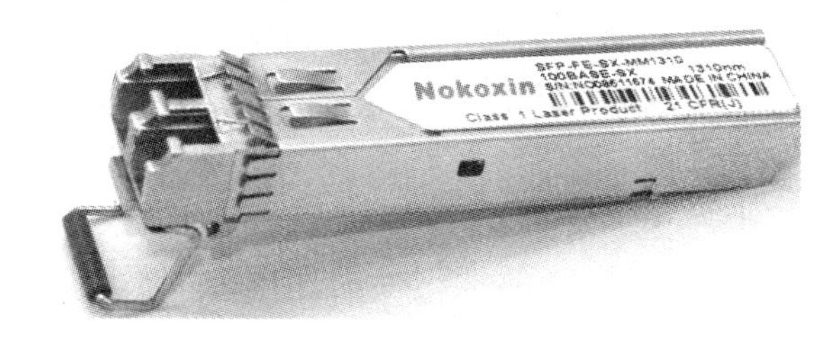

图 1-30　光纤模块

同样，当骨干交换机连接至核心交换机时，光纤的收、发端口之间也必须交叉连接。光纤端口的级联如图 1-31 所示。

（3）光电收发器的连接　当建筑物之间或楼层之间的布线采用光缆而水平布线采用双绞线时，可以采用有光纤端口和 RJ-45 端口的交换机，在交换机之间实现光电端口之间的互连。另外，还可以采用光纤收发器连接，一端连接光纤，另一端连接交换机的双绞线端口，实现光电之间的相互转换。光纤收发器如图 1-32 所示。

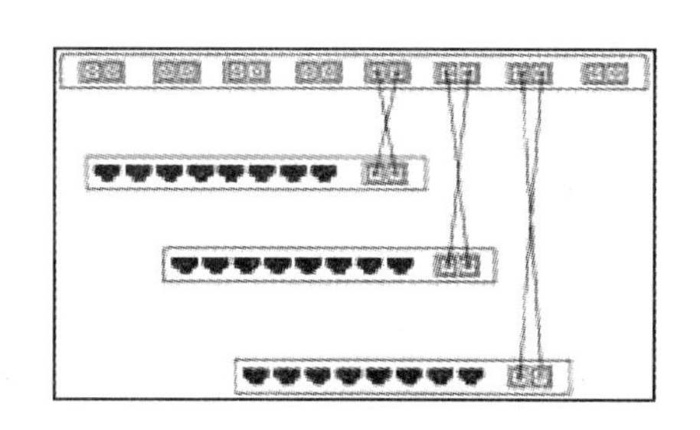

图 1-31　光纤端口的级联

图 1-32　光纤收发器

思考与练习

一、填空题

1. 按网络的拓扑结构来划分，可将计算机网络分为________、________和________。
2. 双绞线分为________和________两种，普通用户一般选择________。
3. 局域网中常用的传输介质有________、________和________。
4. 双绞线的制作标准有________和________。
5. 网卡按总线接口类型分为________、________和________三种。
6. 常见的网络拓扑结构有________、________和________三种。

二、选择题

1. 下列（　　）协议是 Internet 使用的协议。

A. TCP/IP　　B. IPX/SPX　　C. NetBEUI　　D. AppleTalk

2. 下列（　　）是 C 类 IP 地址的默认子网掩码。

A. 255. 0. 0. 0　　B. 255. 255. 255. 0　　C. 255. 255. 0. 0　　D. 255. 255. 255. 255

3. 五类双绞线的有效传输距离是（　　）m。

A. 50　　B. 100　　C. 200　　D. 500

4. 下列 IP 地址不能用在局域网的是（　　）。

A. 192. 168. 1. 100　　B. 192. 168. 7. 200

C. 127. 0. 0. 1　　D. 172. 15. 0. 9

5. 下列（　　）系统软件适用于服务器操作系统。

A. DOS　　B. Windows XP

C. Windows 2003 Server　　D. Windows7

6. 安装网络适配器时，在添加网络组件时，应该选择的组件是（　　）。

A. 客户　　B. 适配器　　C. 协议　　D. 服务

三、操作题

1. 制作一根 EIA/TIA 568B 标准的双绞线，并用测试仪进行测试。

2. 将局域网中一台计算机的 IP 地址设置为 192. 168. 7. 51，子网掩码为 255. 255. 255. 0，默认网关为 192. 168. 7. 253，DNS 为 202. 97. 224. 68，备用 DNS 为 202. 97. 230. 4。

四、简答题

1. 简述局域网中常用拓扑结构的特点。

2. 简述局域网的种类及局域网的用途。

3. 组建局域网所需的硬件设备有哪些?

4. 什么是 IPv6 协议?

5. 交换机与交换机的连接方法有哪些?

单元二　组建家庭局域网

2

随着计算机技术的发展和 Internet 的日益普及，许多家庭都购买了计算机，有的家庭还有两台以上的计算机，利用这些计算机可以组建一个家庭局域网。在家庭局域网中可以共享 Internet 连接，使家庭成员可以同时使用多台计算机访问 Internet，通过局域网共享宽带访问 Internet 可降低上网费用。

任务一　家庭局域网的设计与选择

知识目标：

掌握家庭局域网的设计方案和组建家庭局域网所需硬件设备的相关知识。

技能目标：

能够根据实际要求选择适合家庭用户的局域网，设置局域网中计算机的名称。

任务分析

组建家庭局域网时常用的硬件设备有宽带路由器、网卡、双绞线等。由于家庭中计算机数量较少，一般为两三台，并且现在的计算机都内置网卡，因此家庭组网的成本不会很高。组建家庭局域网时可以采用宽带路由器或双机直联两种方式。本次工作任务是分析、选择适合自己家庭局域网的设计方案和设置家庭局域网中计算机的名称。

相关知识

1. 组建家庭局域网所需的硬件设备

（1）ADSL　ADSL（Asymmetric Digital Subscriber Line）即非对称数字用户线，是目前应用最广泛的 Internet 接入方式之一。ADSL 调制解调器利用电话线传输，将普通的电话线分成了电话、上行和下行三个相对独立的信道，从而避免了相互之间的干扰，即使边打电话边上网，也不会发生上网速率和通话质量下降的情况。ADSL 在不影响正常电话通信的情况下可以提供最高为 3.5Mbit/s 的上行速率和最高 24Mbit/s 的下行速率。由于上行和下行带宽不对称，因此 ADSL 被称为非对称数字用户线路。ADSL 调制解调器如图 2-1 所示。

（2）宽带路由器　宽带路由器是一种新兴的网络产品，集成了路由器、防火墙、带宽控制和管理等功能，并且具备快速转发能力。宽带路由器还具有灵活的网络管理和丰富的网络状态等特点。宽带路由器采用高度集成设计，集成一个 10/100Mbit/s 宽带以太网 WAN 接口，并内置多口10/100Mbit/s自适应交换机，方便多台机器连接内部网络与Internet。宽带路由器如图2-2所示。

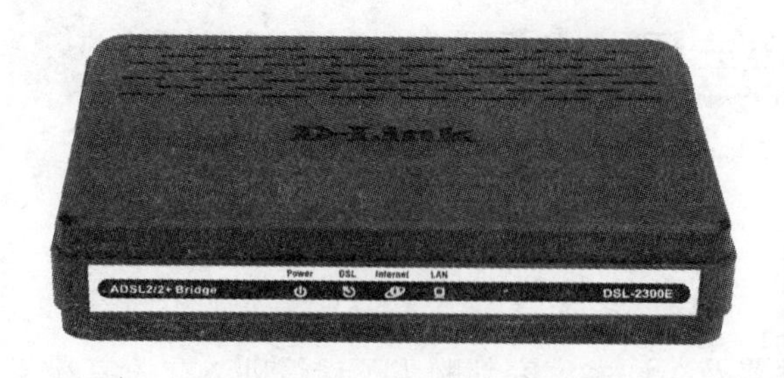

图2-1　ADSL调制解调器

图2-2　宽带路由器

宽带路由器的作用，一是连通不同的网络，二是选择信息传送的线路。它是共享宽带连接的最佳解决方案，易使用、易管理、零维护的优点使它成为Internet共享接入的首选设备。

宽带路由器内部都集成了DHCP服务器，并且在默认情况下都开启了DHCP服务器，可以为接入的计算机自动分配IP地址，接入宽带路由器的所有计算机在一般情况下都不需要添加IP地址或设置DNS。

（3）网卡、双绞线　网卡是使计算机连网的设备。每台计算机都应该有一块网卡。目前市面上的网卡主要是PCI接口的网卡。现在市面上的计算机主板一般都集成网卡，因此不需要另外单独购买网卡。网卡接口如图2-3所示。

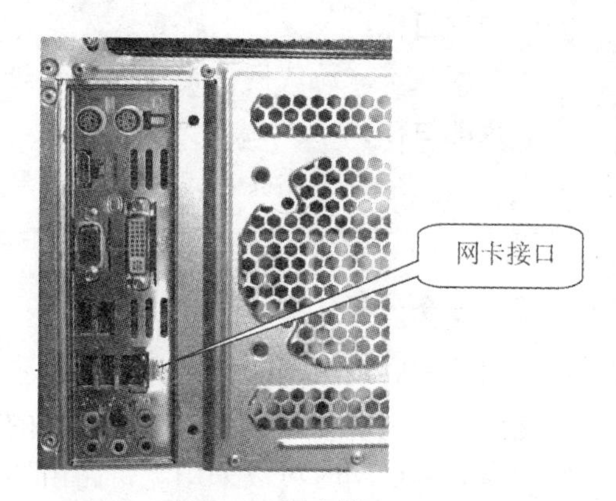

图2-3　网卡接口

双绞线是组建家庭局域网常用的传输介质。用户一般都是选择五类双绞线，在购买时，确定好长度和数量后，商家一般会根据网络类型做好插头。

通过ADSL调制解调器，用制作好的带RJ-45插头的网线，连接到宽带路由器（4个端口）的LAN端口，再分别从其他4个端口用同类网线连接各计算机网卡，这样就完成了家庭组网的硬件部分的连接了。

2. 组建家庭局域网所需的协议

TCP/IP协议定义了计算机如何连入Internet以及数据传输的标准，规范了网络上的所有通信设备。TCP/IP协议是Internet的基础协议。用户如果要访问Internet，那么必须在网络协议中添加TCP/IP协议。在局域网中，TCP/IP协议已经成为唯一的网络协议。Windows XP系统网络组件中包括TCP/IP协议，因此，不需要另外安装。可在“本地连接 属性”对话框中查看TCP/IP，如图2-4所示。

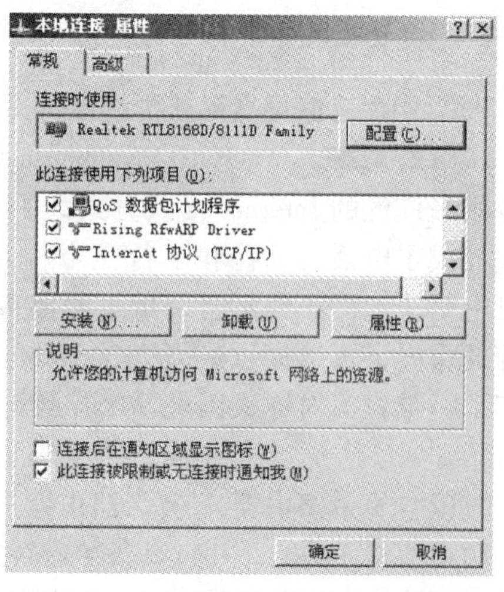

图2-4　“本地连接　属性”对话框

3. 组建家庭局域网的共享上网方式

组建家庭局域网的共享上网方式最常用的方案有以下三种：

1）ADSL 调制解调器加主机双网卡设置共享上网。

2）ADSL 调制解调器加宽带路由器设置共享上网。

3）ADSL 调制解调器加无线宽带路由器设置共享上网。

（1）主机双网卡组网方式　此种方式适合家庭中只有两台计算机且不想购买宽带路由器等共享上网设备的用户，尤其是两台计算机都具备集成网卡的用户，只需购买一块 PCI 接口网卡即可，这种方式不但成本相对较低，而且软件的配置及硬件的连接都非常简单。

此方案的缺点：需要单独主机提供服务，功能单一，在另一台计算机需要上网时，这台主机必须已经开机且能够上网，这样会造成一些不必要的浪费和麻烦。这种方式只适合于两台计算机组网，如果是两台以上计算机组网，那么从成本方面考虑就已经没有意义了。随着宽带路由器的价格降低，主机双网卡共享上网方式将逐渐被家庭组网用户所抛弃。如果没有特殊需要，那么不建议用户使用这种方式组网。

（2）有线宽带路由器组网方式　这种组网方式需要购买一台有线宽带路由器。家用有线宽带路由器一般都提供 4 个 LAN 端口，可同时接 4 台计算机实现共享上网，其价格基本都在六七十元。从性价比上考虑，有线宽带路由器组网方式优于主机双网卡组网方式，并且具备很多主机双网卡上网不能实现的功能，是家庭局域网共享上网首选的组网方式。

（3）无线宽带路由器组网方式　无线宽带路由器组网方式适合不想在家中进行网络布线的用户。家用无线宽带路由器一般都提供 4 个 LAN 端口，可以实现无线网络和有线网络的无缝连接。但这种组网方式对环境的要求较高，当屏蔽比较好或者连接距离较远时，信号的覆盖范围和强度也会相应下降。从成本方面考虑，如果局域网中需要连网的计算机都需配置无线网卡，那么这种组网方式会增加组网成本，从某种意义上来说，无线组网只能是有线组网的一种补充，而不能作为首选的组网方式。

任务实施

1. 选择上网方式

下面是组建家庭局域网三种方案的对比，用户可以根据自己的实际需要来选择。

（1）简单实用型用户　这类用户可以采用主机双网卡互连组网方式，这种组网方式不需要太多专业知识，可以非常简单地组建共享网络，如果需要组网的两台计算机都具备集成网卡，那么组网成本也比较低。

（2）经济适用型用户　这类用户可以选择使用有线宽带路由器组建共享网络，但需要对有线宽带路由器的功能有所了解。如果用户仅仅是为了实现上网功能，那么利用有线宽带路由器组网则非常简单，且平均端口价格要优于其他两种组网方式，是优先推荐的一种组网方式。

（3）时尚简约型　如果房间无法进行网络布线，或者用户喜欢使用时尚的产品，再或者用户对价格无所谓，那么推荐用户使用无线组网方式。这种方式时尚简约，不需要重新布线。当然，无线网络也存在一些缺点，所以建议大家根据自己的需要进行选择。

以上介绍了目前最常见的三种组建家庭局域网的共享上网方式，相信有家庭组网需求的用户已经有了确定的方案。具体的组网实施步骤，将在本单元中的任务三、任务四中讲解，无线局域网的组建将在单元六中讲解。

2. 设置计算机名称

在组建局域网时，需要为每台计算机设置名称和工作组名称，否则会因工作组名称不匹配而给局域网的使用带来麻烦，因此，需要对计算机名称以及所属工作组名称进行相应的设置，以方便计算机的管理。下面以 Windows XP 为例对计算机名称进行设置。

1）在桌面“我的电脑”图标上右击，从弹出的快捷菜单中选择“属性”命令，弹出一个“系统属性”对话框，如图 2-5 所示。

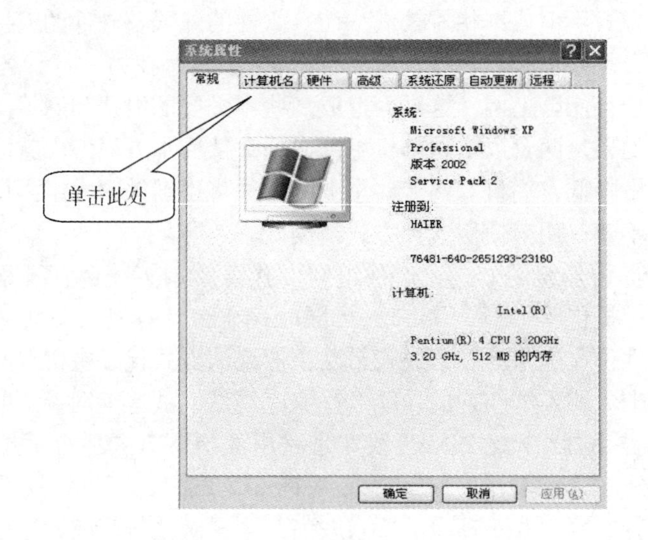

图 2-5　“系统属性”对话框

2）单击“计算机名”标签，在打开的“计算机”选项卡中单击“更改”按钮，如图 2-6 所示。

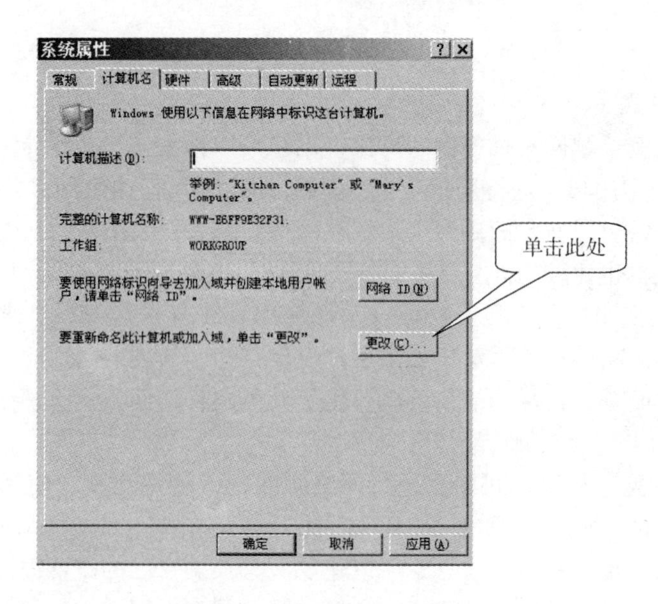

图 2-6　“计算机名”选项卡

3）打开“计算机名称更改”对话框，输入计算机名和工作组名后，单击“确定”按钮（见图2-7），即可完成对计算机名称的设置。

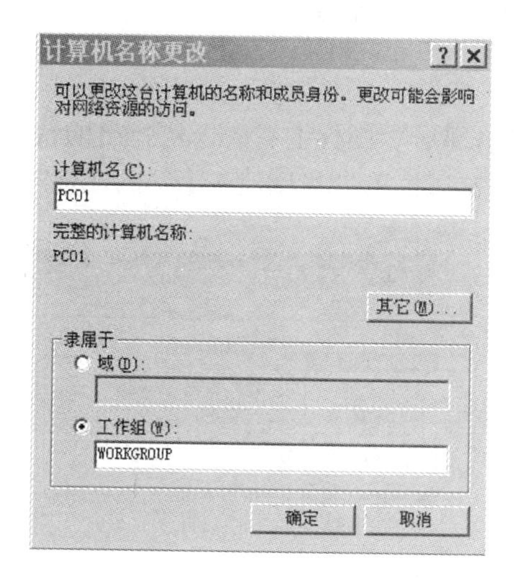

图2-7　“计算机名称更改”对话框

任务二　创建ADSL调制解调器拨号上网连接

知识目标：

掌握创建ADSL调制解调器拨号上网连接的相关知识。

技能目标：

能够根据要求熟练创建ADSL调制解调器拨号上网连接。

任务分析

随着网络技术的发展和普及，在许多城市中已经出现了多家网络接入商，也出现了多种网络接入方式，其中ADSL宽带接入方式因其自身的优点而得到广大用户的欢迎。本工作任务以ADSL为例，介绍设置ADSL调制解调器拨号上网的步骤。

相关知识

目前，可供家庭用户选择的Internet接入方式通常有两种：

1. ADSL接入方式

这种接入方式是我国家庭用户常用的Internet接入方式。它以现有普通电话线为传输介质，在不影响正常电话通信的情况下可以提供最高3.5Mbit/s的上行速率和最高24Mbit/s的下行速率，传输距离能达到3000～5000m。用户只要在线路两端加装ADSL设备，就可使用ADSL提供的高宽带服务。

2. 小区宽带接入方式

为了实现家庭上网用户的数字化、宽带化，提高用户的上网速度，目前一些城市的电信运营商已经实现光纤到楼，在中心点用高速交换机，通过超五类双绞线连接到用户端。光纤传输速度是其他各种接入方式所不能比的，它使宽带网络上的一切信息传输成为可能，上网用户只需要一台带网卡的计算机即可上网。

任务实施

1）首先在桌面的“网络邻居”图标上右击，从弹出的快捷菜单中选择“属性”命令，打开“网络连接”窗口，在左边栏单击“创建一个新的连接”选项，如图 2-8 所示。

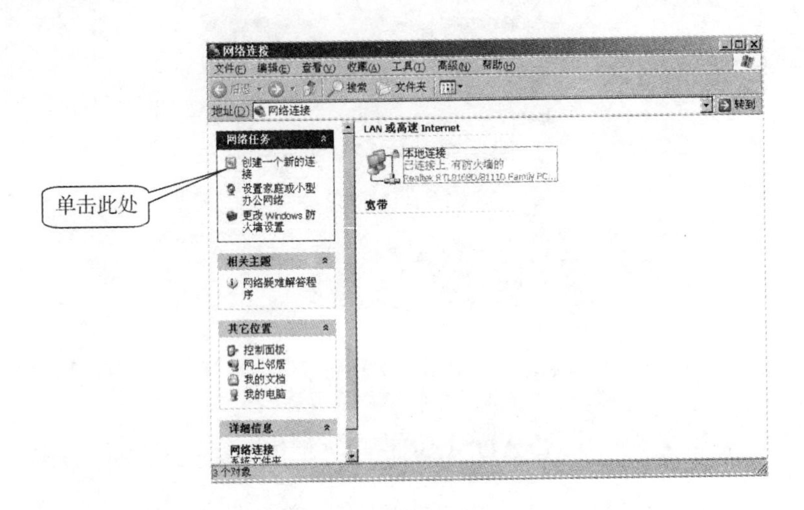

图 2-8 “网络连接”窗口

2）在弹出的“新建连接向导”对话框中，单击“下一步”按钮，如图 2-9 所示。

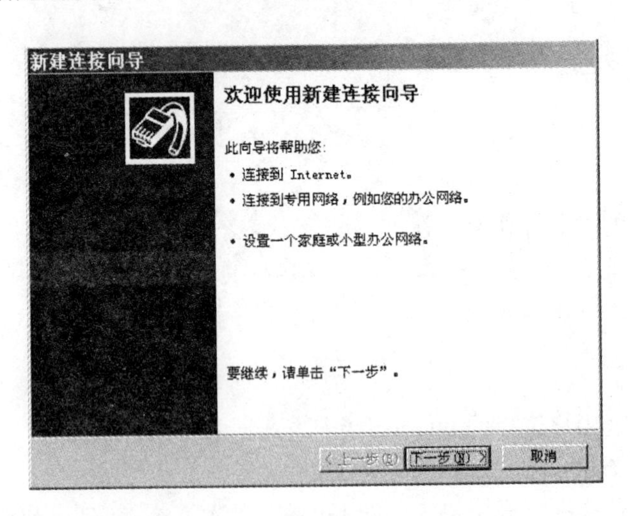

图 2-9 “新建连接向导”对话框

3）选择“连接到 Internet”选项，单击“下一步”按钮，如图 2-10 所示。

4）选择“手动设置我的连接”选项，单击“下一步”按钮，如图 2-11 所示。

5）选择“用要求用户名与密码的宽带连接来连接”选项，单击“下一步”按钮，如图 2-12 所示。

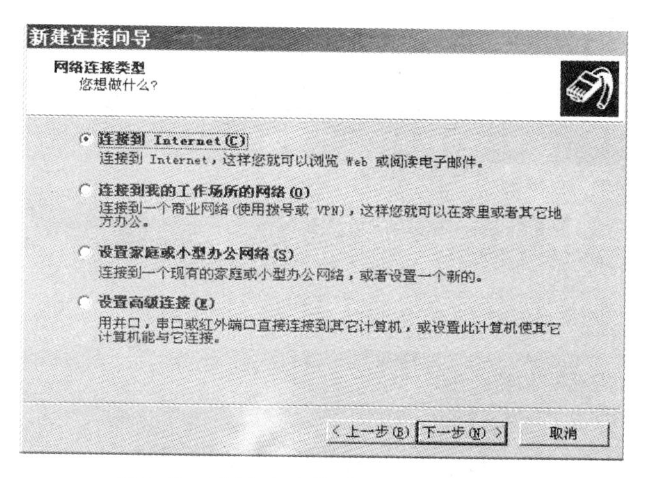

图 2-10　选择“连接到 Internet”选项

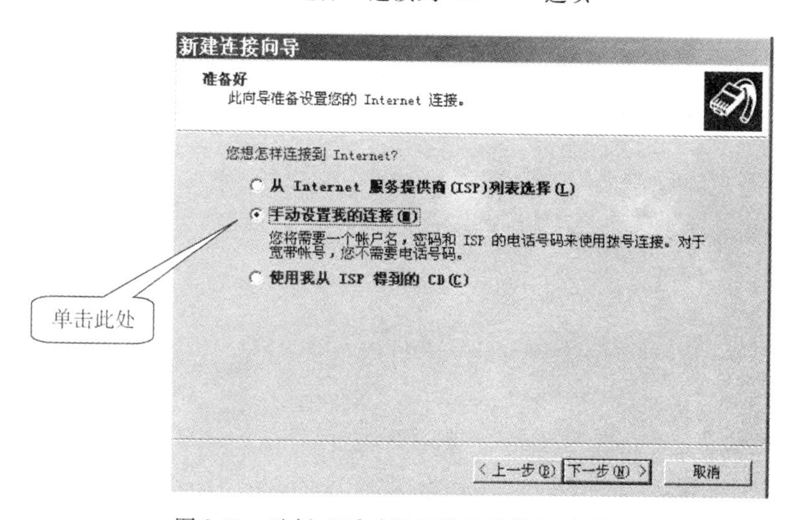

图 2-11　选择“手动设置我的连接”选项

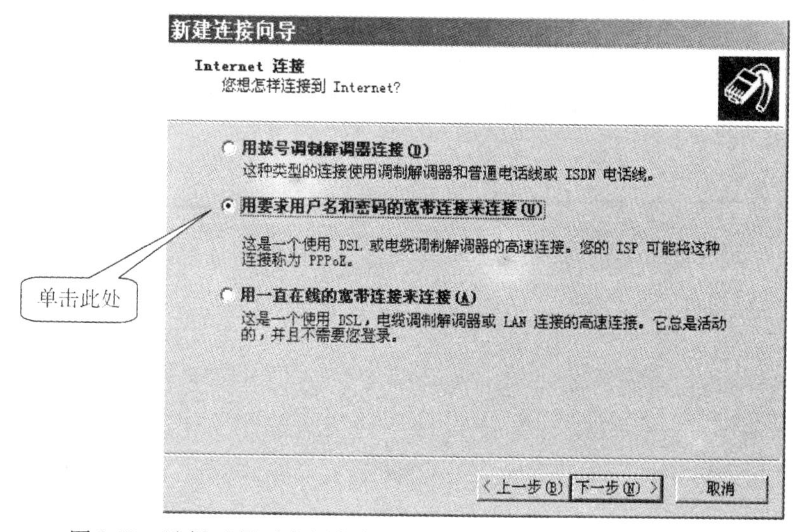

图 2-12　选择“用要求用户名和密码的宽带连接来连接”选项

6）选择“手动设置我的连接”选项，单击“下一步”按钮，如图2-13所示。

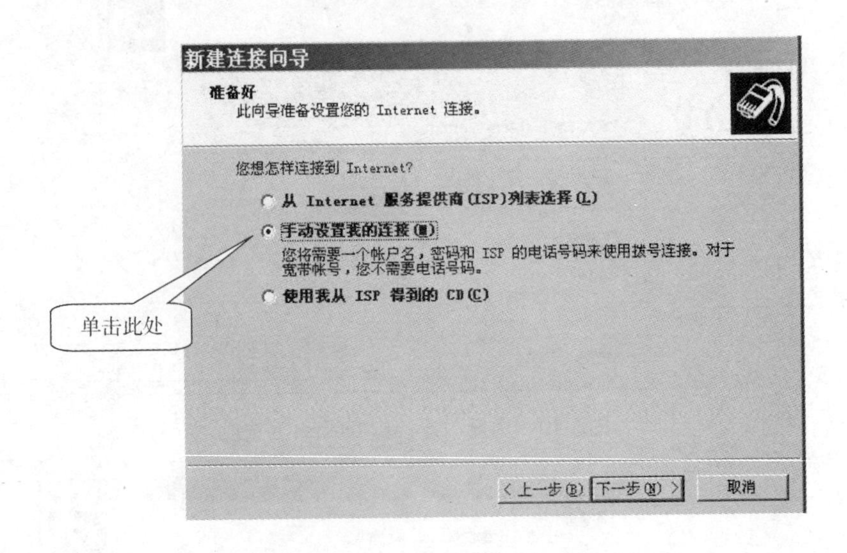

图2-13　选择“手动设置我的连接”选项

7）在“ISP名称”文本框中输入“宽带连接”或其他名称后，单击“下一步”按钮，如图2-14所示。

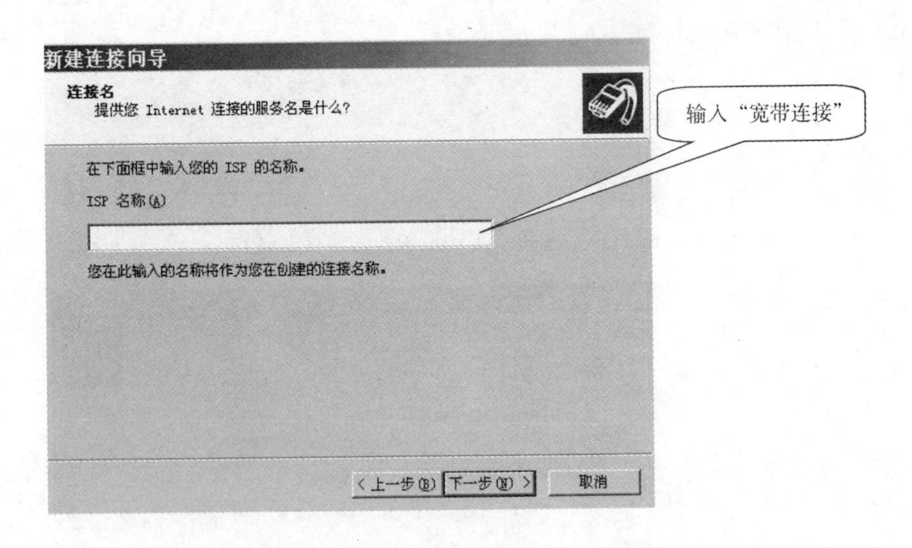

图2-14　输入ISP名称

8）输入用户名和密码，同时把下面的两个复选框全部选中，然后单击“下一步”按钮，如图2-15所示。

9）选中“在我的桌面上添加一个到此连接的快捷方式（S）”复选框后单击“完成”按钮（见图2-16），桌面就会出现一个“宽带连接”的快捷方式。

10）双击桌面上的“宽带连接”快捷方式，即可上网了，如图2-17所示。

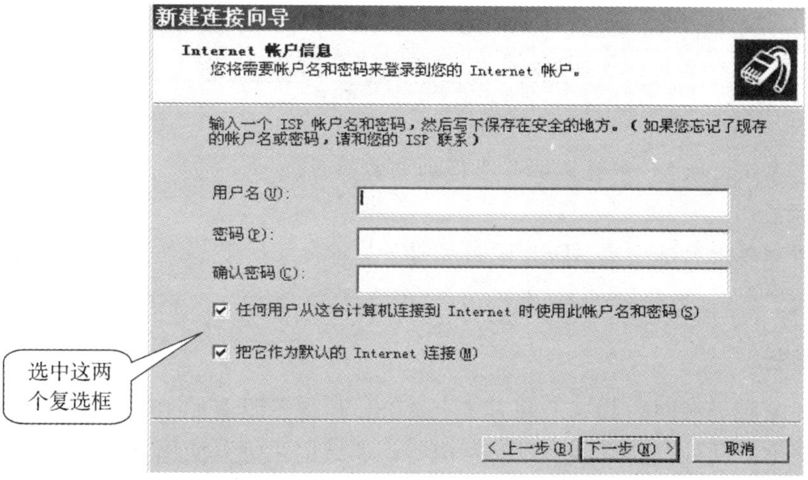

新建连接向导

Internet 帐户信息
您将需要帐户名和密码来登录到您的 Internet 帐户。

输入一个 ISP 帐户名和密码，然后写下保存在安全的地方。（如果您忘记了现存的帐户名或密码，请和您的 ISP 联系）

用户名(U):

密码(P):

确认密码(C):

☑ 任何用户从这台计算机连接到 Internet 时使用此帐户名和密码(S)

☑ 把它作为默认的 Internet 连接(M)

选中这两个复选框

< 上一步(B)　下一步(N) >　取消

图 2-15　设置“Internet 帐户信息”

新建连接向导

正在完成新建连接向导

您已成功完成创建下列连接需要的步骤:

宽带连接 2
- 设置为默认连接
- 与此计算机上的所有用户共享
- 对每个人使用相同的用户名和密码

此连接将被存入“网络连接”文件夹。

☑ 在我的桌面上添加一个到此连接的快捷方式(S)

要创建此连接并关闭向导，单击“完成”。

< 上一步(B)　完成　取消

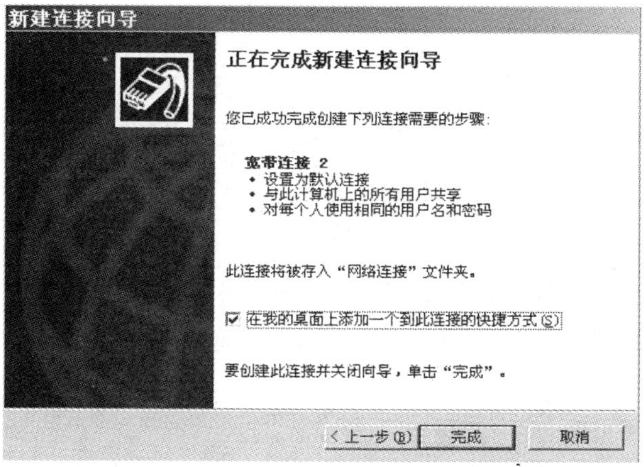

图 2-16　新建连接向导窗口

图 2-17　“宽带连接”快捷方式

任务三　在 Windows XP 中设置共享上网

知识目标：

掌握在 Windows XP 中设置共享上网的相关知识。

技能目标：

能够根据要求熟练设置 ADSL 调制解调器加主机双网卡共享上网方式。

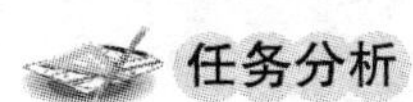

任务分析

目前常见家庭局域网的共享上网方式有 ADSL 调制解调器加主机双网卡和 ADSL 调制解调器加宽带路由器两种。如果家中没有路由器，那么用户可以使用 ADSL 调制解调器加主机双网卡共享上网方式。这种上网方式具有低成本优势，用户只需多添加一块网卡即可方便上网。本任务是在 Windows XP 中设置主机双网卡共享上网方式。

任务准备

实施本任务所使用的实训设备为两台带有网卡的计算机和一块 PCI 网卡、两根带 RJ-45 插头的双绞线、一根直通线（EIA/TIA 568B 标准）和一根交叉线（EIA/TIA 568A 标准）。

任务实施

1. 安装网卡

把 PCI 网卡安装在一台计算机内部。安装有双网卡的计算机称为主机，通过主机连接共享上网的计算机称为客户机。其中的一块网卡通过直通线连接 ADSL 调制解调器，另一块网卡通过交叉线连接客户机。

在客户机上单击“开始”→“运行”命令，输入“cmd”命令，进入 DOS 方式，输入“Ping 192. 168. 0. 1”命令（见图 2-18），按【Enter】键看能否 Ping 通，然后在主机上输入“Ping 192. 168. 0. 2”命令，看能否 Ping 通。

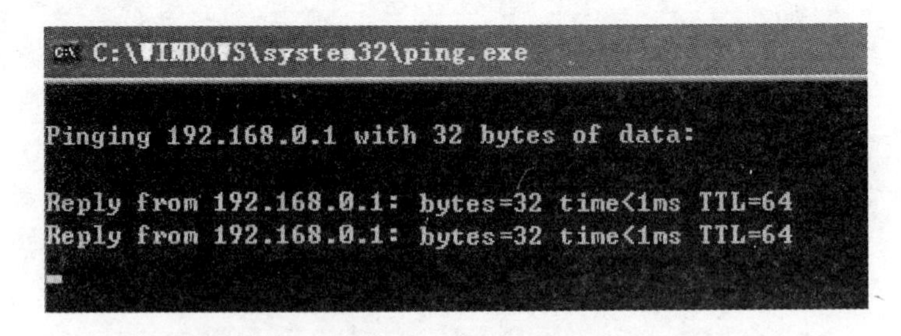

图 2-18　cmd 窗口

2. 设置软件

（1）配置主机网络

1）在桌面的“网上邻居”图标上右击，在弹出的快捷菜单中选择“属性”命令后弹出“网络连接”窗口，如图 2-19 所示。

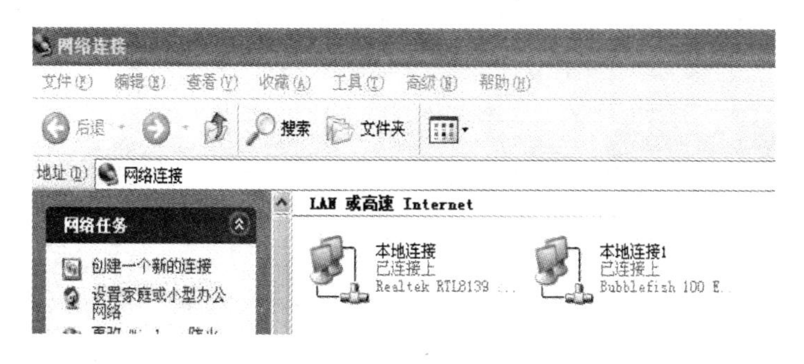

图 2-19 “网络连接”窗口

2）把连接 Internet 的本地连接设置为外网，把连接客户机的本地连接设置为内网。那么如何区分哪个是外网哪个是内网呢？分别右击“本地连接”和“本地连接 1”图标，在弹出的快捷菜单中选择“属性”命令，弹出“本地连接 属性”对话框，选择“高级”选项卡，如图 2-20 和图 2-21 所示。

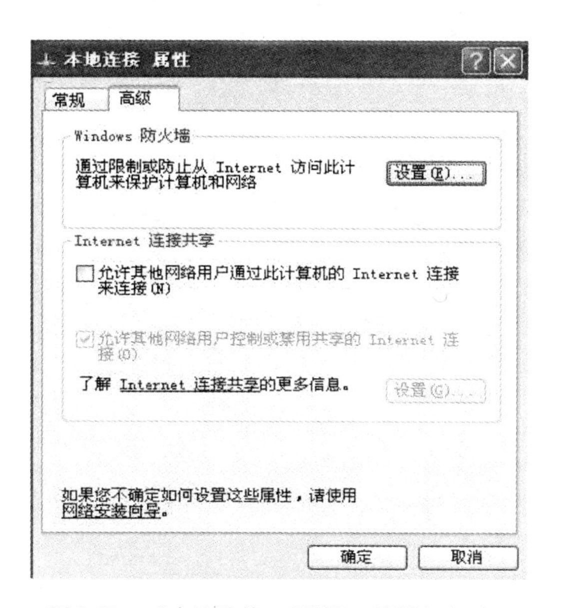

图 2-20 “本地连接 属性”对话框（一）

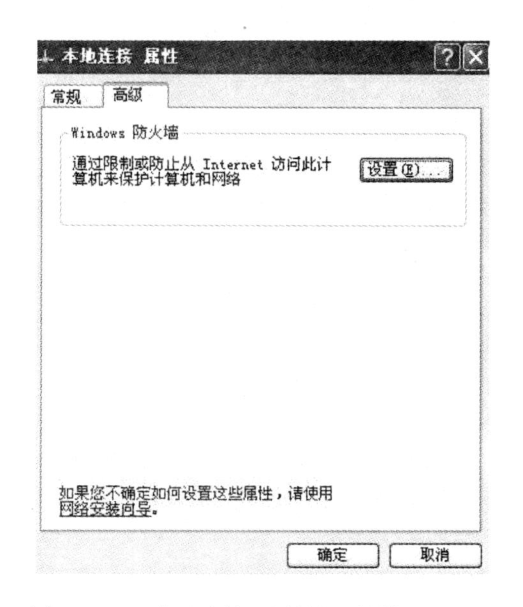

图 2-21 “本地连接 属性”对话框（二）

3）看到两个本地连接的区别后，将“高级”选项卡内有“Internet 连接共享”这一项的设置成外网，将另一个设置成内网，效果如图 2-22 所示。

图 2-22 设置效果

（2）配置 IP 地址和 DSN

1）右击“内网”图标，从弹出的快捷菜单中选择“属性”命令，打开“本地连接 属性”对话框，选择“Internet 协议（TCP/IP）”选项后单击“属性”按钮，打开“Internet 协议（TCP/IP）属性”对话框，在“IP 地址”文本框中输入“192.168.0.1”，在“子网掩码”文本框中输入“255.255.255.0”，然后单击“确定”按钮。根据需要，也可以不填写 DNS。

2）客户机的网卡不需要另外安装服务。右击“内网”图标，从弹出的快捷菜单中选择“属性”命令，打开“本地连接 属性”对话框，选中“Internet 协议（TCP/IP）”选项后单击“属性”按钮，在“IP 地址”文本框中输入“192.168.0.2”，在“子网掩码”文本框中输入“255.255.255.0”，在“默认网关”文本框中输入“192.168.0.1”（即主机的 IP 地址），在 DSN 中的设置应和主机外网的 DSN 设置相同，如图 2-23 和图 2-24 所示。

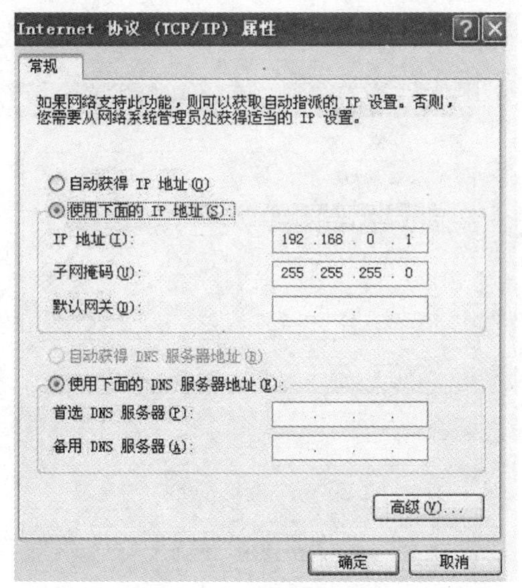

图 2-23 设置 IP 地址

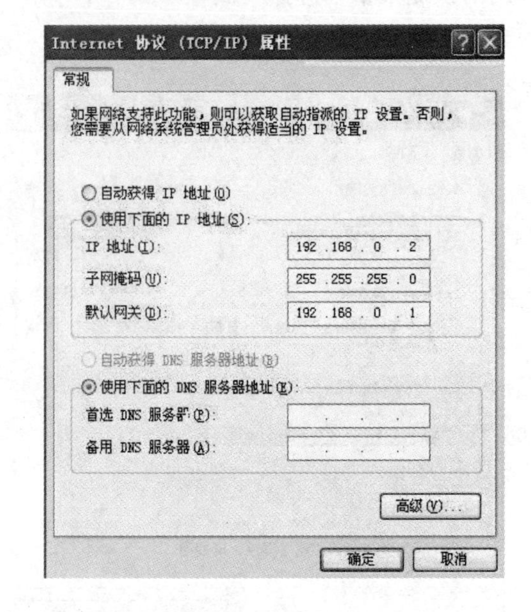

图 2-24 设置网关

（3）设置主机网络安装向导

1）首先单击“开始”→“控制面板”命令，打开“控制面板”窗口，从中双击“网络安装向导”图标，弹出“网络安装向导”对话框（见图 2-25），单击“下一步”按钮，在打开的对话框中单击“创建网络的清单”超链接，可查看创建网络的清单，如图 2-26 所示。

2）在图 2-26 所示对话框中单击“下一步”按钮，在打开的对话框中选择“这台计算机直接连到 Internet。我的网络上的其他计算机通过这台计算机连到 Internet”选项，然后单击“下一步”按钮，如图 2-27 所示。

3）在打开的对话框中选中“本地连接 Realtek RTL8139 Family PCI Fast Ethernet NIC”选项后，单击“下一步”按钮（这里要特别注意，选中的网卡必须是接入 Internet 的那块外网网卡），如图 2-28 所示。

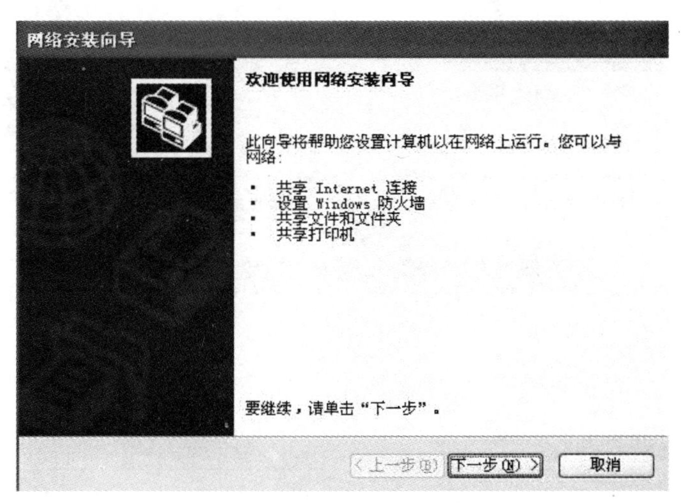

图 2-25　“网络安装向导”对话框

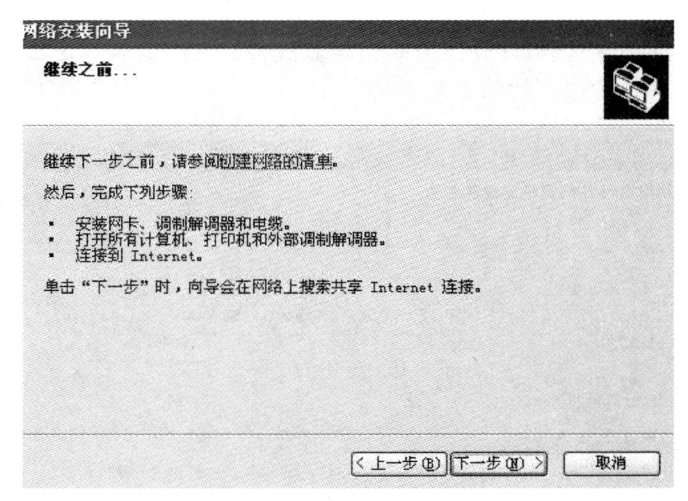

图 2-26　查看创建网络的清单

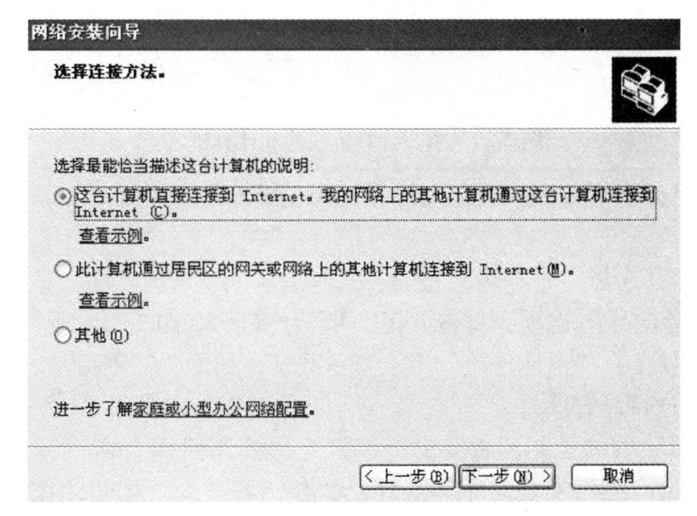

图 2-27　选择连接方法

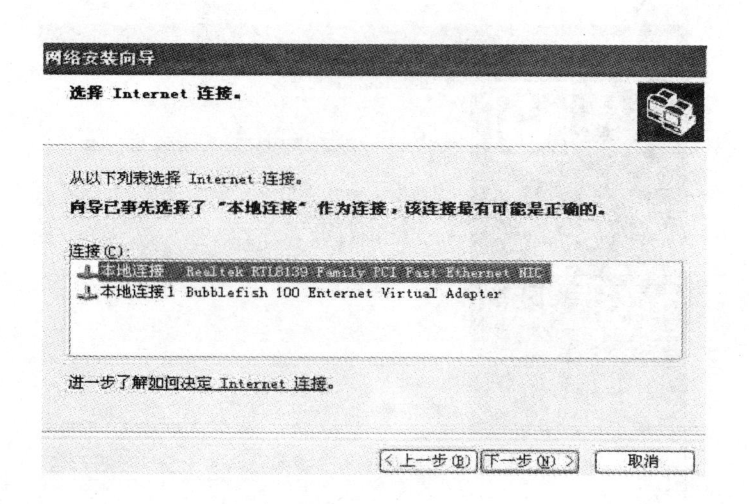

图 2-28 选择 Internet 连接

4）在打开的对话框中填写计算机描述和计算机名，工作组名称可以使用默认的工作组名称，单击“下一步”按钮，如图 2-29 所示。

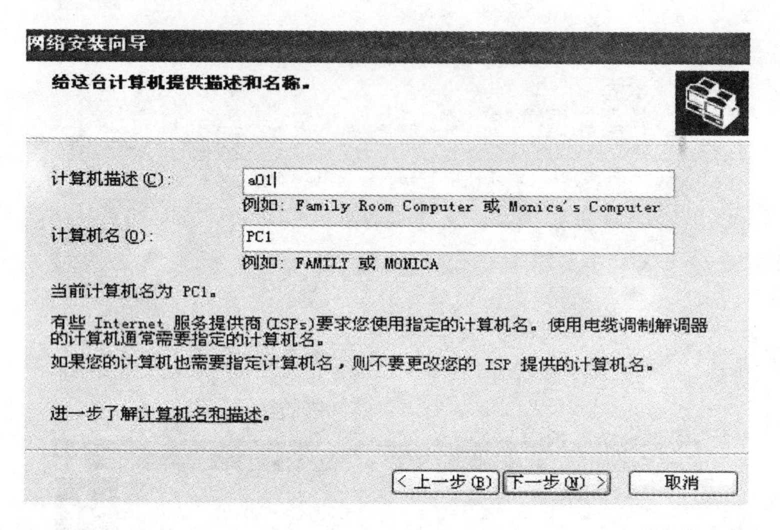

图 2-29 填写计算机描述和计算机名

5）在打开的对话框中选择“关闭文件和打印机共享”选项后，单击“下一步”按钮，如图 2-30 所示。

6）以后的操作都选择“下一步”按钮，直到最后一项选择“完成该向导。我不需要在其他计算机上运行该向导”选项，单击“下一步”按钮，如图 2-31 和图 2-32 所示。设置正确后，在内网网卡对应的“本地连接”上会显示共享，如图 2-33 所示。

（4）对客户机进行设置

1）单击“开始”→“控制面板”命令，打开“控制面板”窗口，从中双击“网络安装向导”图标，弹出“网络安装向导”窗口，单击“下一步”按钮，在打开的对话中单击“下一步”按钮。

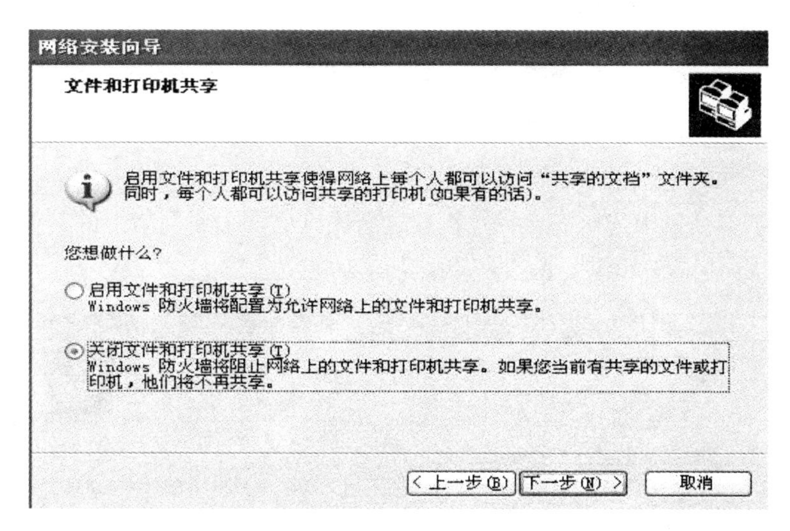

图 2-30　关闭文件和打印机共享

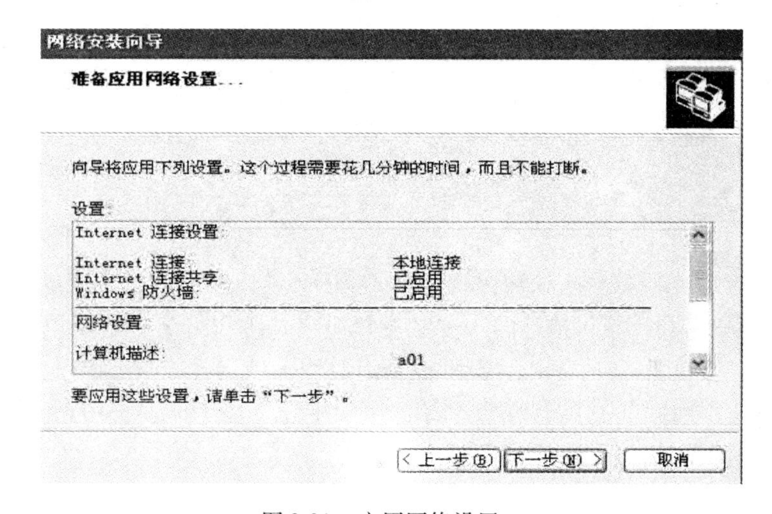

图 2-31　应用网络设置

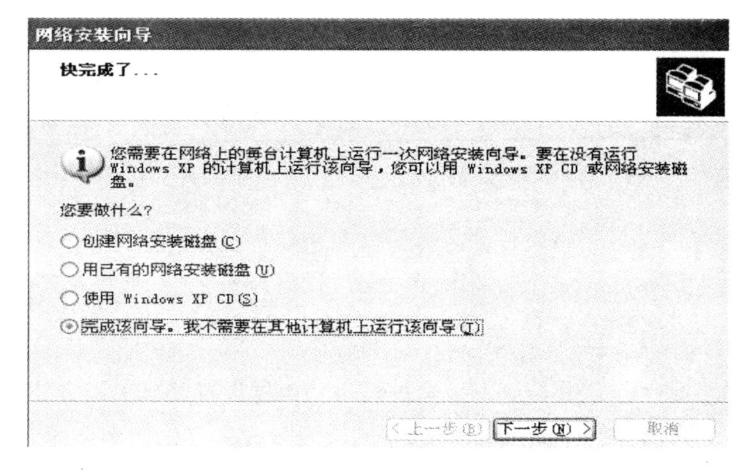

图 2-32　完成向导

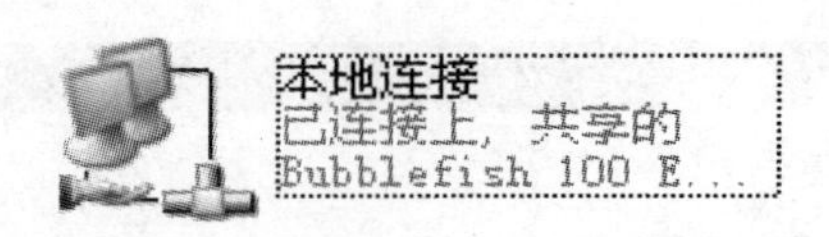

图 2-33　共享本地连接

2）在打开的对话框中选择“此计算机通过居民区的网关或网络上的其他计算机连接到Internet”选项，单击“下一步”按钮，如图 2-34 所示。

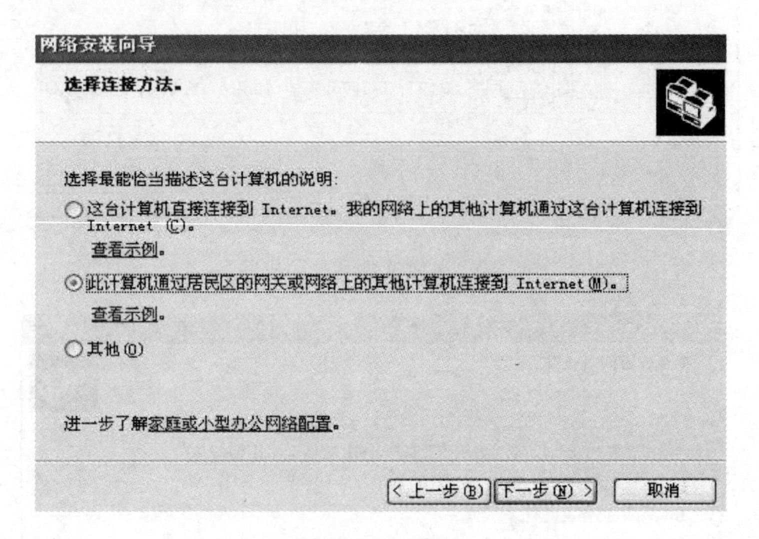

图 2-34　客户机网络设置

3）设置计算机名和计算机描述时不要和主机重名，工作组名一定要填写和主机完全相同的名字，然后一直单击“下一步”按钮，直到最后一项选择“完成该向导。我不需要在其他计算机上运行该向导”选项，单击“下一步”按钮，这样就完成了主机双网卡的双机互连。

任务四　利用 ADSL 调制解调器加宽带路由器设置共享上网

知识目标：

掌握在家庭局域网中利用 ADSL 调制解调器加宽带路由器设置共享上网的相关知识。

技能目标：

能够根据要求熟练利用 ADSL 调制解调器加宽带路由器设置共享上网。

任务分析

在家庭局域网中利用 ADSL 调制解调器加宽带路由器设置共享上网方式，简单方便，无须主机，所有计算机都是客户机，可以随意开关任何一台计算机而不影响其他计算机上网，客户机连接网线后就能上网，系统能自动分配 IP 地址，是家庭中首选的共享上网方式。本次任务是利用 ADSL 调制解调器加宽带路由器设置共享上网方式。

任务准备

实施本任务所使用的实训设备为：一台 ADSL 调制解调器、一台家用宽带路由器、两台计算机、两根 EIA/TIA 568B 标准双绞线。

任务实施

1. 硬件的连接

这里以两台计算机通过宽带路由器共享 ADSL 上网为例来介绍硬件的连接。

（1）制作双绞线　根据实际需要，把双绞线切断为合适的长度，然后在双绞线两端安装 RJ-45 插头。在压制 RJ-45 插头时，注意两端所使用的标准要一致（EIA/TIA 568B 标准）。

（2）安装网卡　现在的计算机主板都集成网卡，只需安装好网卡的驱动程序即可。

（3）设备连线　宽带路由器的后面有 4 个交换接口，把双绞线的一端插到宽带路由器的交换接口，另一端插到计算机网卡接口。用同样的方法连接好另一台计算机。把 ADSL 调制解调器附带的双绞线的一端接入宽带路由器的 WAN 口中，另一端连接 ADSL 调制解调器。ADSL 调制解调器附带的滤波器有 Line、ADSL 和 Phone 3 个接口，把电话外线插到 Line 接口上，然后用另一根电话线连接滤波器上标有“ADSL”的接口和 ADSL 调制解调器，最后把电话插到滤波器的 Phone 接口，然后给宽带路由器供电。

2. 软件的设置

1）首先打开 IE 浏览器，在地址栏中输入“192.168.0.1”后按【Enter】键，如图 2-35 所示。

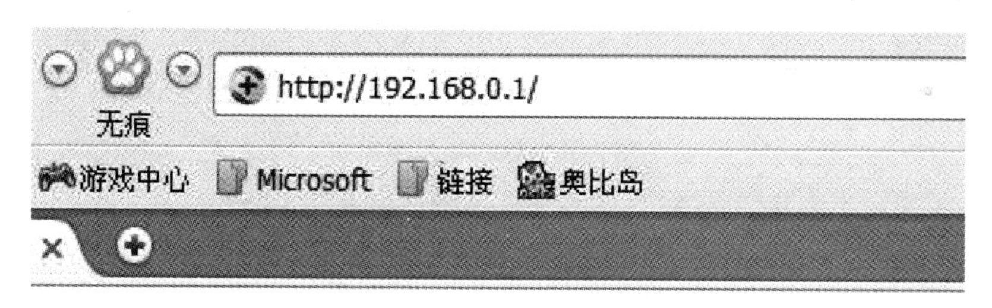

图 2-35　IE 浏览器地址栏

2）进入宽带路由器设置窗口，单击窗口左侧的“快速设置”选项，在“设置向导”对话框中选择“PPPoE（ADSL 虚拟拨号）”选项后，单击“下一步”按钮，如图 2-36 所示。

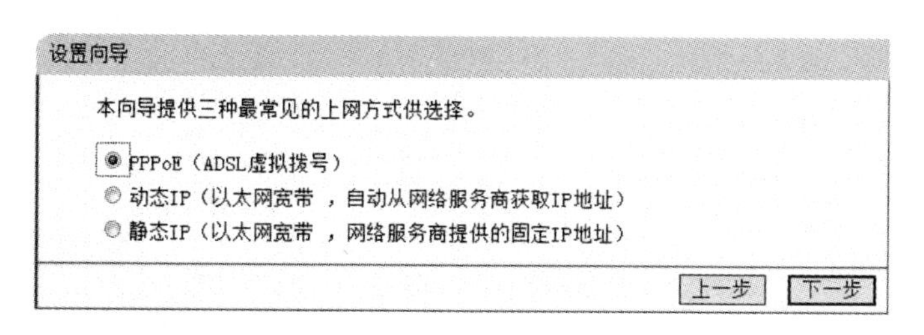

图 2-36　宽带路由器设置窗口

3）当出现图 2-37 所示界面时，输入路由器密码，默认的用户名和密码均为“admin”（不同的宽带路由器，其密码不同，可查看相关说明书），然后单击“确定”按钮。

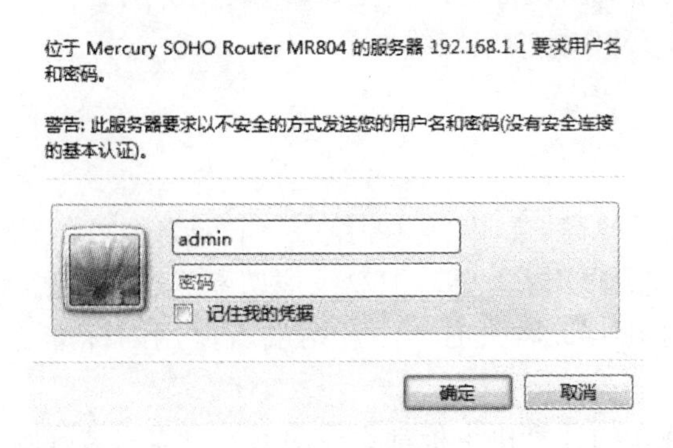

图 2-37　登录界面

4）在“设置向导-ADSL”对话框中输入上网账号和口令后单击“下一步”按钮，如图 2-38 所示。

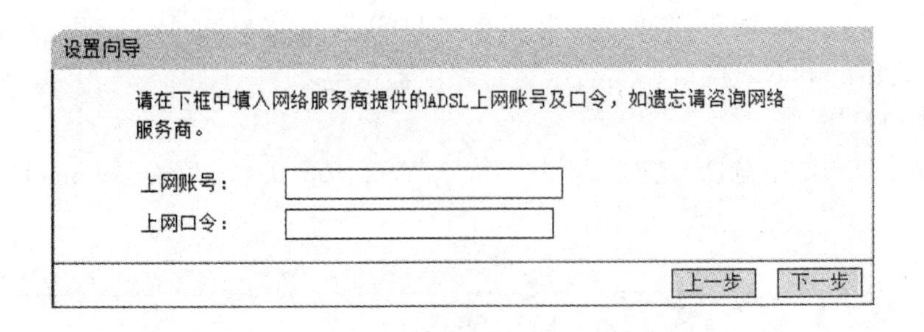

图 2-38　输入账号和口令

5）设置完成后，单击“保存”按钮退出设置，如图 2-39 所示。这样就完成了宽带路由器的设置，然后测试两台计算机是否能共享上网。

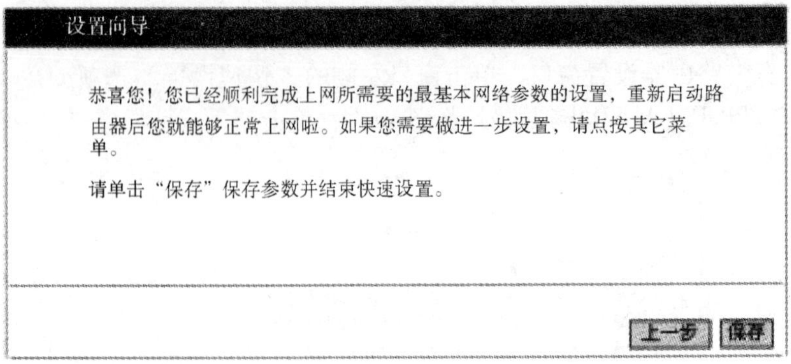

设置向导

恭喜您！您已经顺利完成上网所需要的最基本网络参数的设置，重新启动路由器后您就能够正常上网啦。如果您需要做进一步设置，请点按其它菜单。

请单击“保存”保存参数并结束快速设置。

上一步　保存

图 2-39　设置完成

思考与练习

一、选择题

1. 组建家庭局域网时，能够实现网络中计算机共享上网的设备是（　　）。

A. 交换机　　B. 路由器　　C. HUB　　D. 网卡

2. 组建局域网时一般采用（　　）网络拓扑结构。

A. 总线型　　B. 星形　　C. 环形

3. 双绞线中有（　　）根铜线。

A. 4　　B. 6　　C. 8　　D. 10

4. 目前组建局域网常用的传输介质端口类型是（　　）。

A. RJ-45　　B. AUI　　C. BNC　　D. RJ-11

二、填空题

1. 组建家庭局域网共享上网方式可采用________________和________________两种方式。

2. 目前家庭中常用的上网方式有________________和________________。

3. 将两台计算机直接连接共享上网时，双绞线的制作一端要用________________标准，另一端要用________________标准。

4. 组建家庭局域网所需的协议是____________________。

5. EIA/TIA 568B 标准的双绞线线序是橙白、橙、________、________、________、________、棕白、棕。

三、问答题

1. 组建家庭局域网所用的硬件设备有哪些？

2. 简述宽带路由器的作用。

四、操作题

1. 在桌面上创建一个 ADSL 调制解调器拨号上网的快捷方式，将其命名为“宽带连接”。

2. 安装配置宽带路由器，实现共享上网。

3. 设置 ADSL 调制解调器加主机双网卡共享上网方式。

单元三　组建小型局域网并进行资源共享

3

现如今，在大学、中专及技工学校宿舍中组建局域网来共享资源、联机游戏、上网冲浪已越来越普遍。校园宿舍局域网是整个校园局域网不可缺少的一部分。在校园宿舍里有计算机的学生已不在少数，每个宿舍的计算机数量基本上都在两台以上，如果每个人都单独装设宽带上网的话，对学生来说，价格非常高，也很浪费。本单元从需求分析、总体网络设计、综合布线等多方面分析和阐述校园宿舍局域网的组建并对组建宿舍局域网所需设备的选择进行简单的阐述。

任务一　组建校园宿舍局域网

知识目标：

掌握组建校园宿舍局域网所需设备和接入方式的选择方法，以及网络布线的原则和计算机网络的设置方法。

技能目标：

能够根据实际网络接入需要设置网络参数，实现校园宿舍局域网上网。

任务分析

本任务以四人宿舍为例，介绍学生自行组建校园宿舍局域网的步骤，包括网络设备的选择、网络类型、网络布线原则等基础知识，最后对组建的网络进行参数设置，实现校园宿舍局域网上网。

相关知识

1. 选择网络类型

组建局域网时常用的拓扑结构是总线型、星形和树形。校园宿舍局域网由于功能和规模有限，一般采用星形拓扑结构。

2. 选择网络设备

校园宿舍局域网如果与学校骨干网相连，成为校园局域网的一部分，那么设计和施工相对简单，学校提供接入方式，宿舍内部只需要交换机即可。如果学校没有局域网而由学生自行在宿舍组建，那么需要选择宽带接入或光纤接入，接入后用宽带路由器或交换机连接宿舍内的计算机，若便携式计算机较多，则可考虑用无线路由器或无线交换机连接学生的个人计算机。

3. 网络布线原则

校园内学生宿舍要求整洁卫生，所以在布线时应尽量在宿舍墙角或柜子后面布线，并用墙钉固定。布线时应选择连线最短，布线最容易、最美观的方法，以便在今后网络出现故障时，能够迅速地找到故障点。

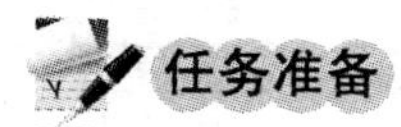

实施本任务所使用的实训设备为：一台 ADSL 调制解调器，若干网线、水晶头，一把网线钳，两台计算机。

1. 选择接入方式

现今，ADSL 接入方式较为普遍，价格较低，对于同一个宿舍的学生来说还是能够承受的。如果采用 ADSL 方式接入 Internet，那么可以购买宽带路由器组建局域网；如果 ADSL 调制解调器带有路由功能，那么可选择交换机来组网。

如果有多个宿舍的计算机共享上网，那么可以通过交换机互连的方式将各计算机连接起来，但要注意超五类双绞线的有效传输距离为 100m。

2. 施工布线

宿舍局域网采用星形拓扑结构，这种结构一般使用非屏蔽双绞线布线。布线完成后，要检测网线连通性，方法是用网线测试仪进行测试。

3. 设置网络中的计算机

这里主要介绍添加网络协议以及标志计算机的方法

（1）添加 IPX/SPX 网络协议 为什么要添加该协议？虽然 Windows XP 系统只默认安装了 TCP/IP 协议，但是如果不安装 IPX/SPX 协议，那么宿舍局域网内的用户可能会遇到不能联机游戏或共享资源的情况。添加 IPX/SPX 网络协议的步骤如下：

1）在“网上邻居”图标上右击，在弹出的快捷菜单中选择“属性”命令，打开“网络连接”窗口，如图 3-1 所示。

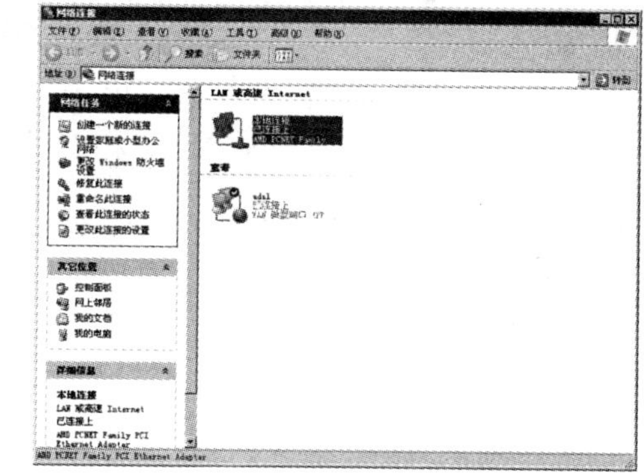

图 3-1 “网络连接”窗口

2）在“本地连接”图标上右击，在弹出的快捷菜单中选择“属性”命令，打开“本地连接 属性”对话框，如图 3-2 所示。

3）单击“安装”按钮，打开“选择网络组件类型”对话框，如图 3-3 所示。

4）在“单击要安装的网络组件类型”列表框中选择“协议”选项，然后单击“添加”按钮，打开“选择网络协议”对话框，如图 3-4 所示。

5）在“网络协议”列表框中选择“NWLink IPX/SPX/NetBIOS Compatible Transport Protocol”选项，然后单击“确定”按钮开始安装协议。协议添加完成后，会出现在“本地连接 属性”对话框中，如图 3-5 所示。

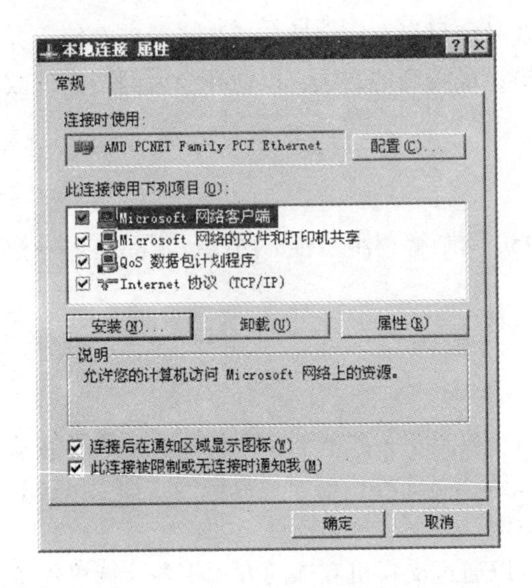

图 3-2 “本地连接 属性”对话框

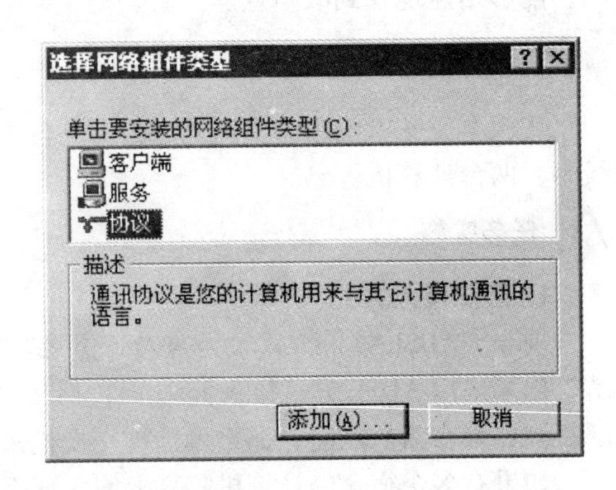

图 3-3 “选择网络组件类型”对话框

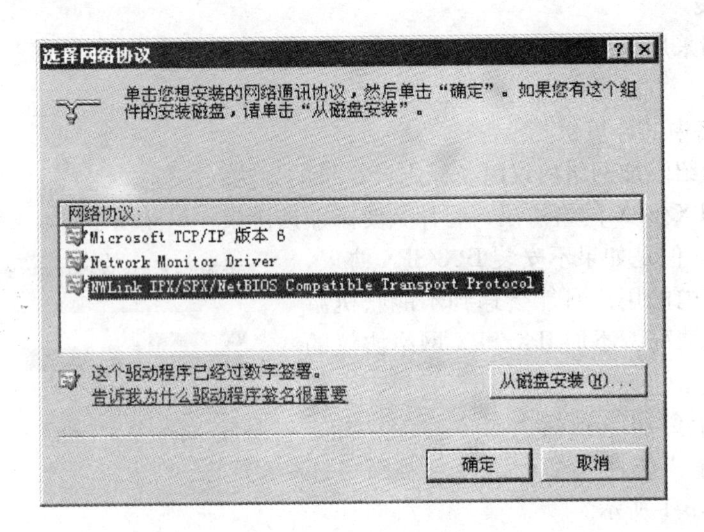

图 3-4 “选择网络协议”对话框

（2）标志计算机与工作组名称　在宿舍局域网中，每台计算机必须有唯一的名称，若有重名，则无法正常使用网络。所谓计算机工作组是指一组共享文件与资源的计算机，加入工作组，用户可以方便地访问本组中其他计算机的共享资源。

下面将计算机名称改为“计算机系 3031”，加入“JSXY”工作组。

1）右击“我的电脑”图标，在弹出的快捷菜单中选择“属性”命令，打开“系统属性”对话框，如图 3-6 所示。

2）单击“计算机名”标签，打开“计算机名”选项卡，如图 3-7 所示。

3）单击“更改”按钮，弹出“计算机名称更改”对话框，如图 3-8 所示。

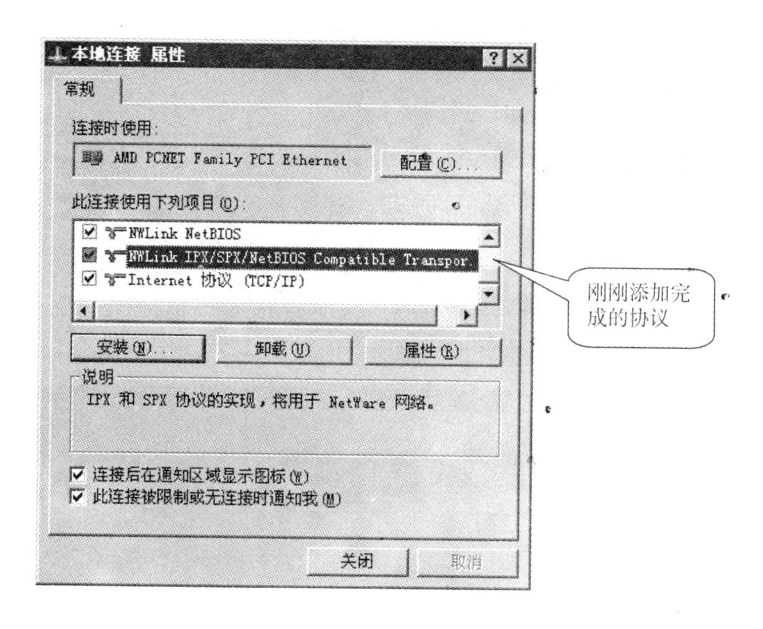

图 3-5　完成协议的添加

4）在“计算机名”文本框中输入新的计算机名称“计算机系 3031”，在“工作组”选项中输入工作组名称“JSXY”，如图 3-8 所示。

图 3-6　“系统属性”对话框

图 3-7　“计算机名”选项卡

5）单击“确定”按钮，弹出“欢迎加入 JSXY 工作组”提示信息，如图 3-9 所示。

6）单击“确定”按钮，弹出“要使更改生效，必须重新启动计算机”提示信息（见图 3-10），单击“确定”按钮重新启动计算机，计算机名和工作组设置生效。

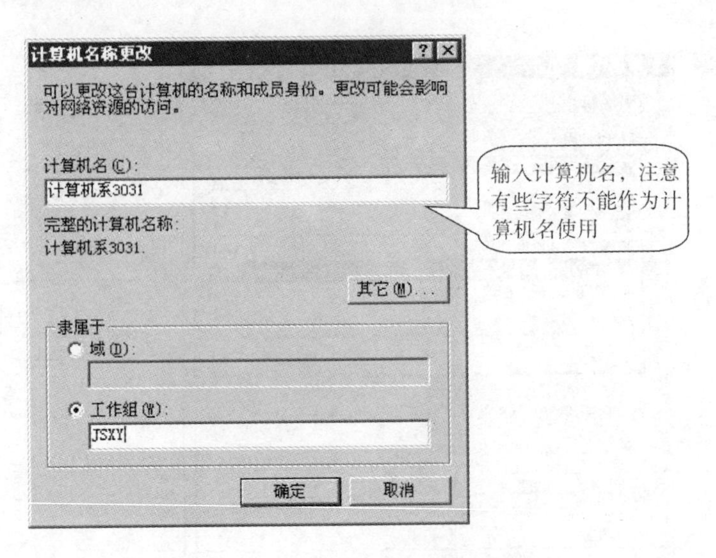

图 3-8　“计算机名称更改”对话框

图 3-9　欢迎信息

图 3-10　重启计算机信息

任务二　共享局域网文件

知识目标：

掌握局域网文件共享的设置方法。

技能目标：

能够对局域网中的计算机文件设置共享并能通过网络进行访问。

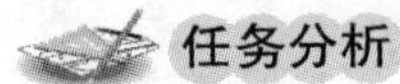

本任务主要讲解局域网文件共享的设置方法。

 **相关知识**

文件共享是局域网最基本的功能。通过文件共享，可以让所有联入局域网的用户共同拥有或使用同一文件。同事之间共享必要的资料，可以有效提高工作效率。

共享局域网文件的方法有三种，分别为：共享文件和文件夹；一次要设置多个共享文件夹；映射网络驱动器。

共享局域网文件的方式有两种，一种是只读式共享，另一种是完全式共享。

任务准备

实施本任务所使用的实训设备为：一台计算机。

任务实施

1. 文件和文件夹共享

在各种 Windows 操作系统中，设备共享的方法大致相同。

1）打开资源管理器，右击需要共享的文件夹，在弹出的快捷菜单中单击“共享和安全”命令，如图 3-11 所示。

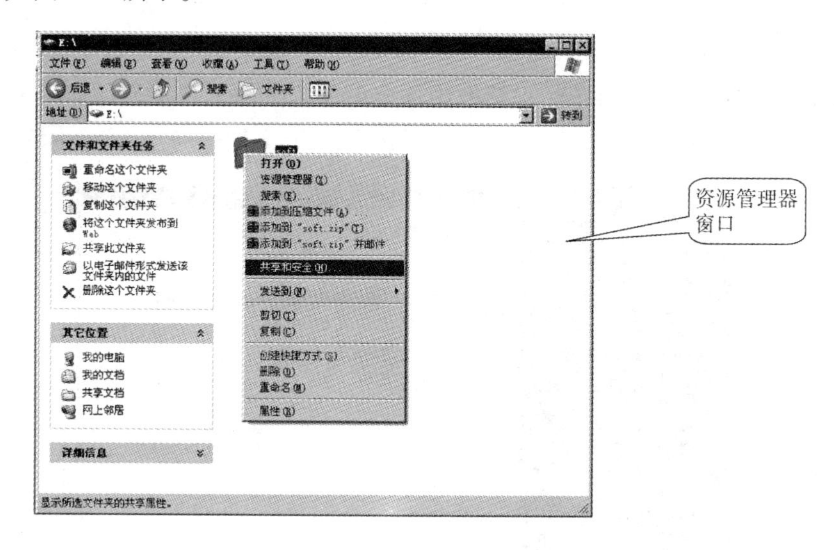

图 3-11 选择要共享的文件夹

2）在弹出的“soft 属性”对话框中，若没有对资源共享进行过设置，则需要进行设置，单击对话框中的“如果您知道安全方面的风险，但又不想运行向导就共享文件，请单击此处”超链接，如图 3-12 所示。

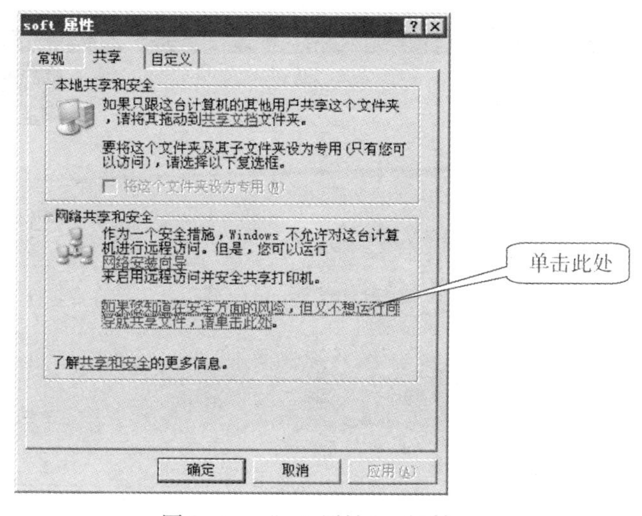

图 3-12 “soft 属性”对话框

3）在“启用文件共享”对话框中选中“用向导启用文件共享（推荐）”单选按钮，然后单击“确定”按钮，如图 3-13 所示。

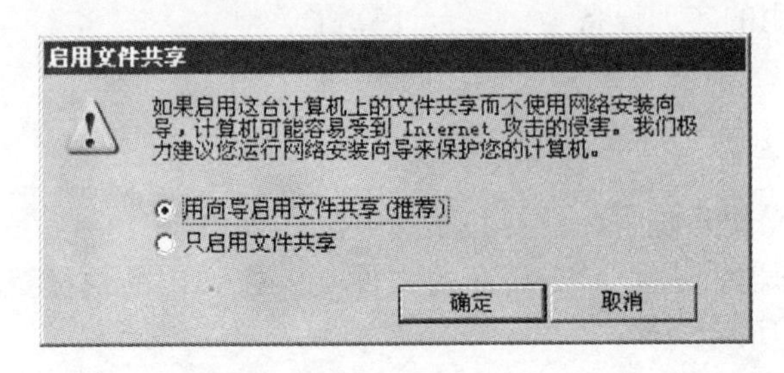

图 3-13　“启用文件共享”对话框

4）在弹出的“网络安装向导”对话框中连续单击“下一步”按钮，如图 3-14 和图3-15 所示。

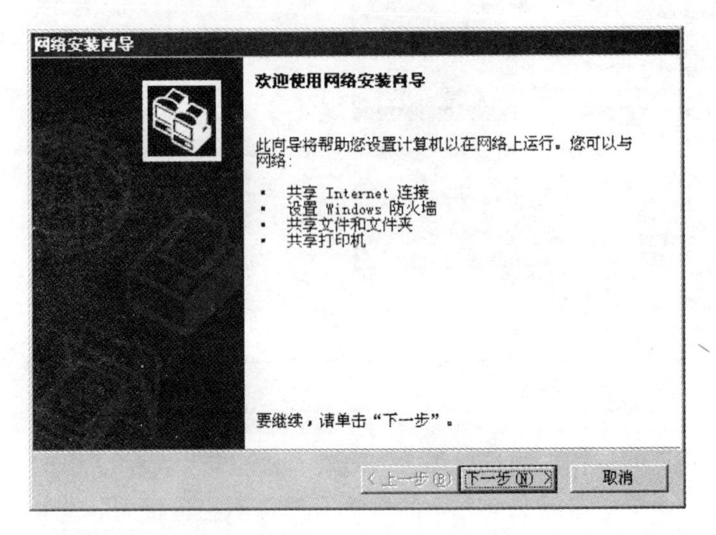

图 3-14　欢迎使用网络安装向导窗口

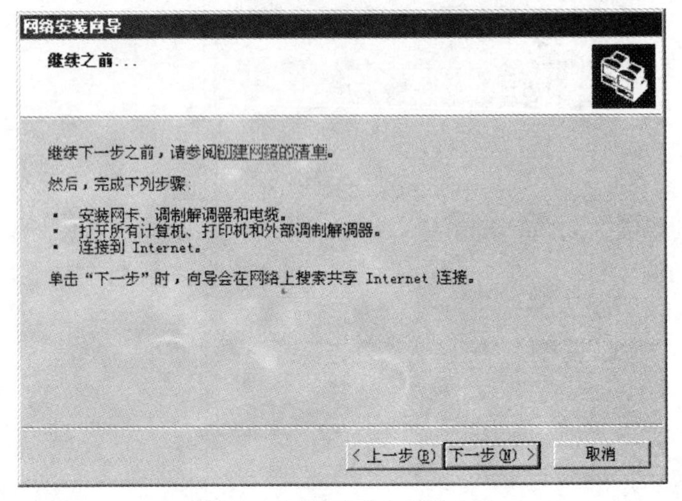

图 3-15　继续安装向导窗口

5）在打开的对话框中选中中间的单选按钮后，单击“确定”按钮，如图3-16所示。

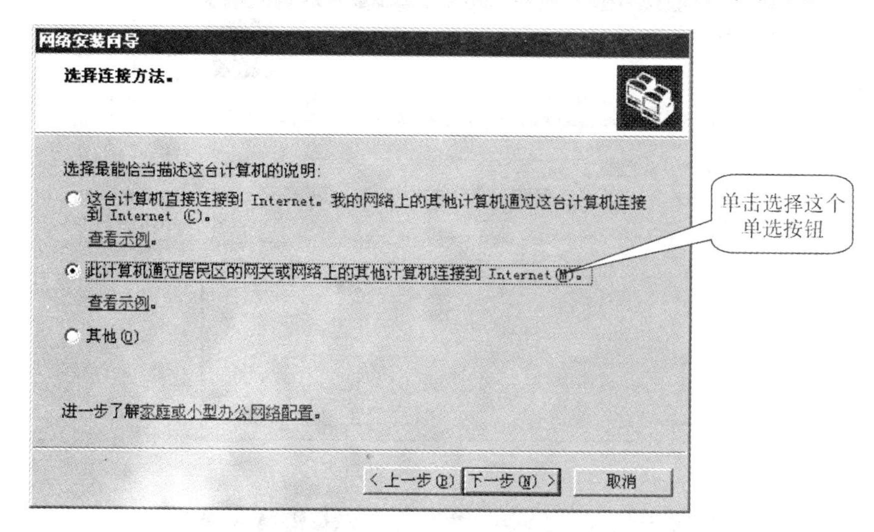

图3-16　选择连接方法

6）在打开的对话框中输入计算机描述和计算机名，单击“下一步”按钮，如图3-17所示。

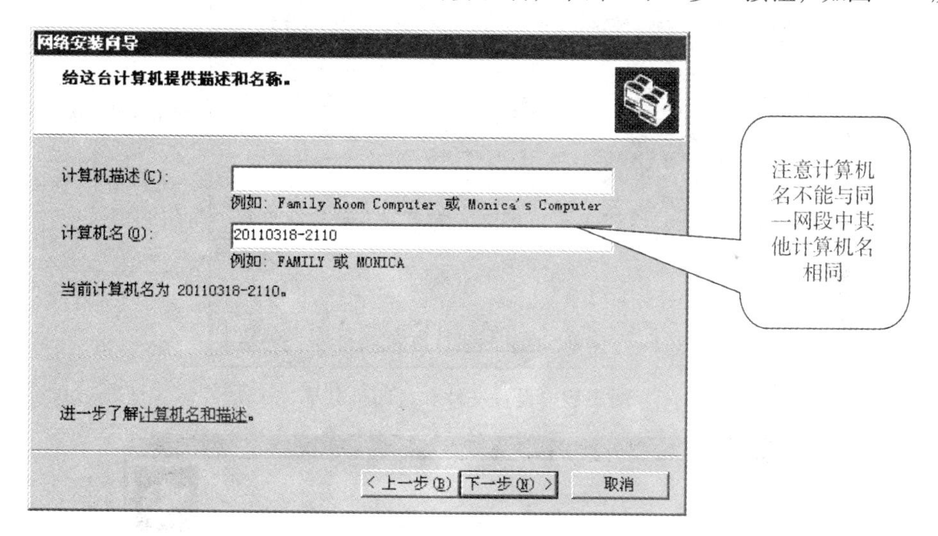

图3-17　给计算机提供描述和名称

7）在打开的对话框中输入工作组名称，单击“下一步”按钮，如图3-18所示。

8）在打开的对话框中选中“启用文件和打印机共享”单选按钮（见图3-19），然后单击“下一步”按钮，出现图3-20所示对话框。

9）当出现图3-21所示对话框时，单击“下一步”和“完成”按钮，共享设置完成，然后重新启动计算机。

10）重新启动计算机后，单击资源管理器窗口中的“工具”命令，然后从下拉菜单中选择“文件夹选项”命令，如图3-22所示。

11）在“文件夹选项”对话框中，取消“使用简单文件共享（推荐）”复选框的选中状态，然后单击“确定”按钮，如图3-23所示。

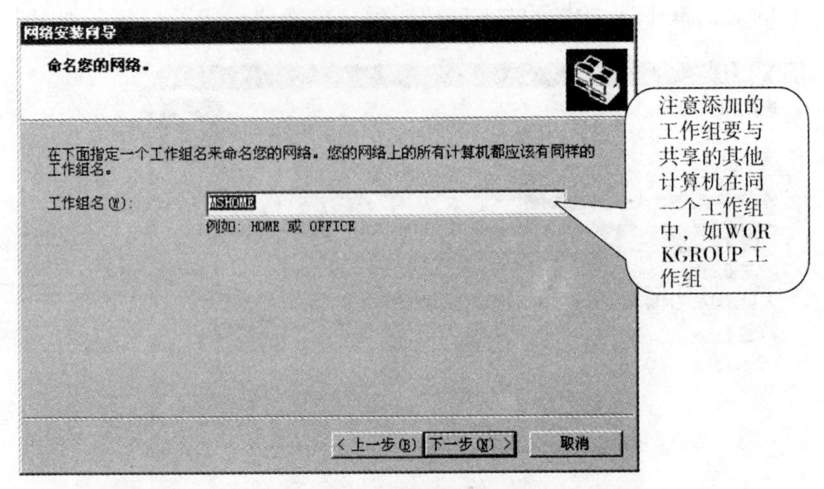

图 3-18　给工作组命名

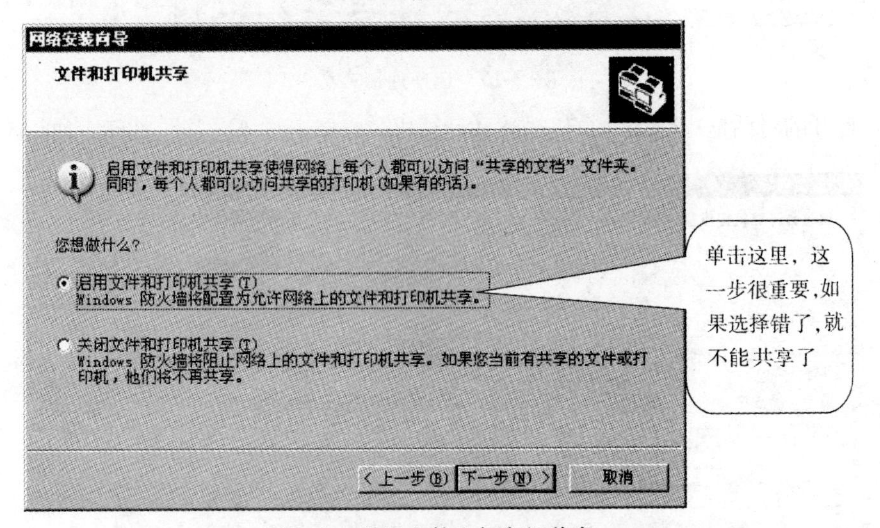

图 3-19　设置文件和打印机共享

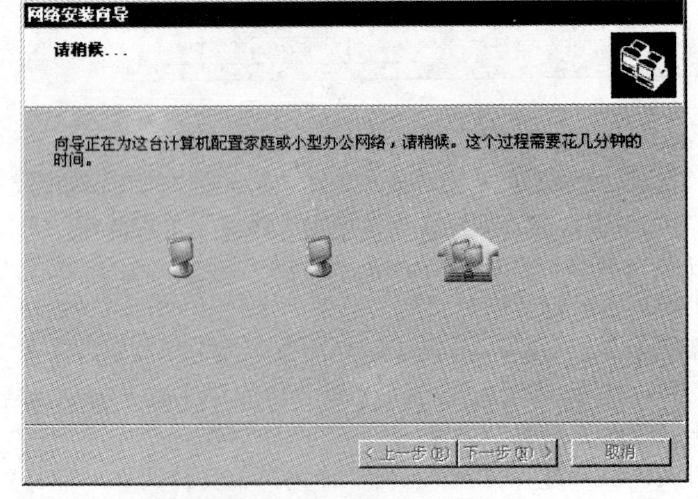

图 3-20　“请稍候”对话框

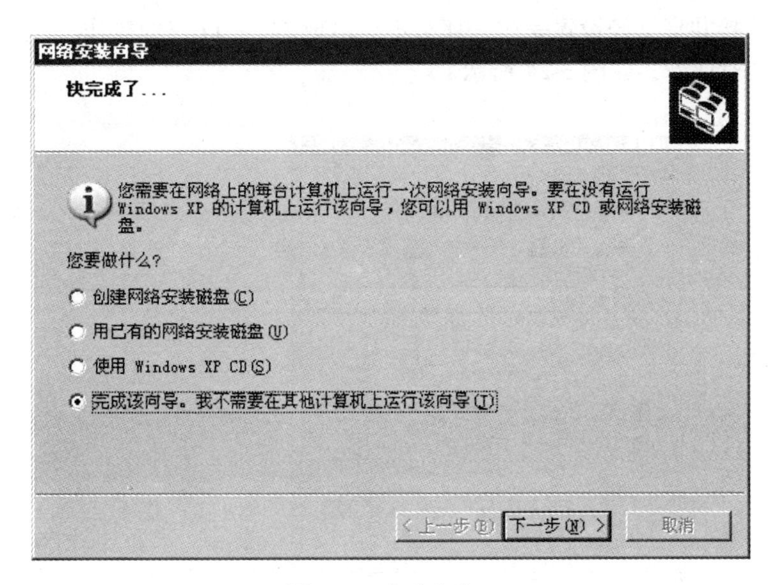

图 3-21　完成安装

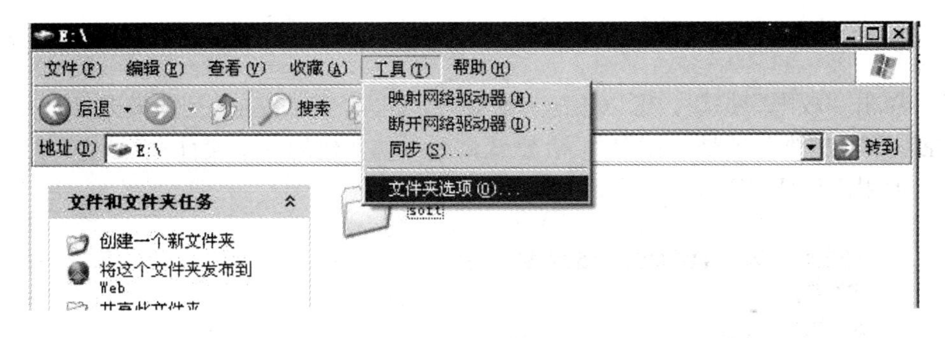

图 3-22　资源管理器窗口

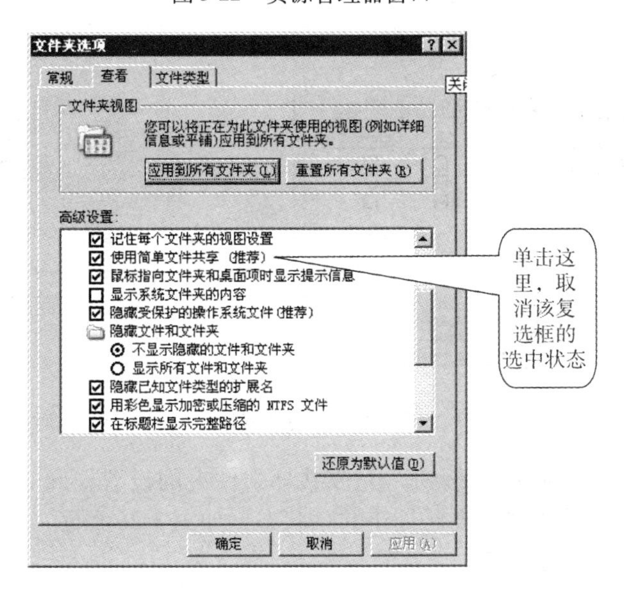

图 3-23　“文件夹选项”对话框

12）如果连接共享已经设置完成，那么不会出现2）~11）的操作，在1）操作完成后会出现共享属性对话框，如图3-24所示。

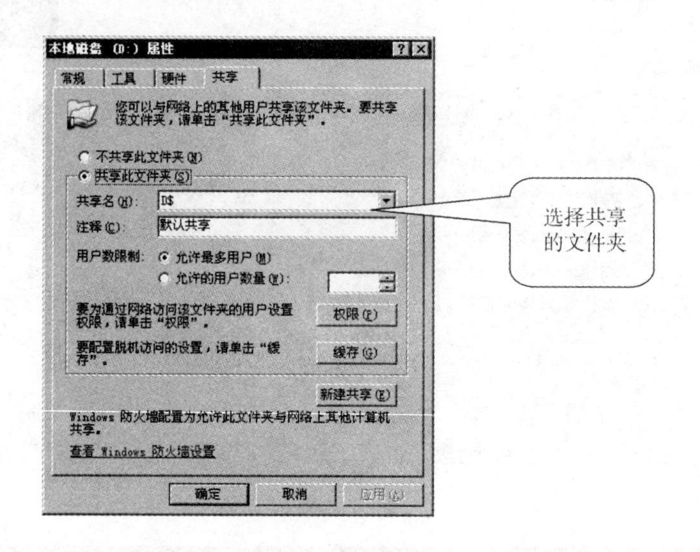

图3-24　设置共享

13）单击“权限”按钮，可以设置用户是否可以访问此共享文件夹及访问的权限是“完全控制”、“更改”还是“读取”。在默认情况下，新建的共享文件夹对网络中的所有用户开放，但用户只具有读取的权限，如图3-25所示。

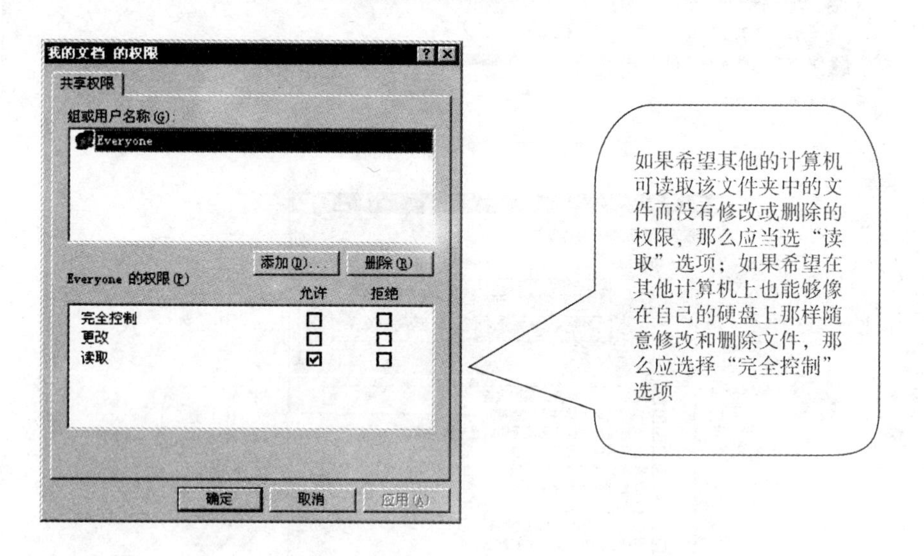

图3-25　设置权限

14）依次单击两次“确定”按钮，完成共享文件夹的设置，此时可以看到文件夹下出现了一个手形标志，表示该文件夹已处于共享状态，如图3-26所示。

2. 一次设置多个共享文件夹

1）打开“控制面板”窗口（见图3-27），双击“管理工具”图标，在打开的“管理工具”窗口（见图3-28）中，双击“计算机管理”图标，打开“计算机管理”窗口。

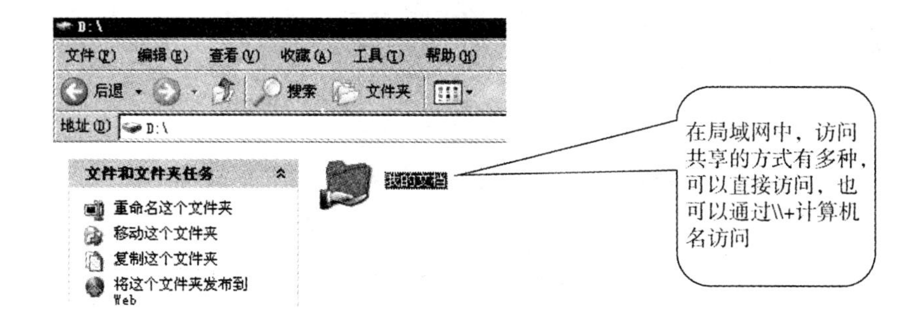

图 3-26　完成共享

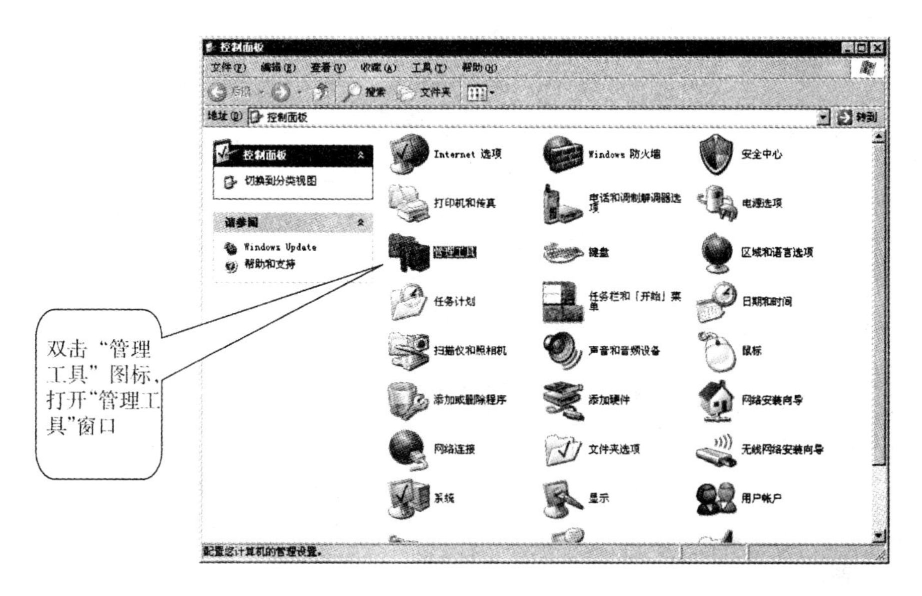

图 3-27　“控制面板”窗口

图 3-28　“管理工具”窗口

2）在打开的“计算机管理”窗口中，依次单击“系统工具”、“共享文件夹”选项，然后右击“共享”选项，在弹出的快捷菜单中单击“新文件共享”命令，如图 3-29 所示。

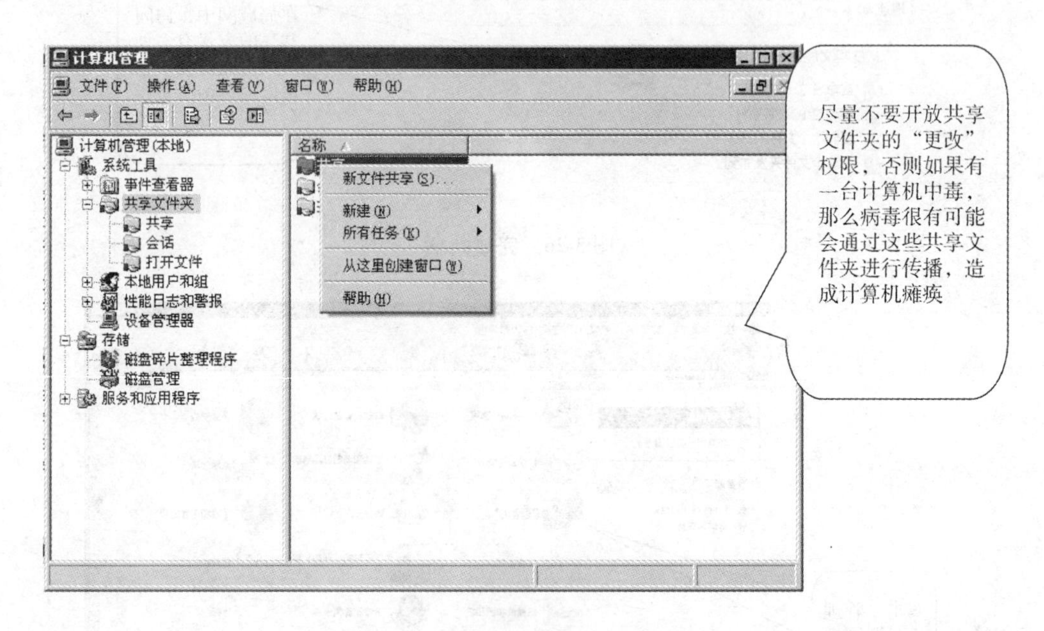

图 3-29 “计算机管理”窗口

3）在打开的“创建共享文件夹向导”对话框中单击“下一步”按钮，再在打开的对话框中单击“浏览”按钮，选择要共享的文件夹，并输入共享名，单击“下一步”按钮，如图 3-30 和图 3-31 所示。

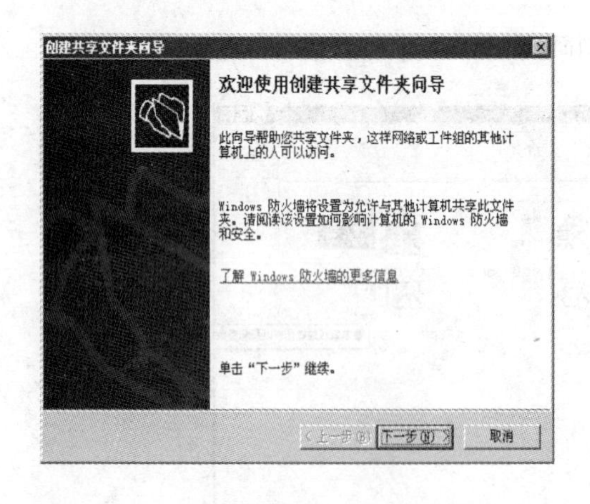

图 3-30 “创建共享文件夹向导”对话框

图 3-31 设置共享文件夹

4）在打开的对话框中设置文件夹的访问权限。在默认情况下，所有用户的权限为只读，单击“下一步”按钮，然后单击“完成”按钮，设置完成，如图 3-32 和图 3-33 所示。

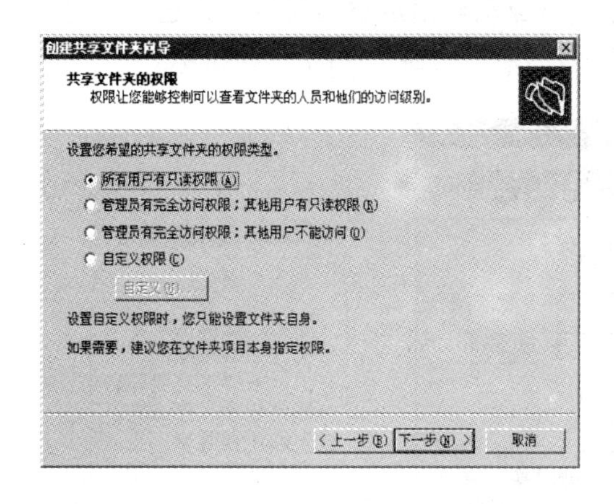

图 3-32　设置共享文件夹的访问权限

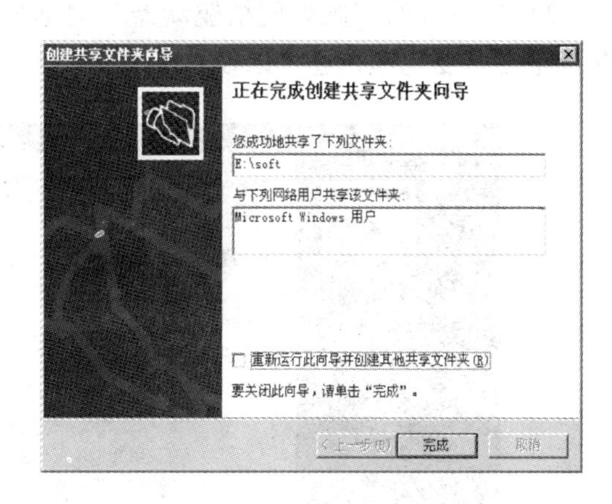

图 3-33　设置完成

在“计算机管理”窗口中，除了可以创建新的共享文件夹外，也可以单击“会话”和“打开文件”选项，查看当前用户通过网络访问本机上共享文件夹的情况，也可以终止其对文件夹的访问。

设置好共享文件夹后，网络中的用户就可以通过“网上邻居”来访问这些共享文件夹了。

3. 映射网络驱动器

如果用户经常使用共享文件夹，那么还可以将其映射到本地计算机的网络驱动器，这样访问起来就更加方便了。映射网络驱动器的操作步骤如下：

1）在“网上邻居”中右击要映射的网络驱动器的共享文件夹，在弹出的快捷菜单中单击“映射网络驱动器”命令，如图 3-34 所示。

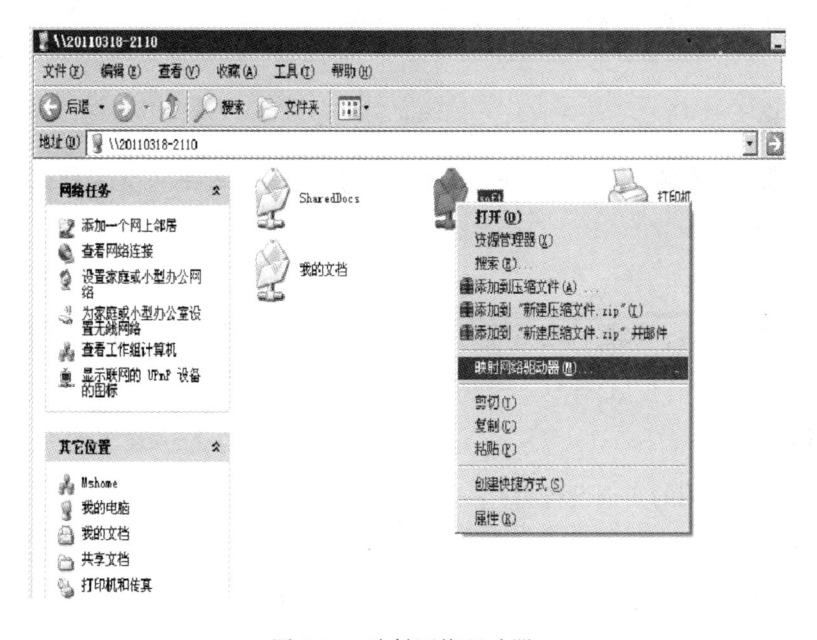

图 3-34　映射网络驱动器

2）在打开的“映射网络驱动器”对话框中为该驱动器指定驱动器号，并选中“登录时重新连接”复选框，还可以设置为其他用户名映射网络驱动器，如图 3-35 所示。

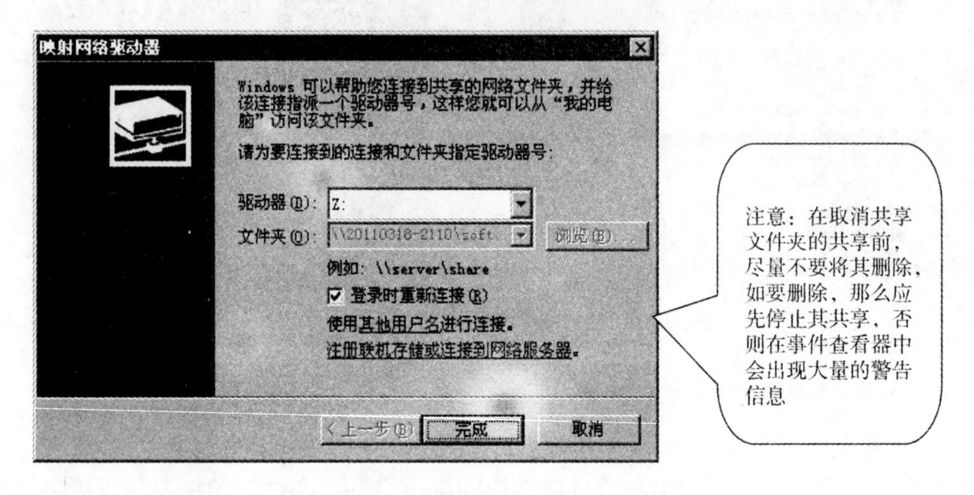

图 3-35 “映射网络驱动器”对话框

3）单击“完成”按钮，就可以在“我的电脑”中看到刚建立的网络驱动器图标了。

任务三 共享局域网磁盘

知识目标：

掌握局域网磁盘共享的设置方法。

技能目标：

能够根据要求将局域网中的磁盘设置为共享。

任务分析

本任务主要讲解局域网中磁盘共享的设置方法，通过磁盘共享实现文件传输和资源共享。

相关知识

磁盘共享包括硬盘、软驱、光驱等的共享。因此，如果局域网中的计算机没有都配备软驱、光驱等，那么通过网络共享，一些有限的资源可以被所有计算机使用。

任务准备

实施本任务所使用的实训设备为：一台计算机。

任务实施

局域网中的磁盘共享和文件共享的设置方法相似，具体如下：

1）打开“资源管理器”窗口，右击需要共享的磁盘，在弹出的快捷菜单中单击“共享与安全”命令，如图 3-36 所示。

2）在弹出的对话框中，将“在网络上共享这个文件夹”复选框选中（见图 3-37），然后单击“确定”按钮后，磁盘共享设置完成，如图 3-38 所示。

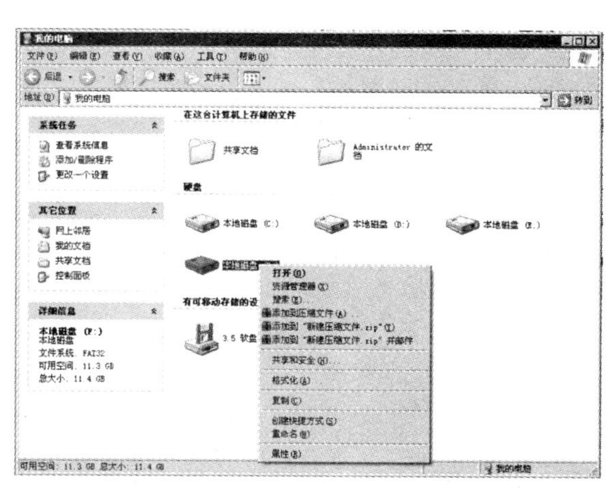

图 3-36　“资源管理器”窗口

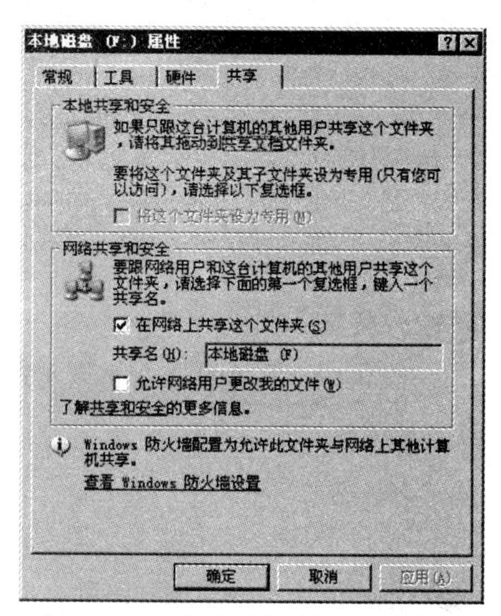

图 3-37　“本地磁盘属性”对话框

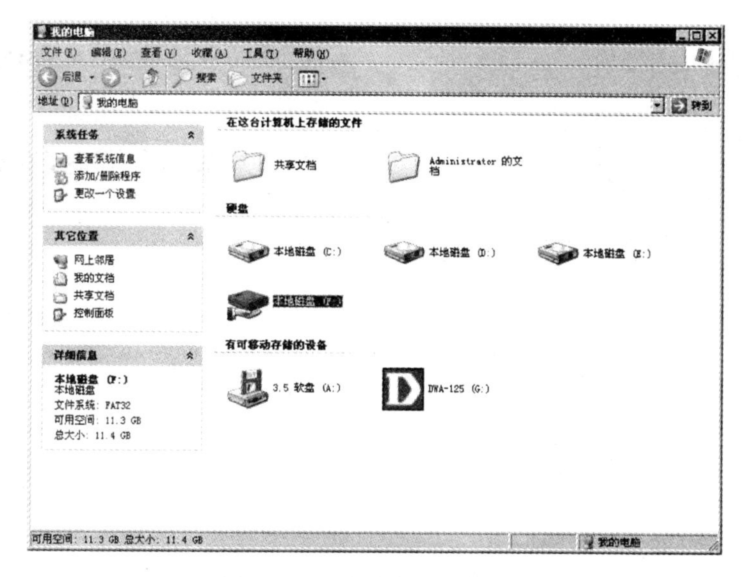

图 3-38　磁盘共享设置完成

任务四　共享局域网打印机

知识目标：

掌握局域网打印机共享的设置方法。

技能目标：

能够根据实际情况将局域网中的打印机设置为共享。

任务分析

本任务主要讲解局域网中打印机共享的设置方法，通过对局域网中一台打印机设置共享来实现打印共享。

相关知识

将打印机设置为共享后，通过“网上邻居”就能找到它。在网络中使用打印机的每一台计算机均需要安装打印机驱动程序。设置打印机共享分为两步，首先是安装打印机并将该打印机设置为共享，然后在需要共享打印机的计算机上添加打印机。

任务准备

实施本任务所使用的实训设备为：一台计算机和一台打印机。

任务实施

1. 将打印机设置为网络打印机

1）打开“开始”菜单，从中单击“打印机和传真”命令，如图3-39所示。

2）在打开的“传真和打印机”窗口中右击要共享的打印机，在弹出的快捷菜单中单击“共享”命令，如图3-40所示。

图3-39　“开始”菜单

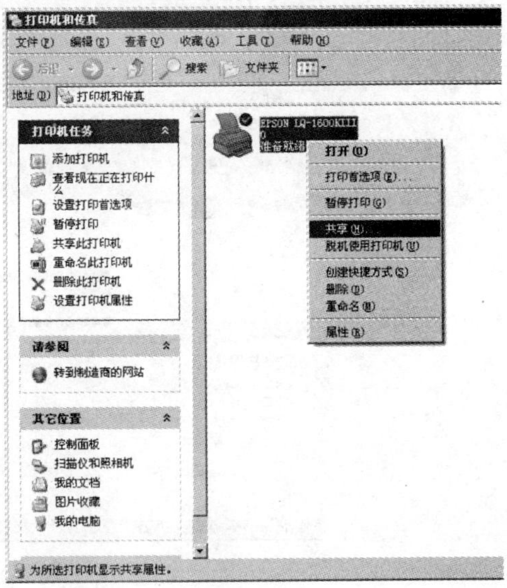

图3-40　“打印机和传真”窗口

3）在弹出的打印机属性对话框中，选中“共享这台打印机”单选按钮，可以更改共享打印机的名字，然后单击“确定”按钮，如图3-41所示。

4）单击“确定”按钮后，打印机共享设置完成，在打印机图标上会出现一个小手的标志，如图3-42所示。

2. 添加网络打印机

1）同样，通过“开始”菜单打开“打印机和传真”窗口，如图3-43所示。

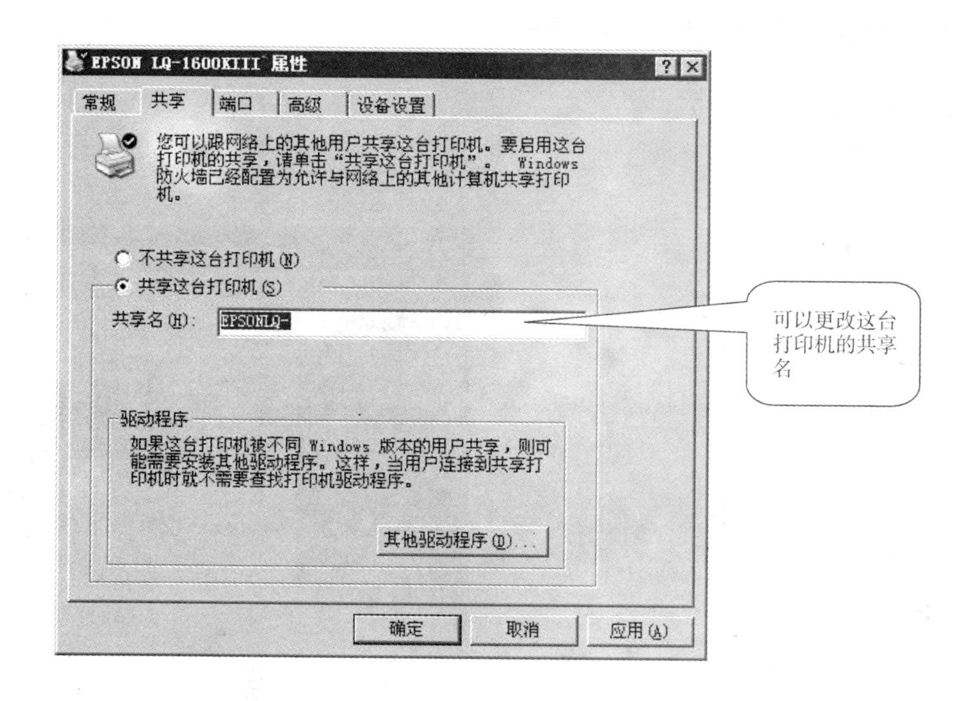

图 3-41　打印机属性对话框

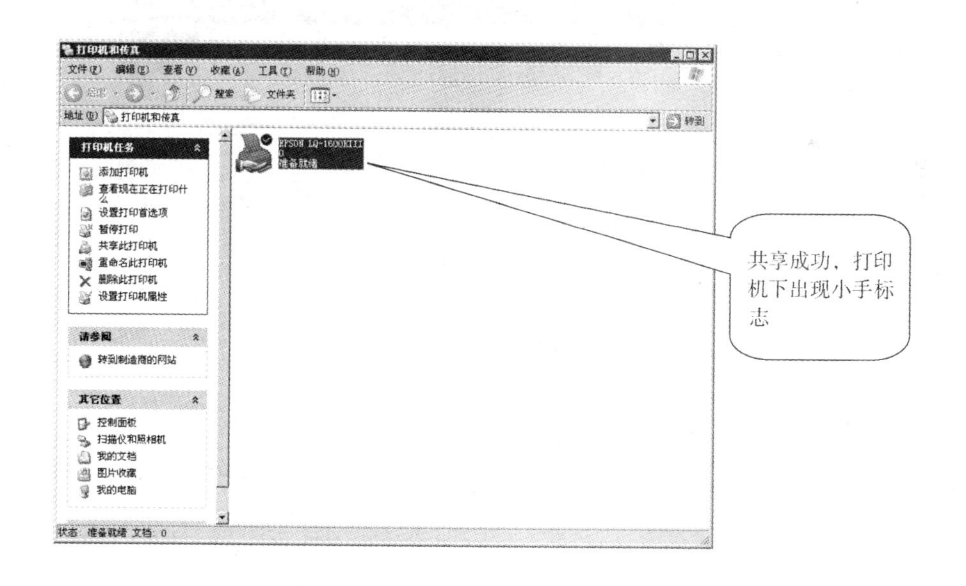

图 3-42　设置共享后的打印机图标

2）在图 3-43 所示窗口中，单击“添加打印机”命令，弹出“添加打印机向导”对话框，如图 3-44 所示。

3）在图 3-44 所示对话框中单击“下一步”按钮，在打开的对话框中选中“网络打印机或连接到其他计算机的打印机”单选按钮，如图 3-45 所示。

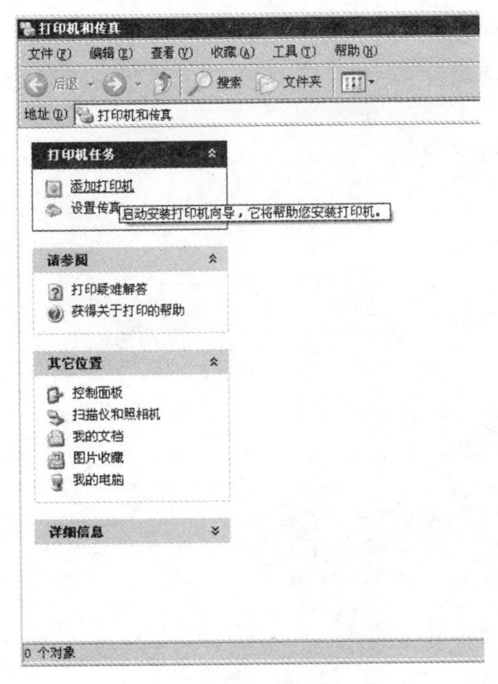

图 3-43 “打印机和传真”窗口

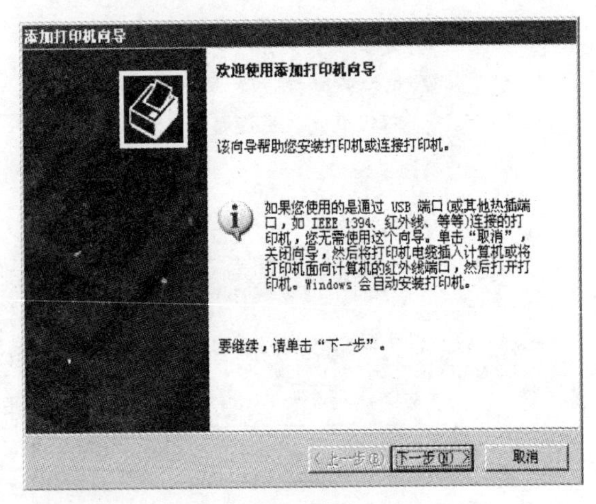

图 3-44 “添加打印机向导”对话框

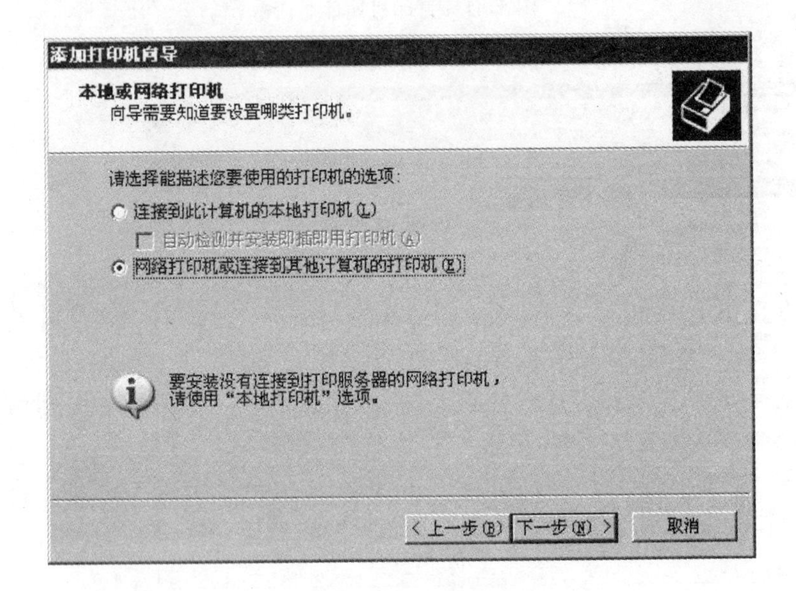

图 3-45 选择打印机类型

4）单击“下一步”按钮，在弹出的对话框中选中“浏览打印机”单选按钮，如图 3-46 所示。

5）在“添加打印机向导”自动搜索出来的网络打印机列表中选中要使用的那台已共享的网络打印机，然后单击“下一步”按钮，如图 3-47 所示。

6）“添加打印机向导”开始安装选中的网络打印机，并弹出警告信息对话框，如图 3-48所示。

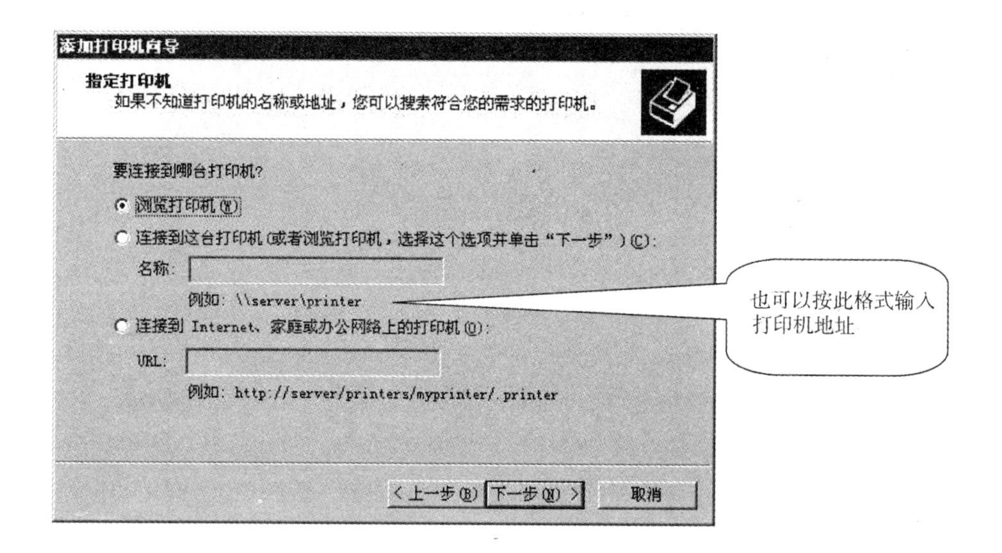

图 3-46　指定打印机

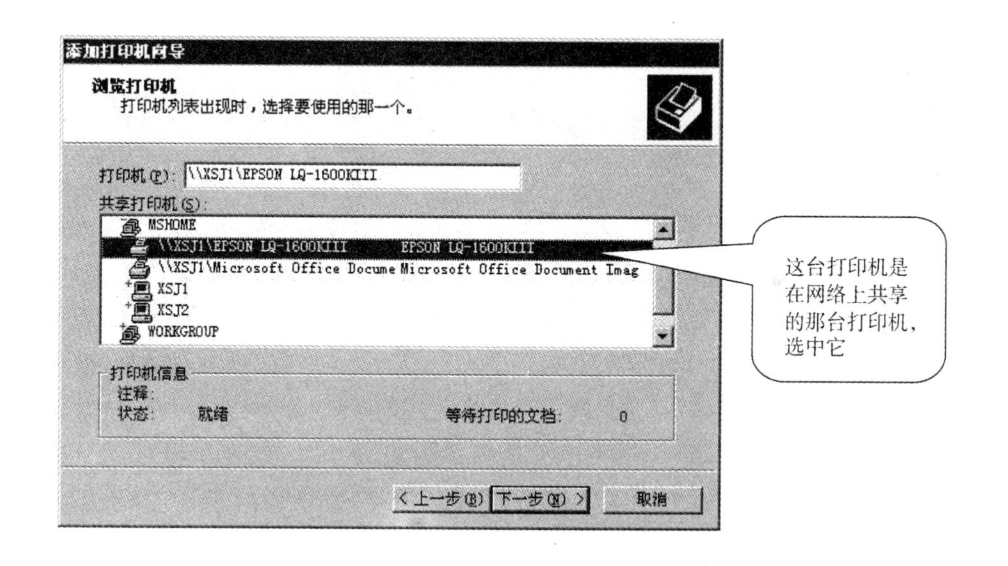

图 3-47　浏览打印机

图 3-48　安装打印机驱动的警告信息对话框

7）单击“是”按钮，网络打印机添加完成，在“打印机和传真”窗口中会出现一个打印机图标，如图 3-49 所示。

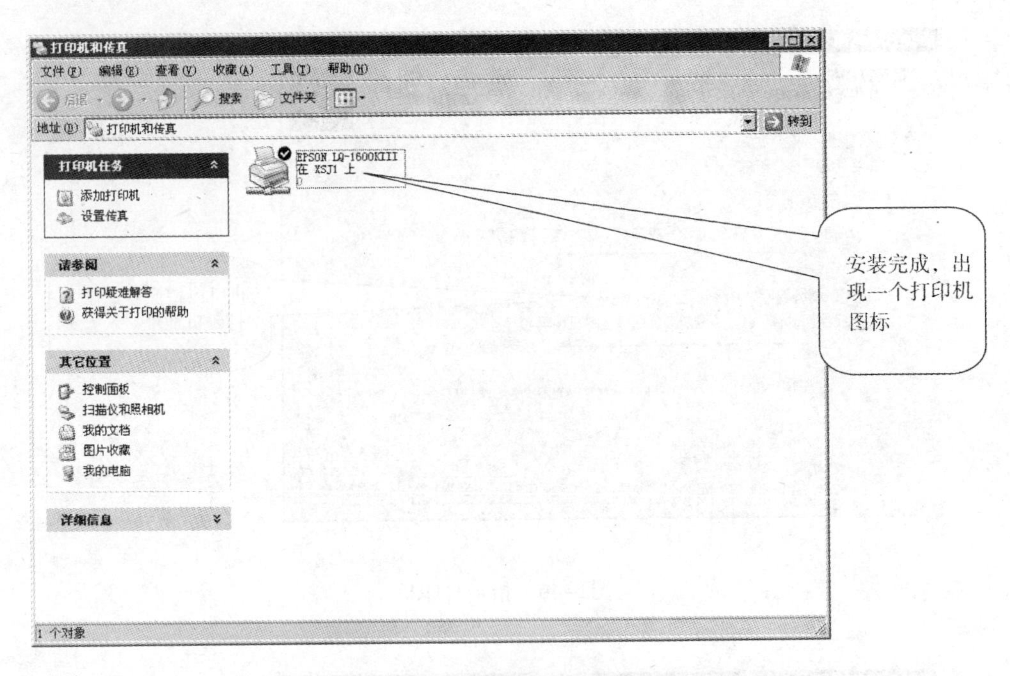

图 3-49 “打印机和传真”窗口

思考与练习

一、填空题

1. ________________是局域网最基本的功能。

2. 共享的方式有两种，分别为________________和________________。

二、问答题

1. 映射网络驱动器的操作步骤有哪些？

2. 局域网磁盘共享的操作步骤有哪些？

三、操作题

1. 从当前桌面开始，在“资源管理器”窗口中，使用右键方式设置“本地驱动器 C”为共享。

2. 通过地址栏访问网络驱动器“192. 168. 1. 100 \ E $ ”。

3. 在当前窗口中，使用菜单操作方式，根据“添加打印机向导”，安装网络打印机，输入名称为“\192. 168. 1. 100 \EPL1600K”。

4. 设置文件共享，并在开始菜单中运行命令，用 IP 地址访问共享文件。

单元四　组建企业局域网

4

组建企业局域网可以改进企业的管理方式，实现企业内部计算机之间的信息交流，共享数据资源和某些硬件（如高速打印机等）资源，降低企业运营成本，提高企业的办公高效率。本单元以中型企业组建局域网为背景来阐述中型规模局域网的组建过程，并从局域网介质访问方式与网络拓扑结构设计、内部连接与外网连接设计角度，着重介绍企业局域网组建过程的分析、设计、规划，以及组建过程中的布线、硬件的配置、IP 地址的分类、子网的划分与子网掩码的设置等。Internet 的发展和普及以及企业生存和发展的需要促成了企业网的形成，方便了企业内部和企业之间的交流，节省了办公的开销，提高了企业的管理水平，因此，企业局域网建设刻不容缓。

任务一　组建某技师学院局域网

知识目标：

掌握组建企业局域网的基础知识，学会设置 IP 地址，选择局域网的拓扑结构和布线原则。

技能目标：

能够根据实际局域网设置局域网内计算机的 IP 地址。

任务分析

本任务主要讲解某技师学院的网络拓扑结构，以及在组建局域网时 IP 地址的设置方式和布线原则等。

相关知识

1. 选择网络类型及网络拓扑结构

（1）网络类型　常见的局域网类型有以太网（Ethernet）、光纤分布式数据接口（FDDI）、异步传输模式（ATM）、令牌环网（Token Ring）、交换网（Switching）等。它们在拓扑结构、传输介质、传输速率、数据格式等方面都有许多不同，其中应用最广泛的当属以太网。它是一种总线结构的局域网，是目前发展最迅速也是最经济的局域网。

（2）局域网的拓扑结构　目前常见的局域网拓扑结构主要有四大类：星形拓扑结构、环形拓扑结构、总线型拓扑结构和树形拓扑结构。星形拓扑结构是目前在局域网中应用得最为普遍的一种，在企业网络中几乎都采用这一方式。星形拓扑结构几乎是以太网专用的拓扑结构，它因网络中的各工作站结点设备通过一个网络集中设备（如集线器或交换机）连接在一起，各结点呈星状分布而得名。这类网络目前用得最多的传输介质是双绞线，如常见的五类双绞线、超五类双绞线等。一般技师学院局域网采用的就是以星形拓扑结构为主的混合型拓扑结构。某技师学院网络拓扑图如图 4-1 所示。

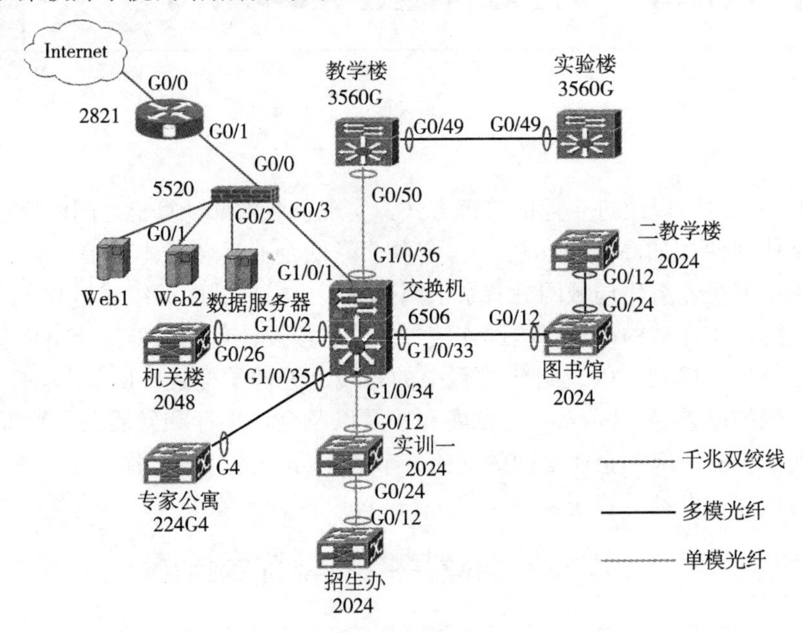

图 4-1　某技师学院网络拓扑图

（3）网络结构的选择　目前，在中小型企业的局域网中，应用较为广泛的有对等网和客户机/服务器网两种网络结构。对网络要求较高的大中型企业，建议采用客户机/服务器方式组建局域网，在资金允许的情况下，可以配备多台服务器来实现各种不同的功能。各服务器之间互相独立，当一台服务器出现故障时，不影响其他服务器的正常运行。该技师学院采用三台 IBM 服务器，分别用作学院校园网网站服务器、该技师学院所在省的技工系统人才网服务器和学院自行开发的教学管理系统服务器。各服务器用交换机接于学院防火墙的 DMZ 区域中。

2. IP 地址的分配和子网的划分

（1）IP 地址的分配　该技师学院在组建局域网时，用到两种 IP 地址，即私有 IP 地址和合法 IP 地址。私有 IP 地址和合法 IP 地址的分类在前面的章节中已经讲解过，这里不再赘述。

学院采用 C 类私有 IP 地址 192. 168. 0. 0 ~ 192. 168. 255. 255，公网 IP 地址采用从网通申请的 61. 158. *. * 段 IP 地址，公网 IP 地址主要用于学院 Internet 出口和学院服务器上。

（2）子网的划分　当局域网内计算机的数量较少时，通常可以将计算机直接接到交换机上，构成一个小型的局域网，网络中的计算机处于同一个网段中。当网络规模较大时，如果还将这些计算机接在同一个网段中，那么在网内会产生广播风暴，导致局域网的网络性能急剧下降，网络速度会变得非常的慢，甚至无法正常工作，这时就需要将大的网络划分为若干个小的网络，这就是子网的划分。

由于该技师学院网络规模较大，所以在设计时不能简单地只使用普通交换机等网络设备将计算机连接在一起，这是因为普通交换机不能隔离网络内产生的广播数据包，而大量的广播数据包会使网络性能急剧下降，占用网络带宽。在这种情况下，通常用路由器将网络中的计算机分割开，形成多个子网。

现在一般在局域网内部采用三层交换机划分子网，将网络划分成不同的虚拟局域网(VLAN)。该技师学院采用思科交换机来进行子网的划分，将各系统划分到不同的网段中。

任务准备

实施本任务所使用的实训设备为：一台计算机，一台华为三层交换机，两台思科二层交换机。

任务实施

1. 选择网络操作系统

学院服务器统一采用 Windows Server 2003 网络操作系统。Windows Server 2003 网络操作系统在安全性能方面比 Windows 2000/XP 有了质的飞跃。针对该技师学院校园网对安全性有较高的要求，所以本任务采用 Windows Server 2003 作为服务器的操作系统。

2. 选择网络设备

由于该技师学院校园网络较大，因此采用华为 6505 全千兆交换机作为网络的核心交换机，其他汇聚交换机均采用思科 WS3560G 全千兆交换机作为各楼宇汇聚交换机，实现网络互连。网络出口采用思科 ASA5521 高性能防火墙，其并发连接数能够基本满足学院网络需要。

3. 网络布线

为防止电磁干扰，各楼宇之间的互连均采用单模光纤或多模光纤进行连接，连接到汇聚交换机后，用双绞线接入交换机。注意，在制作双绞线时，应遵循双绞线的制作标准。

任务二　安装 Windows Server 2003 操作系统

知识目标：

掌握安装 Windows Server 2003 操作系统的方法。

技能目标：

能够根据实际需要在安装 Windows Server 2003 操作系统时进行设置和分区。

任务分析

本任务主要讲解 Windows Server 2003 操作系统的安装步骤和在安装过程中需要做的设置和分区等内容。

相关知识

Windows Server 2003 是服务器操作系统，最初被叫做“Windows . NET Server”，后改成“Windows . NET Server 2003”，最终被改成“Windows Server 2003”，于 2003 年 3 月 28 日发布，并在同年 4 月底上市。相对于 Windows 2000，Windows Server 2003 做了很多改进，如改进了 Active Directory（活动目录），可以从 schema 中删除类；改进了 Group Policy（组策略）操作和管理；改进了磁盘管理，如可以从 Shadow Copy（卷影复制）中备份文件；特别是改进了脚本和命令行工具，对 Windows 操作系统来说是一次革新，即把一个完整的命令外壳带进下一个版本的 Windows 中。

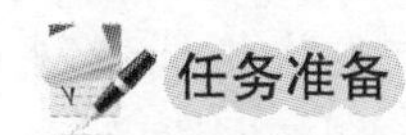

任务准备

实施本任务所使用的实训设备为：一台 IBM 服务器，一张 Windows Server 2003 Standard Edition 安装光盘，一个 DVD 光驱。

任务实施

下面以 Windows Server 2003 Standard Edition 的安装为例，来介绍 Windows Server 2003 的安装步骤。

1）将光盘启动设置为计算机启动顺序中的第一启动项，设置完成后，重启计算机。

2）把 Windows Server 2003 Standard Edition 安装光盘放入光盘驱动器中，从光驱启动计算机，当显示“按任意键开始安装”时按任意键，启动安装程序，如图 4-2 所示。

3）当安装程序出现图 4-3 所示界面时，按【Enter】键继续。

图 4-2　安装界面

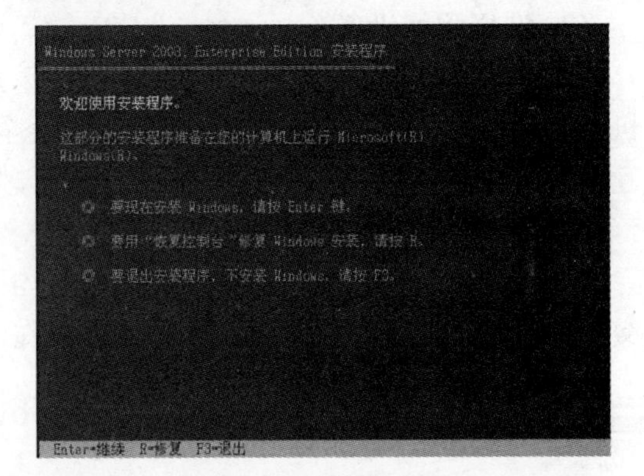

图 4-3　欢迎安装界面

4）在弹出图 4-4 所示的“Windows 授权协议”界面后，按【F8】键接受授权协议，弹出磁盘分区界面，如图 4-5 所示。

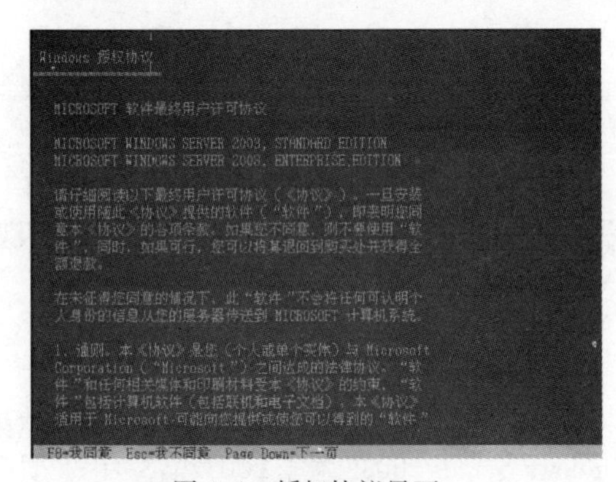

图 4-4　授权协议界面

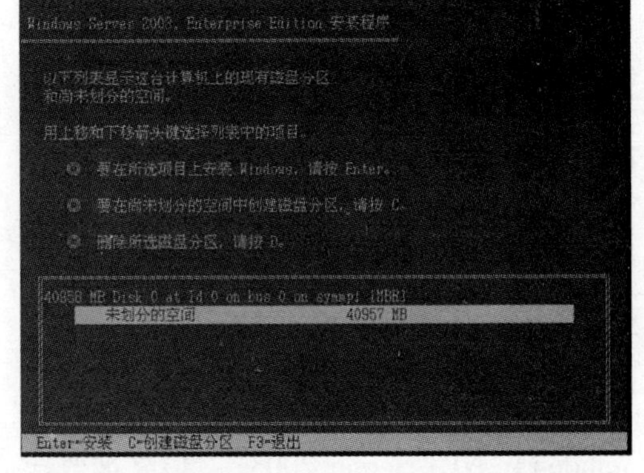

图 4-5　磁盘分区界面

5）若为第一次安装，则选“未划分的空间”；若需创建磁盘分区，则按【C】键；如果分区创建完成，那么按【Enter】键继续安装，然后弹出磁盘格式化界面，选择一种文件系统格式按【Enter】键，如图 4-6 和图 4-7 所示。

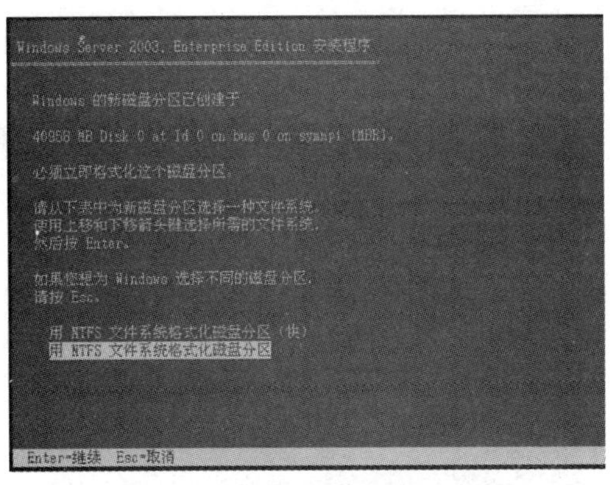

图 4-6　文件系统格式界面

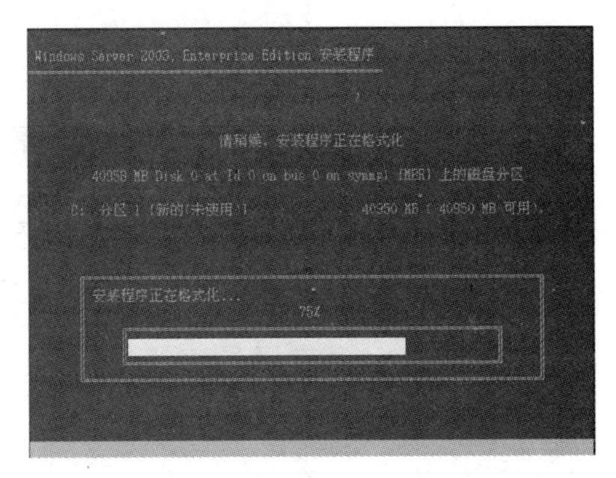

图 4-7　格式化界面

6）格式化完成后，开始复制文件，如图 4-8 所示。

7）文件复制完成后，按照系统提示重新启动计算机，如图 4-9 所示。

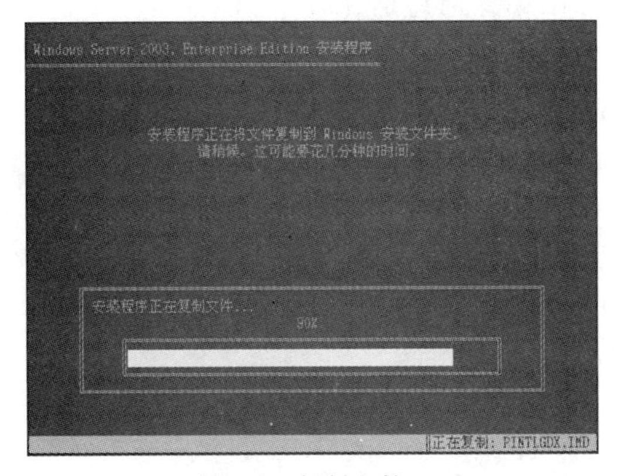

图 4-8　复制文件

图 4-9　启动界面

8）Windows Server 2003 Standard Edition 安装程序在“图形用户界面”模式下继续安装配置，如图 4-10 和图 4-11 所示。

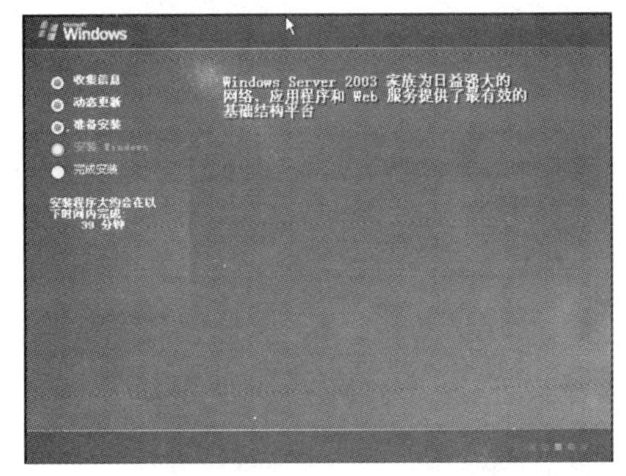

图 4-10　安装向导界面 1

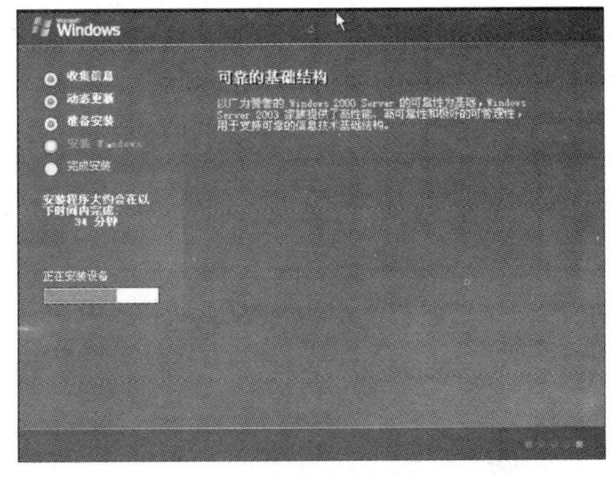

图 4-11　安装向导界面 2

9）安装程序进行一段时间后，出现“区域和语言选项”对话框（见图 4-12），然后单击“下一步”按钮。

10）在弹出的对话框中输入姓名，然后单击“下一步”按钮，出现“您的产品密钥”对话框，输入授权的产品密钥，如图 4-13 和图 4-14 所示。

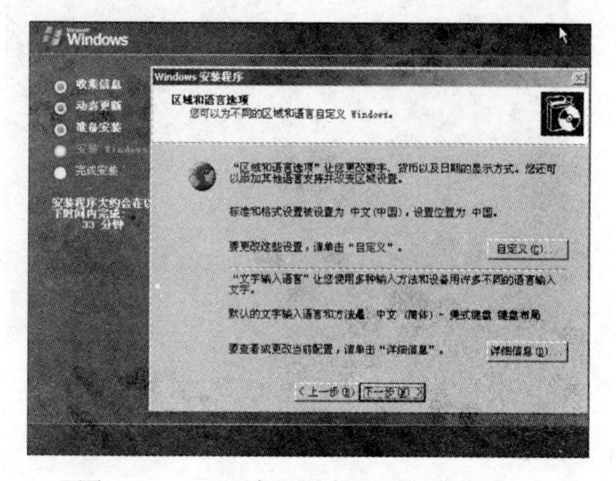

图 4-12　“区域和语言选项”对话框

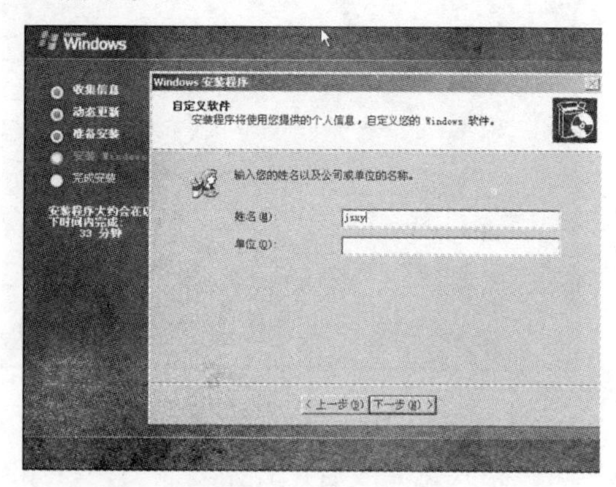

图 4-13　输入姓名

11）单击“下一步”按钮，在弹出的对话框中选择授权模式（见图 4-15），然后单击“下一步”按钮，在弹出的对话框中输入计算机名称和管理员密码，并在确认密码中输入相同的密码（见图 4-16），同样单击“下一步”按钮。

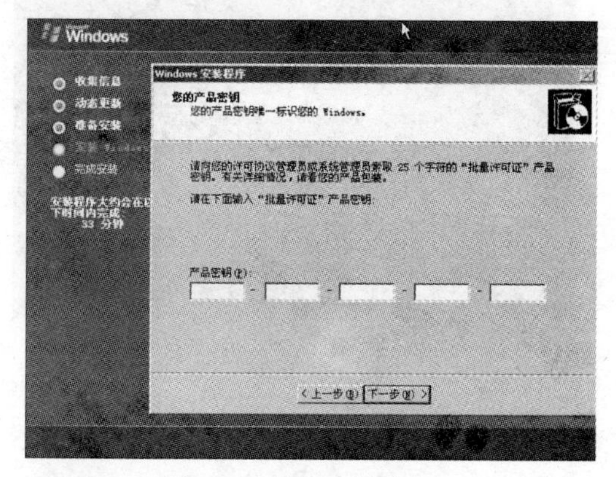

图 4-14　输入产品密钥

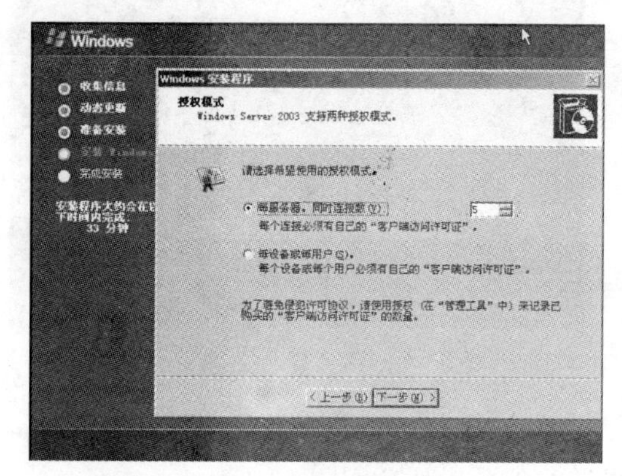

图 4-15　选择授权模式

12）在弹出的“日期和时间设置”对话框中设置日期和时间后，单击“下一步”按钮，继续安装，如图 4-17 和图 4-18 所示。

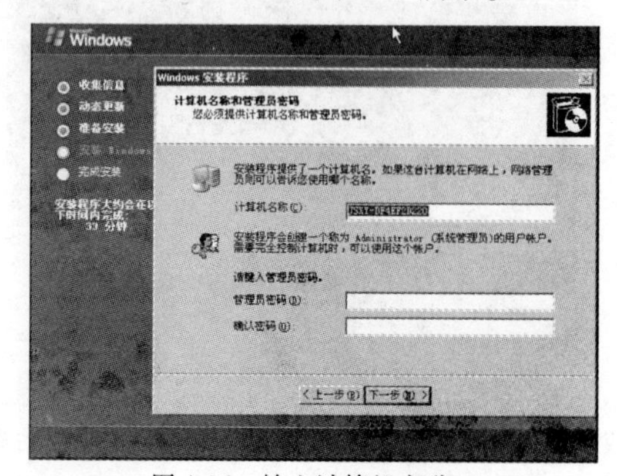

图 4-16　输入计算机名称

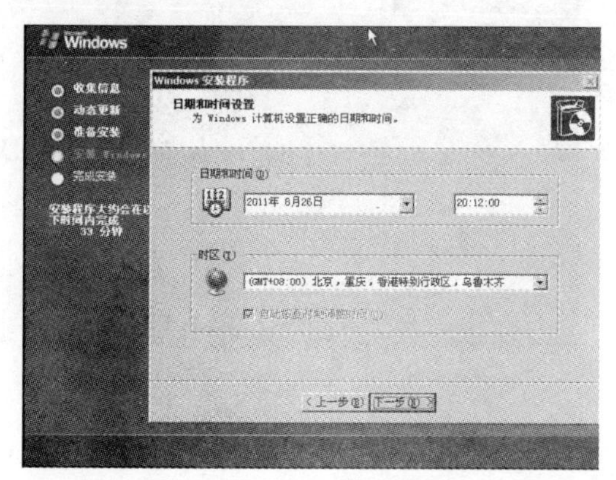

图 4-17　设置日期和时间

13）在图 4-19 所示的“网络设置”对话框中，选择“典型设置”选项，然后单击“下一步”按钮。

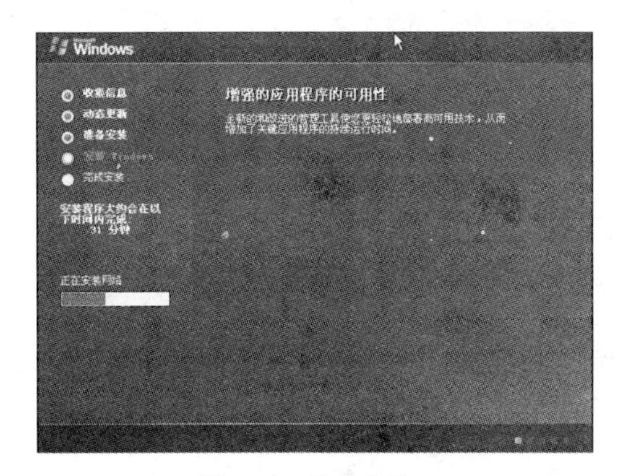

图 4-18　继续安装

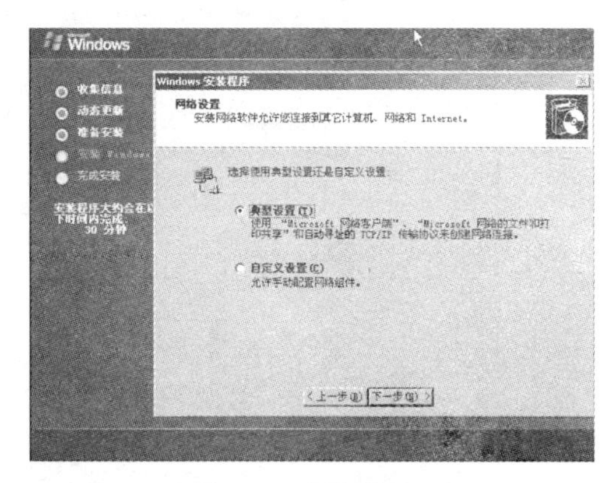

图 4-19　网络设置

14）在图 4-20 所示的对话框中选择上面的单选按钮，然后单击“下一步”按钮，安装程序开始复制文件，如图 4-21 所示。此过程时间可能会比较长。

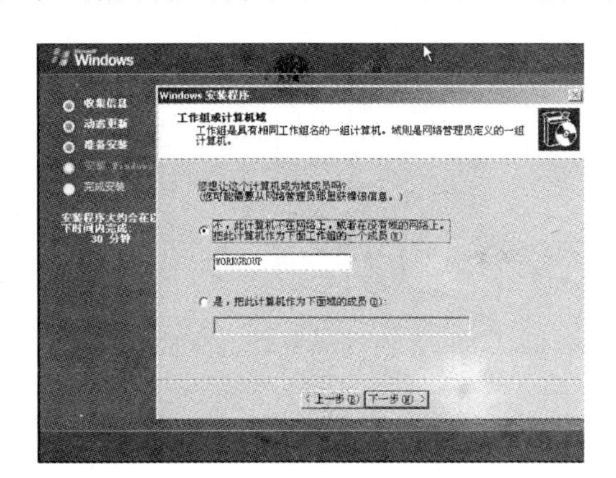

图 4-20　工作组或计算机域

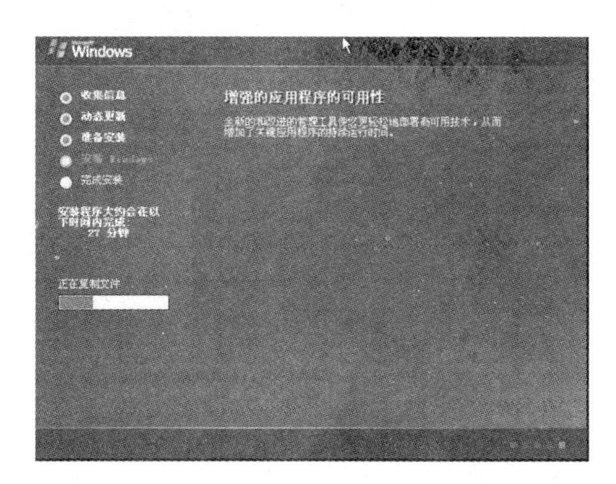

图 4-21　复制文件

15）文件复制完成后，重新启动计算机，安装完成，如图 4-22 ~ 图 4-24 所示。

图 4-22　欢迎界面

图 4-23　登录界面

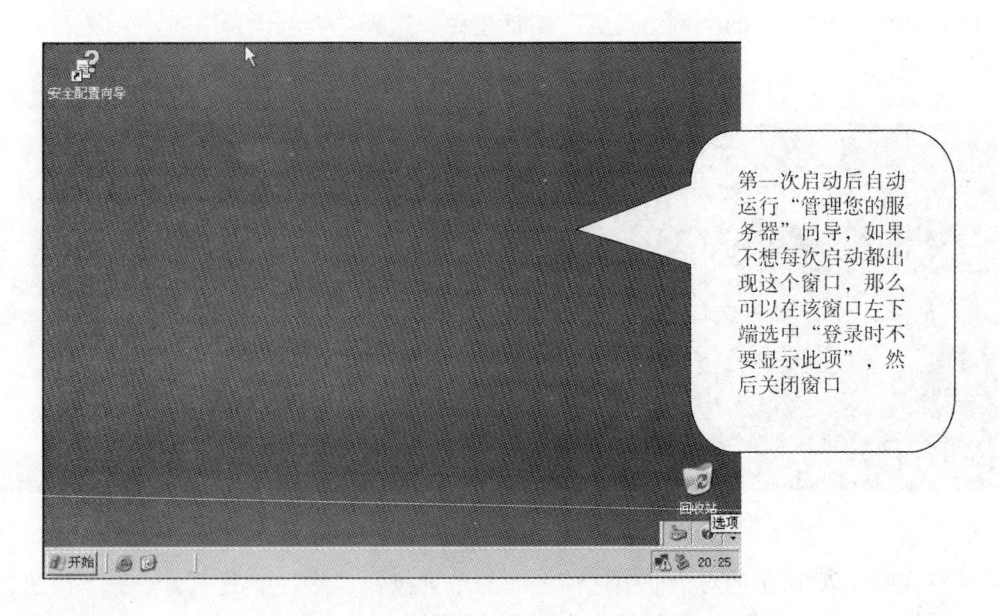

图 4-24　Windows Server 2003 Standard Edition 系统桌面

任务三　安装 Linux 网络操作系统

知识目标：

掌握 Red Hat Enterprise Linux 5 的安装步骤和方法。

技能目标：

能够根据实际要求，在安装 Red Hat Enterprise Linux 5 的过程中进行分区等设置。

任务分析

本任务主要以 Red Hat Enterprise Linux 5 为例，介绍 Linux 网络操作系统的安装步骤。

相关知识

1. Red Hat Enterprise Linux 简介

Red Hat Enterprise Linux 的中文名称是红帽企业 Linux。

Red Hat 于 2007 年 3 月 14 日正式发布了 Red Hat Enterprise Linux 5。Red Hat Enterprise Linux 5 是 Red Hat 商业服务器操作系统的第四次重要版本。Red Hat 酝酿发布 Red Hat Enterprise Linux 5 的时间已经超过两年。Red Hat Enterprise Linux 5 的主要变化包括：Linux 内核由 2.6.9 升级为 2.6.18，支持 Xen 虚拟化技术和集群存储等。

Red Hat 于 2010 年 11 月 11 日发布了 Enterprise Linux 6 正式版。此版本具有更强大的可伸缩性和虚拟化特性，并全面改进了系统资源分配，更加节能。从理论上讲，Red Hat Enterprise Linux 6 可以在一个单系统中使用 64000 颗核心。除了由更好的多核心支持外，Red Hat Enterprise Linux 6 还继承了 Red Hat Enterprise Linux 5.5 版本中对新型芯片架构的支持，其中包括英特尔的 Xeon 5600 和 Xeon 7500，以及 IBM 的 Power 7。新版 Red Hat Enterprise Linux 6 带来了一个完全重写的进程调度器和一个全新的多处理器锁定机制，并利用 NVIDIA 图形处理器的优势对 GNOME 和 KDE 做了重大升级，新的系统安全服务守护程序（SSSD）功能允许进行集中身份管理，而 SELinux 的沙盒功能允许管理员更好地处理不受信任的内容。

2. Red Hat Enterprise Linux 5 的功能

Red Hat Enterprise Linux 5 主要包括 Sever 和 Desktop 两个版本，其主要功能有：

（1）虚拟化技术　Red Hat Enterprise Linux 5 能够在各种平台上支持虚拟化技术。

（2）内核与性能

1）基于 Linux 2. 6. 18 内核。

2）支持多核处理器。

3）支持广泛的新硬件。

4）支持更新的基于 Kexec/Kdump 的 Dump。

5）支持 Intel Network Accelerator Technology（IOAT）。

6）增强了对大型 SMP 系统的支持，具有增强的管道缓存等。

（3）安全

1）具有图形化的 SELinux 管理界面。

2）具有集成的目录和安全机制。

3）增强的 IPESEC 可提高安全与性能。

4）新的审计机制用于提供新的搜索、报表和实时监控的能力。

（4）网络与互操作性

1）支持 Autofs，FS-Cache 和 iSCSI。

2）支持增强的 IPv6。

3）改进的 Microsoft® 文件/打印和 Active Directory 集成。

（5）桌面

1）具有更新的管理工具。

2）添加了对应用程序和便携式计算机的支持。

任务准备

实施本任务所使用的实训设备为：一台 IBM 服务器、一张 Red Hat Enterprise Linux 5 的安装光盘、一个 DVD 光驱。

任务实施

1）在 DVD 光驱中放入 Red Hat Enterprise Linux 5 安装光盘，然后重启计算机，将光驱设置为第一启动项，出现图 4-25 所示的界面。

2）选择在图形模式下安装，然后直接按【Enter】键，系统开始对硬件进行检测，如图 4-26 所示。

3）安装程序会询问是否测试 CD 媒介，为了节省时间，这里不测试，单击“skip”按钮，如图 4-27 所示。

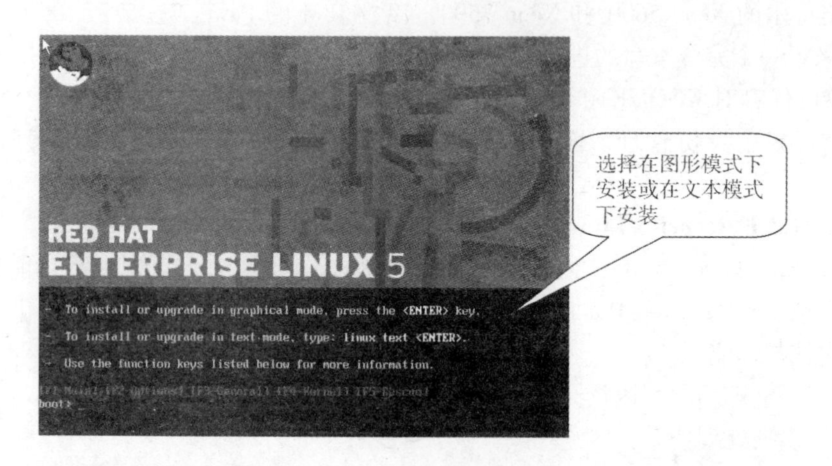

图 4-25　安装界面

图 4-26　硬件检测界面

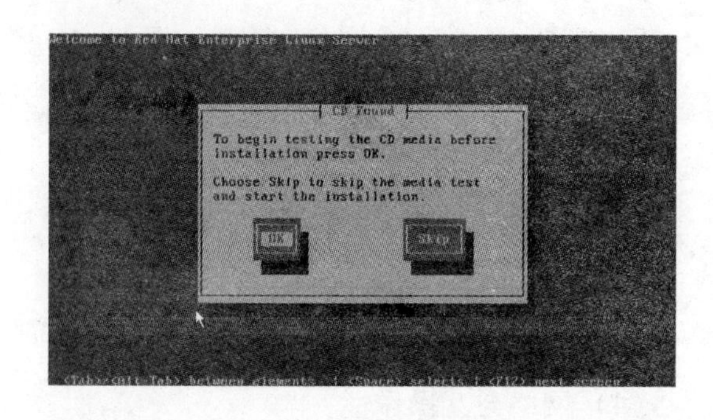

图 4-27　询问是否测试 CD 媒介

4）在弹出的界面中单击“Next”按钮（见图 4-28），在弹出的“选择安装过程中使用的语言”窗口中，选择“中文简体”，然后单击“Next”按钮，如图 4-29 所示。

图 4-28　欢迎安装界面

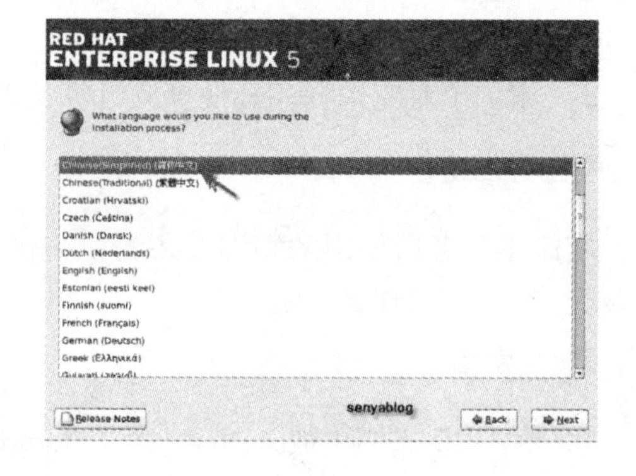

图 4-29　选择语言界面

5）在弹出的“请为您的系统选择适当的键盘”窗口（见图 4-30）中选择“美国英语式”选项并单击“下一步”按钮，出现图 4-31 所示的“安装号码”窗口，输入经过授权的“安装号码”，单击“确定”按钮。

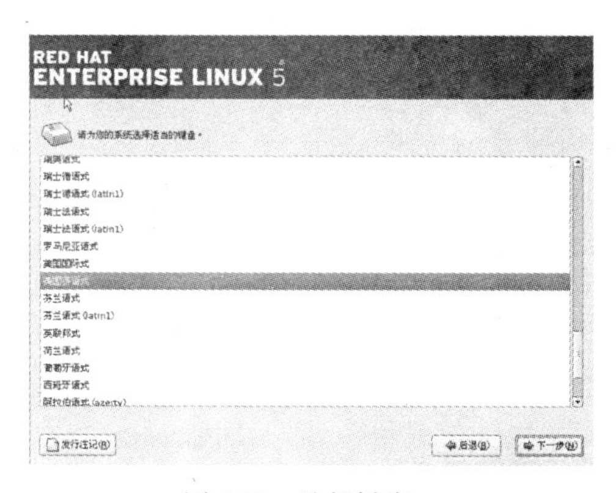

图 4-30　选择键盘

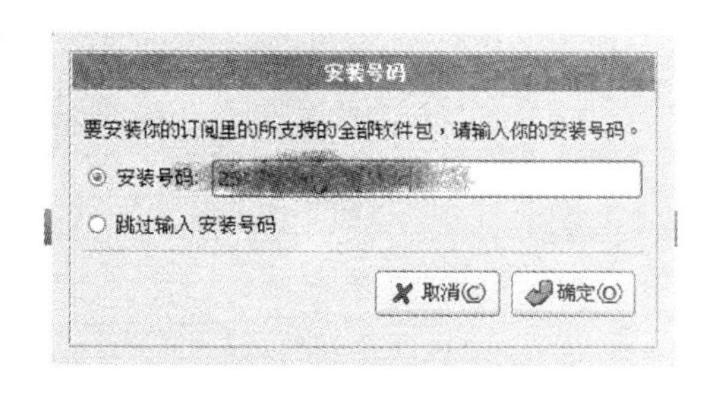

图 4-31　输入安装号码

6）安装程序提示分区表无法读取，需要创建分区，如图 4-32 所示。单击“是”按钮，弹出“选择分区方式”窗口，这里选择“建立自定义的分区结构”，如图 4-33 所示。

7）创建两个分区，即“SWAP”交换分区和“/”挂载点，其中交换分区的大小是物理内存的两倍，如图 4-34 和图 4-35 所示。

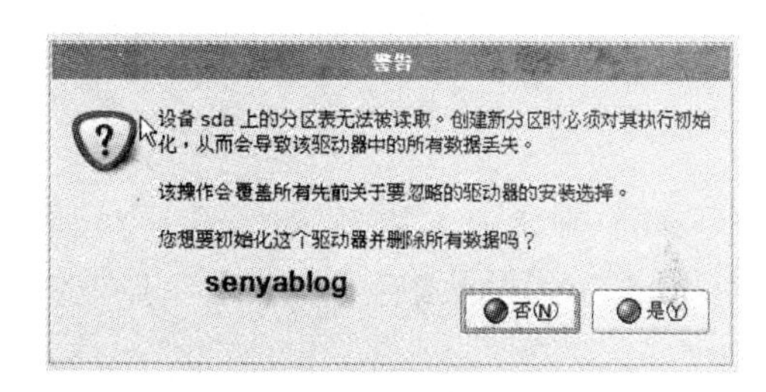

图 4-32　创建分区

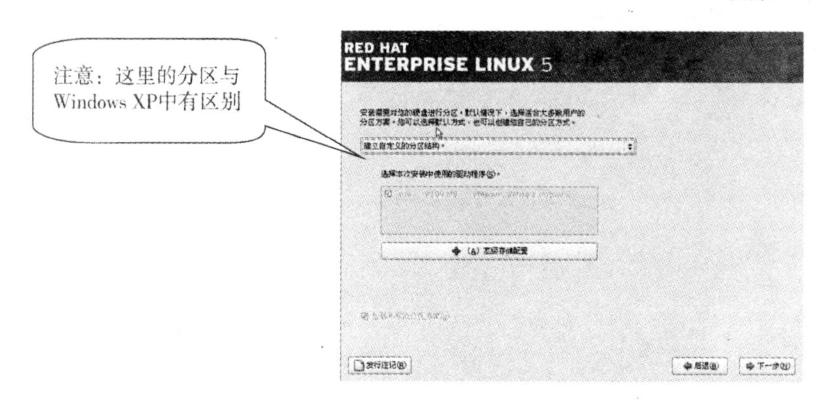

图 4-33　选择分区方式

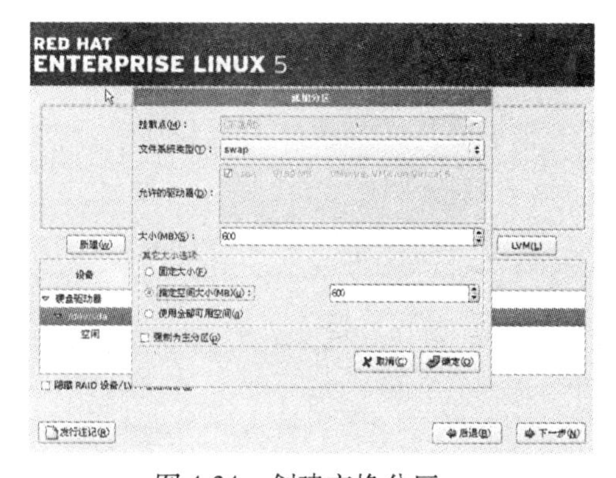

图 4-34　创建交换分区

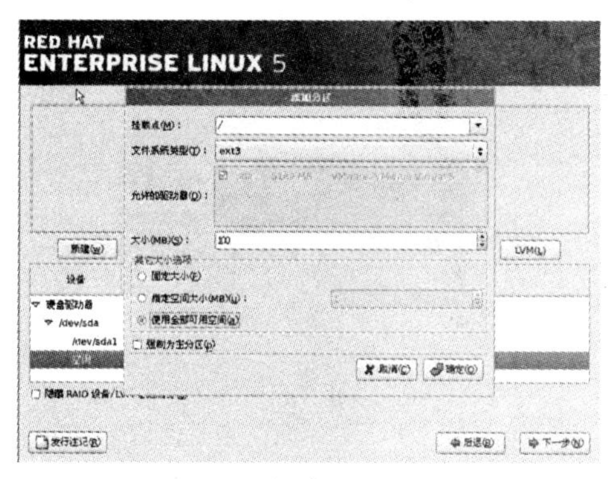

图 4-35　创建根挂载点

8）单击图4-35所示窗口中的“下一步”按钮，分区创建成功，如图4-36所示。

9）单击图4-36所示窗口中的“下一步”按钮，选择引导程序安装位置，在图形化界面下安装系统，如图4-37所示。

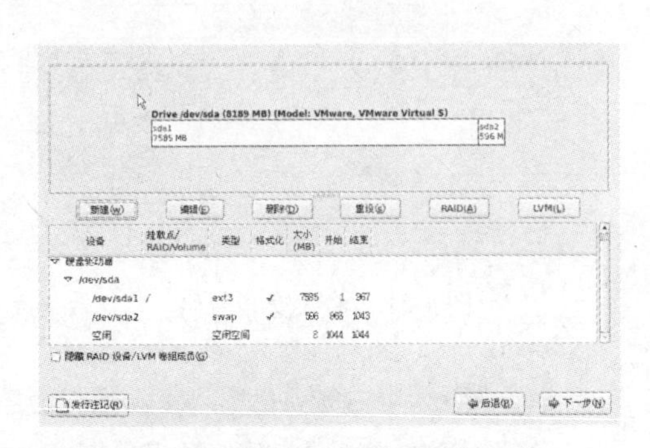

图4-36　分区创建成功

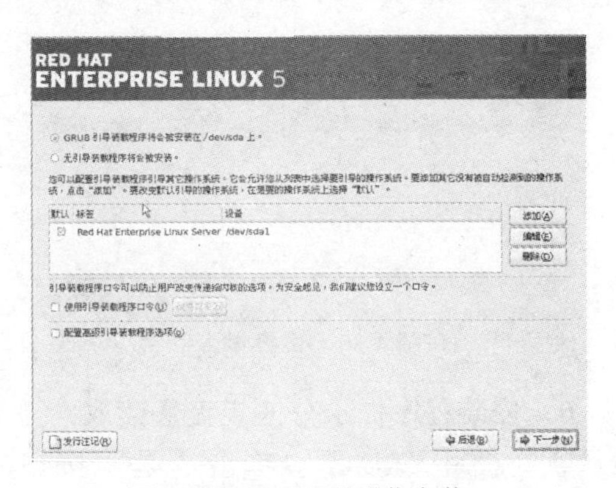

图4-37　GRUB图形化安装

10）单击图4-37所示窗口中的“下一步”按钮，出现网络设置窗口，如图4-38和图4-39所示。配置完成后单击“下一步”按钮。

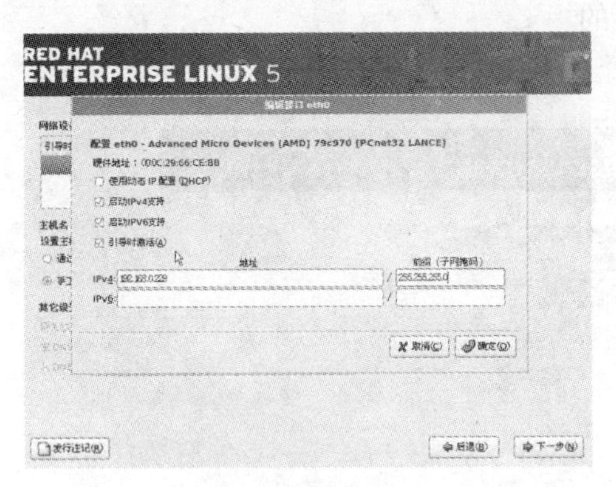

图4-38　设置IP地址

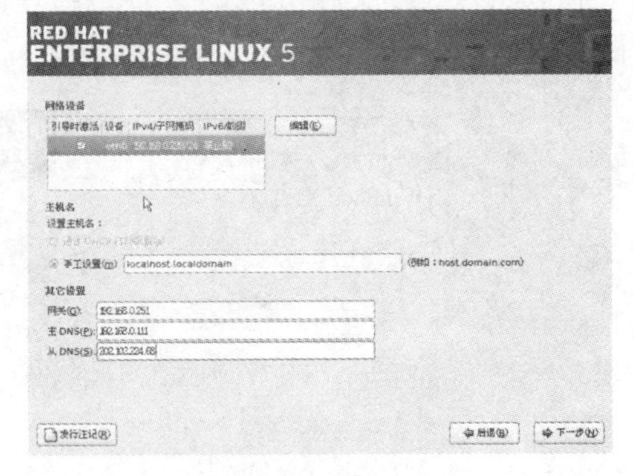

图4-39　网络设备

11）在弹出的窗口中选择时区（见图4-40），单击“下一步”按钮，输入根口令，如图4-41所示。

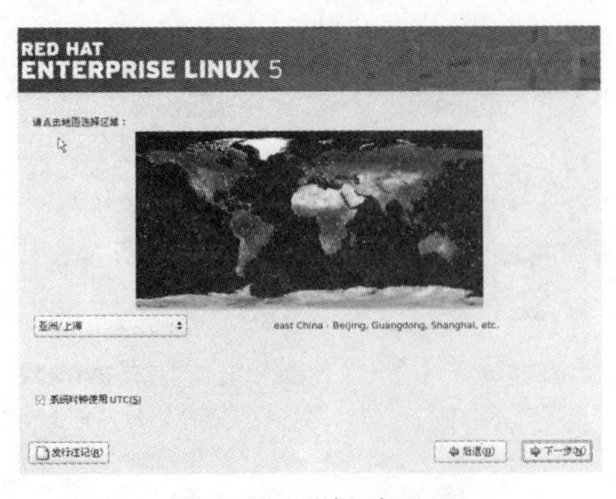

图4-40　选择时区

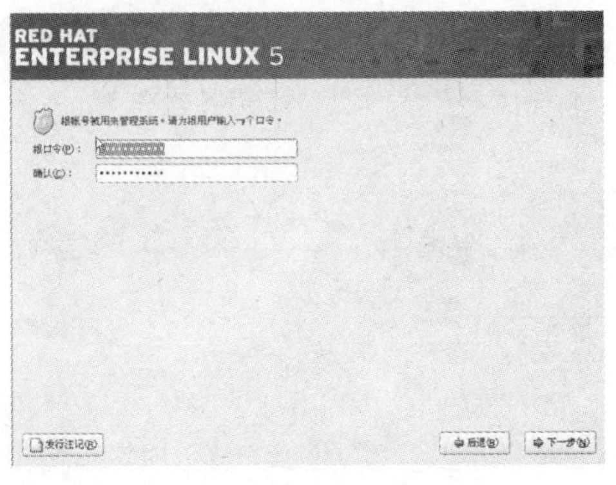

图4-41　输入根口令

12）单击图4-41所示窗口中的“下一步”按钮，在弹出的图4-42所示窗口中选择安装组件，然后选择“现在定制”单选按钮，单击“下一步”按钮，在弹出的窗口中选择可选软件安装包，如图4-43所示。

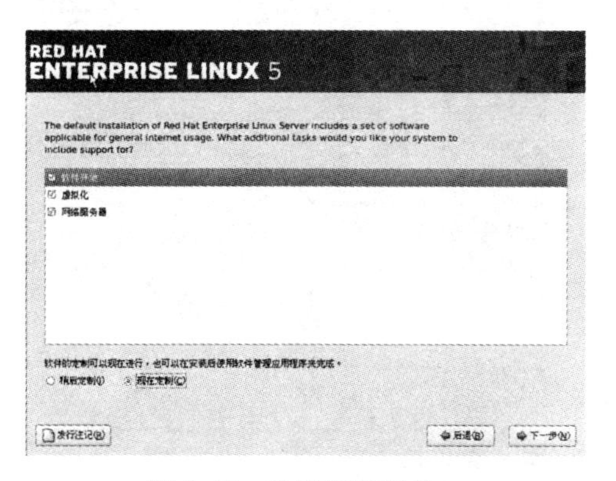

图4-42　选择安装组件

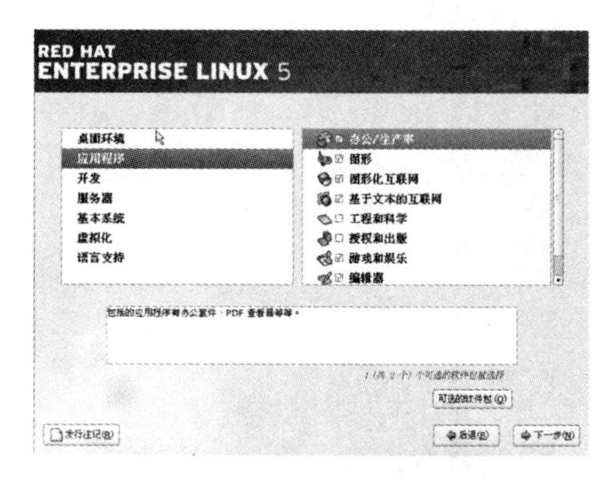

图4-43　选择可选软件安装包

13）单击“下一步”按钮，开始检测软件依赖关系（见图4-44），检测完成后开始复制、安装软件，如图4-45和图4-46所示。

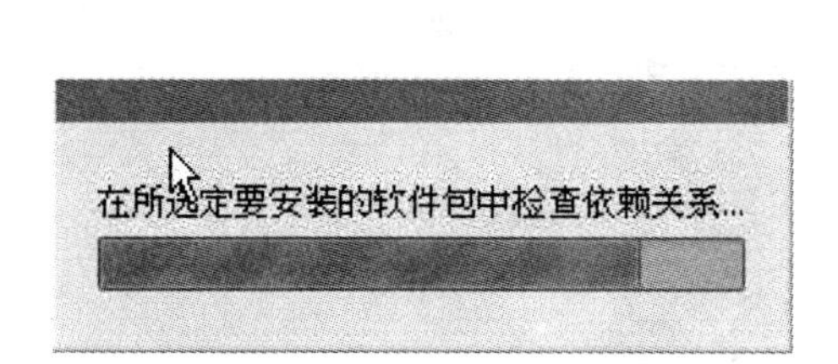

图4-44　检测软件依存关系

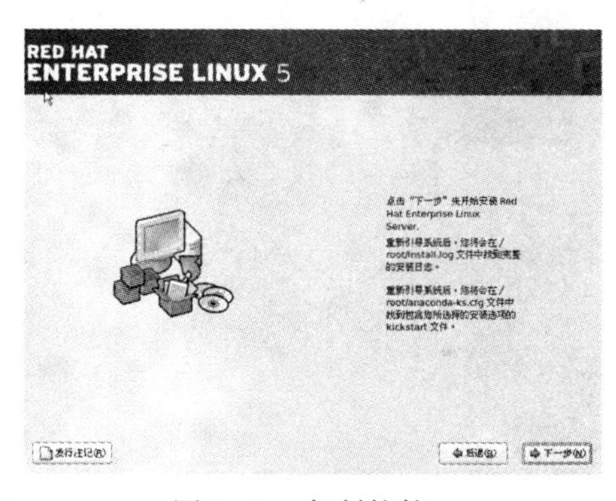

图4-45　复制软件

14）等待一段时间后，完成安装，此时需要重新引导系统，如图4-47所示。

图4-46　正在安装

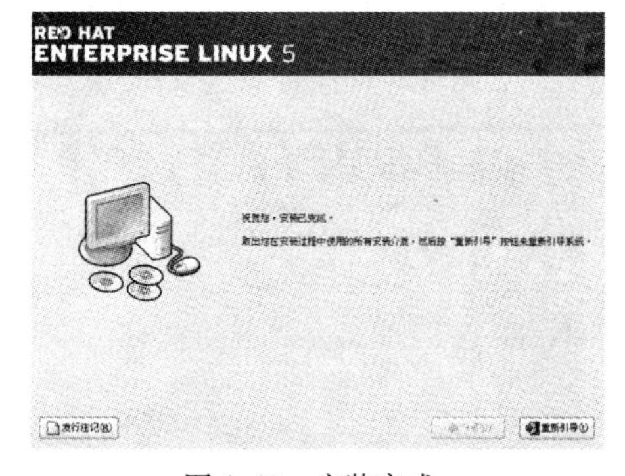

图4-47　安装完成

15）系统安装完成后，第一次启动系统时会弹出相应的设置窗口，进行一些简单的设置，如图4-48～图4-58所示。

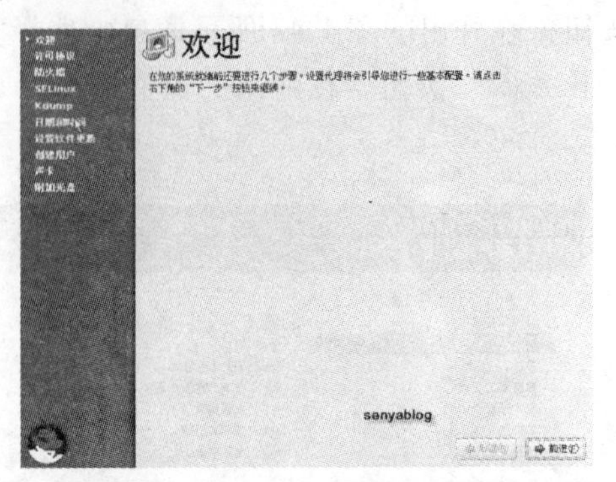

图 4-48　配置欢迎界面

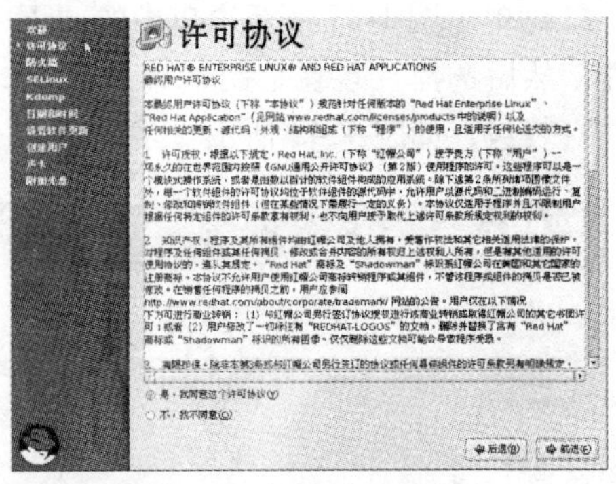

图 4-49　用户许可协议

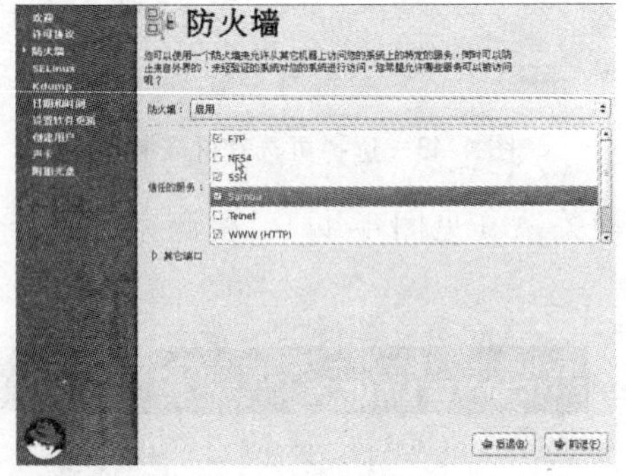

图 4-50　设置防火墙

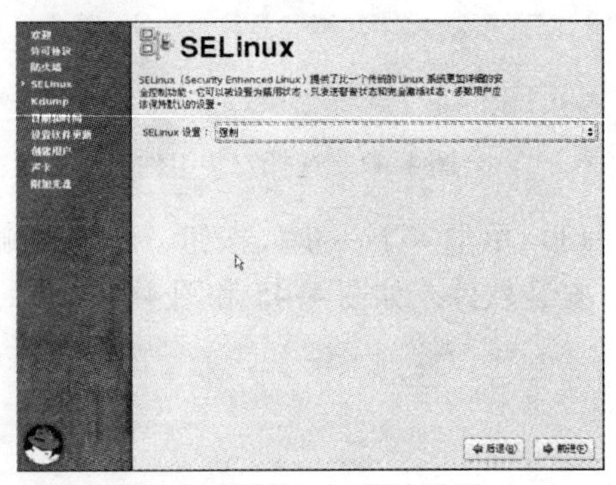

图 4-51　SELinux 相关设置

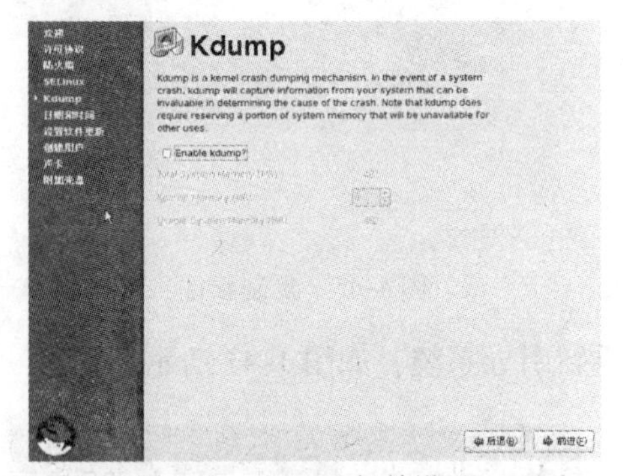

图 4-52　Kdump 相关设置

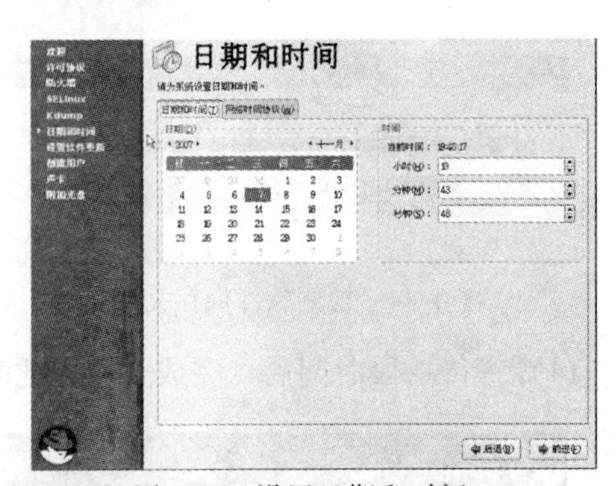

图 4-53　设置日期和时间

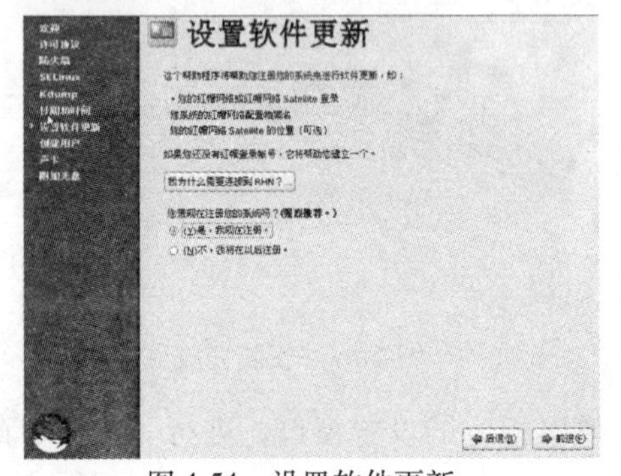

图 4-54　设置软件更新

图 4-55　创建用户

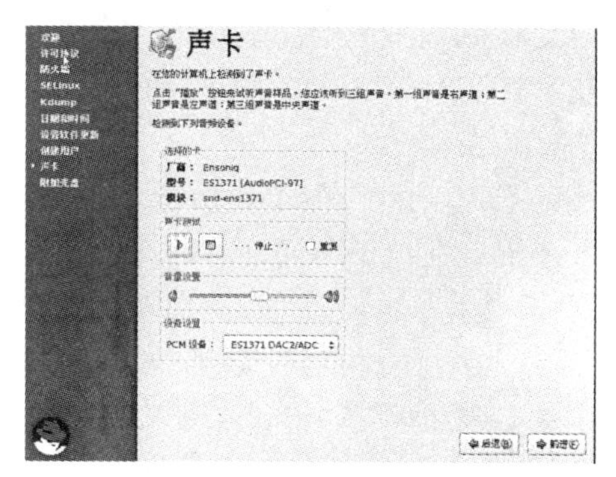

图 4-56　设置声卡

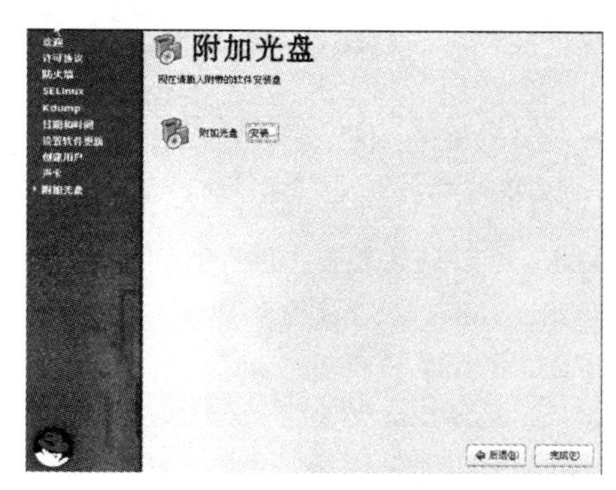

图 4-57　附加光盘

16）Red Hat Enterprise Linux5 安装完成，登录界面如图 4-59 所示。

图 4-58　登录界面

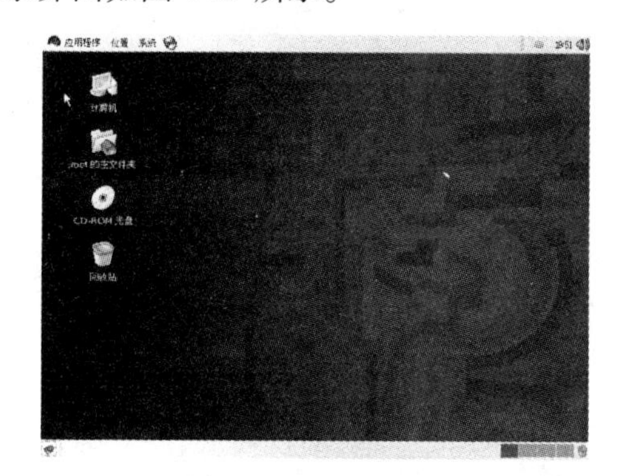
图 4-59　登录界面

任务四　组建 Windows Server 2003 VPN 服务器

知识目标：

掌握 VPN 服务器的基础知识和 VPN 服务器的安装和设置方法。

技能目标：

能够在 Windows Server 2003 下组建 VPN 服务器的方法。

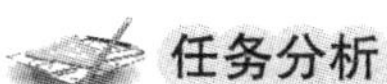

任务分析

本任务主要学习在 Windows Server 2003 下组建 VPN 服务器的方法，并对 VPN 服务器进行相关设置。

相关知识

1. VPN 简介

VPN（Virtual Private Network）翻译成中文就是虚拟专用网络。VPN 被定义为通过一个公用网络（通常是 Internet）建立的一个临时、安全的连接，是一条穿过混乱公用网络的安全、稳定隧道。使用这条隧道可以对数据进行多倍加密，达到安全使用 Internet 的目的。VPN 是对企业内部网的扩展，可以帮助远程用户、公司分支机构、商业伙伴及供应商与公司的内部网建立可信的安全连接，用于经济有效地连接到商业伙伴和用户的安全外联网。VPN 主要采用隧道技术、加/解密技术、密钥管理技术和使用者与设备身份认证技术。

2. VPN 的功能

VPN 可以提供的功能有：防火墙功能、认证功能、加密功能、隧道化功能。

VPN 可以通过特殊加密的通信协议连接到 Internet 上，在位于不同地方的两个或多个企业内部网之间建立一条专有的通信线路，就好比架设了一条专线，通过安全隧道，到达目的地，而不用为隧道的建设付费，也不需要真正地去铺设光缆之类的物理线路。这就好比去电信局申请专线，却不用付铺设线路的费用，也不用购买路由器等硬件设备。VPN 技术原是路由器所具有的重要技术之一，在交换机、防火墙设备或 Windows 2000 及以上操作系统中都支持 VPN 功能。简而言之，VPN 的核心就是利用公共网络建立虚拟私有网。

3. VPN 系统的组成

一个 VPN 系统一般由下面 3 个部分组成：

（1）服务器　用来接收和验证 VPN 连接的请求、处理数据打包和解包工作的计算机或设备。

（2）客户机　用来发起 VPN 连接的请求，处理数据的打包和解包工作的计算机或设备。

（3）传输介质　建立在公用网络上的数据连接。

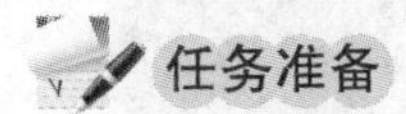

任务准备

实施本任务所使用的实训设备为：一台 IBM 服务器。

任务实施

1. 架设 VPN 服务器

1）在 Windows Server 2003 中，VPN 位于“路由和远程访问”选项中，选择“开始”→“管理工具”→“路由和远程访问”选项，打开“路由和远程访问”窗口，如图 4-60 和图 4-61所示。

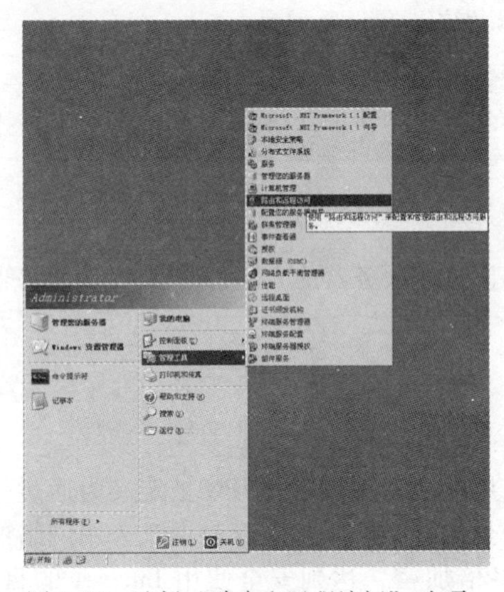

图 4-60　选择“路由和远程访问”选项

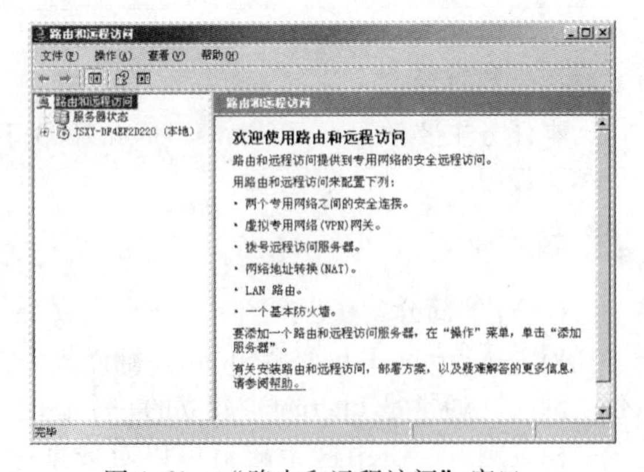

图 4-61　“路由和远程访问”窗口

2）在服务器名称上右击（见图4-62），在弹出的菜单中单击“配置并启用路由和远程访问”选项，弹出图4-63所示对话框。

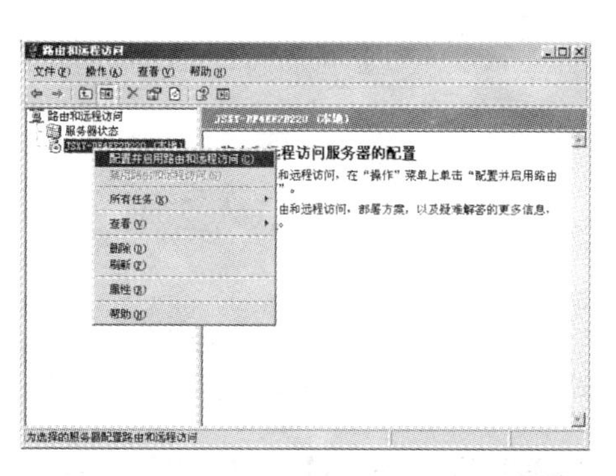

图4-62 配置远程访问

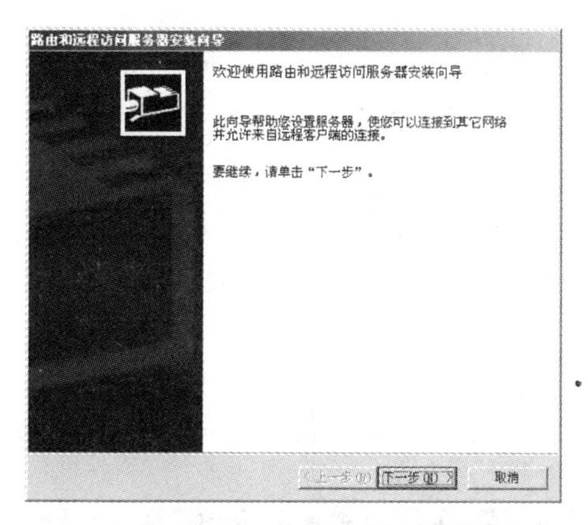

图4-63 “路由和远程访问服务器安装向导”对话框

3）单击“下一步”按钮，弹出“配置”对话框，选中“虚拟专用网络（VPN）访问和NAT”单选按钮，如图4-64所示。

4）单击“下一步”按钮，出现“VPN连接”对话框，选择对应于连接到Internet或周边网络接口，如图4-65所示。

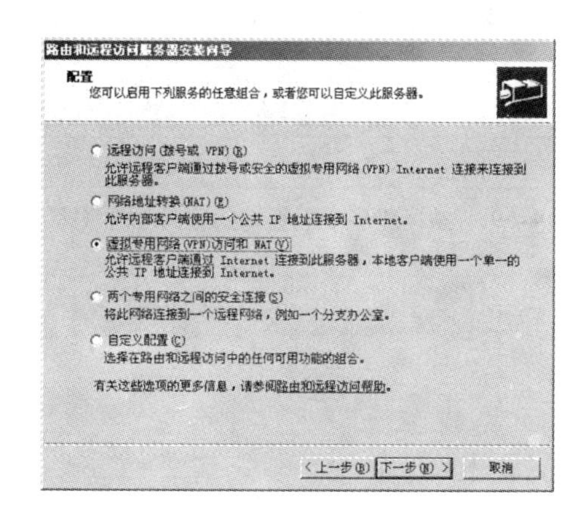

图4-64 “配置”对话框

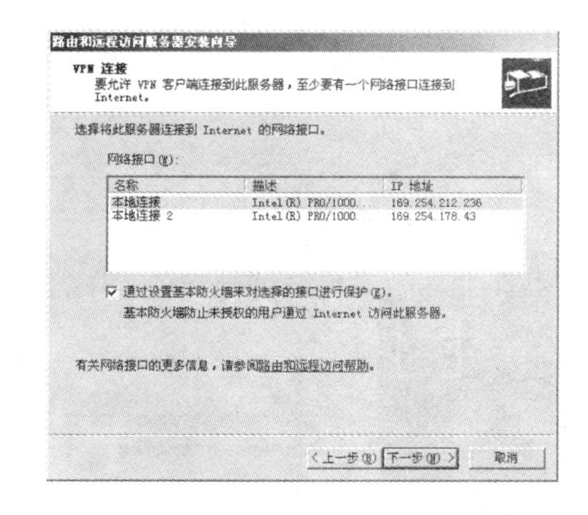

图4-65 “VPN连接”对话框

5）单击“下一步”按钮，出现“IP地址指定”对话框，如果将呼叫路由器作为应答路由器，那么使用DHCP为其他呼叫路由器获取IP地址，选中“自动”单选按钮，否则选中“来自一个指定的地址范围”单选按钮，使用一个或多个地址范围，如图4-66所示。

6）单击“下一步”按钮，弹出“名称和地址转换服务”对话框，如图4-67所示。

7）单击“下一步”按钮，弹出“地址指派范围”对话框，如图4-68所示。

8）单击“下一步”按钮，弹出“管理多个远程访问服务器”对话框，如图4-69所示。

9）单击“下一步”按钮，配置完成，弹出图4-70所示对话框，单击“完成”按钮，弹出“路由和远程访问”提示信息，如图4-71所示。

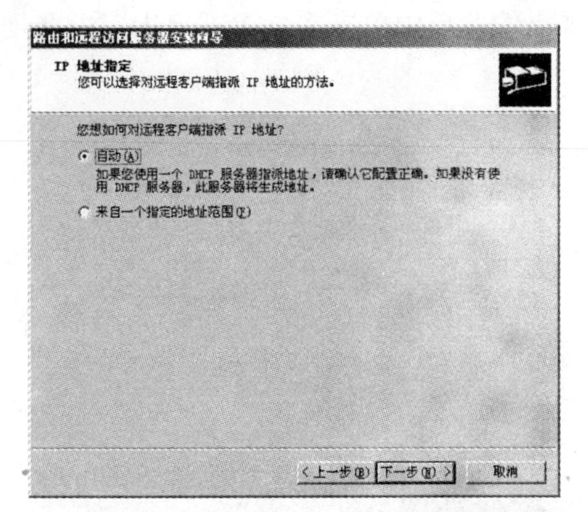

图 4-66 “IP 地址指定”对话框

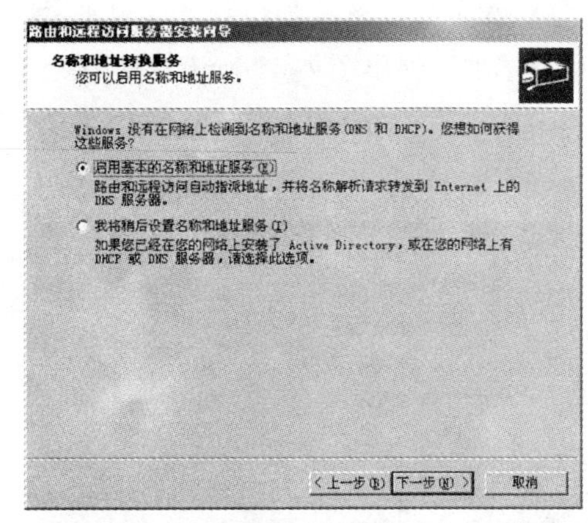

图 4-67 “名称和地址转换服务”对话框

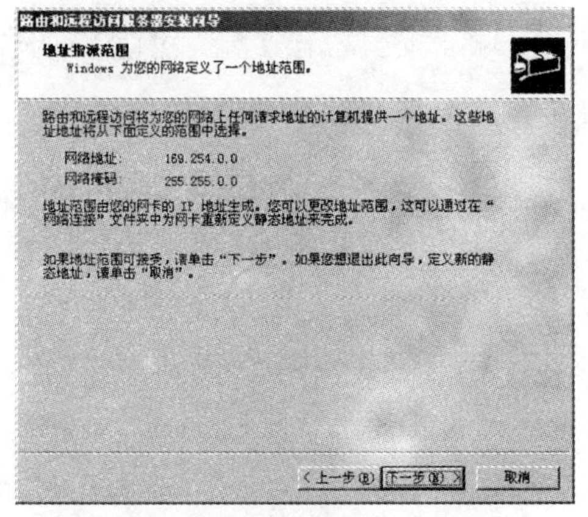

图 4-68 “地址指派范围”对话框

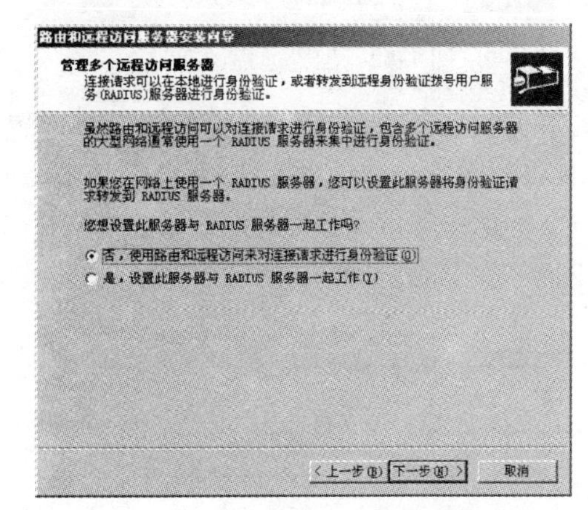

图 4-69 “管理多个远程访问服务器”对话框

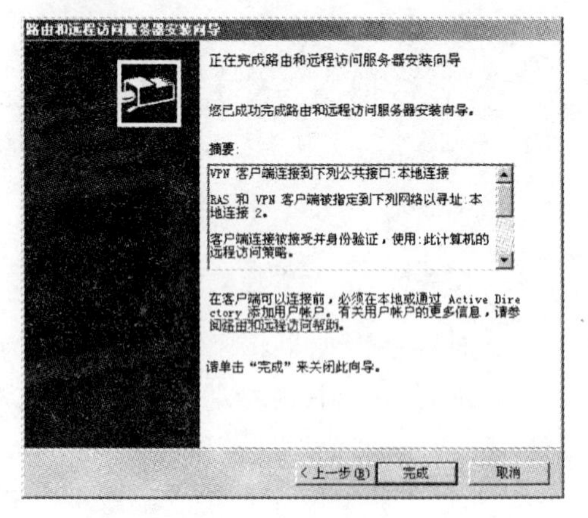

图 4-70 设置完成

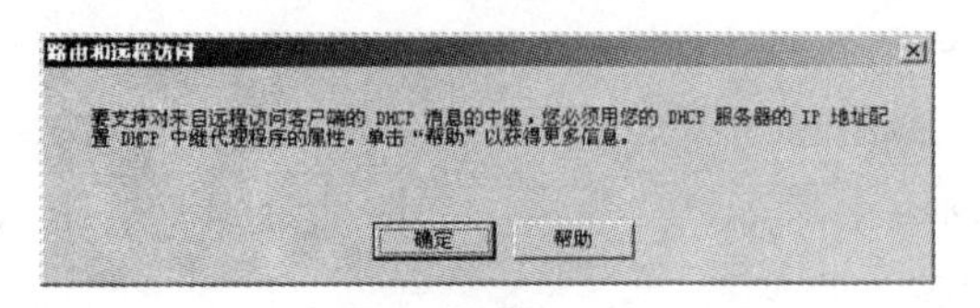

图 4-71 提示信息

10）单击“确定”按钮后，弹出“正在完成初始化”提示信息，如图 4-72 所示。

11）等待几分钟后，完成设置，可以在“开始”→“管理工具”→“服务”中查看“Routing and Remote Access”（路由和远程访问）服务，可以看到此服务已处于“已启动”状态，如图 4-73 所示。

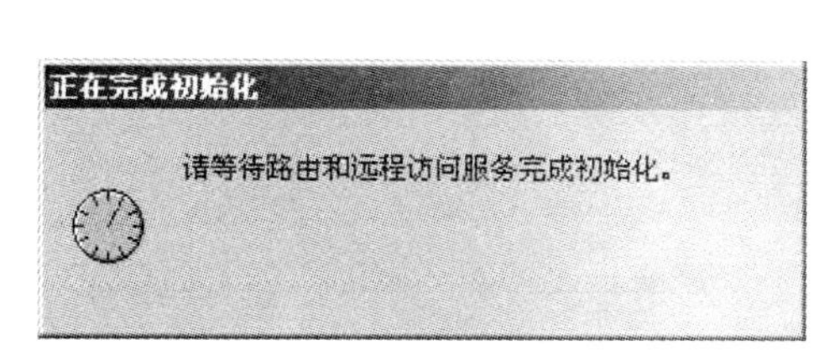

图 4-72　正在完成初始化

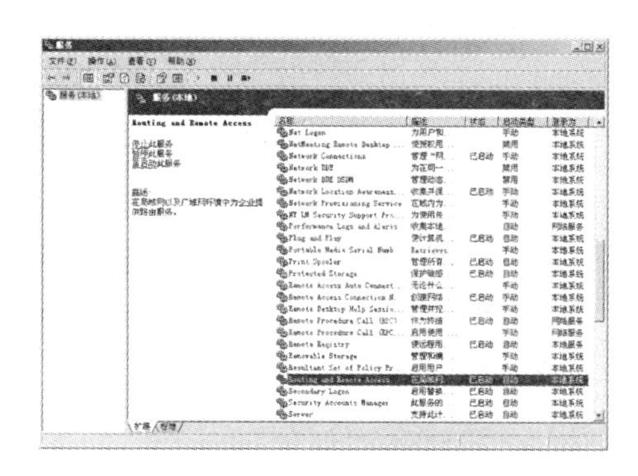

图 4-73　服务已启动

2. 设置用户拨入权限

在默认情况下，任何用户都会被拒绝拨入到服务器，若要给用户赋予拨入到服务器的权限，则选择“管理工具”→“计算机管理”选项打开“计算机管理”窗口，选择“本地用户和组”中的“用户”，然后在用户名上右击，在弹出的快捷菜单中选择“属性”命令，在打开的对话框中选择“拨入”选项卡，然后选中“允许访问”单选按钮，单击“确定”按钮，即可完成用户拨入权限设置，如图 4-74 ~ 图 4-76 所示。

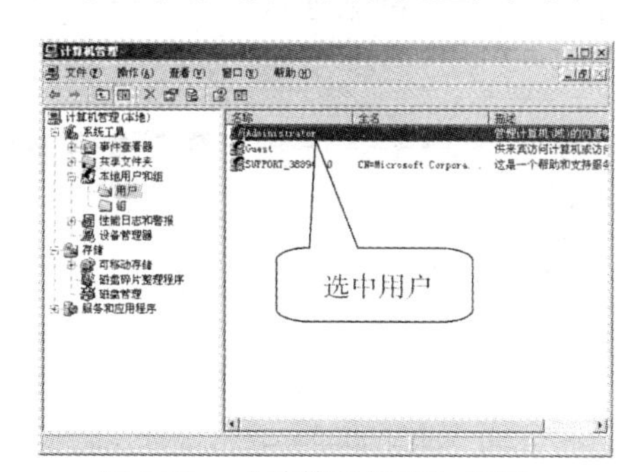

图 4-74　“计算机管理”窗口

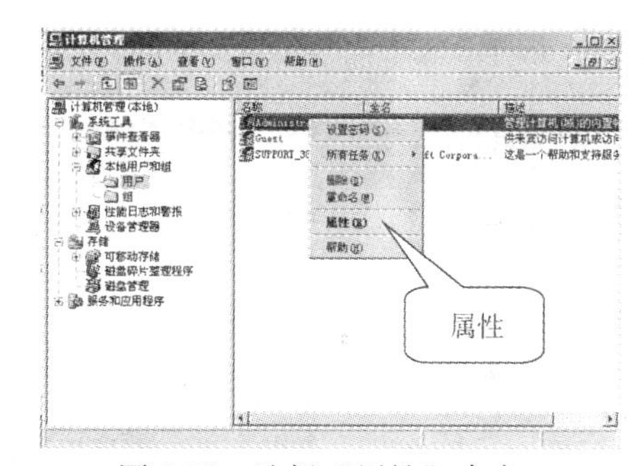

图 4-75　选择“属性”命令

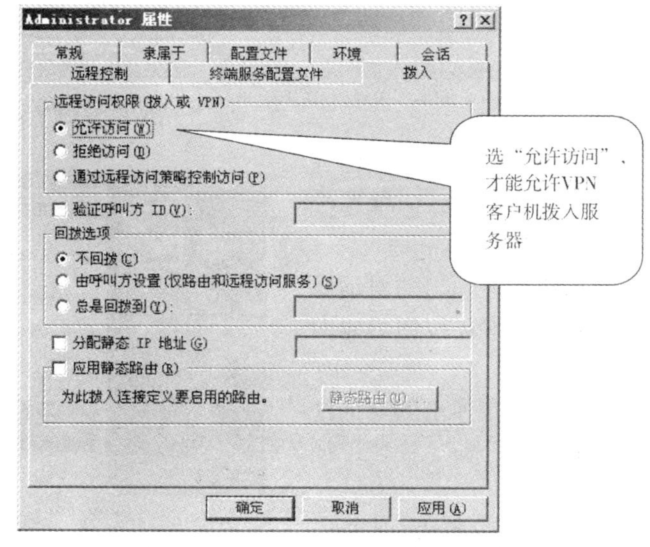

图 4-76　“Administrator 属性”对话框

任务五　在 Windows XP 下架设 VPN 客户端

知识目标：

掌握在 Windows XP 下架设 VPN 客户端的方法。

技能目标：

能够在 Windows XP 下设置 VPN 客户端。

任务分析

本任务主要讲解如何在 Windows XP 下设置 VPN 客户端，与上一个任务有相关性。

任务准备

实施本任务所使用的实训设备为一台计算机。

任务实施

1）在 Windows XP 中，打开“开始”→“控制面板”→“网络连接”→“创建一个新的连接”选项，弹出“新建连接向导”对话框，如图 4-77～图 4-79 所示。

图 4-77　“控制面板”窗口

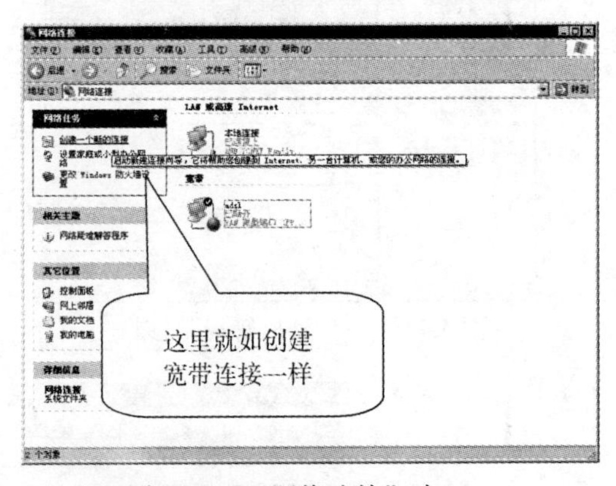

图 4-78　“网络连接”窗口

2）单击“下一步”按钮，在弹出的对话框中选中“连接到我的工作场所的网络”单选按钮，如图 4-80 所示。

3）单击“下一步”按钮，在弹出的对话框中选中“虚拟专用网络连接”单选按钮，如图 4-81 所示。

4）单击“下一步”按钮，在弹出的对话框中输入公司名，然后单击“下一步”按钮，如图 4-82 所示。

5）在弹出的图 4-83 所示对话框中选中“不拨初始连接”或“自动拨此初始连接”单

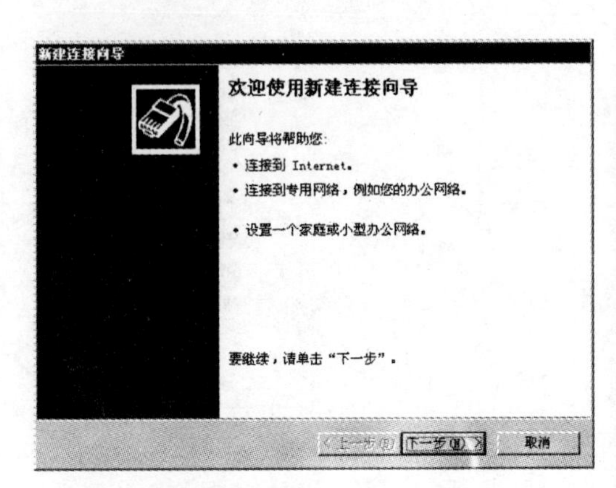

图 4-79　“新建连接向导”对话框

选按钮，然后单击“下一步”按钮，在弹出的对话框中输入 VPN 服务器的名称或地址，如图 4-84 所示。

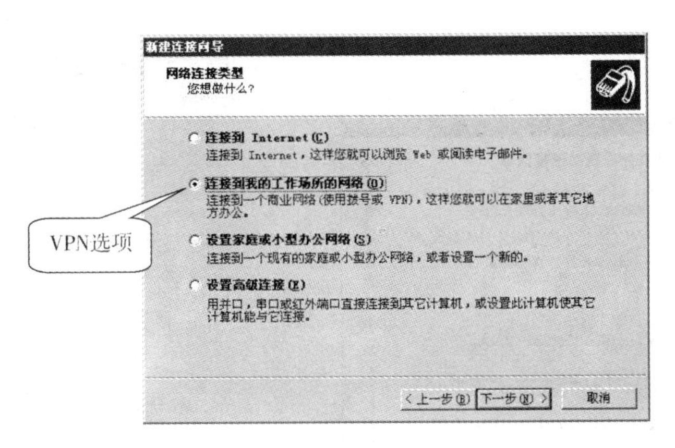

图 4-80　选择网络连接类型

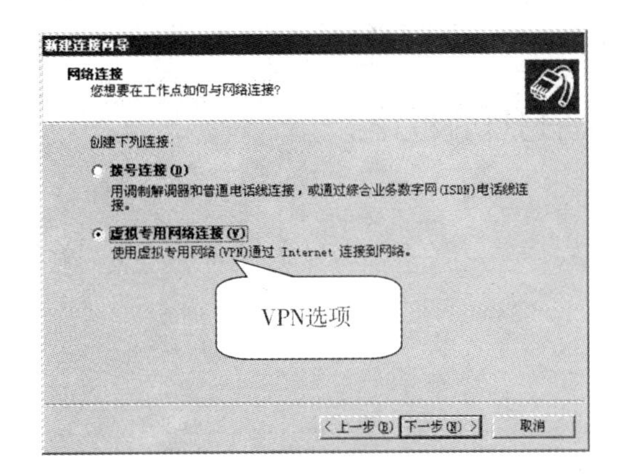

图 4-81　创建连接

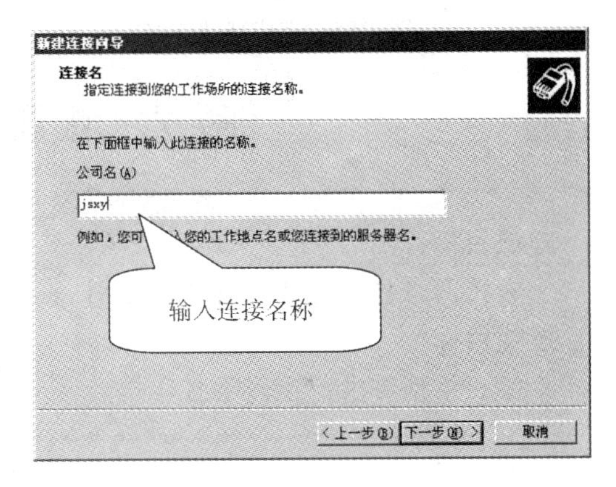

图 4-82　输入公司名

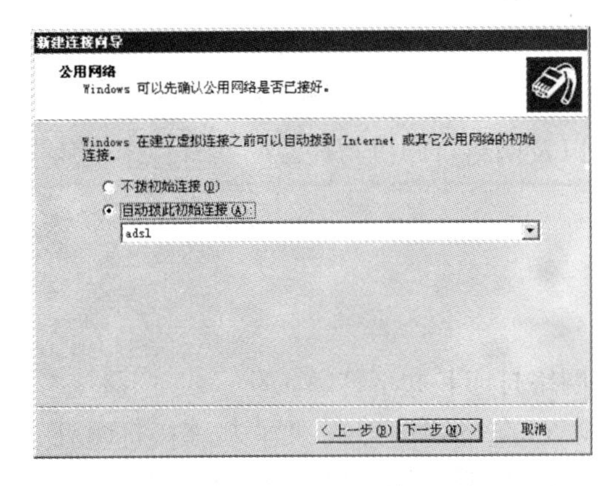

图 4-83　公用网络

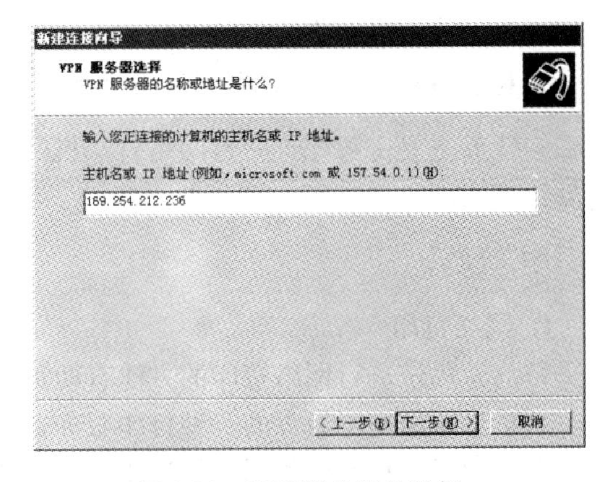

图 4-84　VPN 服务器的选择

6）单击“下一步”按钮，在弹出的对话框中选中“在我的桌面上添加一个到此连接的快捷方式”复选框，然后单击“完成”按钮，弹出连接 VPN 服务器对话框，如图 4-85 和图

4-86所示。如果成功连接到了 VPN 服务器，那么此时就像平时连接到宽带一样，在桌面任务栏右下角会出现两个小计算机的图标。

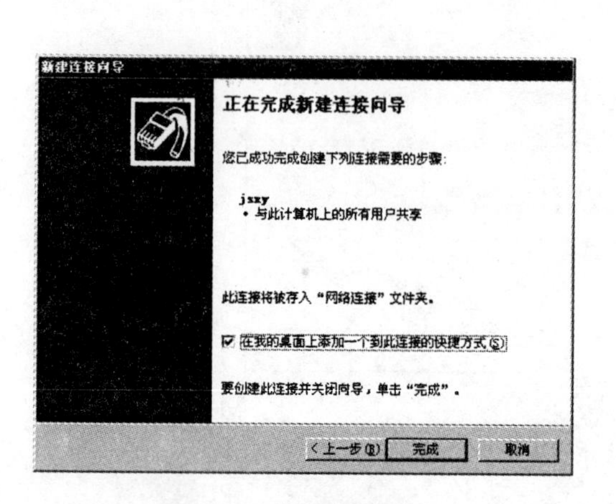

图 4-85　完成新建连接

图 4-86　连接到 VPN 服务器

任务六　配置网络打印服务器

知识目标：

掌握网络打印与共享打印的区别。

技能目标：

能够根据要求配置网络打印机。

在各大企业的日常工作中，企业的各个部门经常要打印各种文件，但考虑到成本，各个部门不可能都配置打印机。在企业局域网内部，可以在网络中为用户配置网络打印机，用户可以通过网络将自己需要打印的文件打印出来。

任务分析

本任务主要讲解配置一台网络打印机的方法以及网络打印机与局域网共享打印机的区别之处。

相关知识

1. 网络打印

目前，用户进行网络打印的方法有两种，即网络打印和共享打印。

共享打印是用得最多的一种打印服务器方式。它的工作原理是：把直接连接打印机的一台计算机配置成打印服务器，将打印机设置成共享设备，这样，网络上的用户就可以通过与计算机的连接来共享该计算机的打印设备。很显然，这种打印服务器就是由直接连接打印机的计算机来担当的。

网络打印是指通过打印服务器（内置或外置）将打印机作为独立的设备接入局域网中。

网络打印不需要另外配置一台计算机作为打印服务器，只要将具有网络连接功能的打印机连接到需要打印文件的计算机所处的局域网内，就可以在该网络内的任何一台计算机上进行打印。

2. 网络打印的发展

共享打印的缺点有：需要至少两台计算机、文件传输不稳定、传输速率低等。由于共享打印存在上述缺点，网络打印就应运而生了。

网络打印最初采用外置打印服务器。这种打印服务器兼容性较强，因为其接口属于通用型，所以一种打印服务器基本上适用于所有品牌的网络打印机。随着办公效率的提高，人们需要更快的打印速度和更方便地进行打印，内置打印服务器的网络打印机应运而生。这种打印机通过内置有线网卡直接与网络相连，其数据传输速率很高，可与网络一致，达到每秒10Mbit甚至100Mbit。一般高速网络打印机都采用这种方式实现网络打印。外置打印服务器在价格方面比内置打印服务器要便宜许多，而且应用起来也更为灵活。但随着网络打印机的发展，外置打印服务器的价格优势逐渐消失，并且其性能不如内置打印服务器，目前在大中型企业中以内置打印服务器为主。随着技术的不断发展及其通用性的提高，外置打印服务器将更适合于低端网络打印环境。随着无线技术的发展，又出现了无线网络打印机。这种打印机只要与需要打印的计算机连接到同一个局域网内，就可以进行打印，没有了线缆的束缚。

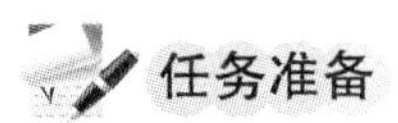

任务准备

实施本任务所使用的实训设备为：两台计算机，一台带网络打印功能的打印机。

任务实施

1）在Windows Server 2003中，单击“开始”→“管理工具”选项，选择“配置您的服务器向导”命令，打开“配置您的服务器向导”对话框，如图4-87和图4-88所示。

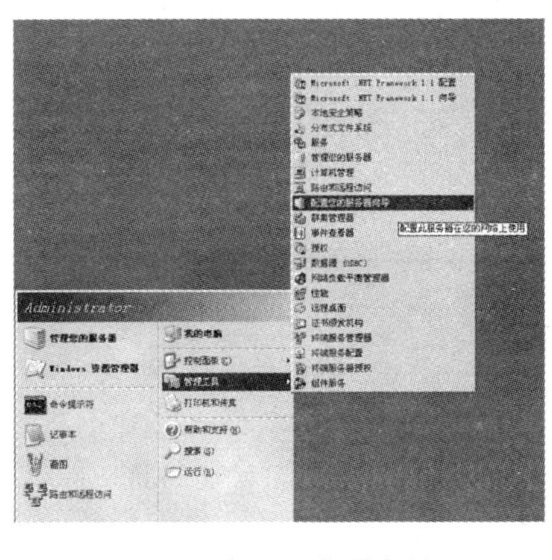

图4-87　打开服务器向导

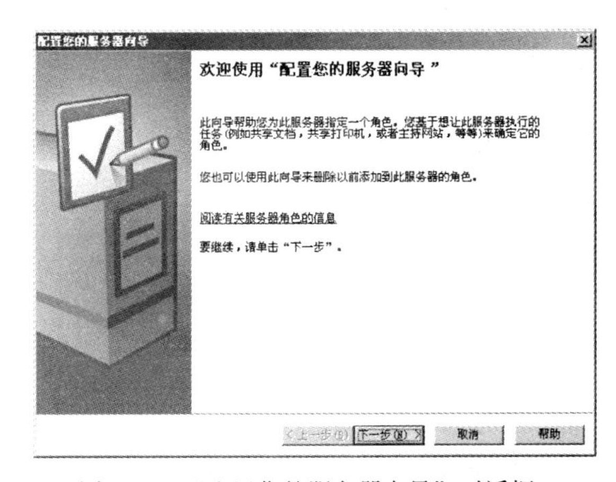

图4-88　“配置您的服务器向导”对话框

2）单击“下一步”按钮，打开图4-89所示对话框，从中单击“下一步”按钮，在弹出的“服务器角色”对话框中选择“打印服务器”选项，再次单击“下一步”按钮，如图4-89和图4-90所示。

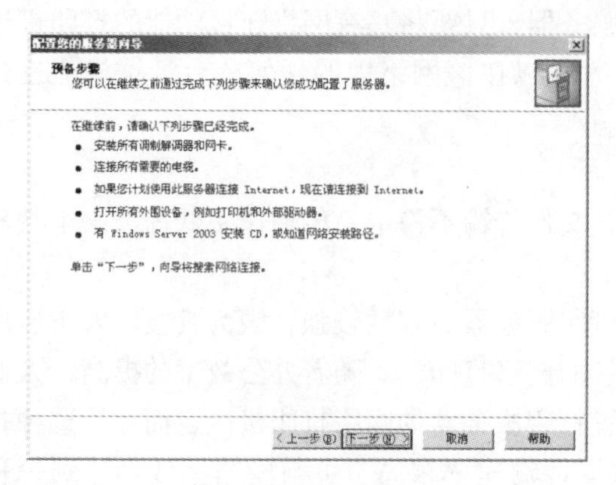

图 4-89　预备步骤

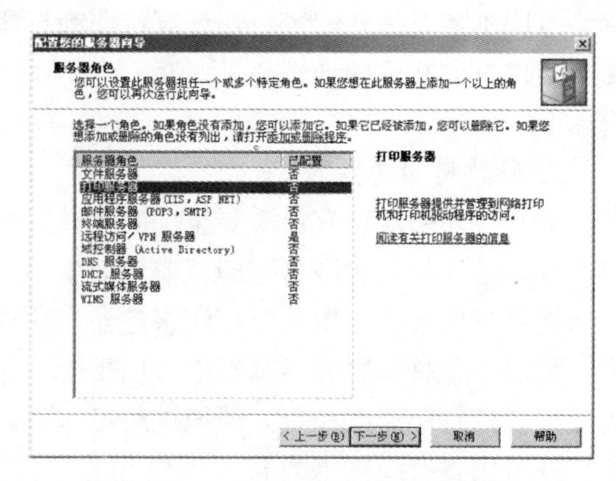

图 4-90　“服务器角色”对话框

3）在弹出的“打印机和打印机驱动程序”对话框中，选中“Windows 2000 和 Windows XP 客户端”单选按钮（见图 4-91），然后单击“下一步”按钮，弹出图 4-92 所示对话框，从中单击“下一步”按钮。

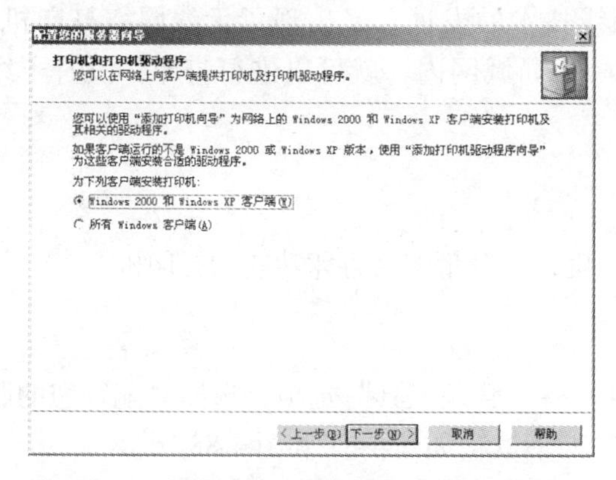

图 4-91　“打印机和打印机驱动程序”对话框

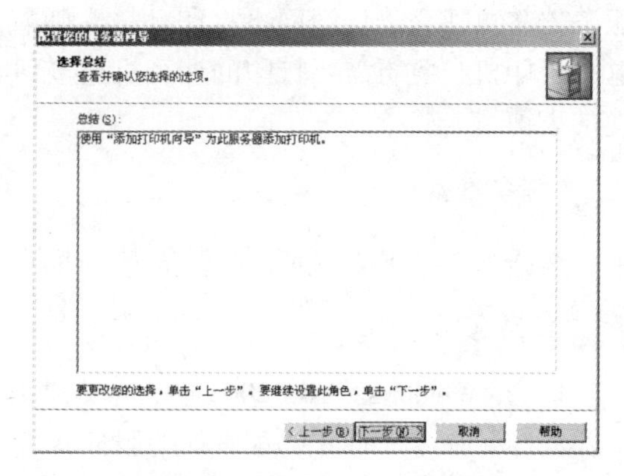

图 4-92　“选择总结”对话框

4）从弹出的图 4-93 所示对话框中，单击“下一步”按钮，弹出“本地或网络打印机”对话框，选择“连接到此计算机的本地打印机”单选按钮，单击“下一步”按钮，如图 4-94 所示。

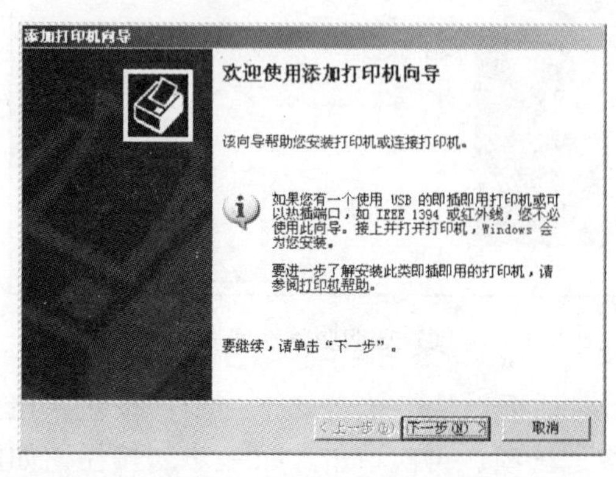

图 4-93　“欢迎使用添加打印机向导”对话框

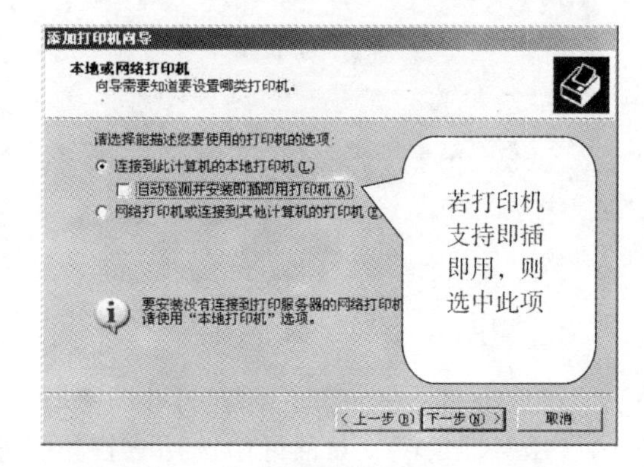

图 4-94　“本地或网络打印机”对话框

5）在图4-95所示对话框中，向导提示选择打印机端口，这里选择“LPT1”，然后单击“下一步”按钮。

6）在弹出的图4-96所示的对话框中选择打印机的型号，这里选择“EPSON LQ-1600K Ⅲ”打印机，选择完成后单击“下一步”按钮，弹出图4-97所示对话框，从中单击“下一步”按钮，弹出图4-98所示对话框。

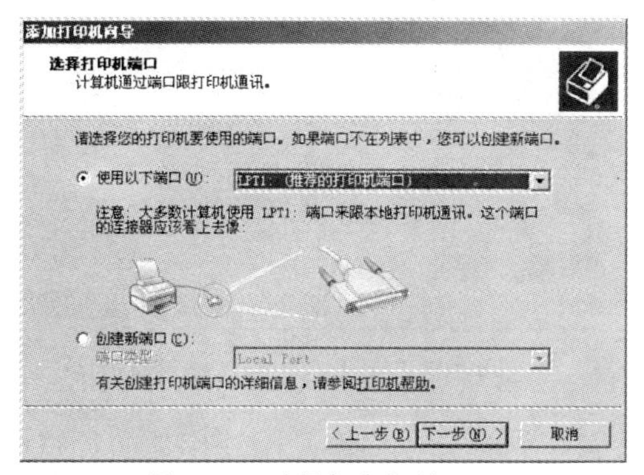

图4-95　选择打印机端口

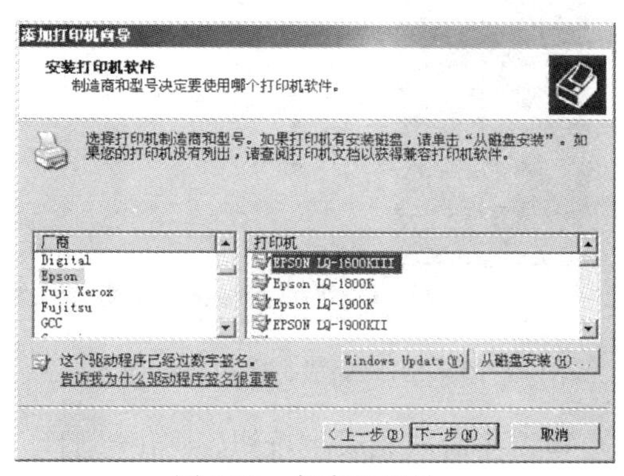

图4-96　打印机型号

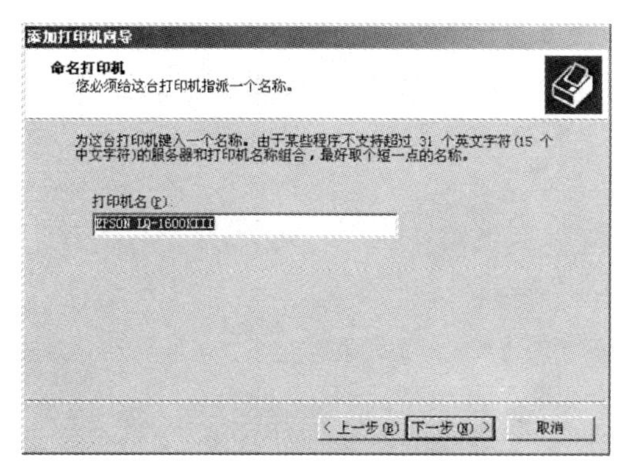

图4-97　输入打印机名

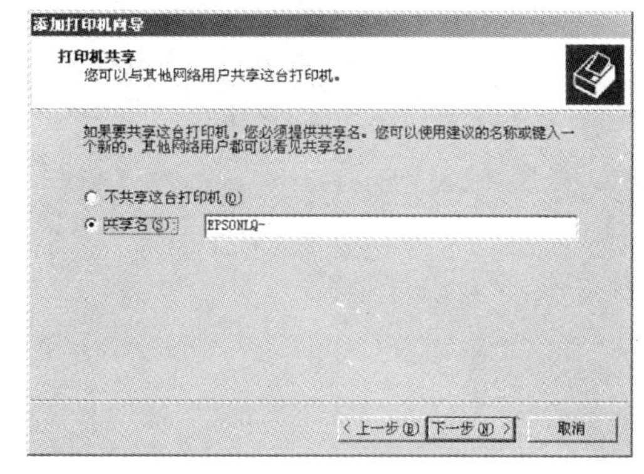

图4-98　输入共享名

7）单击“下一步”按钮，弹出“位置和注释”对话框，输入打印机所在的位置，以便网络上的其他用户很容易找到这台打印机，如图4-99所示。

8）单击“下一步”按钮，弹出图4-100所示的“打印测试页”对话框。

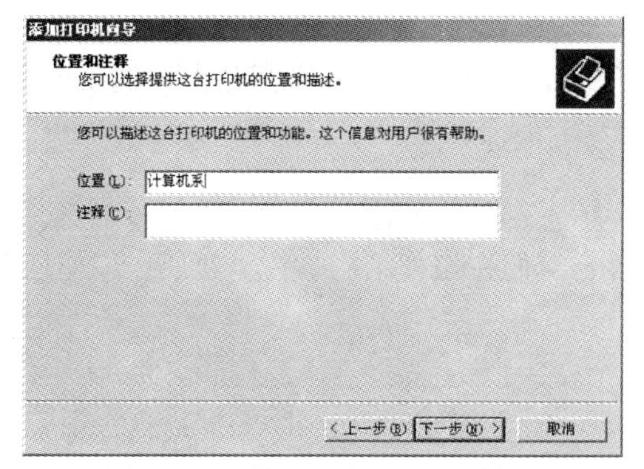

图4-99　“位置和注释”对话框

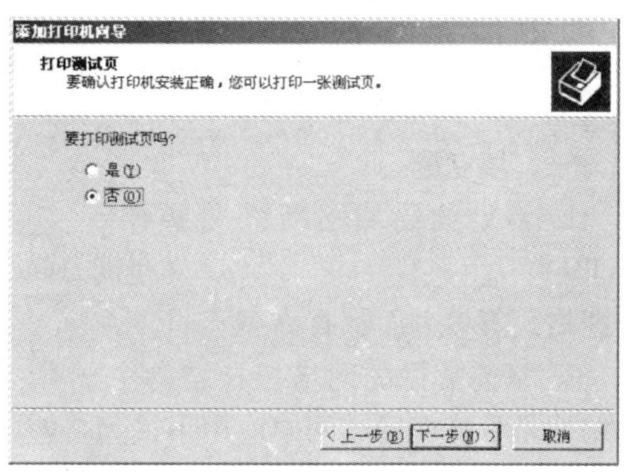

图4-100　“打印测试页”对话框

9）单击“下一步”按钮，完成打印机的添加，单击“完成”按钮，完成打印服务器的配置，如图 4-101 和图 4-102 所示。

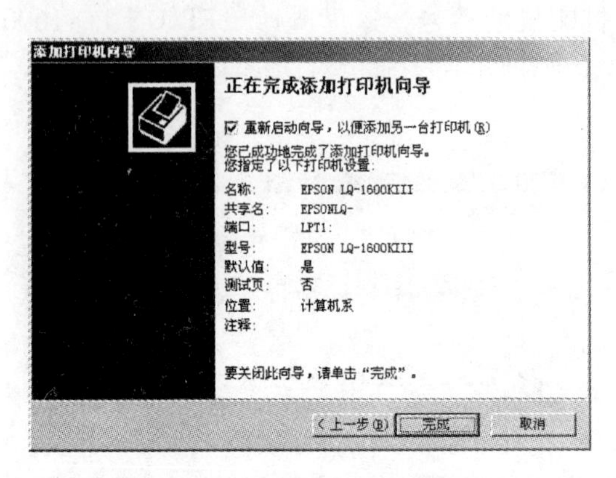

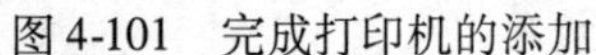
图 4-101　完成打印机的添加

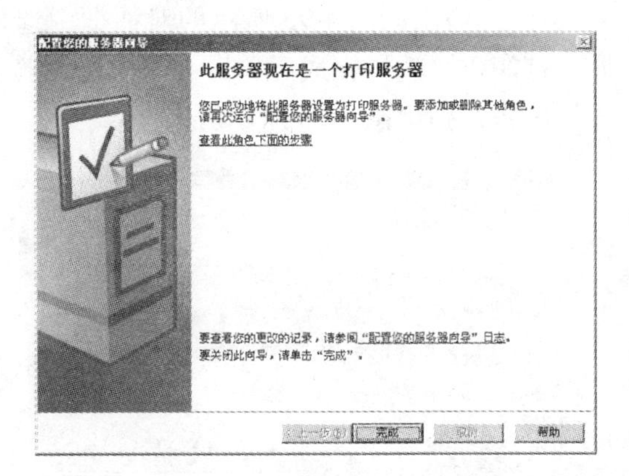

图 4-102　完成打印服务器的配置

10）单击“完成”按钮，弹出“打印机和传真”窗口，可以看到刚才添加的打印机已经共享，如图 4-103 所示。

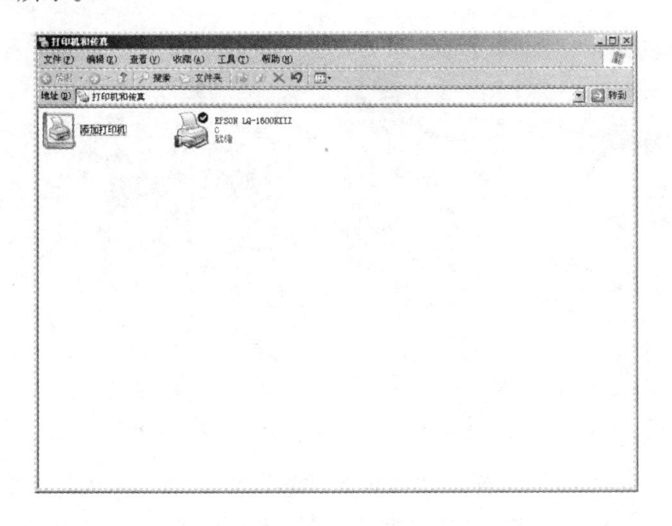

图 4-103　“打印机和传真”窗口

思考与练习

一、填空题

1. 常见的局域网网络类型有______________、______________、异步传输模式（ATM）、______________、交换网 Switching 等，它们在拓扑结构、传输介质、传输速率、数据格式等多方面都有许多不同。

2. 目前常见的网络拓扑结构主要有：________、________、________、树形。星形拓扑结构是目前在局域网中应用得最为普遍的一种，在企业网络中几乎都采用这一方式。

3. Windows Server 2003 是________的服务器操作系统，于 2003 年 3 月 28 日发布，并在

同年4月底上市。

4. Red Hat Enterprise Linux 的中文名称为________。

5. VPN（Virtual Private Network）翻译成中文就是________。

二、简答题

1. VPN 的含义是什么?

2. VPN 系统由哪几部分组成?

三、操作题

1. 在虚拟机或服务器上安装 Windows Server 2003。

2. 在虚拟机或服务器上安装 Red Hat Enterprise Linux 5。

3. 在 Windows Server 2003 下配置 VPN 服务，并在 Windows XP 下配置 VPN 客户端。

4. 配置一台网络打印机。

单元五　组建无盘局域网

无盘网络是几年前最流行的组网方式之一。组建无盘网络能够极大地节省用户的投资，在一些资金紧张的学校或企业培训机构中，无盘网络的使用比较普遍。除了节约资金外，无盘网络的最大好处就是管理和维护方便。随着计算机产业的发展，硬件价格已不是制约网络的主要因素，但无盘网络仍然存在一定的市场，说明无盘网络还是具有一定的优势。

什么是无盘网络？简言之，一个网络中的所有工作站上都不安装硬盘，全部通过网络服务器来启动，这样的网络就是无盘网络。这些工作站称为无盘工作站。

没接触过无盘网络的人会很快对这样的网络产生兴趣，因为每台工作站省掉一个硬盘，一个由一百工作站组成的无盘网络省掉的钱就相当可观。的确，省钱是无盘网络的一个重要优势，但实际上无盘网络最主要的优势并不是省钱，而是管理和维护方便。

目前比较流行的无盘网络组网方式有很多种，如基于 PXE 的无盘网络、基于 BXP 的无盘网络等。随着计算机软件行业的发展，市场上出现了很多无盘组网软件，如锐起无盘、网众无盘、魔盘等。这些无盘软件安装方便，管理和维护非常简单，得到了很多用户的认可。本单元讲解现在最流行的无盘组网软件锐起无盘和网众无盘的组网方式和过程。

任务一　组建锐起无盘局域网

知识目标：

掌握用锐起无盘软件组建无盘局域网的方法。

技能目标：

学会锐起无盘服务器和客户端的安装方法，并能设置无盘服务器，上传系统文件和更新文件，能将客户端添加方式设置为自动或手动。

任务分析

本任务主要讲解现在主流的无盘局域网——锐起无盘局域网的安装和设置。通过完成本任务，学生能学会锐起无盘网的组建和设置方法。

相关知识

1. 锐起无盘局域网的基础知识

锐起无盘工作站的安装简单、方便，对服务器硬盘的要求不高，故障率低，所以在前几年的无盘局域网中，锐起无盘局域网占据了很大的比重。

2. 锐起无盘局域网的安装流程及注意事项

1）安装网络服务器操作系统 Windows Server 2003（见单元四的任务二），并做相应设置。

2）在 Windows Server 2003 中安装锐起无盘软件服务器端并做相应设置。

3）在无盘工作站中安装锐起无盘软件客户端，设置并上传系统。

4）进入无盘工作站，设置 CMOS，允许 LAN 启动（确认工作站上的集成网卡带有网络启动功能，若没有，则可安装带有 PXE 启动芯片的 PCI 网卡）。

5）安装成功，测试并使用。

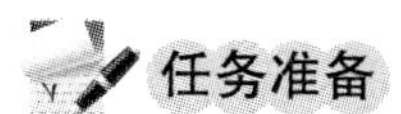

实施本任务所使用的实训设备为：一台 IBM 服务器，一张 Windows Server 2003 的安装光盘，一个 DVD 光驱，一套锐起无盘安装软件，若干学生用计算机。

任务实施

1. 服务器端的安装及设置

1）在 Windows Server 2003 上安装锐起无盘服务器端，设置服务器的 IP 地址，这个地址是安装锐起无盘客户端时需要设置的服务器地址，如图 5-1 所示。

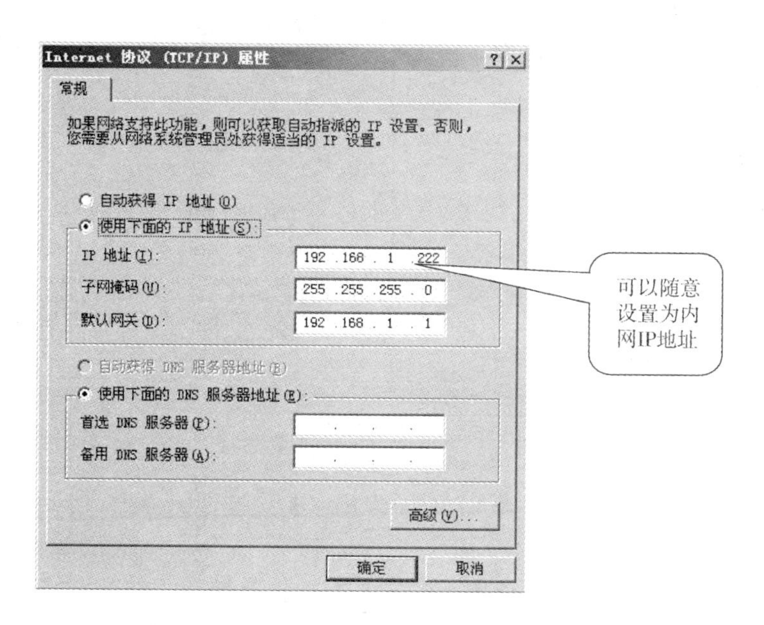

图 5-1　设置服务器 IP 地址

2）将锐起无盘服务器的 E、F 两个盘符名分别设置为读和写，以便加以区别，如图 5-2 所示。

3）双击锐起无盘安装文件，开始进行服务器端的安装，弹出图 5-3 所示的对话框，单击“下一步”按钮，继续安装。

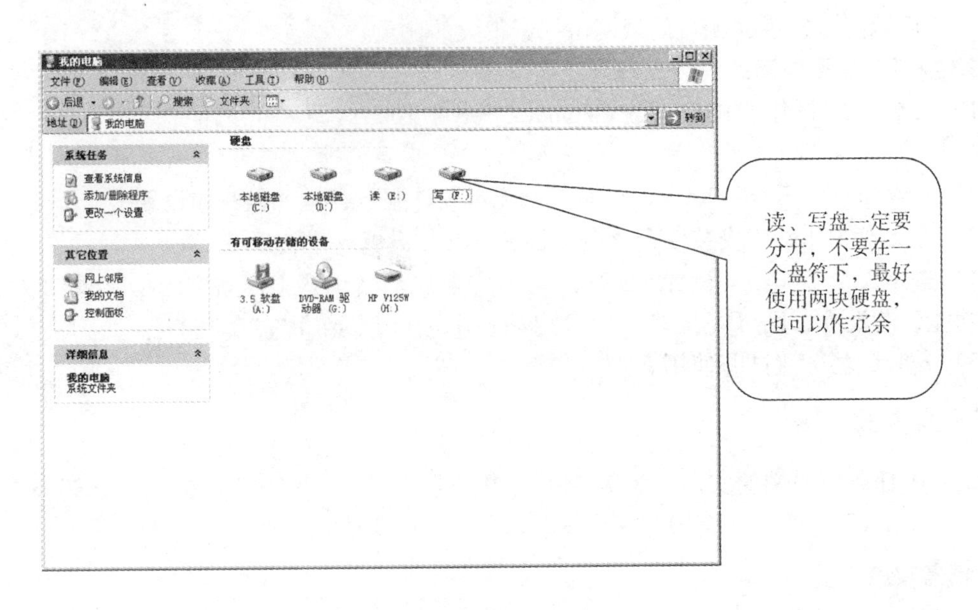

图 5-2　设置盘符名称

4）从图 5-4 所示对话框中选中“我接受许可证协议中的条款”单选按钮，然后单击“下一步”按钮。

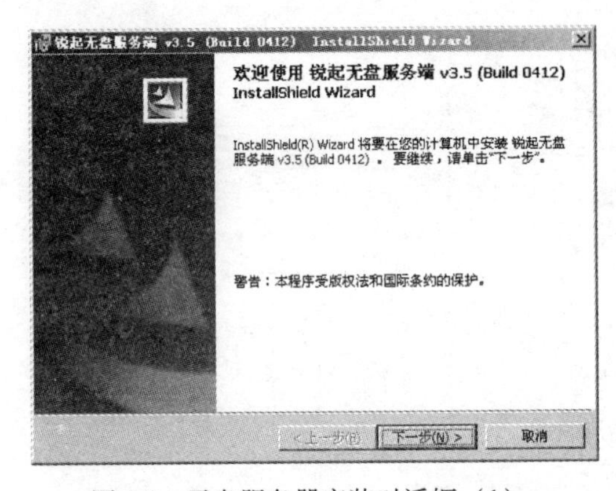

图 5-3　无盘服务器安装对话框（1）

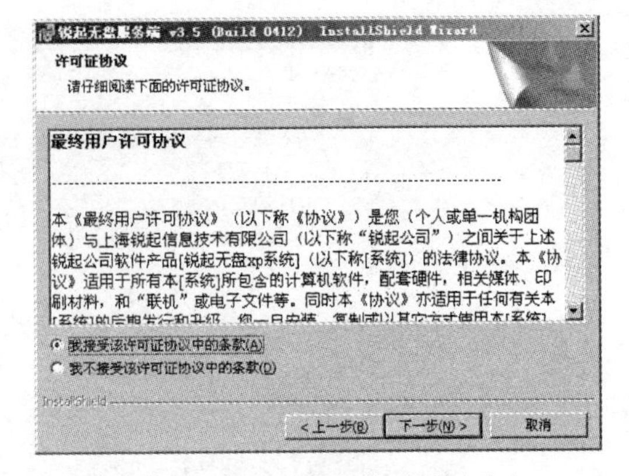

图 5-4　无盘服务器安装对话框（2）

5）在弹出的图 5-5 所示对话框中单击“下一步”按钮，弹出“目的地文件夹”对话框，如图 5-6 所示。

6）将锐起服务端安装到默认位置，单击“下一步”按钮，在弹出的图 5-7 所示对话框中单击“安装”按钮，开始安装软件。

7）安装完成后，出现图 5-8 所示的对话框。

8）双击运行桌面上的锐起无盘服务器端图标，出现“建议设置管理员密码及客户机切换密码”提示信息（见图 5-9），单击“确定”按钮，进入锐起无盘服务器端主窗口，如图 5-10 所示。

9）从服务器配置菜单中单击“磁盘管理”按钮，弹出磁盘管理对话框（见图 5-11），从中单击“新增”按钮。

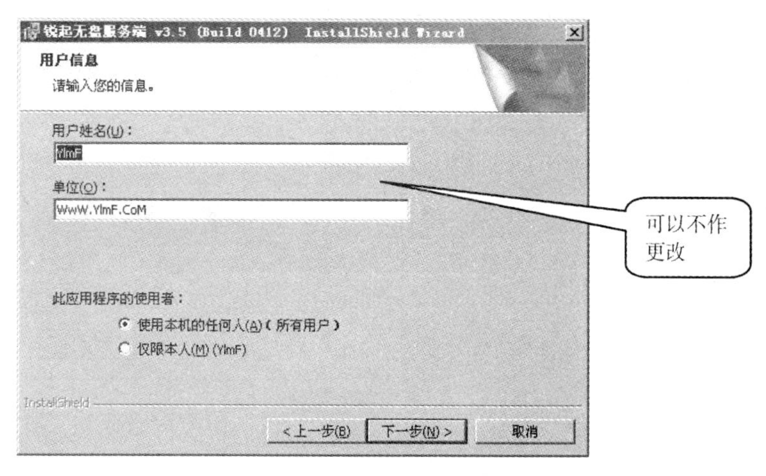

图 5-5　“用户信息”对话框

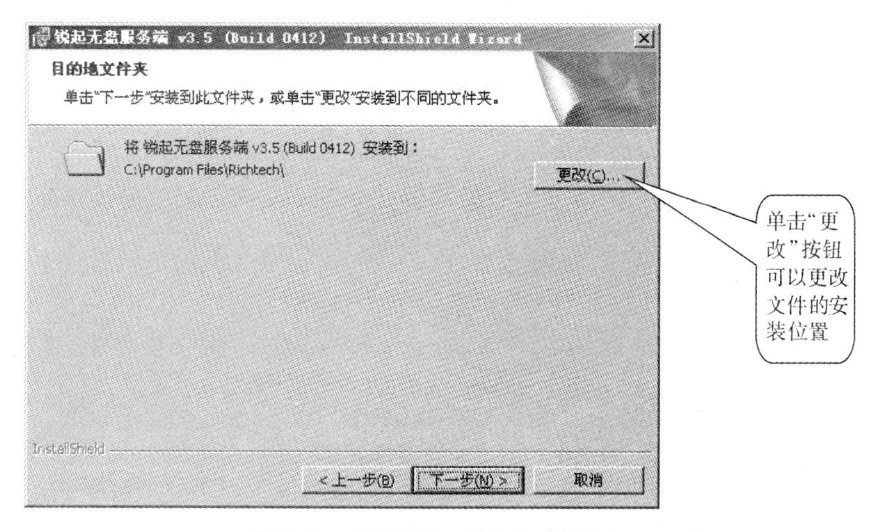

图 5-6　“目的地文件夹”对话框

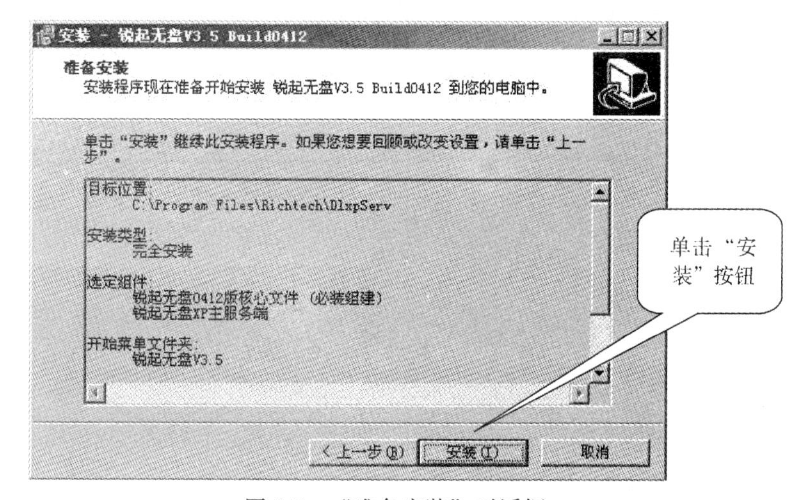

图 5-7　“准备安装”对话框

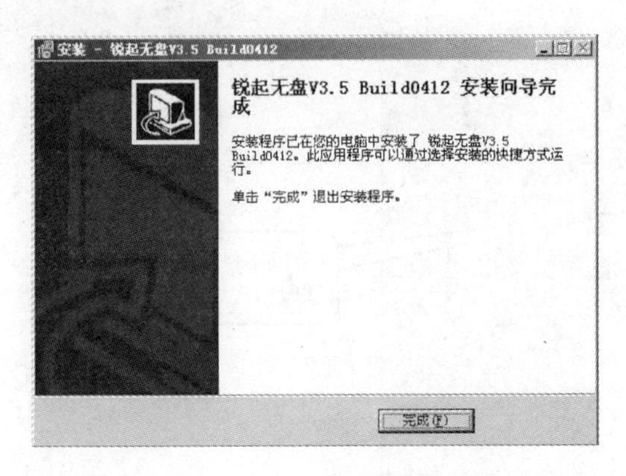

图 5-8　安装完成

图 5-9　“提示”对话框

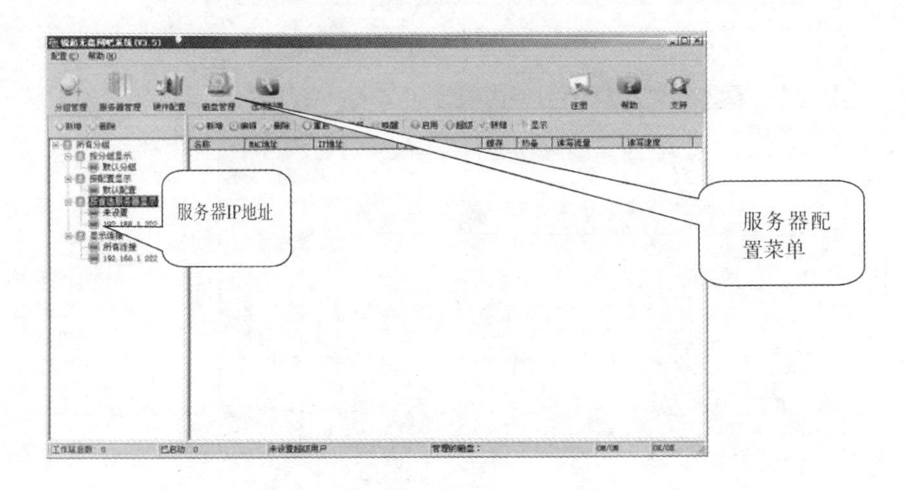

图 5-10　锐起无盘服务器端主窗口

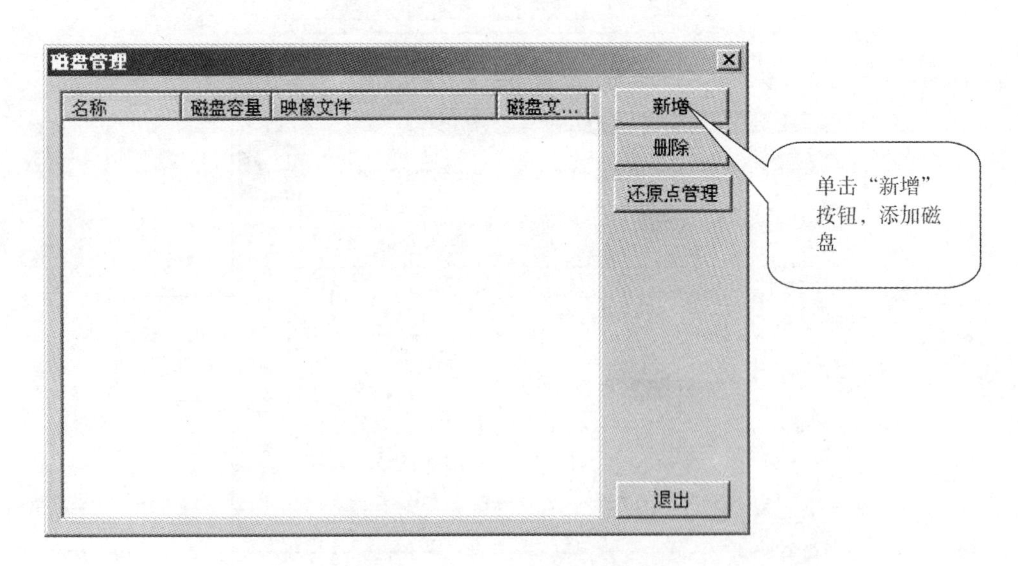

图 5-11　“磁盘管理”对话框

10）在弹出的“新增磁盘”对话框中输入磁盘名称和磁盘容量后，单击“指定”按钮，设置映像文件存储位置，如图5-12所示。

11）单击图5-12所示对话框中的“确定”按钮，弹出图5-13所示对话框，选择E盘，单击“打开”按钮，在打开的对话框中，于E盘根目录下创建新文件夹，如图5-14所示。

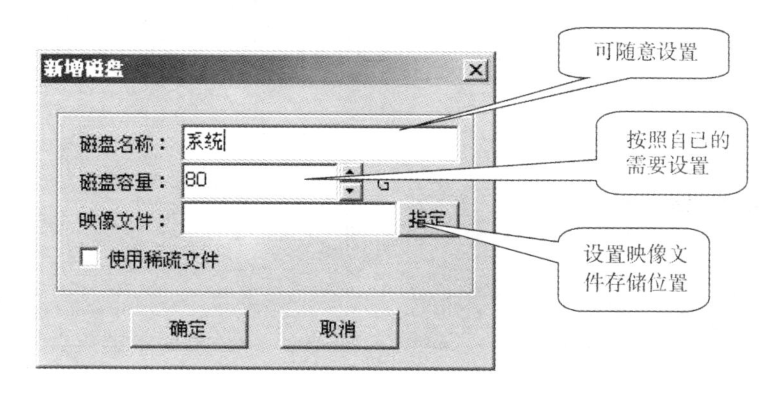

图5-12　“新增磁盘”对话框

图5-13　选择读盘

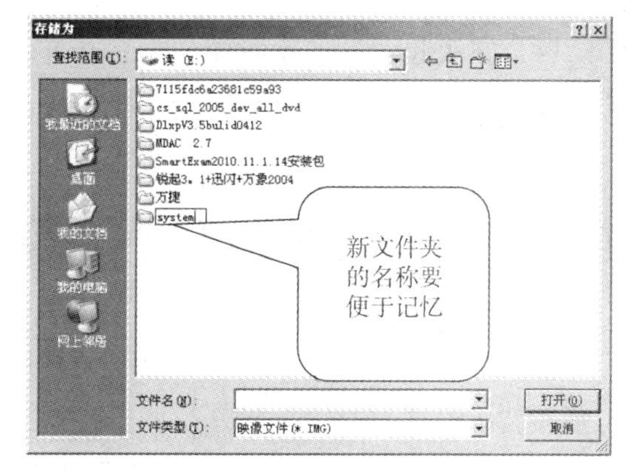

图5-14　创建新文件夹

12）打开新建的文件夹，输入文件名（见图5-15），然后单击“打开”按钮，弹出图5-16所示的对话框。

图5-15　输入文件名

图5-16　映像文件存储位置

13）在图 5-16 所示对话框中单击“确定”按钮，弹出“创建磁盘映像文件”对话框，如图 5-17 所示。创建完成后，在“磁盘管理”对话框中会出现图 5-18 所示信息。

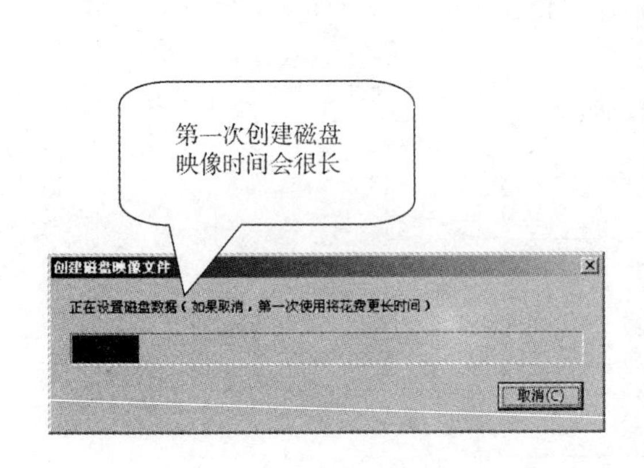

图 5-17　“创建磁盘映像文件”对话框

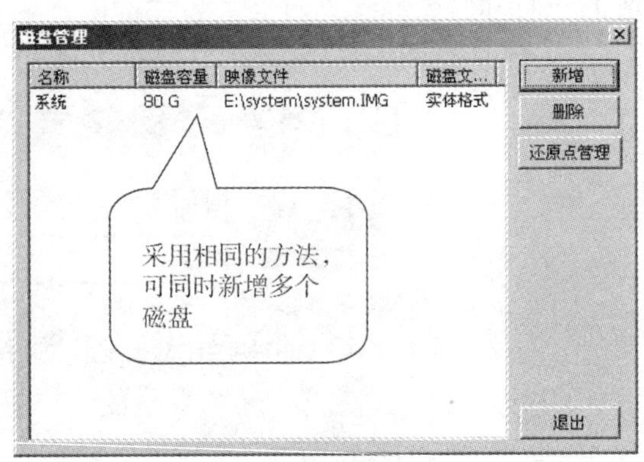

图 5-18　磁盘信息

14）在锐起无盘服务器端主窗口中单击“新增”按钮，设置工作站信息，如图 5-19 所示。

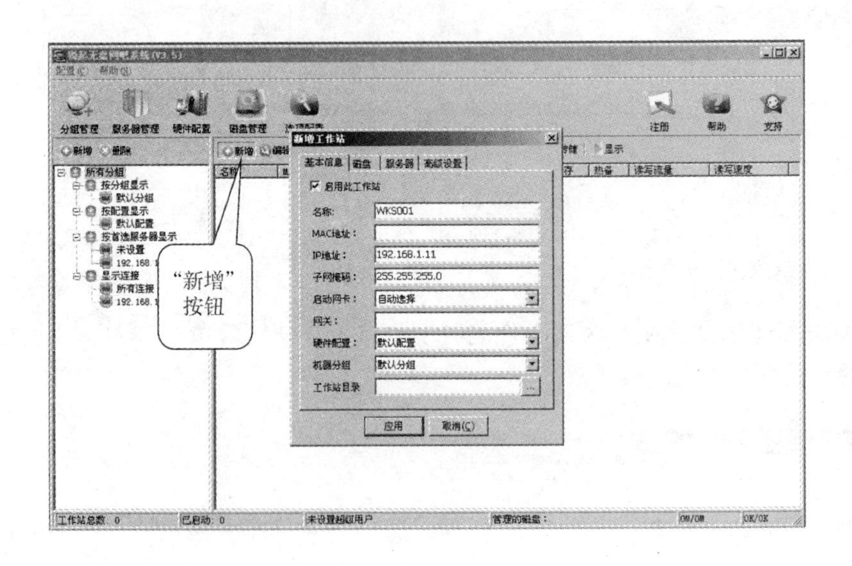

图 5-19　单击“新增”按钮

15）按照图 5-20 ~ 图 5-25 所示设置工作站模板。

16）单击图 5-25 所示对话框中的“应用”按钮，完成模板工作站的设置，如图 5-26 所示。

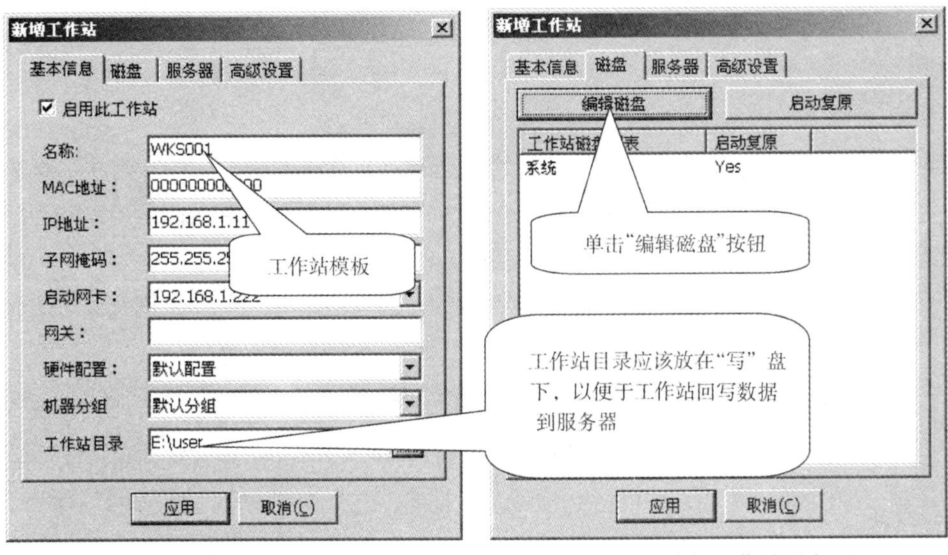

图 5-20　设置工作站模板

图 5-21　编辑工作站磁盘（1）

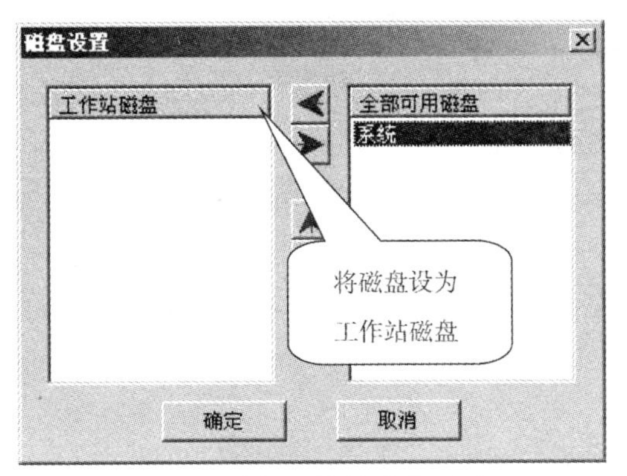

图 5-22　编辑工作站磁盘（2）

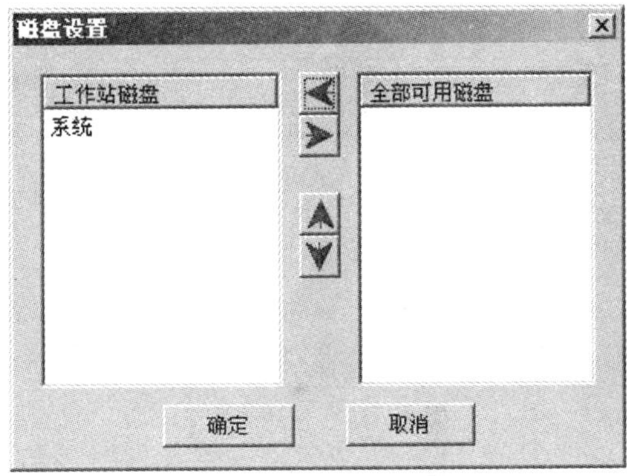

图 5-23　编辑工作站磁盘（3）

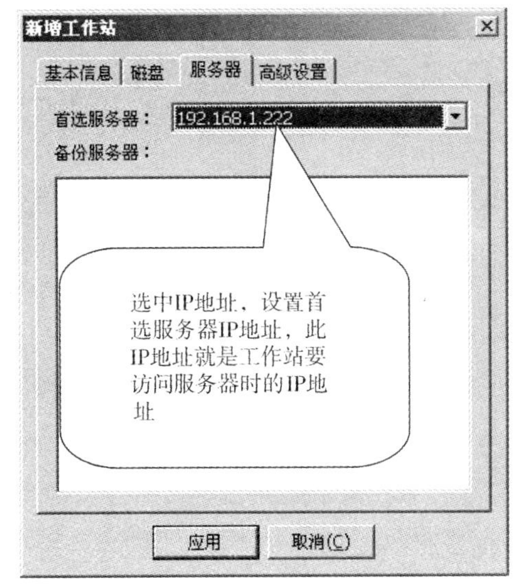

图 5-24　设置首选服务器地址

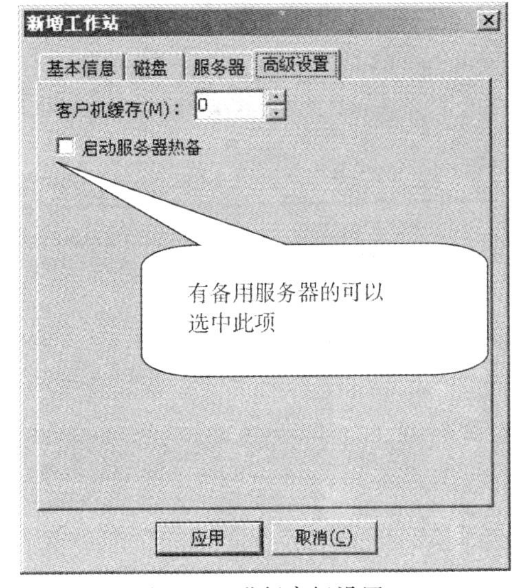

图 5-25　进行高级设置

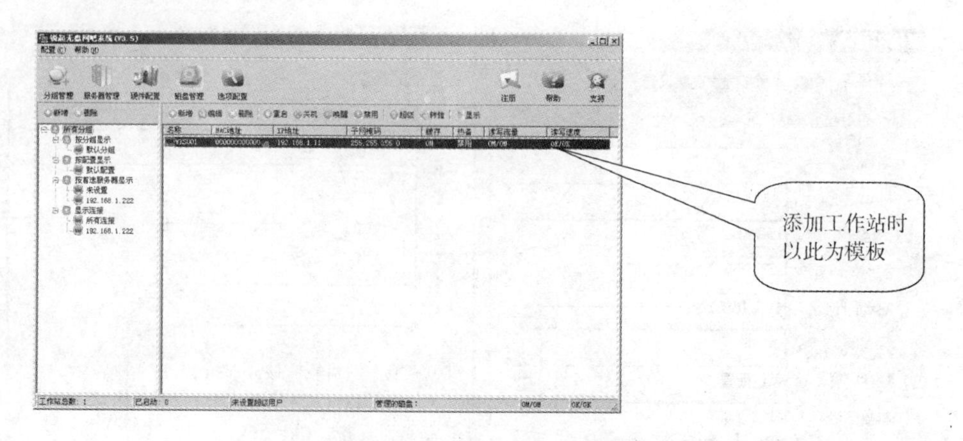

图 5-26　工作站模板设置完成

17）单击图 5-26 所示窗口中的“选项配置”按钮，进行相应设置，如图 5-27 ~ 图 5-31 所示。

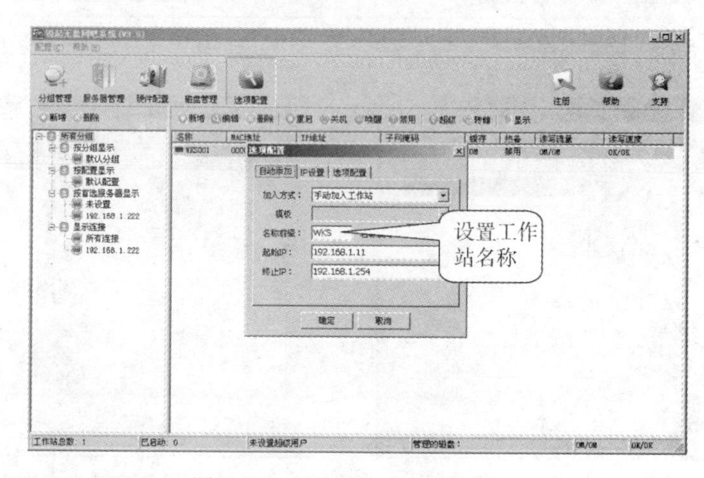

图 5-27　“选项配置”对话框

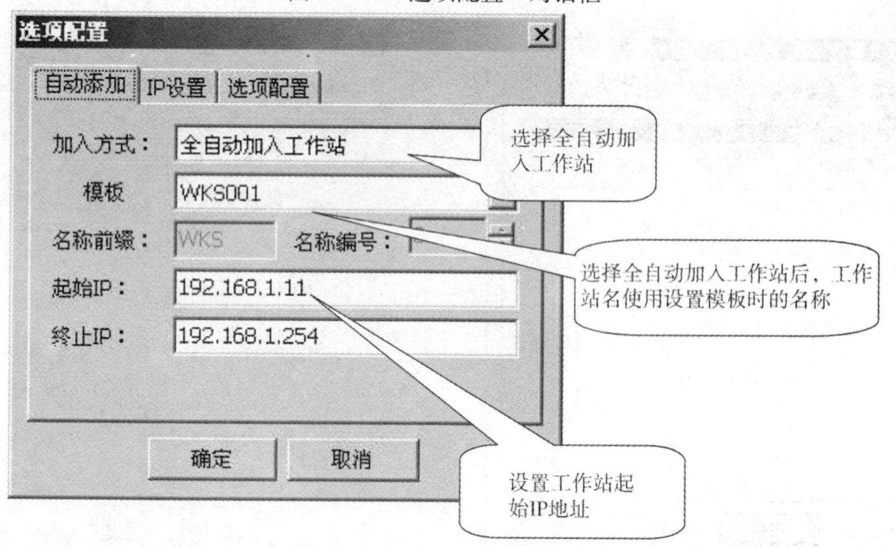

图 5-28　配置工作站加入方式

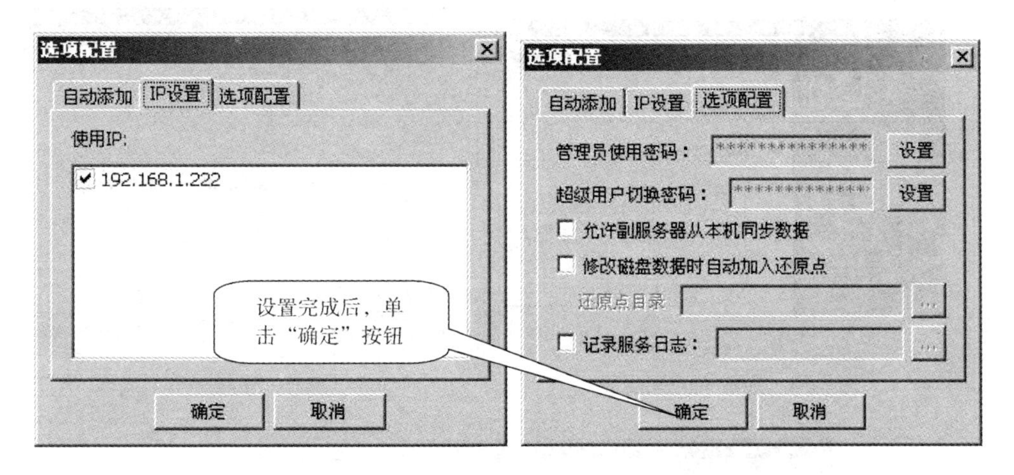

图 5-29　“IP 设置”选项卡　　　　图 5-30　设置管理员密码

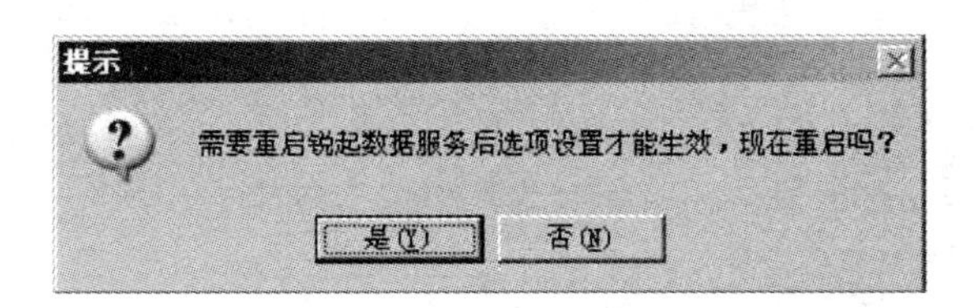

图 5-31　“提示”对话框

18）单击图 5-31 所示对话框中的“是”按钮，完成服务器端的设置。

2. 客户端的安装及设置

1）在工作站中，双击锐起无盘安装文件，安装锐起无盘客户端，如图 5-32 ~ 图 5-36 所示。

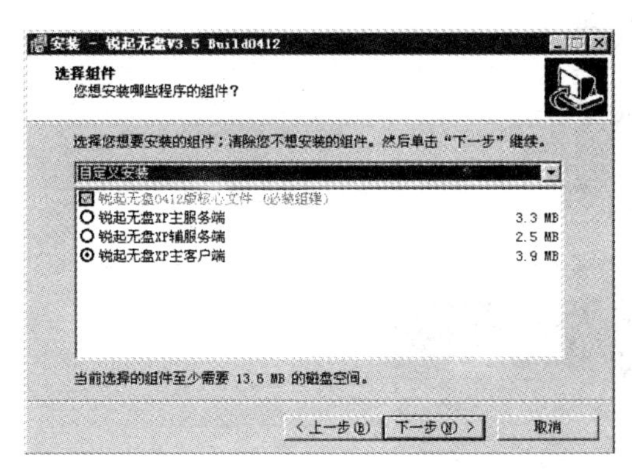

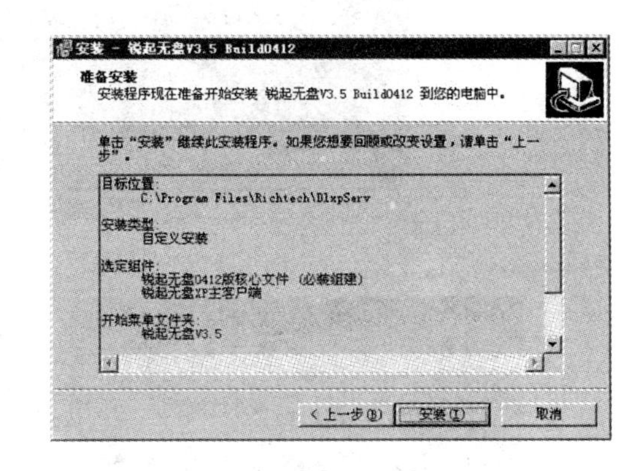

图 5-32　选择安装客户端　　　　图 5-33　安装客户端

2）安装设置完成后，重启工作站，工作站会自动识别出新硬件，并安装驱动程序，如图 5-37 所示。

3）再次重启工作站，去掉工作站硬盘，设置网络启动为第一启动项，让服务器自动识别工作站，如图 5-38 和图 5-39 所示。

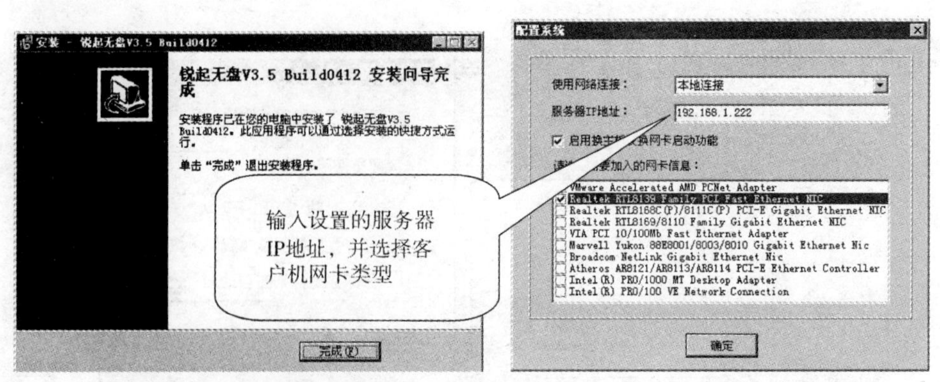

图 5-34　完成客户端的安装　　　　图 5-35　选择服务器网卡

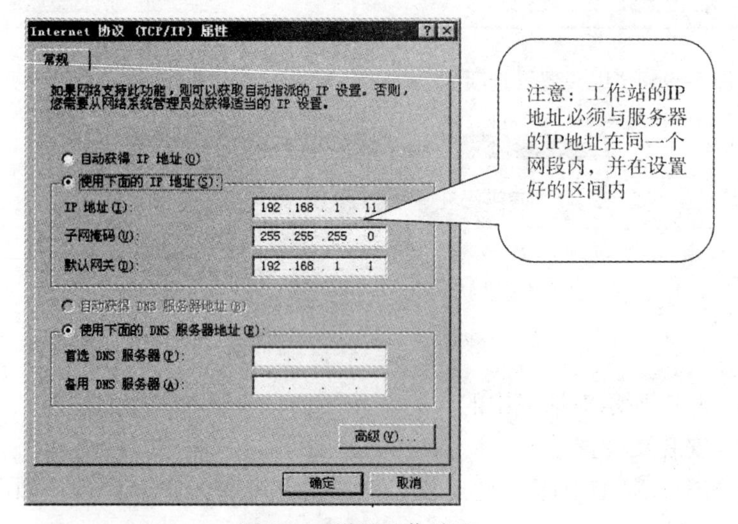

图 5-36　设置工作站 IP

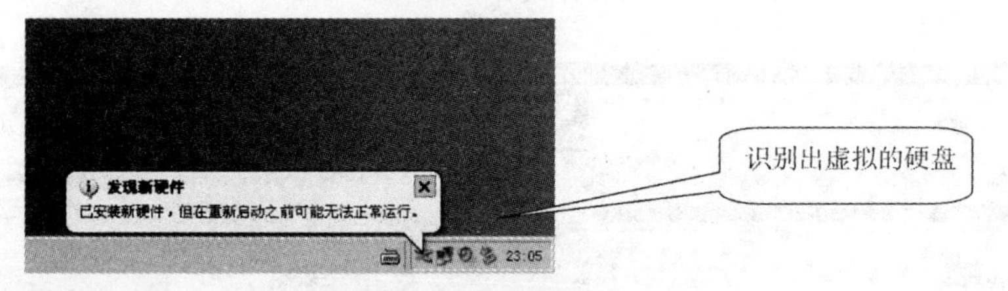

图 5-37　自动识别新硬件

图 5-38　网络启动界面

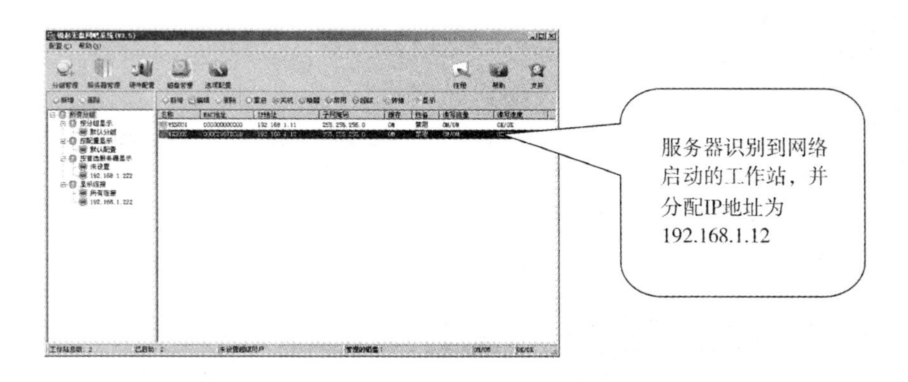

图 5-39 工作站被服务器自动识别

4）在服务器端将刚识别出来的工作站设置为超级用户，如图 5-40 所示。设置完成后，工作站变为红色显示，如图 5-41 所示。

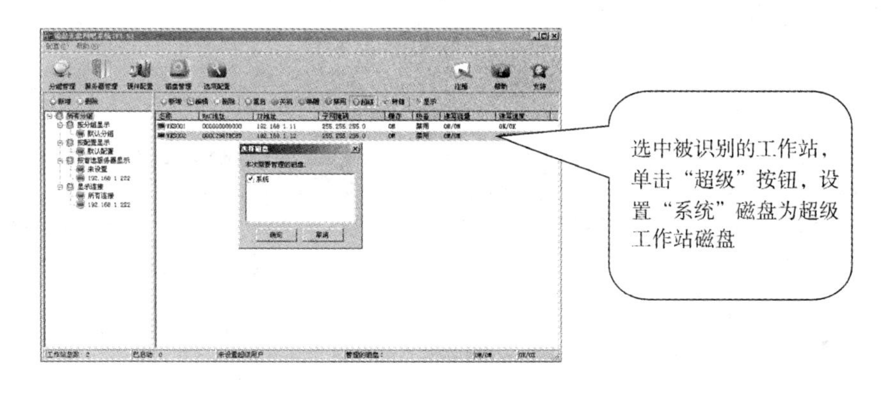

图 5-40 设置超级用户

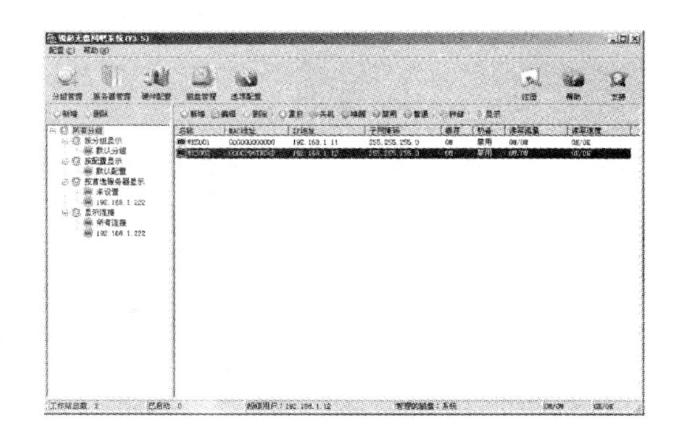

图 5-41 超级用户以红色显示

5）用硬盘启动工作站，在“我的电脑”图标上右击，在弹出的快捷菜单中选择“管理”选项，打开“计算机管理”窗口，单击“磁盘管理”选项，设置工作站虚拟磁盘，如图 5-42 ~ 图 5-48 所示。

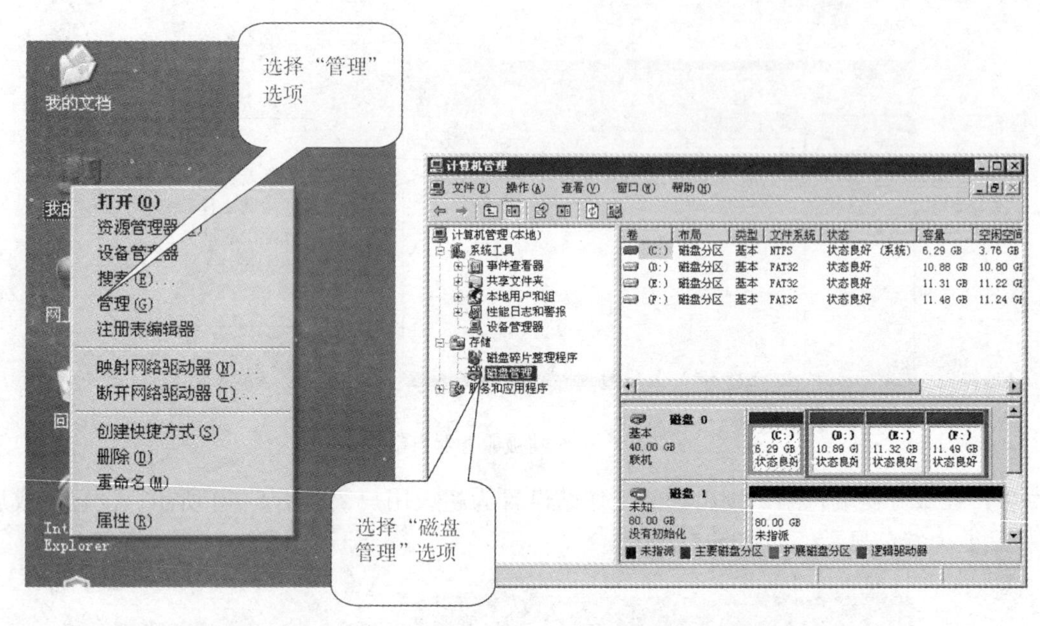

图 5-42　选择“管理”选项　　图 5-43　选择“磁盘管理”选项

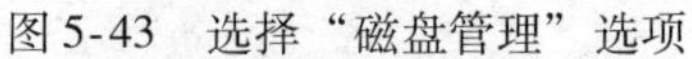

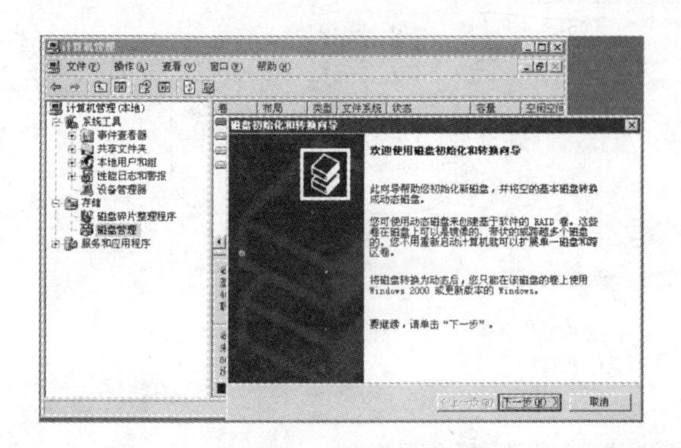

图 5-44　磁盘初始化和转换向导（1）

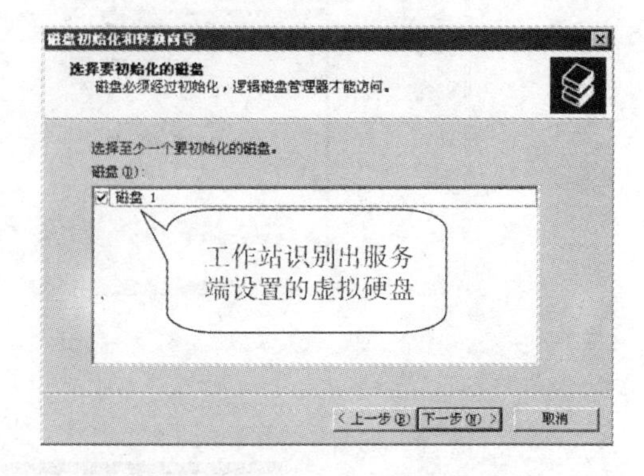

图 5-45　磁盘初始化和转换向导（2）

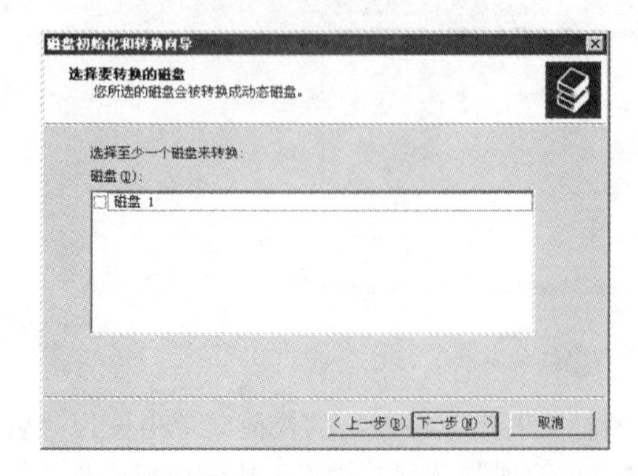

图 5-46　磁盘初始化和转换向导（3）

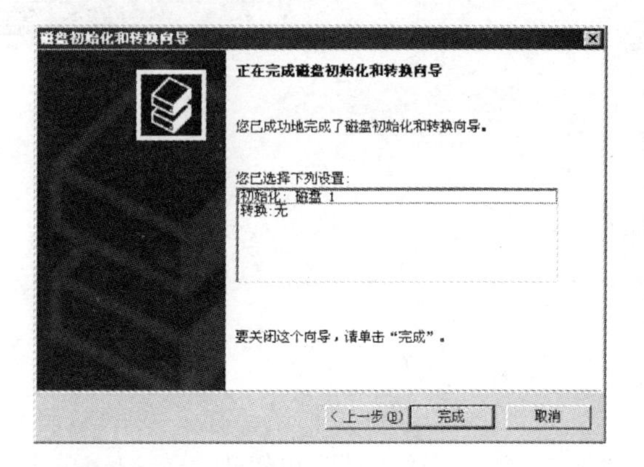

图 5-47　磁盘初始化和转换向导（4）

6）分区、格式化虚拟磁盘，如图5-49～图5-56所示。格式化完成后，在我的电脑窗口中会多出一个20GB的磁盘。

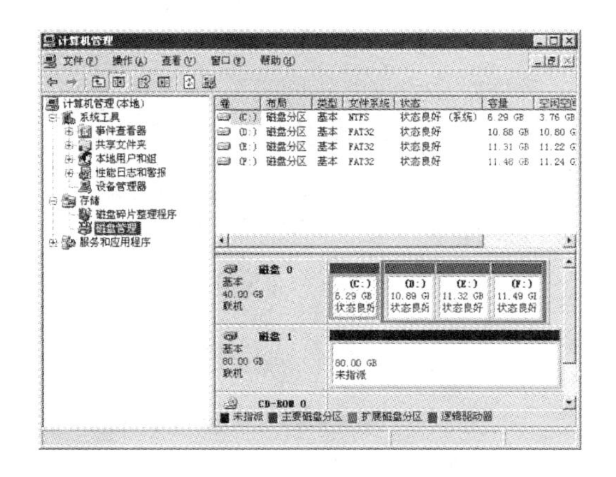

图5-48　完成磁盘的初始化和转换

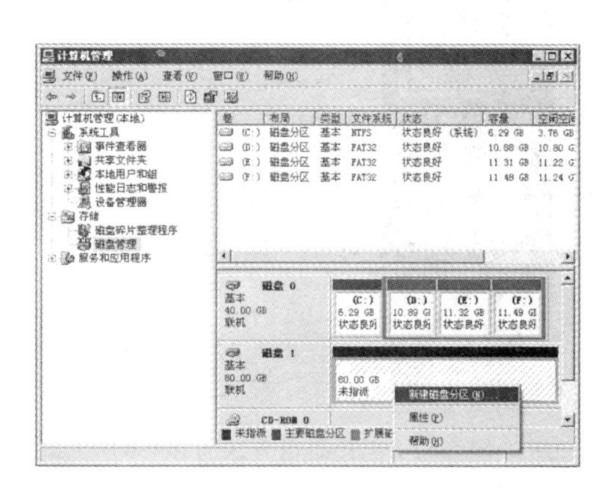

图5-49　新建磁盘分区向导（1）

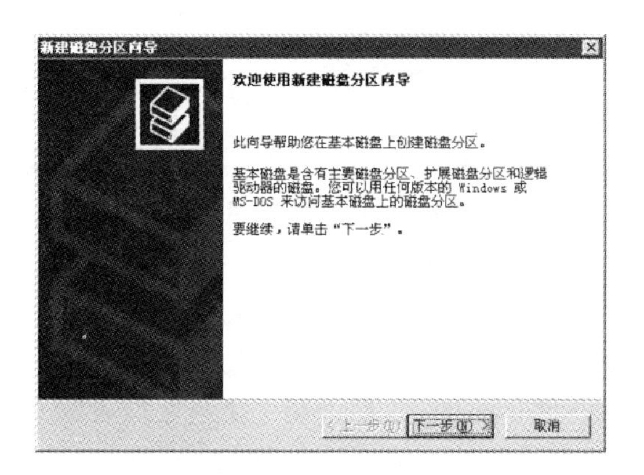

图5-50　新建磁盘分区向导（2）

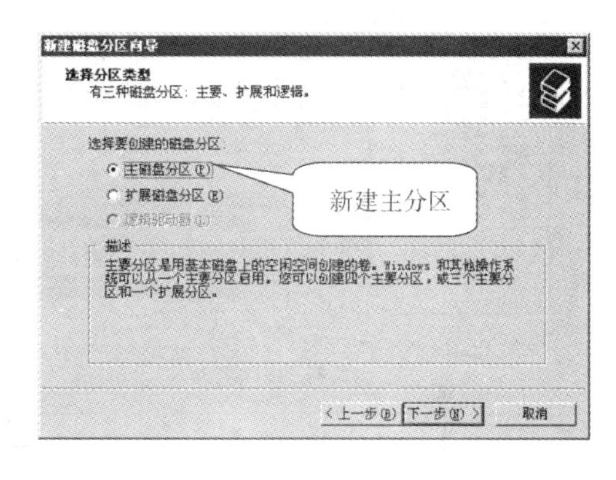

图5-51　新建磁盘分区向导（3）

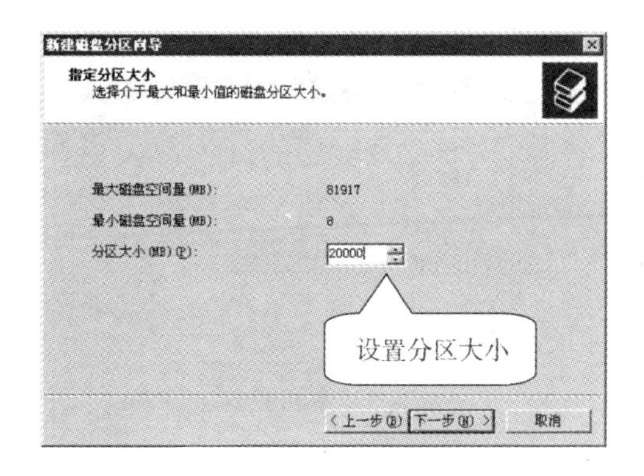

图5-52　新建磁盘分区向导（4）

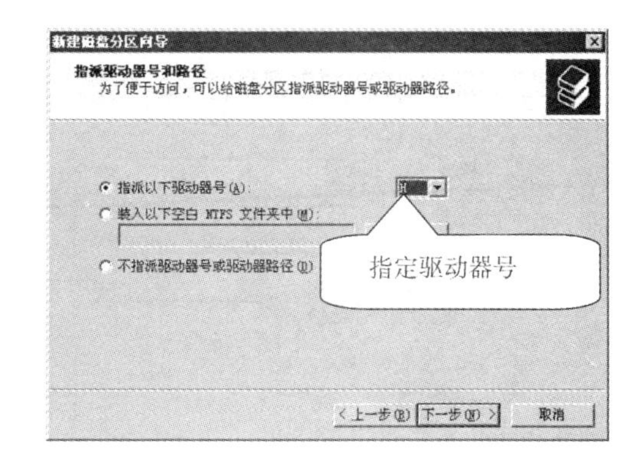

图5-53　新建磁盘分区向导（5）

7）在工作站桌面上单击“锐起无盘XP系统上传”图标，弹出“锐起无盘XP系统上传工具”对话框，如图5-57所示。

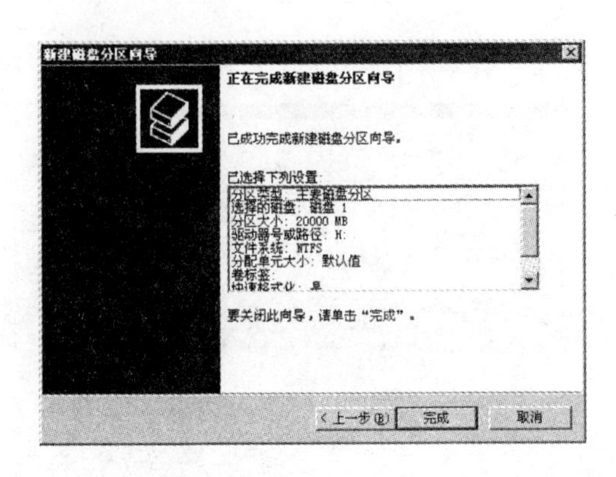

图 5-54　新建磁盘分区向导（6）

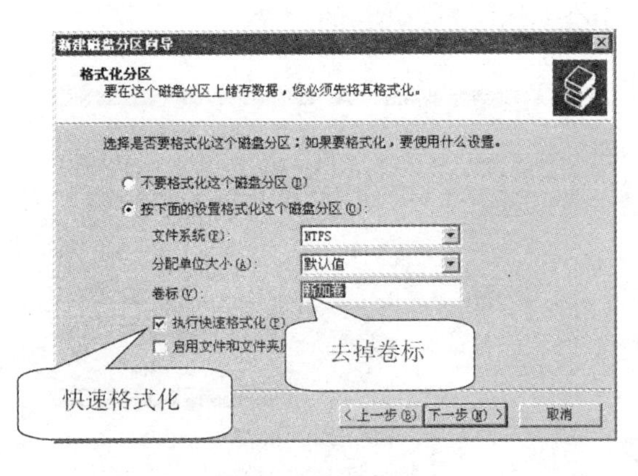

图 5-55　新建磁盘分区向导（7）

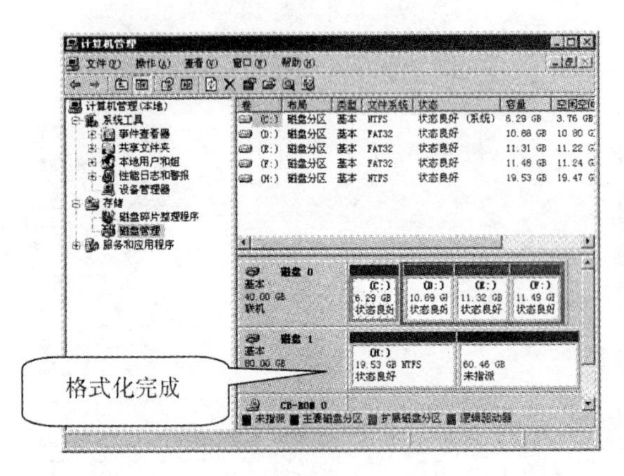

图 5-56　新建磁盘分区向导（8）

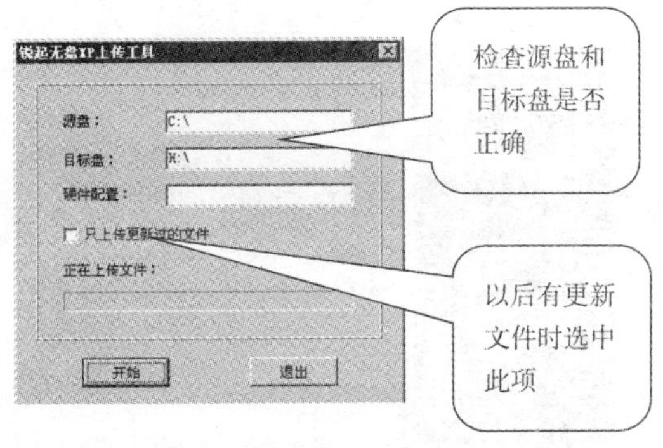

图 5-57　“锐起无盘 XP 上传工具”对话框

8）单击图 5-57 所示对话框中的“开始”按钮开始上传，如图 5-58 和图 5-59 所示。

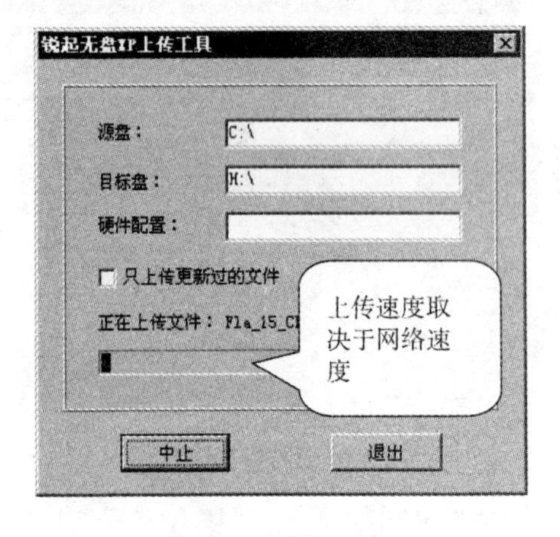

图 5-58　开始上传

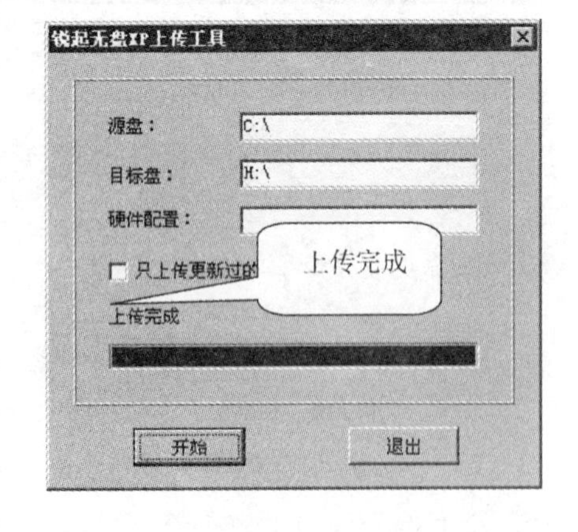

图 5-59　上传完成

9）单击图5-59所示对话框中的“退出”按钮，并以网络启动方式重启工作站，如图5-60所示。如图5-61所示，无盘工作站启动成功。

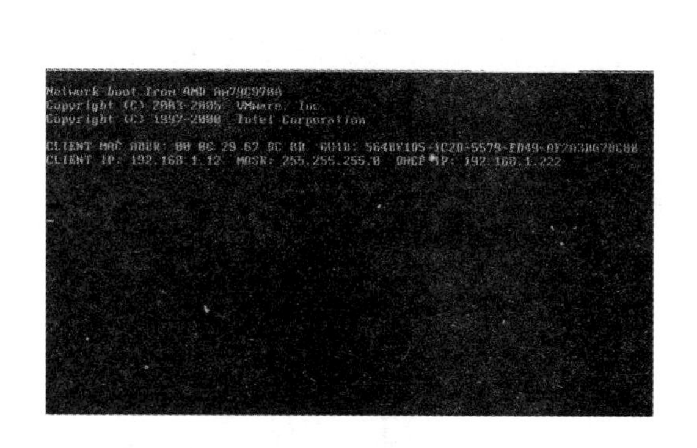

图5-60　无盘工作站启动界面

图5-61　无盘工作站启动成功

10）安装完成后，按顺序无盘启动其他工作站，服务器会自动识别出工作站，直到机房内所有工作站被完全识别，如图5-62所示。

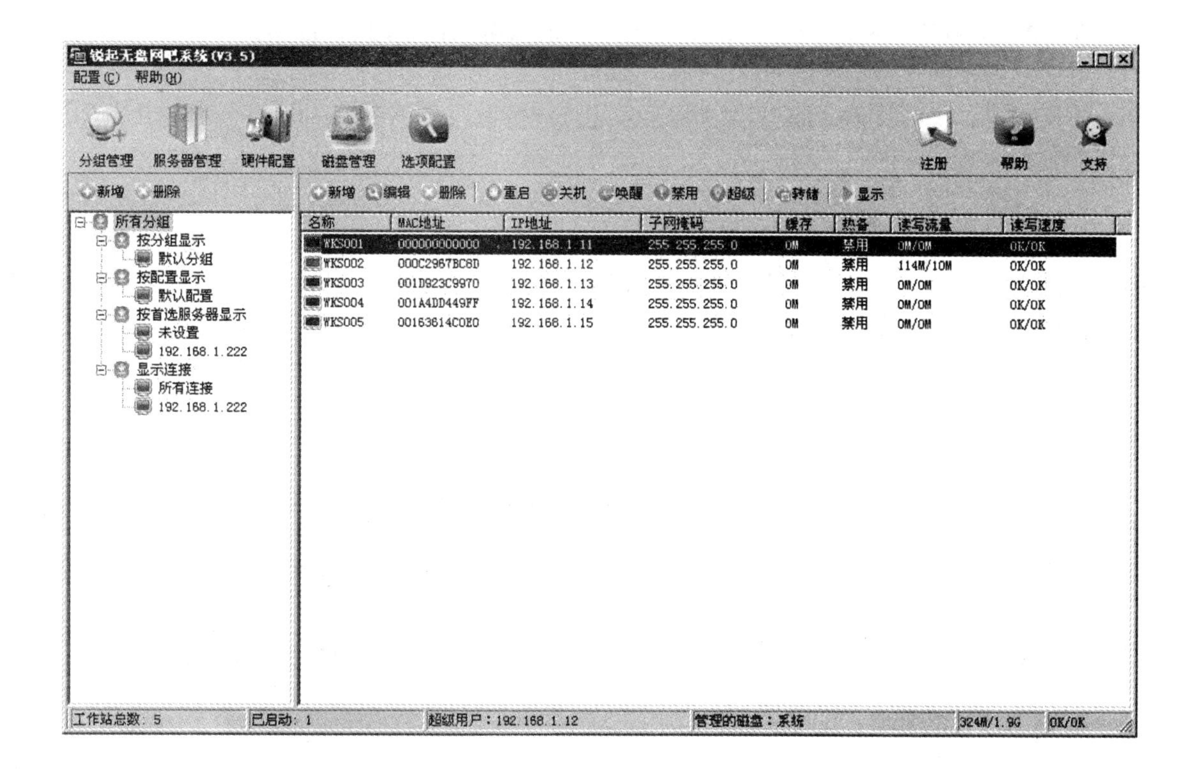

图5-62　锐起无盘工作站安装完成

任务二　组建网众无盘局域网

知识目标：

掌握网众无盘服务器端和客户端的安装方法，并对无盘服务器端进行设置，使用无盘服务器能自动或手动添加客户端计算机。

技能目标：

能够安装服务器端和客户端软件，并对服务器和客户机进行设置，会上传系统文件或更新上传。

任务分析

本任务主要讲解网众无盘服务器端和客户端的安装和设置步骤。通过简单的图解，使学生更容易学会网众无盘的安装和设置方法。

相关知识

网众虚拟硬盘软件（NxD）是基于 iSCSI 技术和磁盘快照技术开发出来的一套支持 Windows 9x/Me/2000/XP 系统无盘启动的应用系统。其服务器端采用 Linux 系统作为服务器，具有良好的网络性能、磁盘性能和缓存性能，同时可以保证服务器长时间运行。基于 iSCSI 和自主研发的磁盘快照技术，使得客户端不再是传统的共享网络盘，而是一个实实在在的硬盘，开创了无盘局域网的先河。

网众 NxD XP 6.0 无盘系统聚集了当今无盘领域最前沿、最实用、最市场化的功能特性。网众 NxD XP 6.0 无盘系统在 HA、客户端缓存、服务器负载、磁盘冗余功能、多操作系统支持及与网众快车的结合等方面进行了深入开发，更进一步贴近用户的需求。NxD XP 6.0 当之无愧地成为无盘系统中的旗舰系统。

网众无盘的安装流程与锐起无盘大致相同。

任务准备

实施本任务所使用的实训设备为：一台 IBM 服务器，一张 Windows Server 2003 安装光盘，一个 DVD 光驱，一套网众无盘安装软件，若干学生计算机。

任务实施

1. 服务器端的安装

在 Windows Server 2003 中设置服务器的 IP 地址（参见图 5-1），然后双击执行安装文件开始安装，安装过程比较简单，如图 5-63 ~ 图 5-69 所示。

图 5-63　选择安装语言

图 5-64　欢迎界面

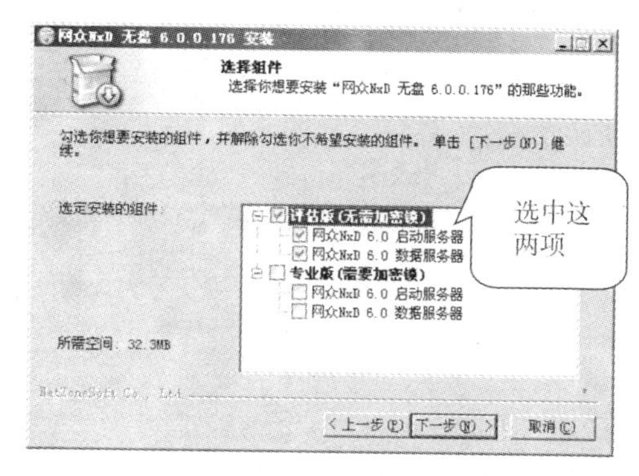

图 5-65　选择组件

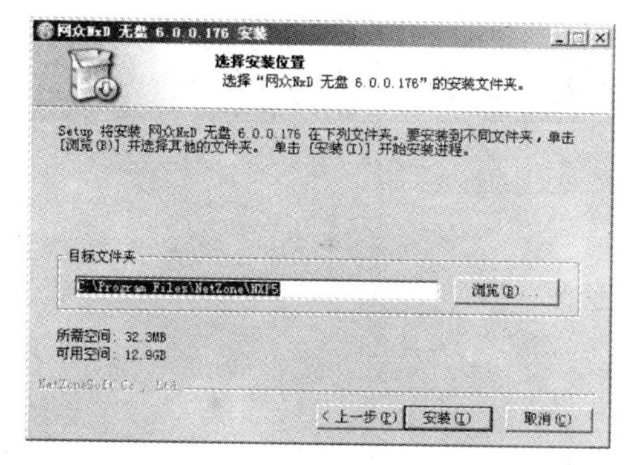

图 5-66　选择安装位置

图 5-67　正在安装

图 5-68　安装完成

图 5-69　安装完成后的桌面图标

2. 服务器端的设置

1）双击桌面上的“网众 NxD 6.0 数据管理器”图标，打开“选项设定”对话框，如图 5-70 所示。

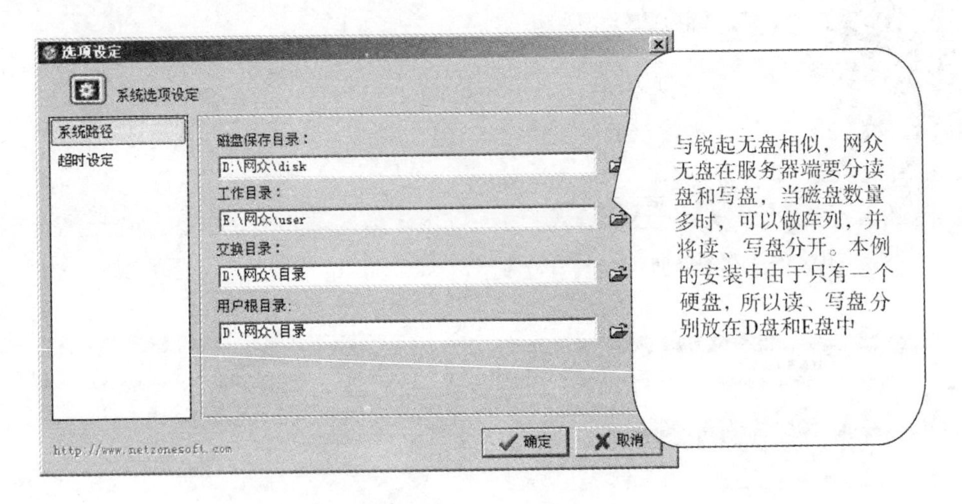

图 5-70　“选项设定”对话框

2）单击“确定”按钮，在弹出的图 5-71 所示窗口中单击“磁盘管理”选项，打开“NxD 磁盘管理器”对话框，如图 5-72 所示。

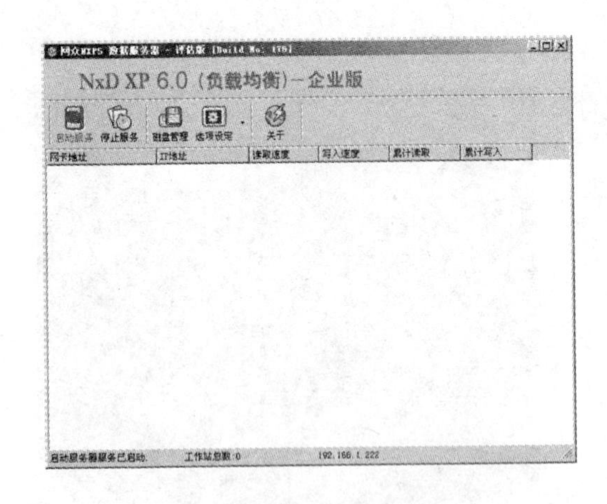

图 5-71　数据服务器窗口

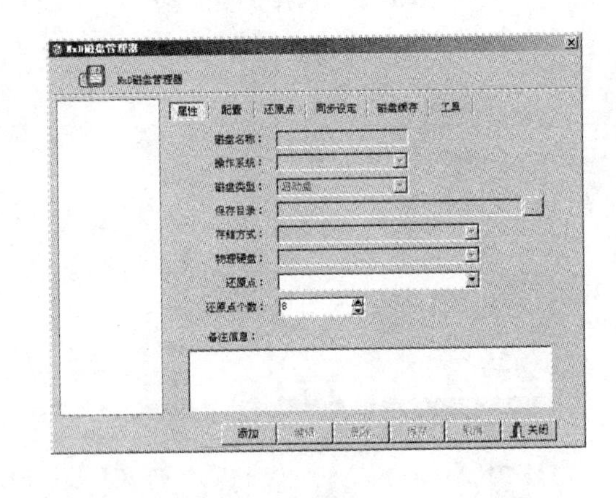

图 5-72　“NxD 磁盘管理器”对话框

3）单击“添加”按钮，弹出“新建磁盘向导”对话框，如图 5-73 所示。

4）单击“下一步”按钮，弹出“新建映像文件”窗口，如图 5-74 所示。

5）单击“完成”按钮，磁盘创建成功，如图 5-75 所示。用相同的方法再创建一个游戏磁盘，如图 5-76 所示。

6）创建完成后，可在“NxD 磁盘管理器”对话框中设置其他选项，如图 5-77 ~ 图 5-80 所示。

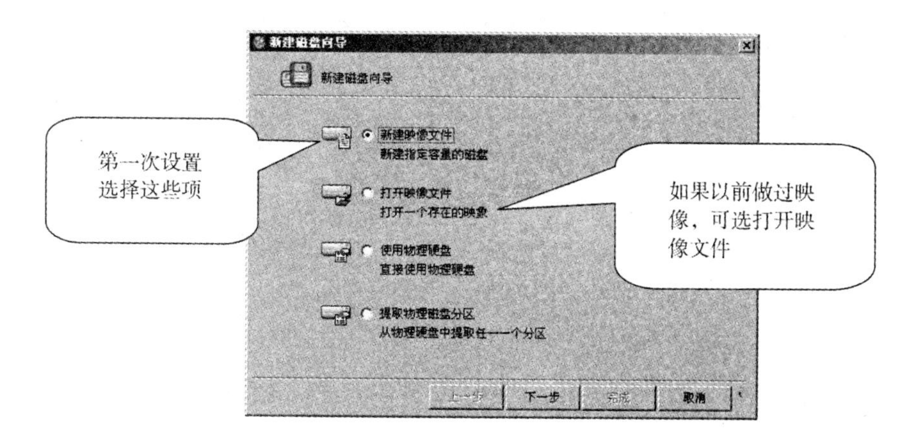

图 5-73　“新建磁盘向导”对话框

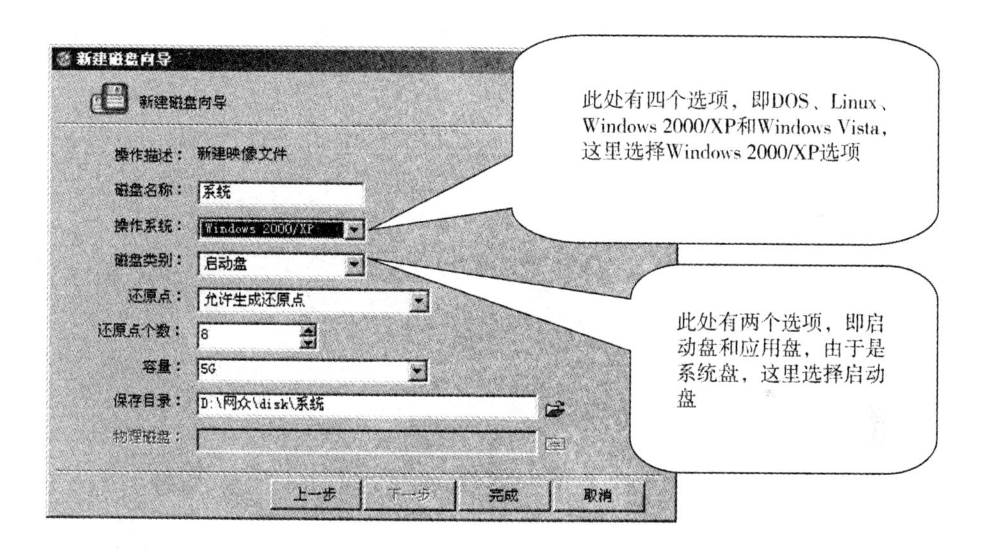

图 5-74　新建映像文件

图 5-75　磁盘创建成功

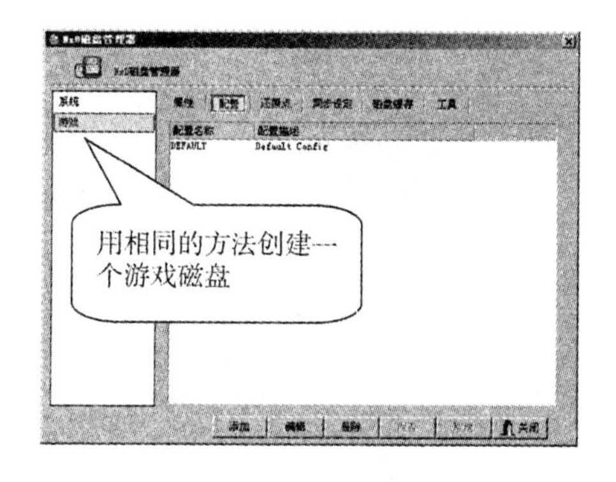

图 5-76　再创建一个磁盘

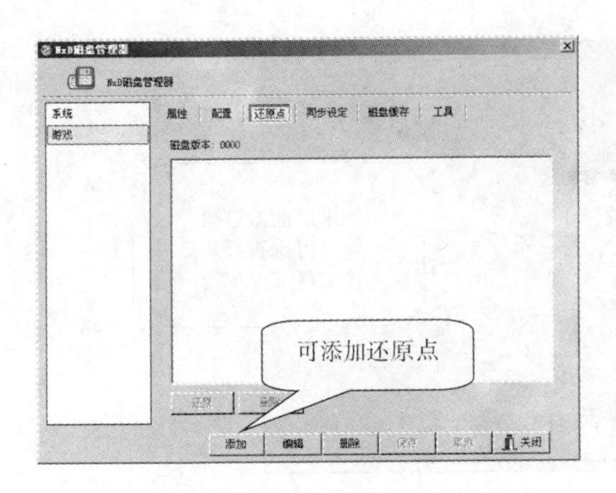

图 5-77　添加还原点

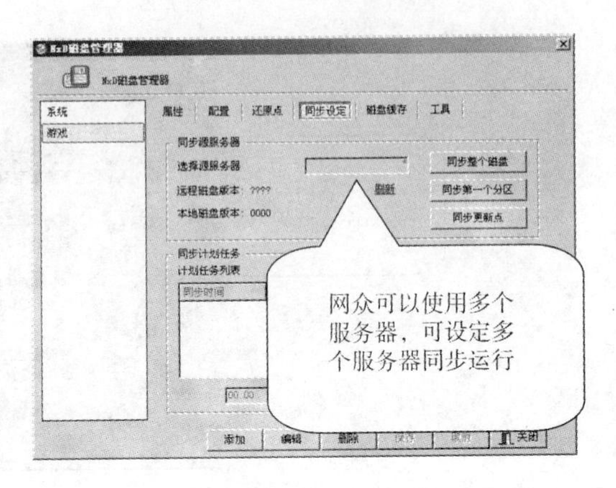

图 5-78　同步设定

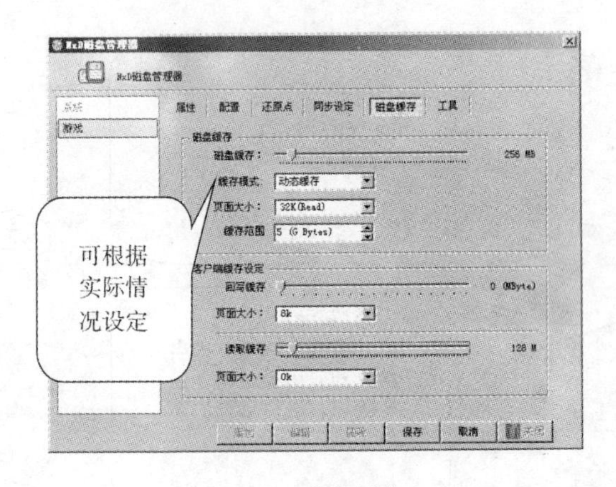

图 5-79　磁盘缓存

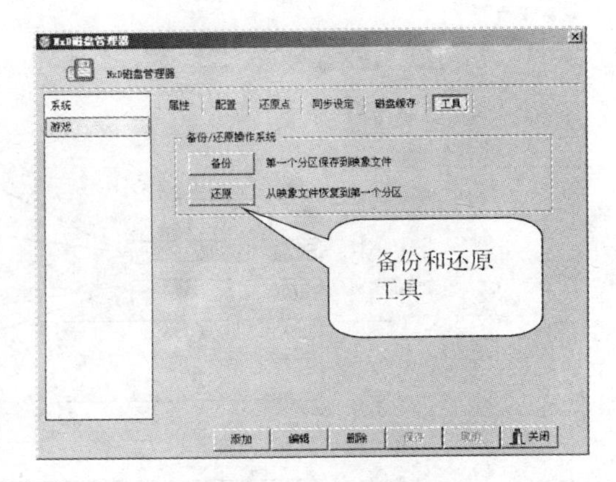

图 5-80　备份和还原

7）数据服务器设置完成后，双击桌面上的“网众启动管理器”图标，打开启动服务器窗口（见图 5-81），在窗口中右击“数据服务器列表”选项，在弹出的快捷菜单中选择“添加服务器”选项，弹出图 5-82 所示的对话框。

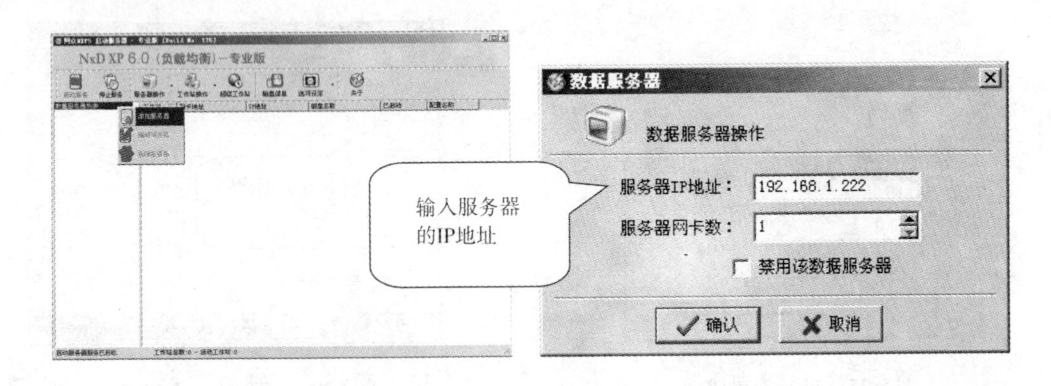

图 5-81　启动服务器窗口　　图 5-82　设置服务器 IP 地址和服务器网卡数

8）单击“确定”按钮，IP 地址设置成功，如图 5-83 所示。

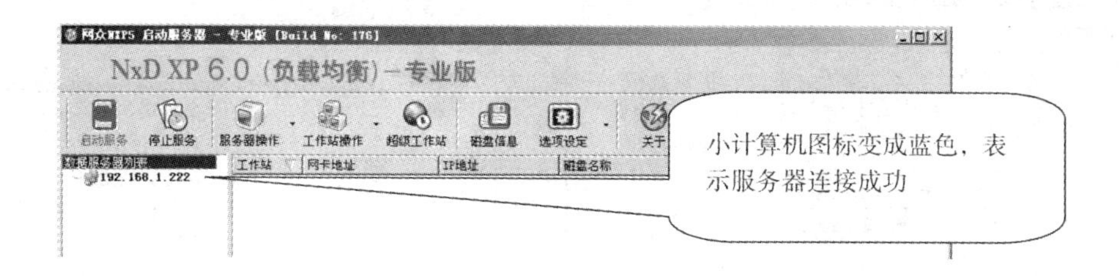

图 5-83　IP 地址设置成功

9）单击图 5-83 所示窗口中的“磁盘信息”选项，查看刚才添加的磁盘是否正确，如图 5-84 所示。

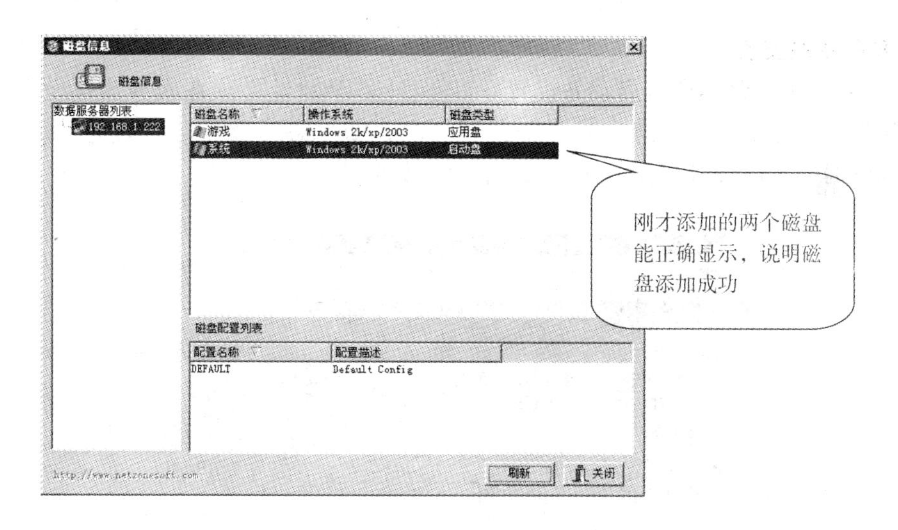

图 5-84　查看磁盘信息

10）单击图 5-83 所示窗口中的“选项设定”选项，弹出“选项设定”对话框，选项设定的步骤如图 5-85 ~ 图 5-88 所示。

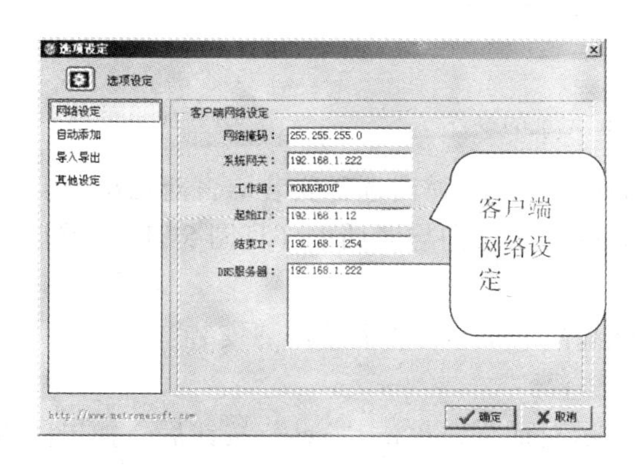

图 5-85　网络设定

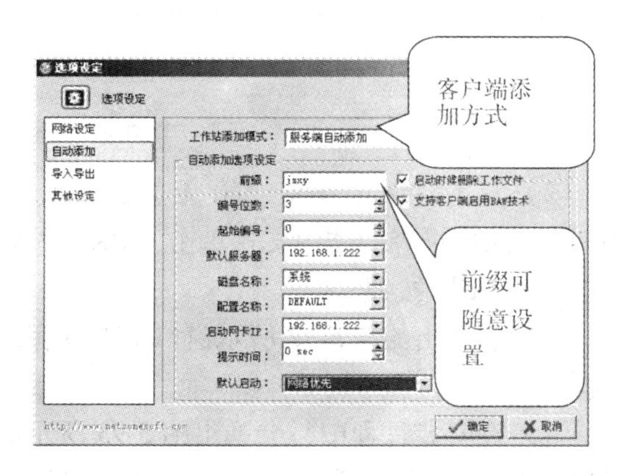

图 5-86　自动添加设定

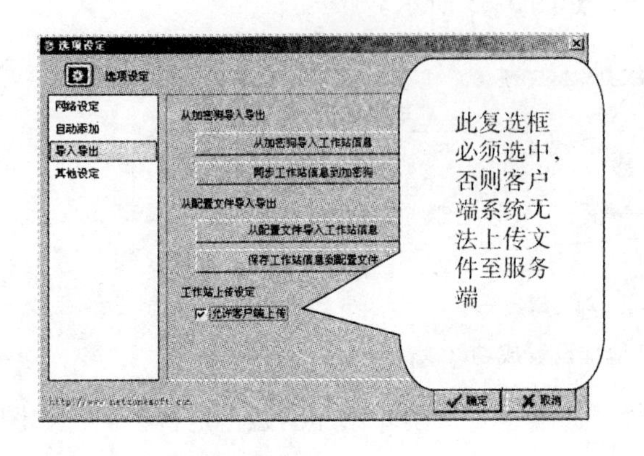

图 5-87　导入导出设定

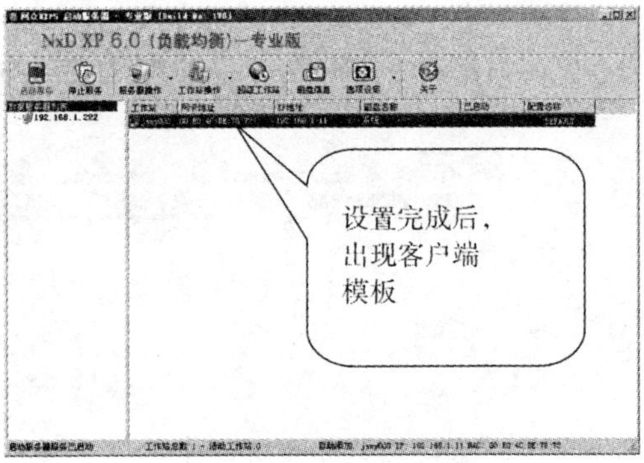

设置完成后，出现客户端模板

图 5-88　选项设定完成

3. 客户端的安装

1）首先将第一台客户机启动并设置好 IP 地址。IP 地址必须在服务器端设置的范围内，可以设置为服务器端设置的第一个 IP 地址，如图 5-85 所示。客户端设置完成后开始安装网众无盘客户端。客户端 IP 地址的设置如图 5-89 所示。

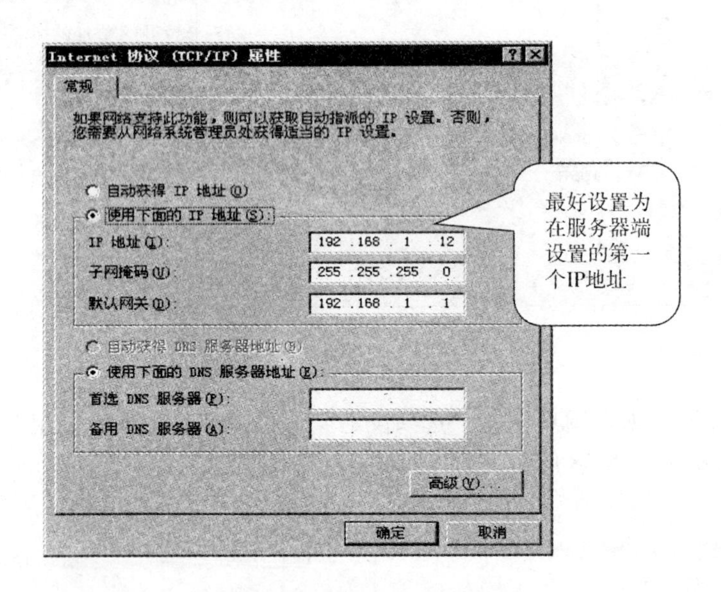

图 5-89　客户端 IP 地址的设置

2）双击网众 NxD XP 6.0 无盘系统客户端软件图标，弹出选择安装语言对话框（见图 5-90），从中选择简体中文，单击“OK”按钮，弹出安装向导对话框（见图 5-91），然后单击“下一步”按钮。

3）在弹出的图 5-92 所示窗口中设置客户端和网卡型号，然后单击“安装”按钮开始安装。

4）在安装过程中，会弹出图 5-93 所示的提示对话框，单击“Yes”按钮后，弹出图 5-94 所示重启提示对话框，单击“OK”按钮完成安装，如图 5-95 所示。

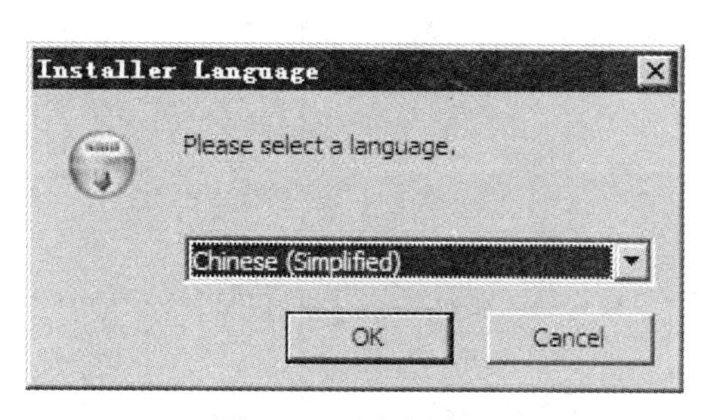

图 5-90　选择语言

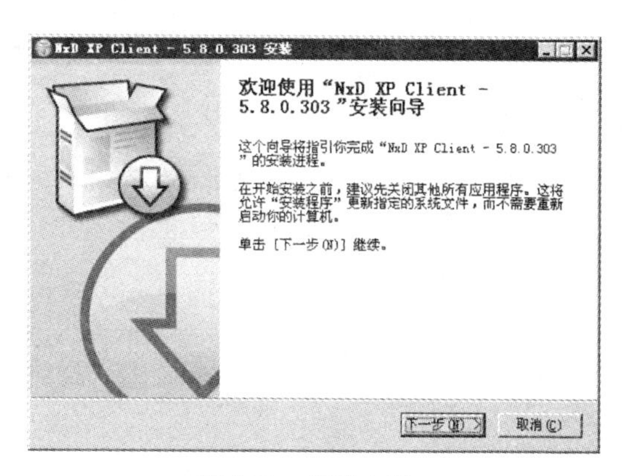

图 5-91　安装向导

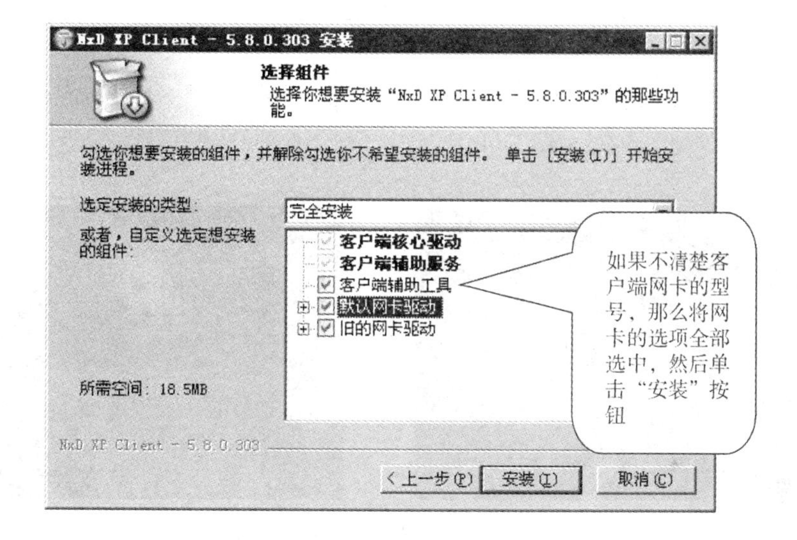

图 5-92　设置客户端和网卡型号

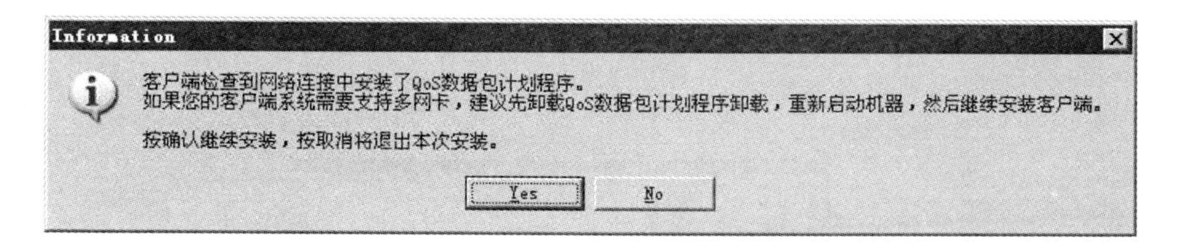

图 5-93　提示对话框

图 5-94　重启提示对话框

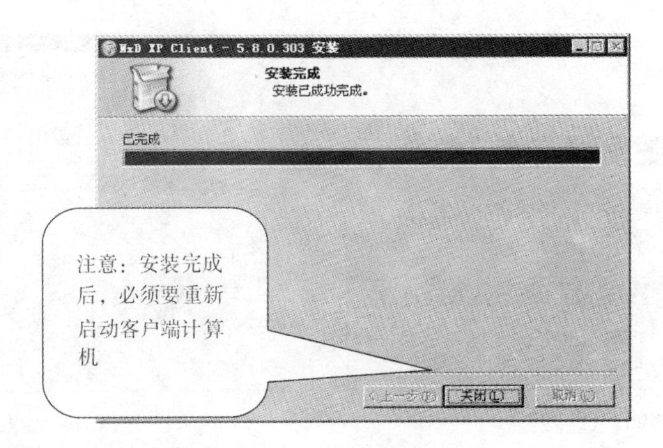

图 5-95　安装完成

4. 客户端的设置

1）现在关闭客户端计算机，将客户端计算机的硬盘去掉，然后启动计算机，让服务器端自动识别客户端，如图 5-96 ~ 图 5-98 所示。

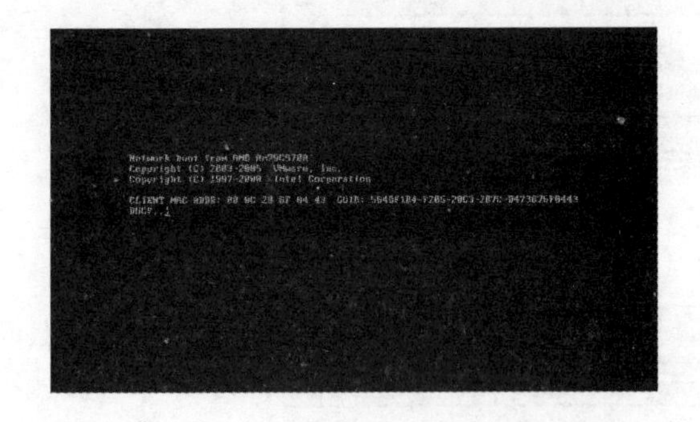

图 5-96　正在识别客户端

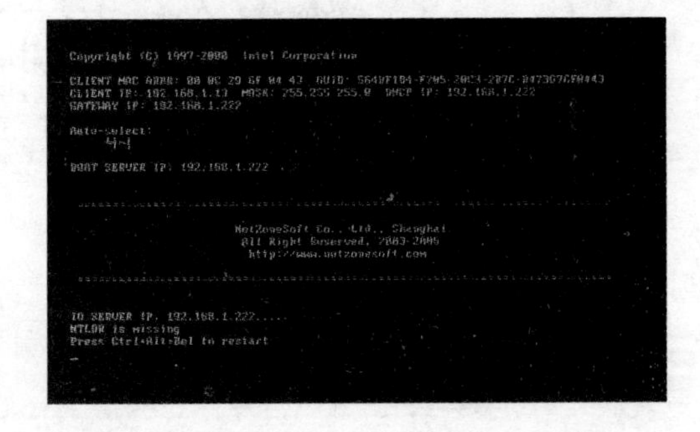

图 5-97　客户端识别成功

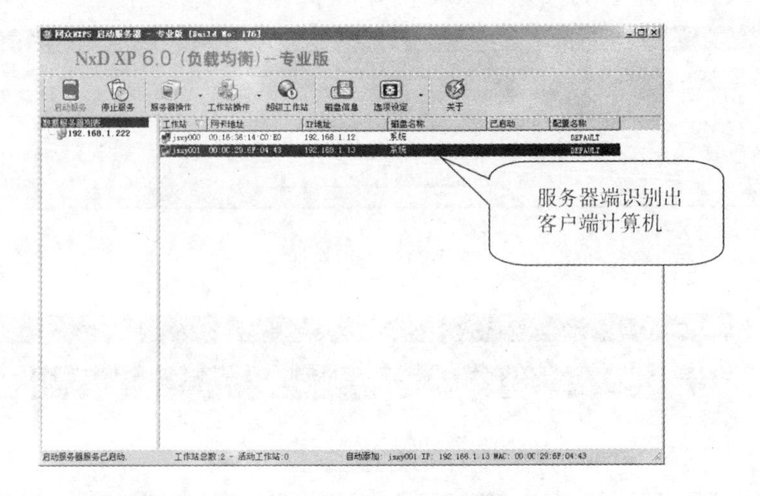

图 5-98　服务器端识别成功

2）关闭客户端计算机，将硬盘重新接入客户端计算机，并且在服务器端将客户端计算机设置为超级工作站，如图 5-99 所示。设置成功后，工作站信息文字颜色由黑色变为红色，如图 5-100 所示。

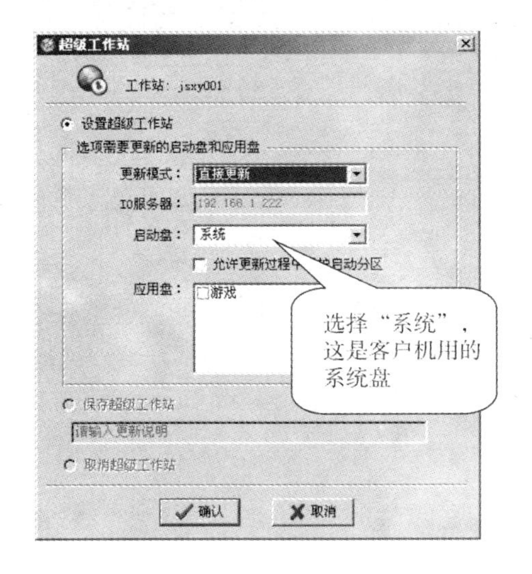

图 5-99　设置超级工作站

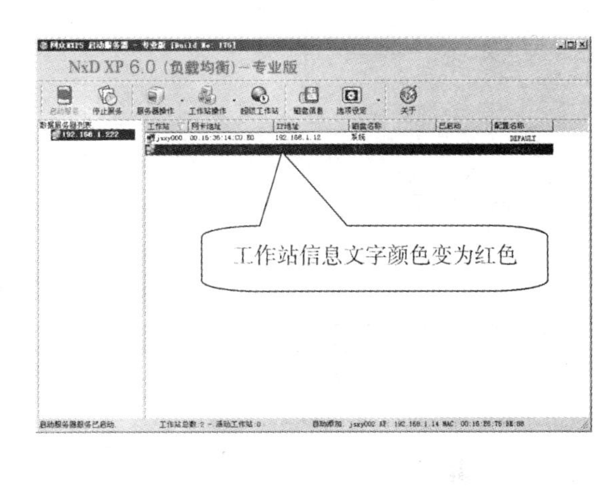

图 5-100　超级工作站信息文字显示为红色

3）设置完超级工作站后，硬盘启动超级工作站，启动成功后，进入“控制面板”窗口（见图 5-101），在窗口中双击“网众控制台”图标，打开“网众客户端控制台”对话框，如图 5-102 所示。

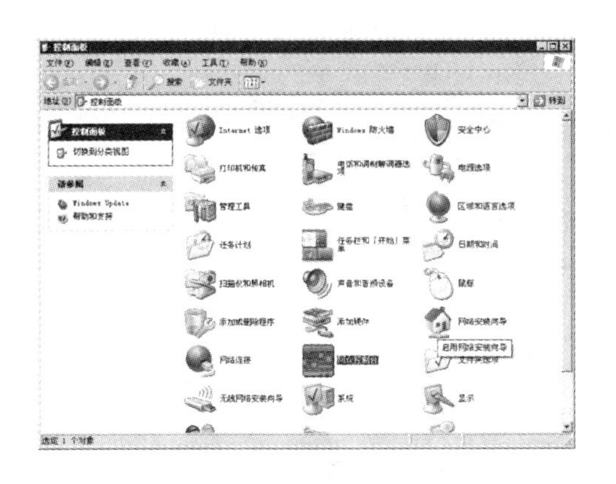

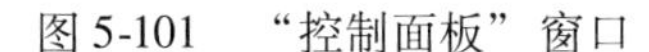

图 5-101　“控制面板”窗口

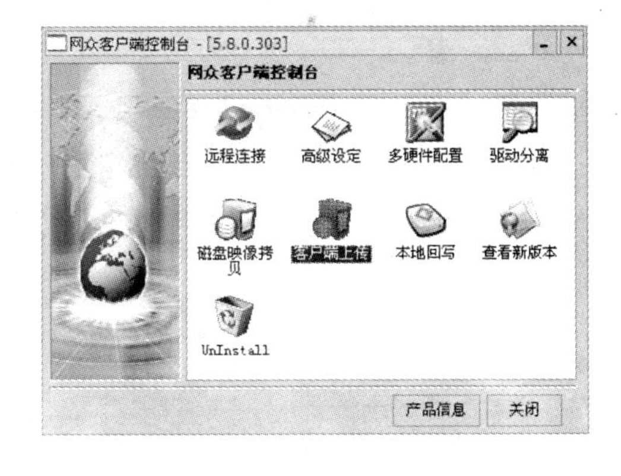

图 5-102　“网众客户端控制台”对话框

4）单击“客户端上传”图标，弹出图 5-103 所示对话框，从中单击“自动查询”按钮，自动查询出服务器的 IP 地址，如图 5-104 所示。

5）单击“磁盘管理”按钮后，弹出“计算机管理”窗口，在该窗口中识别出一个新的磁盘，就是服务器中添加的虚拟磁盘“系统”，如图 5-105 所示。

6）在图 5-104 所示对话框中单击“加载磁盘”按钮，弹出图 5-106 所示的提示对话框。

图 5-103　网众上传对话框

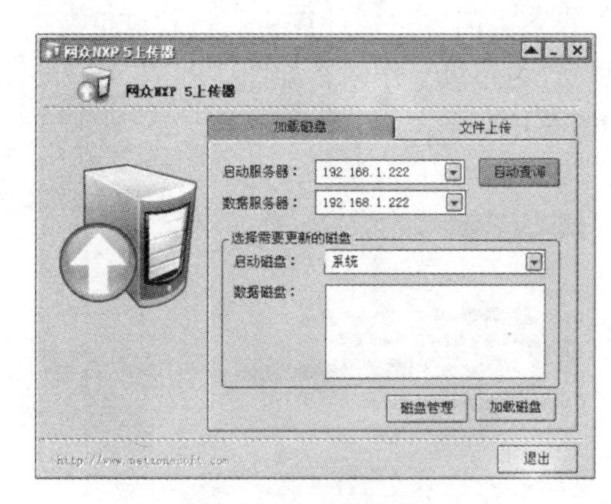

图 5-104　自动查询

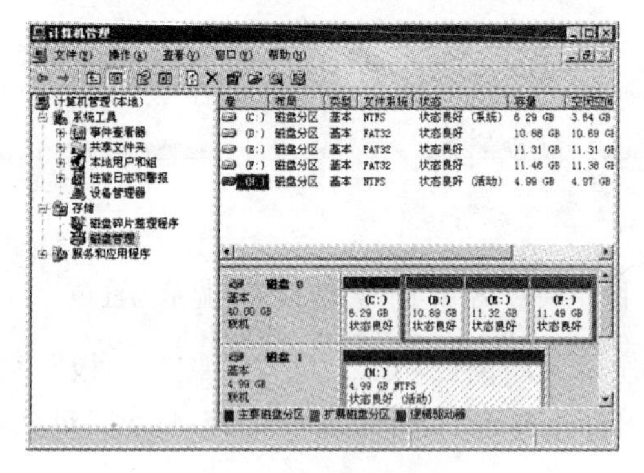

图 5-105　“计算机管理”窗口

图 5-106　提示对话框

7）在图 5-104 所示对话框中选择“文件上传”选项卡，如图 5-107 所示。

图 5-107　“文件上传”选项卡

8）单击“开始上传”按钮，开始上传文件，如图 5-108 和图 5-109 所示。

9）文件上传成功，如图 5-110 所示。

图 5-108　开始上传文件

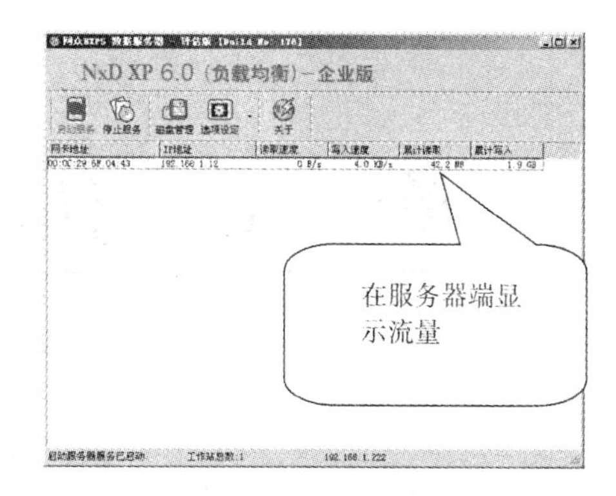

图 5-109　数据服务器端显示流量

图 5-110　文件上传成功

10）将客户端计算机硬盘拆掉，启动客户端计算机，启动成功。当需要增加客户端计算机时，只需依次网络启动客户端计算机即可。

思考与练习

一、填空题

1. 无盘组网软件有________、________、________等。

2. 网众 NxD XP 6.0 无盘系统聚集了当今无盘领域最前沿、最实用、最市场化的功能特性，在 HA、________、________、________、________及与网众快车的结合等方面进行了深入开发。

二、简答题

1. 什么是无盘网络？

2. 锐起无盘网络安装流程及注意事项有哪些？

3. 网众无盘网络安装流程及注意事项有哪些？

三、操作题

1. 在虚拟机中安装锐起无盘服务器端和客户端，并完成上传系统和客户端的各项设置。注意母盘制作和超级用户的设置。

2. 在虚拟机中安装网众无盘服务器端和客户端。

单元六　组建无线局域网

6

现代化信息技术正在日新月异地发展着。随着信息技术在各个领域的推广应用，用户可以越来越方便、快速地接入和访问网络，并可无线访问网络。无线上网设备和无线网络客户端产品的价格正在逐渐下降，越来越多的人开始了解和熟悉无线网络技术。

在人们的生活中，无线网络已延伸到室外广场、大型教室、礼堂、会议室、图书馆等场所。在这些地方工作和学习的人们希望能快速、方便地接入计算机网络，享受快捷的信息接入服务。为了满足人们的需求，很多企业和学校以及公共场所纷纷规划和设计建设了无线网络，并将其作为现有有线网络的一种补充。无线网络可实现和有线网络的无缝连接。无缝的局域网信号覆盖提供了高速数据接入服务。现在，人们正享受无线网络技术带来的方便和快捷服务。

任务一　组建无线网卡局域网

知识目标：

掌握无线局域网硬件的基础知识，学会驱动程序的安装方法。

技能目标：

能够安装各型号网卡的驱动程序，能够设置无线局域网的 IP 地址。

任务分析

本任务使用无线网卡组建无线局域网，使用户通过无线局域网可以实现共享上网或进行数据传输与共享。本任务以组建家庭无线局域网为例，讲解无线网卡局域网的组建方法。

相关知识

1. 无线局域网知识

无线局域网（WLAN）是计算机网络与无线通信技术结合的产物，以无线电波作为传输介质。随着无线局域网技术的发展，无线局域网的传输速率也在提高，有 54Mbit/s 和 100Mbit/s 两种标准，但在实际应用中由于建筑物等物体的阻挡，实际传输速率要比标准低一些。

无线局域网的覆盖范围视环境而定，在不加天线的情况下，在室内开放空间覆盖范围为 100～250m，在办公室半开放空间内覆盖范围为 35～50m；在室外视建筑物遮蔽情况而定，最远可达 20km。

2. 无线局域网硬件设备

一个简单的无线局域网一般由无线路由器、无线 AP、无线网卡和计算机等设备组成。

（1）无线网卡　无线网卡可分为 PCI 接口无线网卡、USB 接口无线网卡和 PCMCIA 接口网卡等，传输速率一般为 54Mbit/s，如图 6-1、图 6-2 和图 6-3 所示。

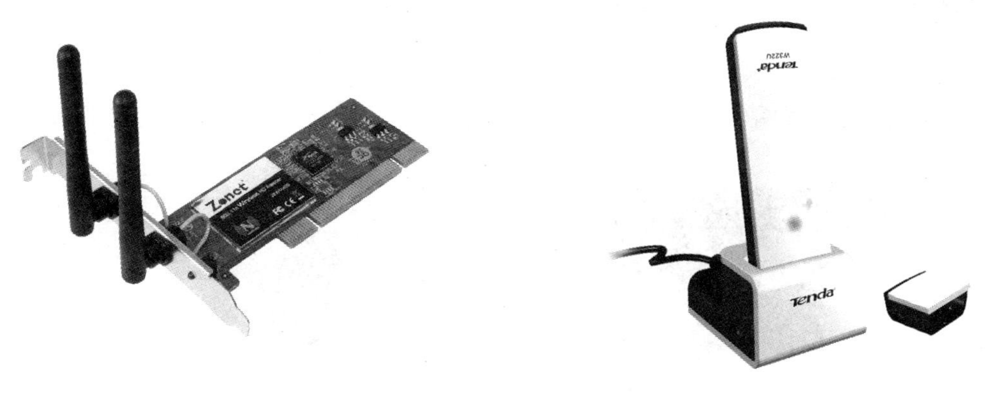

图 6-1　PCI 接口无线网卡　　图 6-2　USB 接口无线网卡

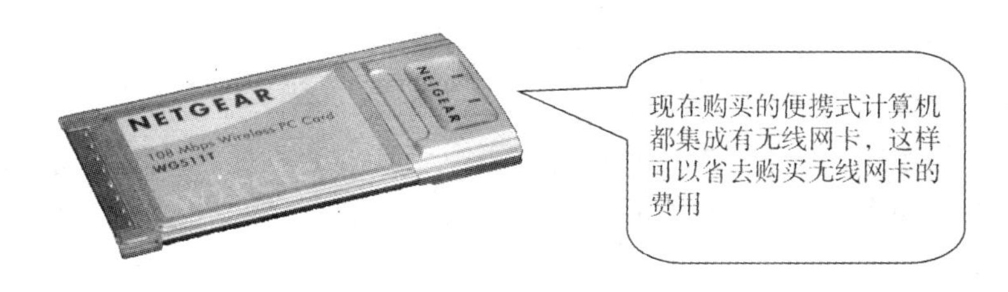

NETGEAR
108 Mbps Wireless PC Card
WG511T
NETGEAR
现在购买的便携式计算机都集成有无线网卡，这样可以省去购买无线网卡的费用

图 6-3　PCMCIA 接口无线网卡

（2）无线 AP　无线 AP 也叫做无线网桥，如图 6-4 所示。无线 AP 的功能类似于有线网络中的集线器或交换机，不同的是无线 AP 与计算机之间是通过无线信号方式连接的。无线

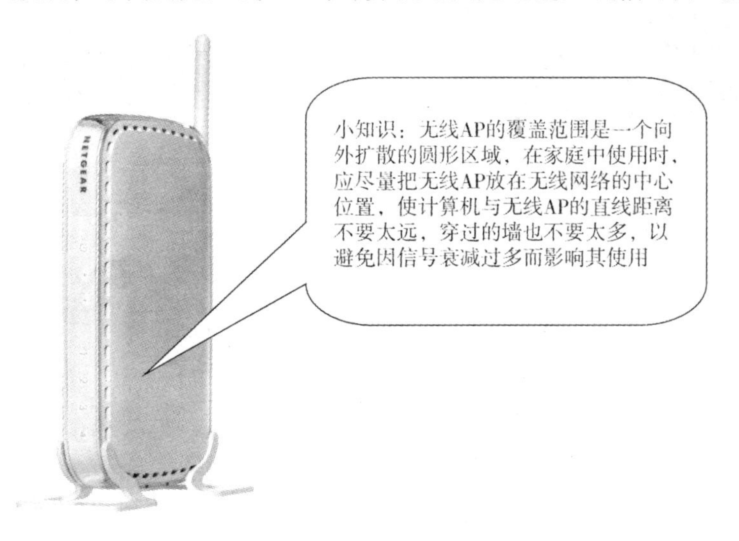

NETGEAR
小知识：无线AP的覆盖范围是一个向外扩散的圆形区域，在家庭中使用时，应尽量把无线AP放在无线网络的中心位置，使计算机与无线AP的直线距离不要太远，穿过的墙也不要太多，以避免因信号衰减过多而影响其使用

图 6-4　无线 AP

AP 覆盖范围内的计算机通过无线 AP 进行相互通信。

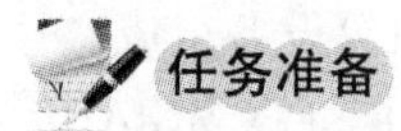

实施本任务所使用的实训设备为：一块无线网卡，一台计算机。

1. 硬件的安装

PCMCIA 接口无线网卡和 USB 接口无线网卡的安装比较简单，如图 6-5 和图 6-6 所示。

图 6-5　USB 接口无线网卡的安装

图 6-6　PCMCIA 接口无线网卡的安装

PCI 接口无线网卡一般在台式机上使用，但由于其安装不便，故使用得比较少。PCI 接口无线网卡的安装如图 6-7 和图 6-8 所示。

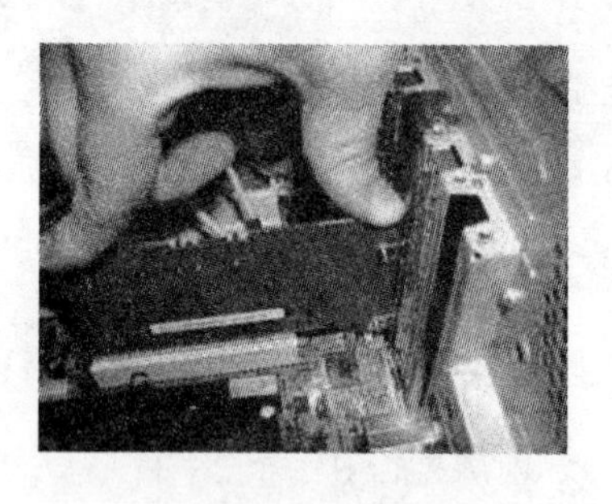

图 6-7　将 PCI 接口无线网卡安装到台式机的 PCI 插槽上

图 6-8　安装完成后

2. 驱动程序的安装

下面以 D-Link USB 接口无线网卡为例说明无线网卡驱动程序的安装步骤。

1）将驱动程序光盘放入光驱后，驱动程序光盘一般会自动运行，出现图 6-9 所示对话框，单击“应用软件”选项，会弹出图 6-10 所示对话框，然后单击“AGREE”按钮，弹出图 6-11 所示对话框。

2）单击“下一步”按钮，驱动程序开始安装，如图 6-12 所示。安装完成后，弹出图 6-13 所示对话框，选中“手动连接无线网络”单选按钮，然后单击“下一步”按钮，出现图 6-14 所示对话框。

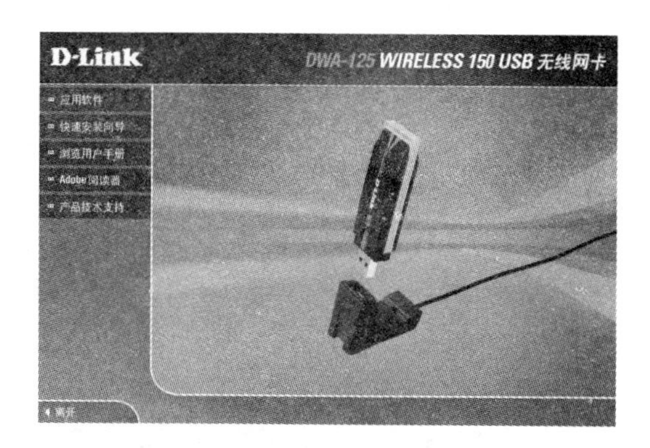

图 6-9　D-Link 驱动程序安装对话框（1）

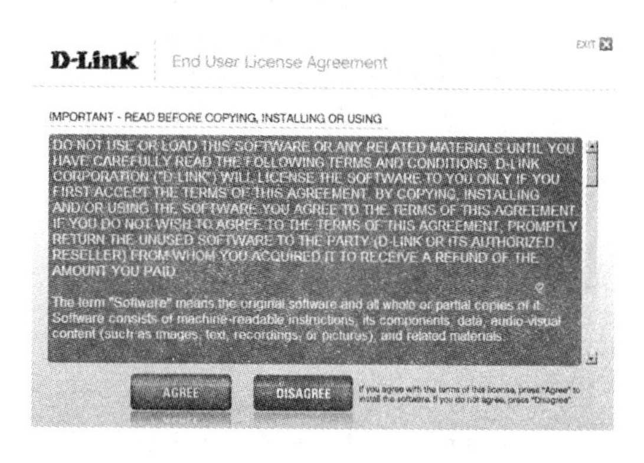

图 6-10　D-Link 驱动程序安装对话框（2）

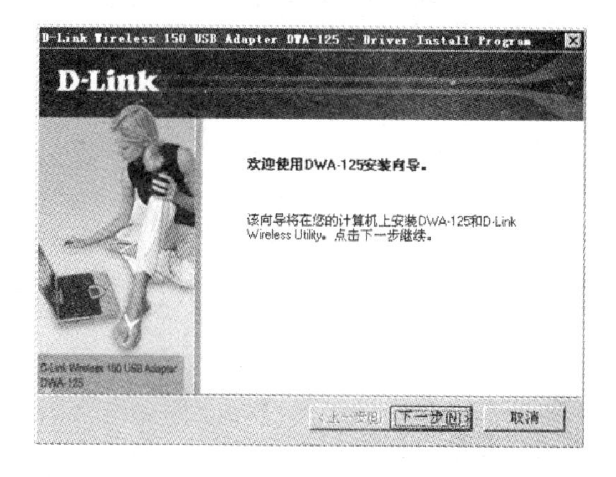

图 6-11　D-Link 驱动程序安装对话框（3）

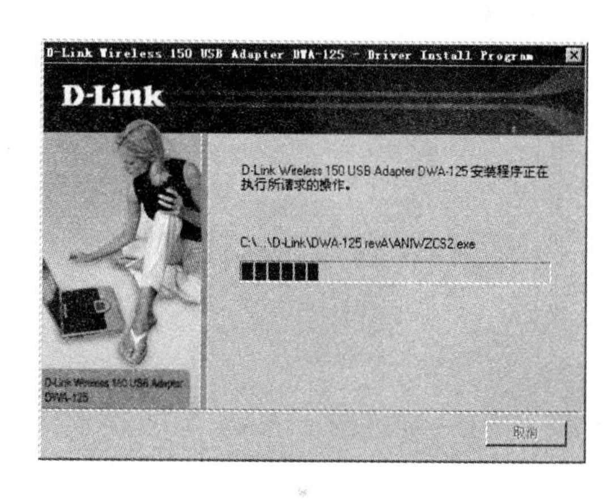

图 6-12　D-Link 驱动程序安装对话框（4）

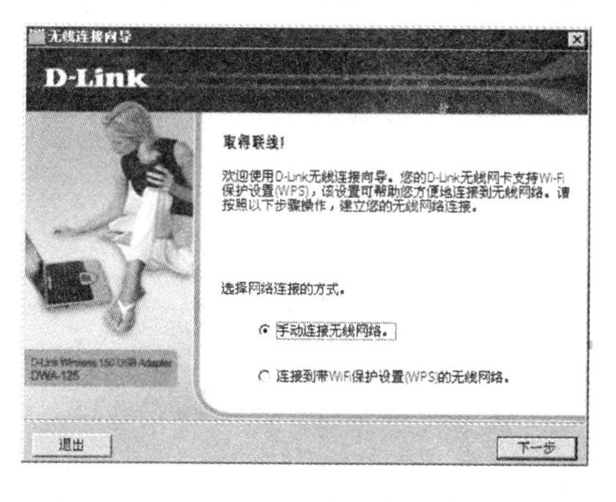

图 6-13　D-Link 驱动程序安装对话框（5）

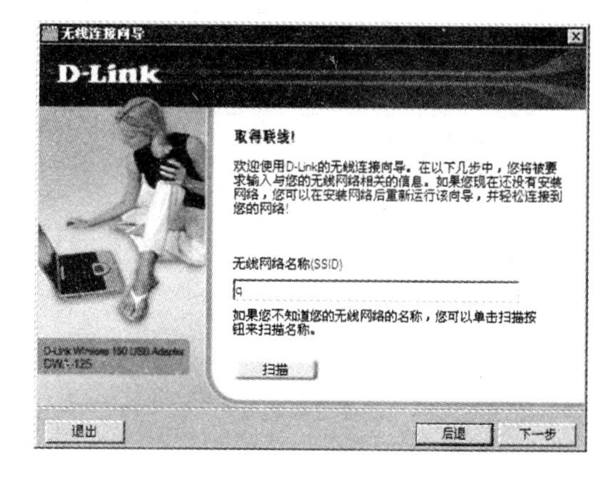

图 6-14　D-Link 驱动程序安装对话框（6）

3）输入无线网络名称或扫描网络后，驱动程序安装完成，如图 6-15 所示。驱动程序安装完成后，屏幕右下角会显示出无线网卡型号，如图 6-16 所示。其他类型无线网卡的安装步骤可能会与此有所不同。

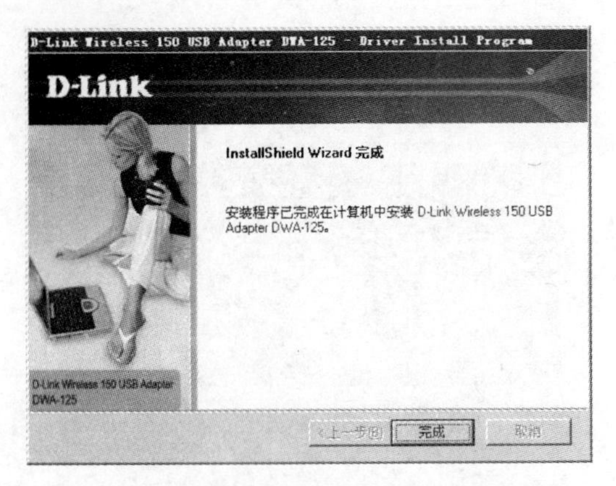

图 6-15　D-Link 驱动程序安装对话框（7）

图 6-16　显示无线网卡型号

4）驱动程序安装完成后，从“网络接接”窗口中查看每台计算机的无线连接情况，如图 6-17 所示。

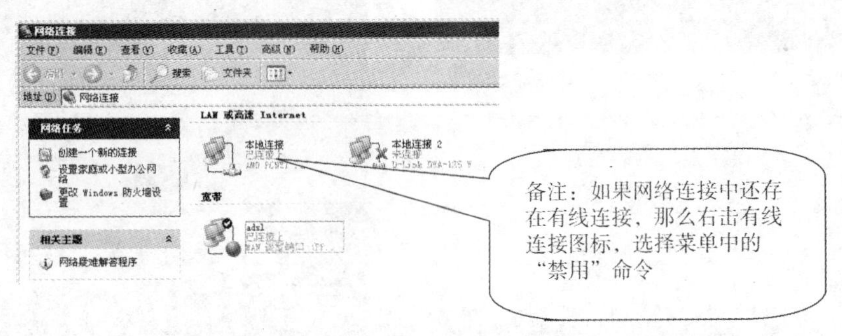

图 6-17　“网络连接”窗口

5）选中“网络连接”窗口中的“本地连接 2”无线网卡，右击，在弹出的菜单中单击“属性”命令，弹出“本地连接 2　属性”对话框，如图 6-18 所示。选中“Internet 协议（TCP/IP）”选项，单击“属性”按钮，弹出图 6-19 所示对话框。

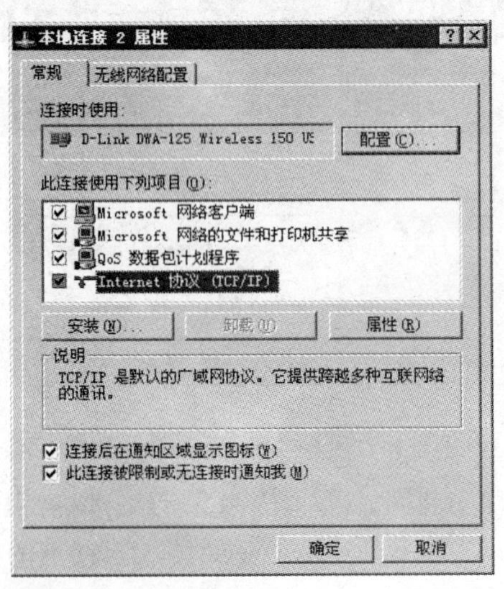

图 6-18　“本地连接 2　属性”对话框

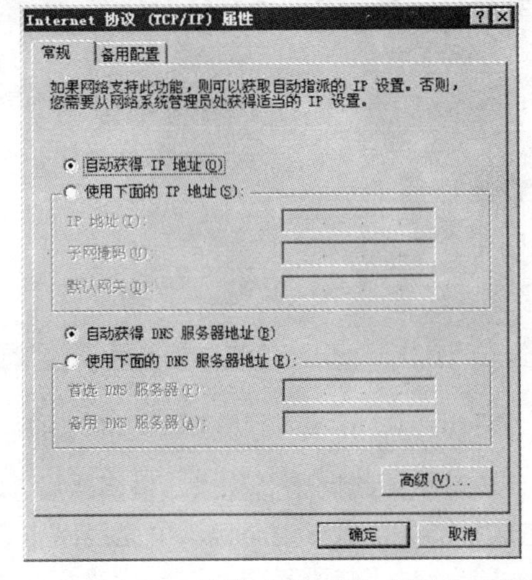

图 6-19　“Internet 协议（TCP/IP）属性”对话框

6）选中“使用下面的 IP 地址”单选按钮，输入 IP 地址和子网掩码，如图 6-20 所示。输入完成后，单击“确定”按钮。

7）在另一台计算机上同样执行上述过程，但设置的 IP 地址要不同。

8）几台计算机都设置好后，会看到屏幕右下方的“无线网络已连接”字样，这时这个无线网卡的网络就组建完成了。

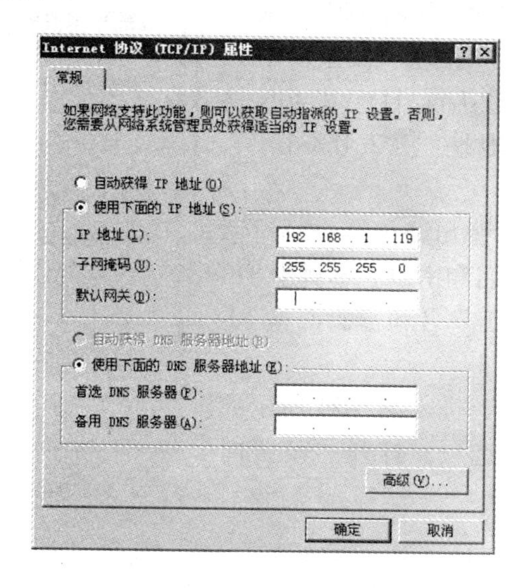

图 6-20　输入 IP 地址和子网掩码

任务二　组建无线路由器局域网

知识目标：

掌握无线路由器的设置方法。

技能目标：

能够对不同品牌的路由器进行设置。

任务分析

以 TP-Link TL-WR740N 路由器为例，简单介绍无线路由器的配置方法。不同厂家生产的无线路由器的配置方法可能会有所不同。

相关知识

无线宽带路由器的安装方法与有线宽带路由器相似，配置无线路由器前，要仔细阅读说明书。一般的无线路由器和有线路由器的 LAN 端口 IP 地址是 19. 168. 1. 1 或 192. 168. 0. 1，子网掩码是 255. 255. 255. 0。

任务准备

实施本任务所使用的实训设备为：一台 TP-Link TL-WR740N 无线路由器，一台计算机。

任务实施

虽然不同厂家生产的无线路由器的配置方法可能会有所不同，但是其基本步骤相似。

1）首先按说明书要求将计算机与无线路由器用双绞线的 LAN 端口连接，然后按照说明书要求设置计算机的网络连接属性，如图 6-21 所示。

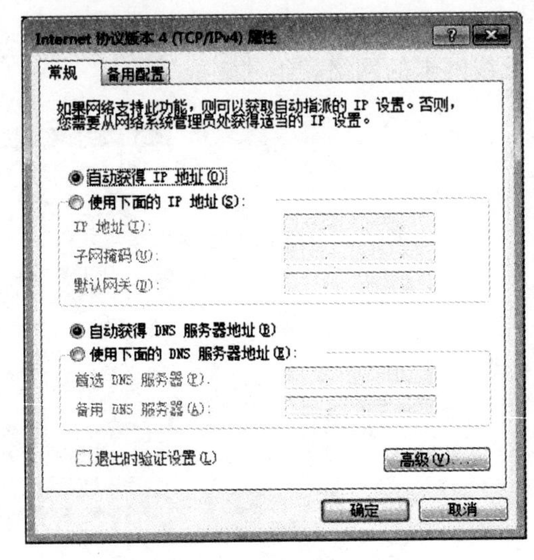

图 6-21　设置网络连接属性

2）设置完成后，单击“确定”按钮，在 IE 浏览器窗口地址栏中输入 TP-Link TL-WR740N 路由器默认的 LAN 端口 IP 地址“192. 168. 1. 1”，如图 6-22 所示。

3）按【Enter】键后，弹出路由器登录对话框（见图 6-23），输入用户名和密码。本例中 TP-Link TL-WR740N 路由器的用户名和密码都是 admin。

4）单击“确定”按钮，进入图 6-24 所示的窗口，单击“设置向导”选项，打开“设置向导”对话框。

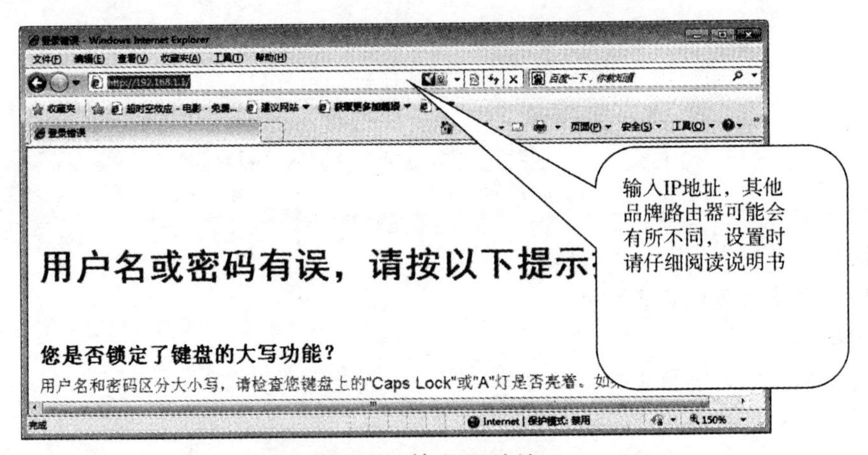

图 6-22　输入 IP 地址

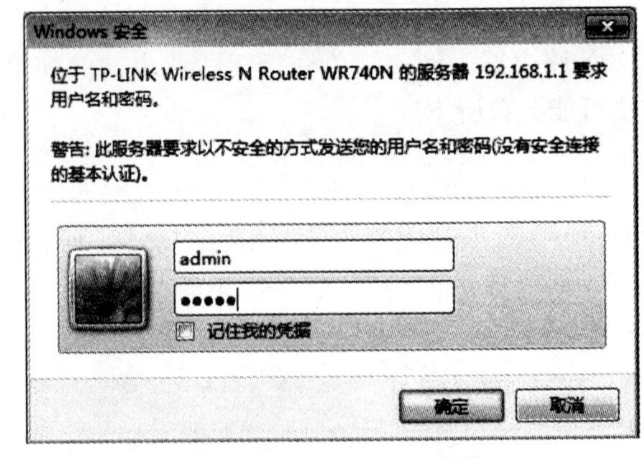

图 6-23　输入用户名和密码

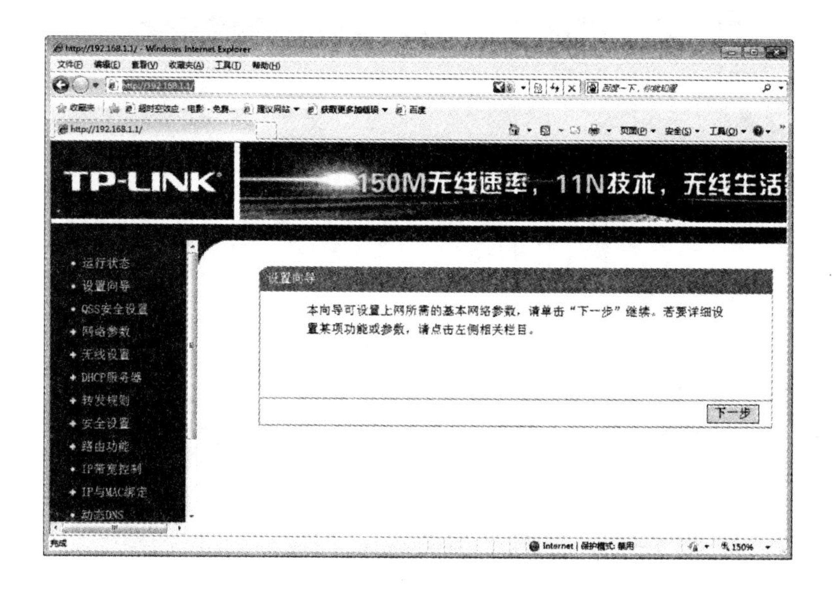

图 6-24　设置向导

5）单击“下一步”按钮，打开“设置向导-上网方式”对话框，向导提供了三种最常见的上网方法，可按照上网方式进行选择，这里选择“PPPoE（ADSL 虚拟拨号）”选项，如图 6-25 所示。

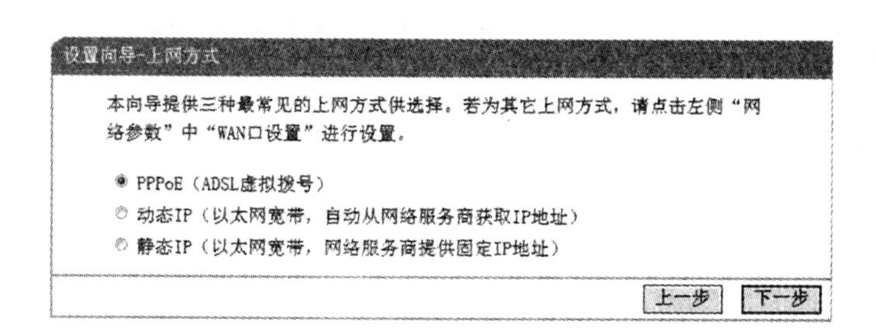

图 6-25　选择上网方式

6）单击“下一步”按钮，打开图 6-26 所示对话框，在其中输入上网账号与上网口令。

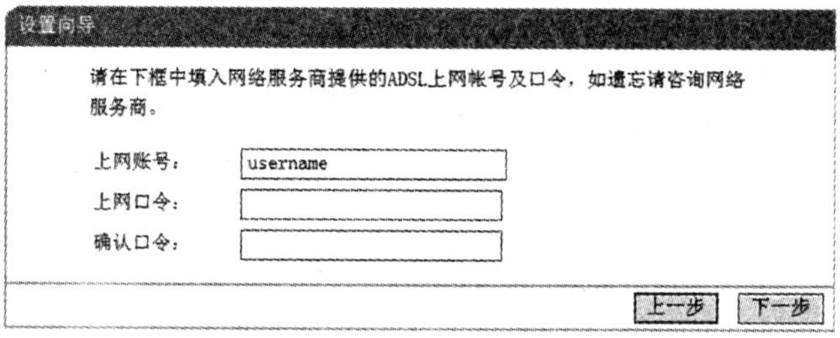

图 6-26　输入上网账号与上网口令

7）单击“下一步”按钮，打开“设置向导-无线设置”对话框，如图 6-27 所示。

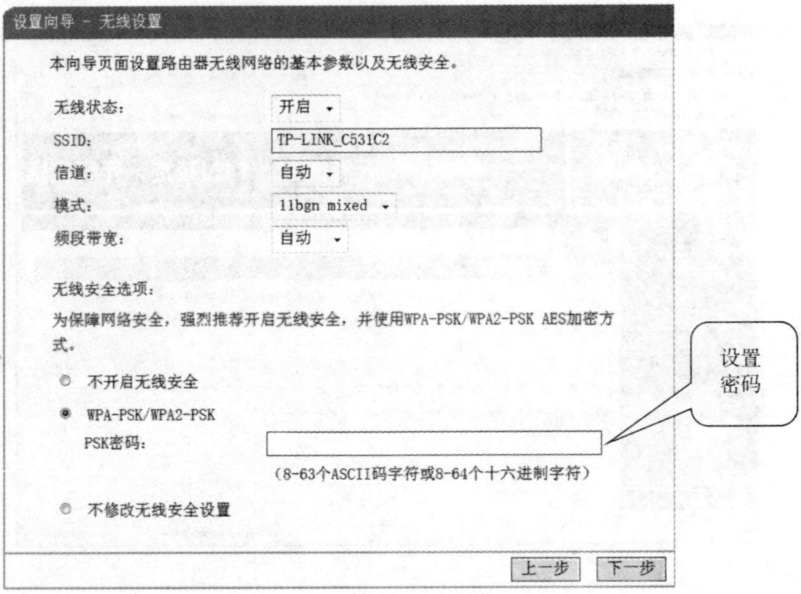

设置向导 - 无线设置
本向导页面设置路由器无线网络的基本参数以及无线安全。
无线状态：
开启
SSID：
TP-LINK_C531C2
信道：
自动
模式：
11bgn mixed
频段带宽：
自动
无线安全选项：
为保障网络安全，强烈推荐开启无线安全，并使用WPA-PSK/WPA2-PSK AES加密方式。
不开启无线安全
WPA-PSK/WPA2-PSK
PSK密码：
（8-63个ASCII码字符或8-64个十六进制字符）
不修改无线安全设置
设置密码
上一步
下一步

图 6-27　无线设置

8）进行相应设置后单击“下一步”按钮，完成设置，弹出图 6-28 所示对话框，单击“重启”按钮，重新启动路由器。

设置向导
设置完成，单击“重启”后路由器将重启以使设置生效。
提示：若路由器重启后仍不能正常上网，请点击左侧“网络参数”进入“WAN口设置”栏目，确认是否设置了正确的WAN口连接类型和拨号模式。
上一步
重 启

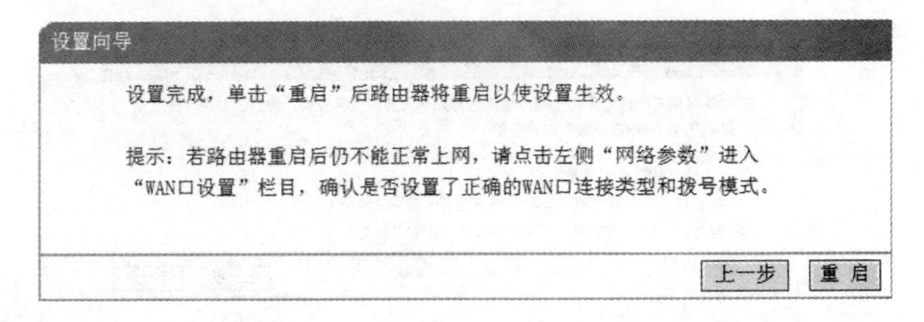

图 6-28　设置完成

9）此外，这款路由器还有一些高级设置，如 QSS 安全设置、LAN 口设置、无线网络基本设置、无线网络安全设置、DHCP 设置等（见图 6-29 ~ 图 6-33），用户可以在相应对话框中进行设置。

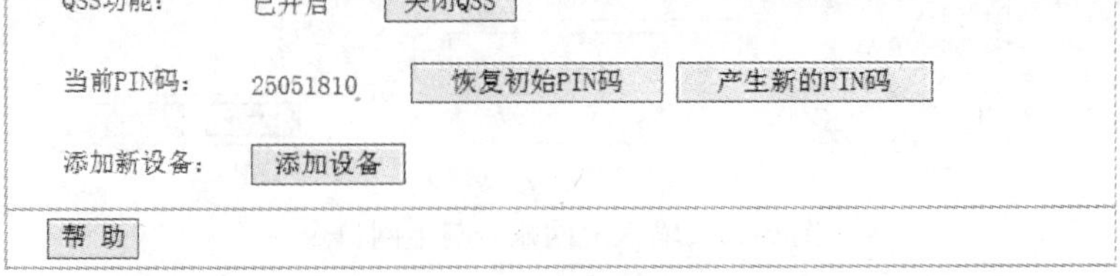

QSS安全设置
QSS功能：
已开启
关闭QSS
当前PIN码：
25051810
恢复初始PIN码
产生新的PIN码
添加新设备：
添加设备
帮 助

图 6-29　QSS 安全设置

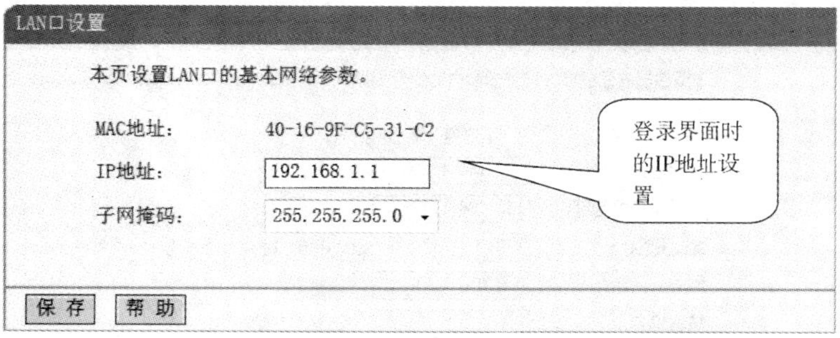

LAN口设置

本页设置LAN口的基本网络参数。

MAC地址：　40-16-9F-C5-31-C2

IP地址：　192.168.1.1

子网掩码：　255.255.255.0

登录界面时的IP地址设置

保 存　帮 助

图 6-30　LAN 口设置

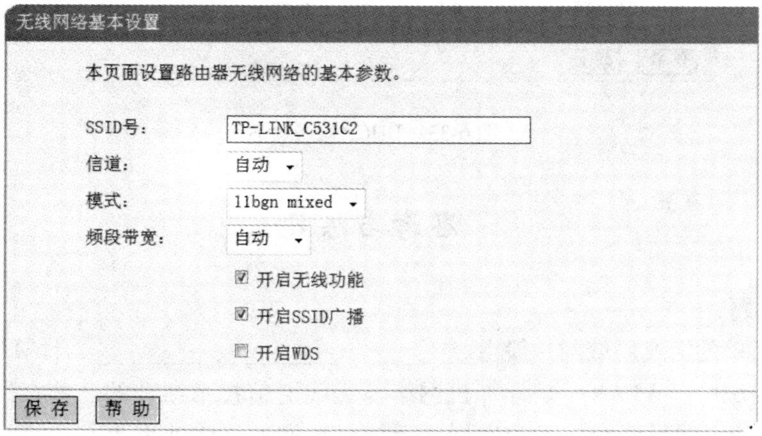

无线网络基本设置

本页面设置路由器无线网络的基本参数。

SSID号：　TP-LINK_C531C2

信道：　自动

模式：　11bgn mixed

频段带宽：　自动

开启无线功能

开启SSID广播

开启WDS

保 存　帮 助

图 6-31　无线网络基本设置

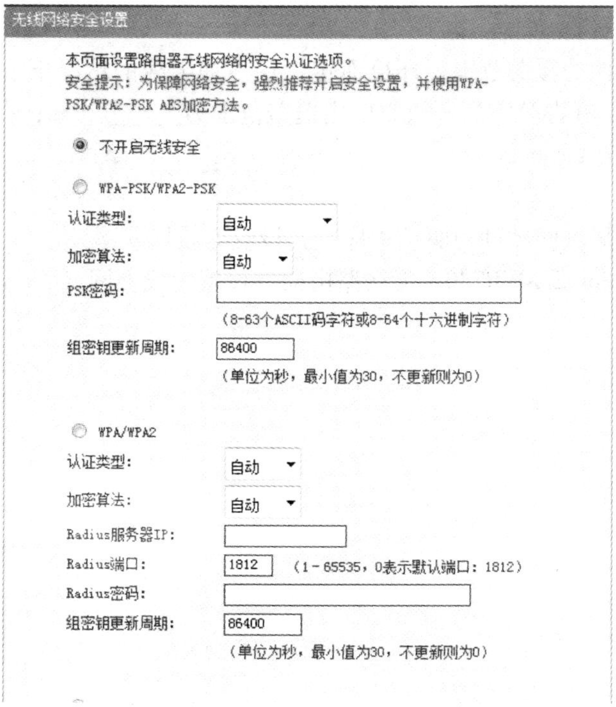

无线网络安全设置

本页面设置路由器无线网络的安全认证选项。
安全提示：为保障网络安全，强烈推荐开启安全设置，并使用WPA-PSK/WPA2-PSK AES加密方法。

不开启无线安全

WPA-PSK/WPA2-PSK

认证类型：　自动

加密算法：　自动

PSK密码：

（8-63个ASCII码字符或8-64个十六进制字符）

组密钥更新周期：　86400

（单位为秒，最小值为30，不更新则为0）

WPA/WPA2

认证类型：　自动

加密算法：　自动

Radius服务器IP：

Radius端口：　1812　（1-65535，0表示默认端口：1812）

Radius密码：

组密钥更新周期：　86400

（单位为秒，最小值为30，不更新则为0）

图 6-32　无线网络安全设置

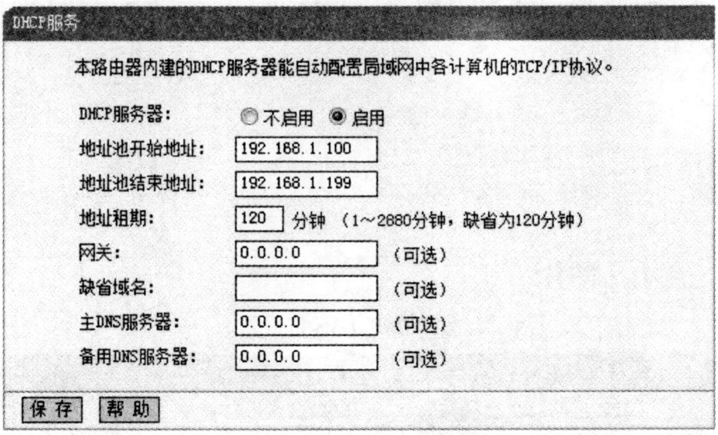

DHCP服务

本路由器内建的DHCP服务器能自动配置局域网中各计算机的TCP/IP协议。

DHCP服务器：　不启用　启用

地址池开始地址：192.168.1.100

地址池结束地址：192.168.1.199

地址租期：120 分钟（1～2880分钟，缺省为120分钟）

网关：0.0.0.0（可选）

缺省域名：（可选）

主DNS服务器：0.0.0.0（可选）

备用DNS服务器：0.0.0.0（可选）

保存　帮助

图 6-33　DHCP 服务设置

思考与练习

一、填空题

1. 一个简单的无线局域网一般由________、________、________、计算机等设备组成。

2. 无线局域网（WLAN）是计算机网络与无线通信技术结合的产物，以________作为传输介质。随着无线局域网技术的发展，无线局域网的传输速率也在提高，有________和________两种标准，但在实际应用中由于建筑物等物体的阻挡，实际网络传输速率要比标准低一些。

3. 无线局域网的覆盖范围视环境而定，在不加天线的情况下，在室内开放空间覆盖范围为________ m，在办公室半开放空间内覆盖范围为________ m；在室外视建筑物遮蔽情况而定，最远可达 20km。

二、操作题

1. 安装无线局域网硬件与驱动程序，并设置无线局域网。

2. 配置 TP-Link TL-WR740N 无线路由器并设置无线上网（WLAN）。

单元七　架设局域网服务器

7

随着局域网的不断发展和网站规模的不断增加，架设和配置网络服务平台，进一步完善网络服务，显得尤为重要。网络服务器在局域网中扮演着十分重要的角色，特别是在大中型网络中，需要其安全、高效地对网络资源进行管理。本单元对局域网中常见服务器的安装和设置步骤进行讲解。

任务一　在 Windows Server 2003 下架设局域网 DHCP 服务器

知识目标：

掌握在 Windows Server 2003 下架设局域网 DHCP 服务器的基本方法。

技能目标：

能够安装 DHCP 服务器，并能对 DHCP 服务器和客户端进行设置。

任务分析

本任务将学习在 Windows Server 2003 下架设局域网 DHCP 服务器的基本方法并对 DHCP 服务器和客户端进行设置。

相关知识

1. DHCP 服务

在使用 TCP/IP 协议的网络中，每一台计算机应至少有一个 IP 地址，这样才能与其他计算机进行通信。假设某网络中有成百上千台计算机，如果一台一台地设置固定 IP 地址的话，那么不但工作量极大，工作效率不高，而且人为设置的故障还容易造成 IP 地址冲突等故障。在这种情况下，为了便于管理，只有启用 DHCP 服务。

DHCP 是动态主机配置协议。有了它，管理员只需在服务器上设置好 DHCP 配置文件和 DHCP 客户机，这样客户机在启动时就会自动与 DHCP 服务器通信，从服务器获取 IP 地址和子网掩码。

2. DHCP 服务器和客户机

DHCP 服务器是指安装了 DHCP 服务器软件的计算机。其地址分配方式有自动分配和动态分配两种。

DHCP 客户机是指安装并启用了 DHCP 客户机软件的计算机。

任务准备

实施本任务所使用的实训设备为：一台安装有 Windows Server 2003 操作系统的 IBM 服务器。

任务实施

1. 设置 DHCP 服务器

1）单击“开始”按钮，从打开的菜单中选择“管理工具”选项，在下一级菜单中单击“配置您的服务器向导”选项，如图 7-1 所示。

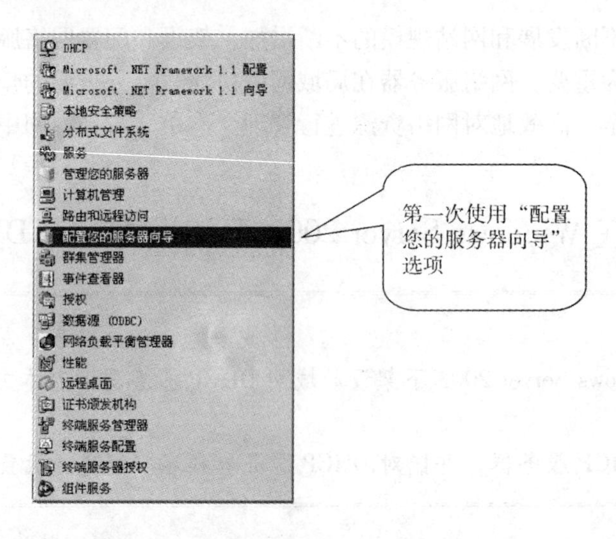

图 7-1　单击“配置您的服务器向导”选项

2）在弹出的“配置您的服务器向导”对话框中依次单击“下一步”按钮，进行相应配置，如图 7-2 ~ 图 7-5 所示。

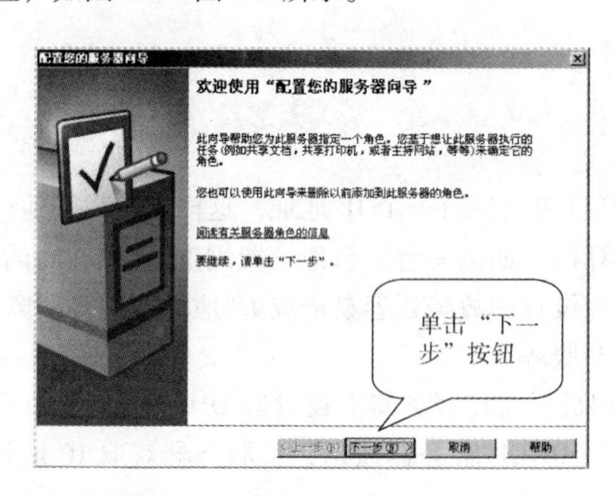

图 7-2　配置您的服务器向导（1）

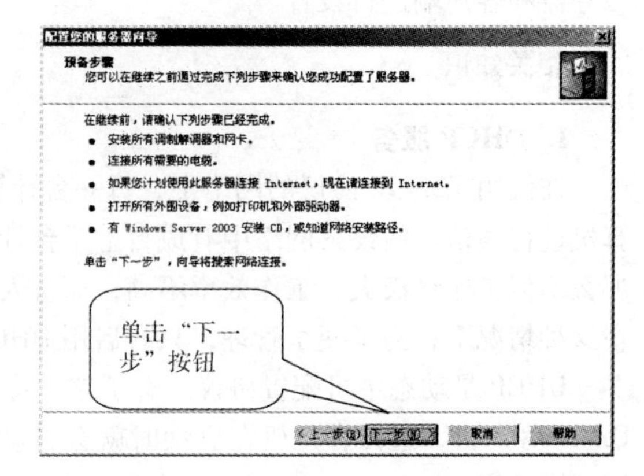

图 7-3　配置您的服务器向导（2）

3）单击图 7-5 中所示的“下一步”按钮后，进行 DHCP 服务器的安装（见图 7-6），安装完成后单击“下一步”按钮，进入“新建作用域向导”对话框，单击“下一步”按钮，如图 7-7 所示。

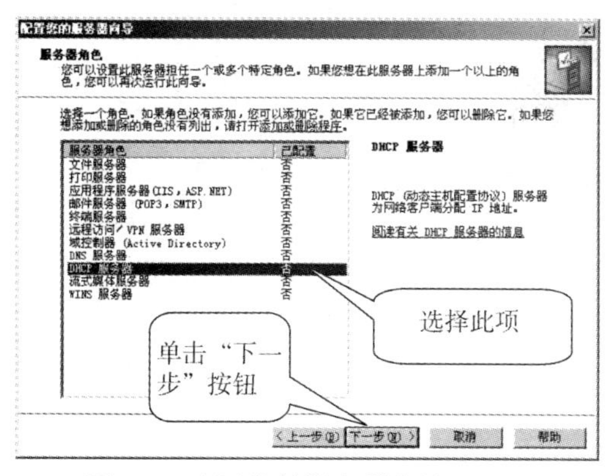

图 7-4　配置您的服务器向导（3）

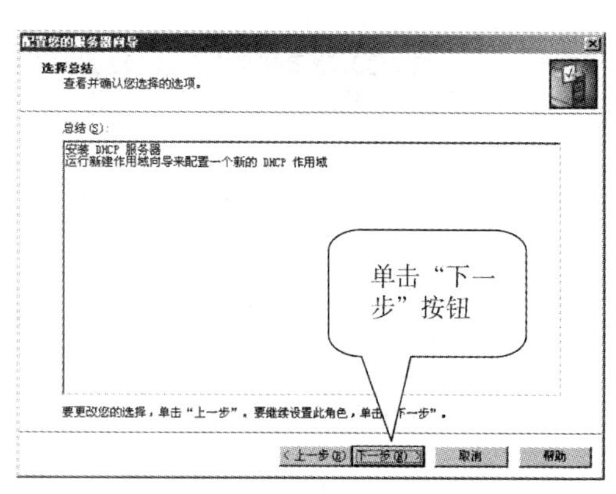

图 7-5　配置您的服务器向导（4）

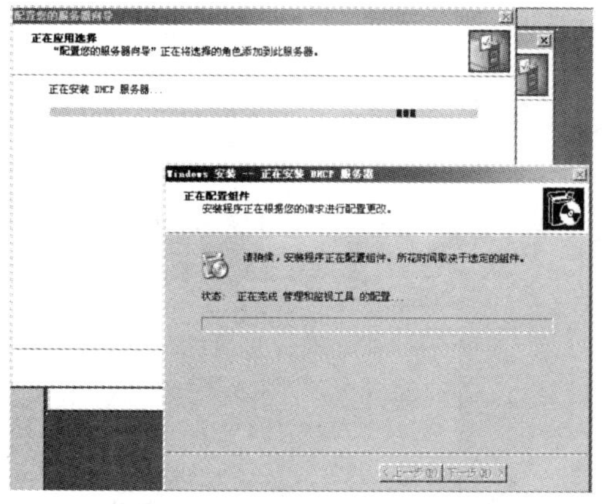

图 7-6　安装 DHCP 服务器

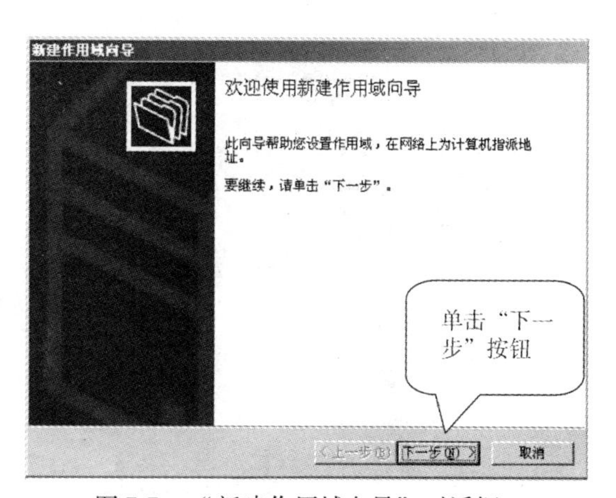

图 7-7　“新建作用域向导”对话框

4）在打开的图 7-8 所示对话框中输入要建立的 DHCP 服务器名称，然后单击“下一步”按钮。

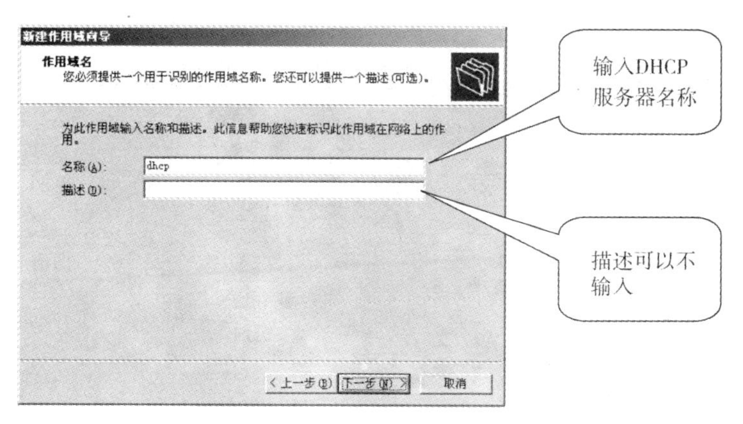

图 7-8　输入 DHCP 服务器名称

5）在打开的图 7-9 所示对话框中输入作用域分配的 IP 地址范围和子网掩码，然后单击“下一步”按钮。

6）在打开的图 7-10 所示对话框中输入要排除的起始 IP 地址和结束 IP 地址，然后单击“下一步”按钮。

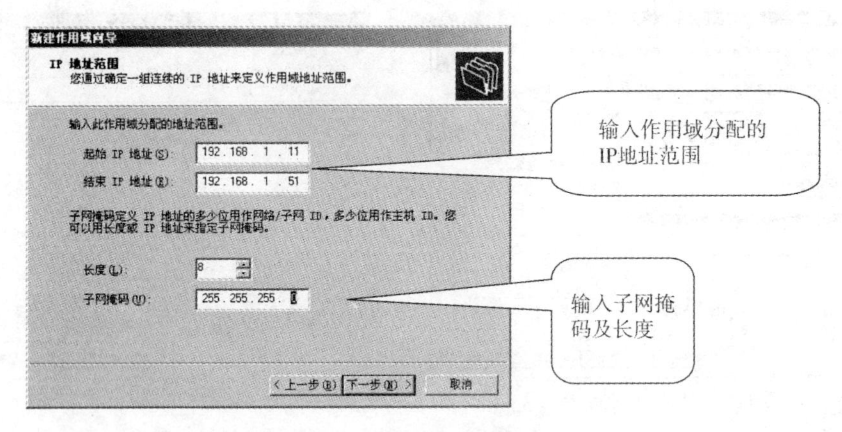

图 7-9　输入 IP 地址范围

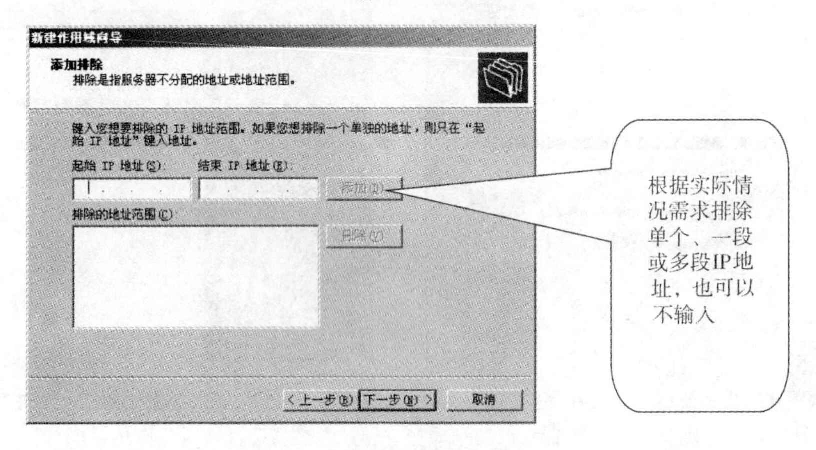

图 7-10　添加要排除的 IP 地址

7）在打开的“租约期限”对话框中输入租约期限，然后单击“下一步”按钮，如图7-11所示。

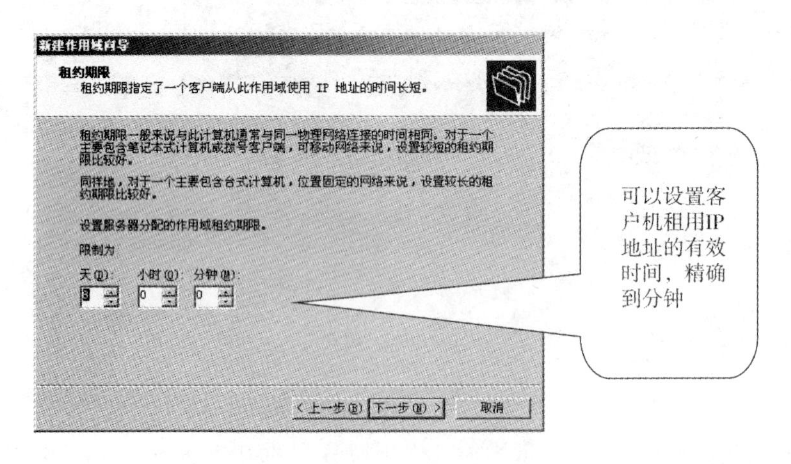

图 7-11　“租约期限”对话框

8）在打开的图 7-12 所示对话框中选中“是，我想现在配置这些选项”单选按钮，然后单击“下一步”按钮，打开图 7-13 所示对话框，输入 IP 地址。

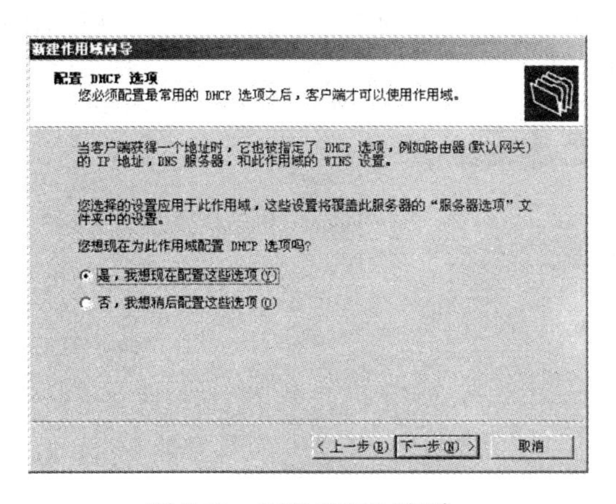

图 7-12　配置 DHCP 选项

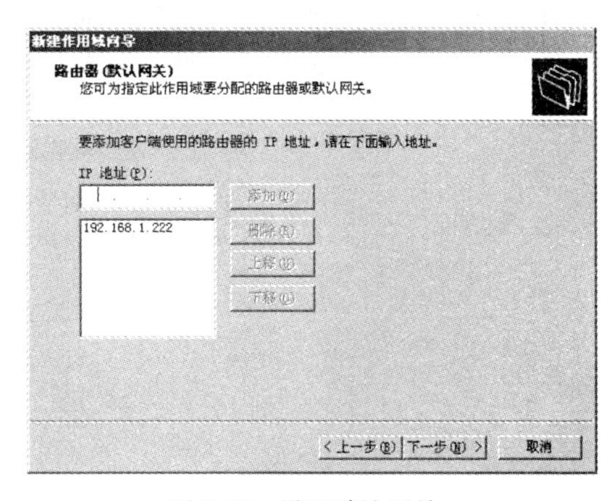

图 7-13　设置默认网关

9）单击图 7-13 所示对话框中的“下一步”按钮，打开图 7-14 所示对话框，设置域名称和 DNS 服务器，然后单击“下一步”按钮。

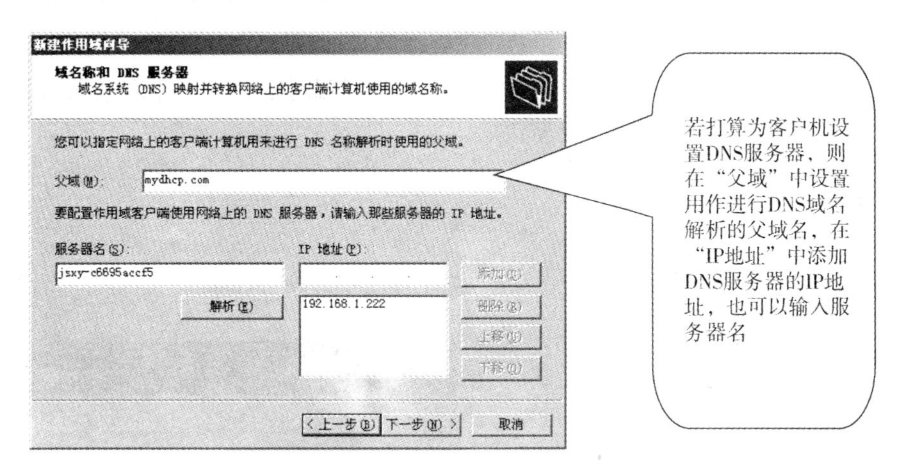

图 7-14　设置域名称和 DNS 服务器

10）在打开的图 7-15 所示对话框中设置 WINS 服务器，然后单击“下一步”按钮。

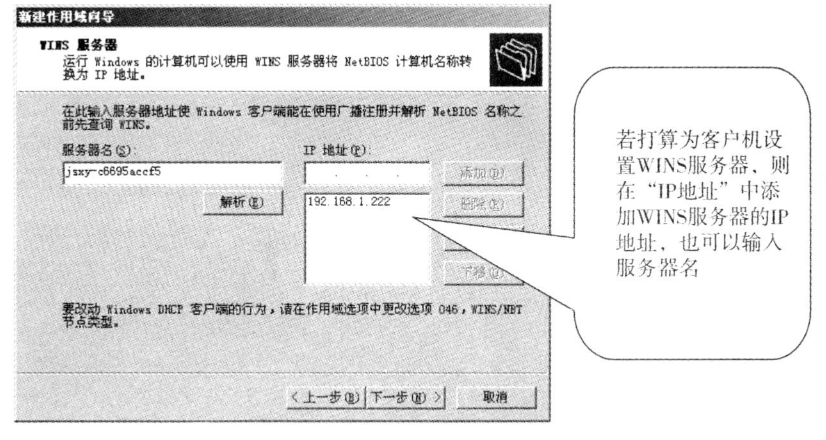

图 7-15　设置 WINS 服务器

11）在打开的“激活作用域”对话框中选中“是，我想现在激活此作用域”单选按钮（见图 7-16），然后单击“下一步”按钮，完成 DHCP 作用域的创建。

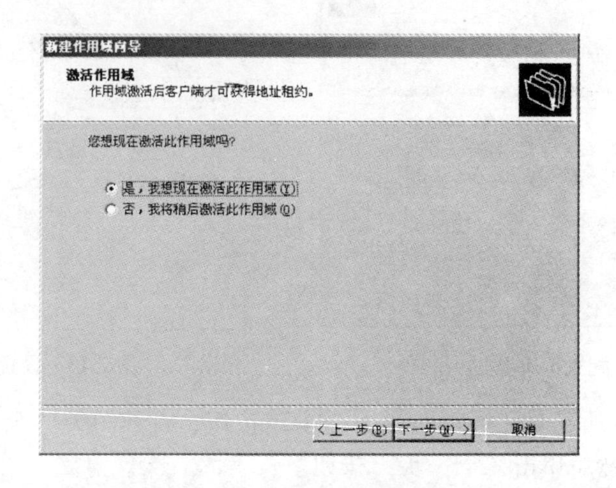

图 7-16　“激活作用域”对话框

12）下面对作用域进行设置。单击“开始”→“管理工具”→“管理您的服务器”选项（见图 7-17），弹出图 7-18 所示的窗口。

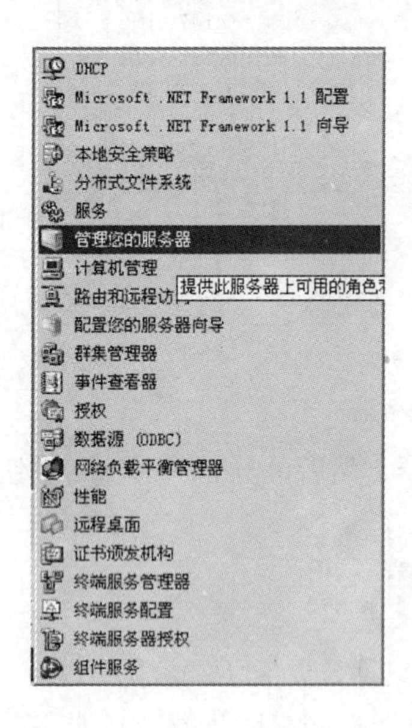

图 7-17　“管理工具”菜单

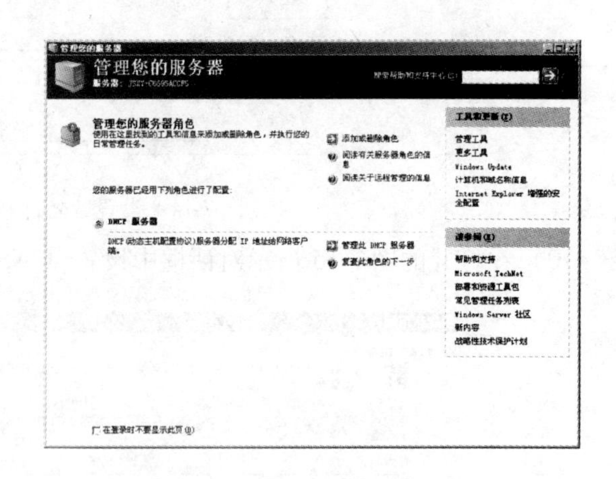

图 7-18　“管理您的服务器”窗口

13）设置 DHCP 服务器属性，如图 7-19 和图 7-20 所示。

14）打开“常规”选项卡，进行相关设置，如图 7-21 所示。

15）打开“DNS”选项卡，进行相关设置，如图 7-22 所示。

16）打开“高级”选项卡，进行相关设置，如图 7-23 所示。

至此，完成 DHCP 服务器的创建和设置。

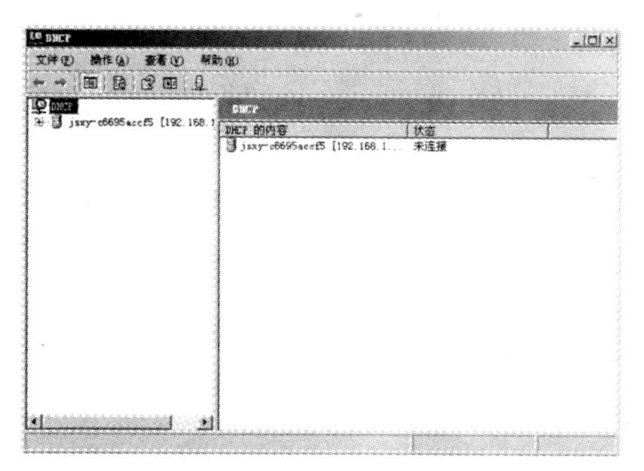
图 7-19　设置 DHCP 服务器属性（1）

图 7-20　设置 DHCP 服务器属性（2）

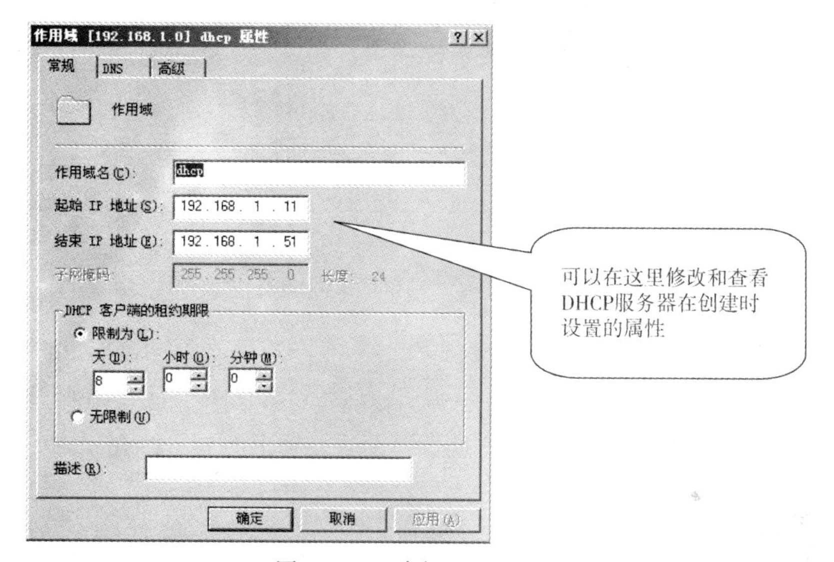

图 7-21　“常规”选项卡

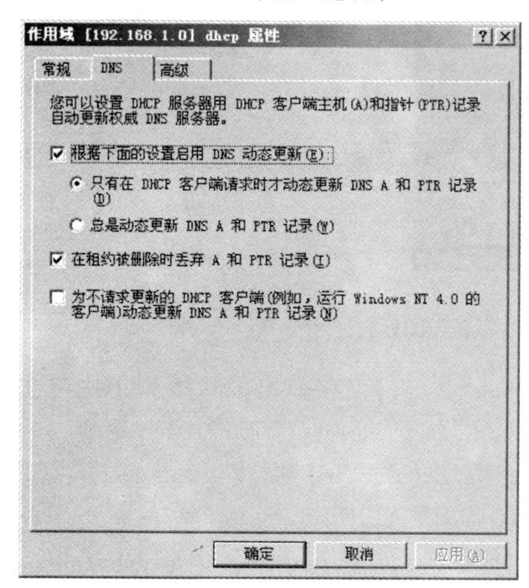

图 7-22　“DNS”选项卡

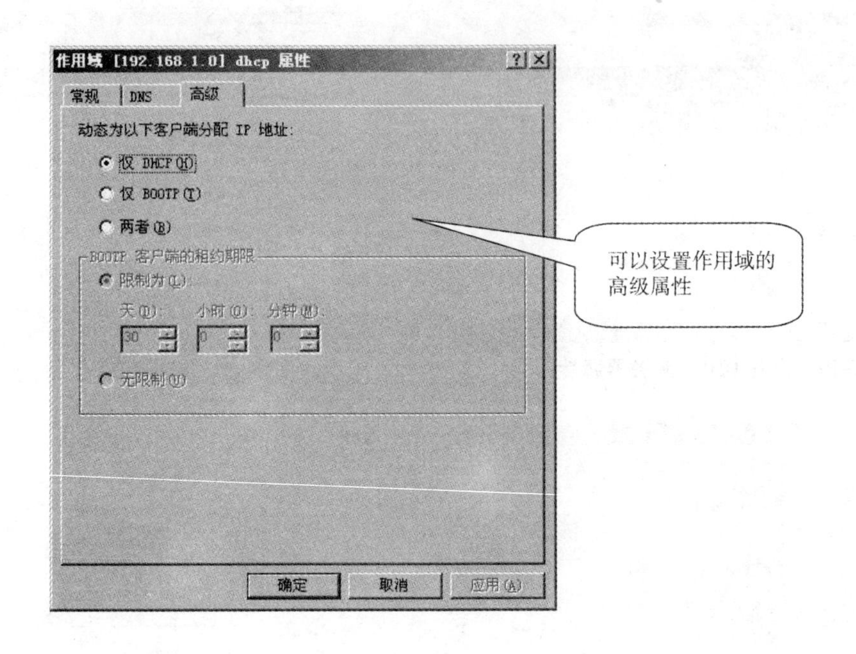

图 7-23　高级选项卡

2. 设置 DHCP 客户机

1）在桌面上右击“网上邻居”图标，弹出快捷菜单，如图 7-24 所示。

2）在图 7-24 所示快捷菜单中单击“属性”命令，弹出图 7-25 所示窗口。

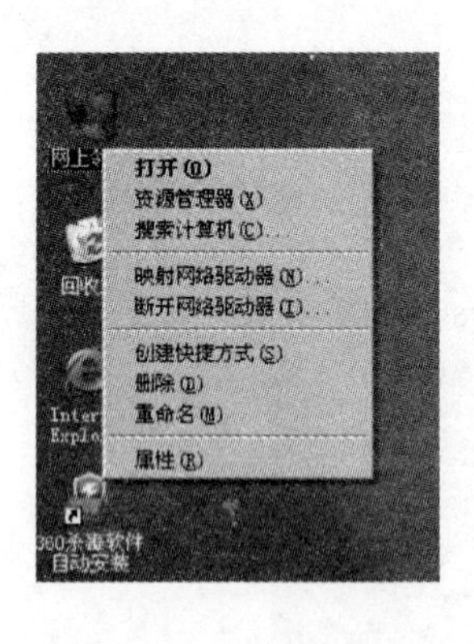

图 7-24　右击“网上邻居”图标

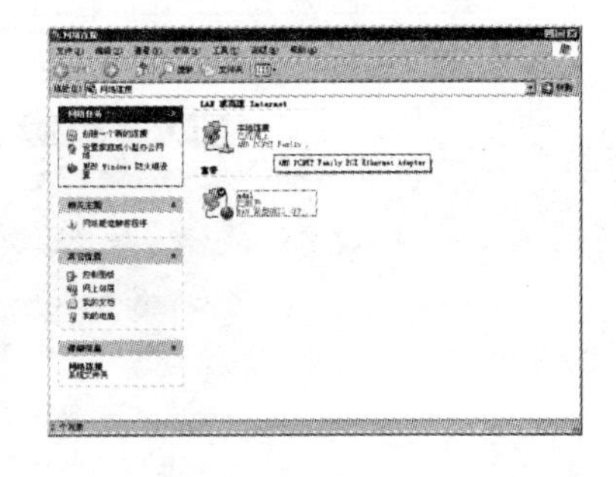

图 7-25　“网络连接”窗口

3）在“本地连接”图标上右击，在弹出的快捷菜单中单击“属性”命令（见图 7-26），在打开的对话框中双击“Internet 协议（TCP/IP）”选项。

4）在打开的“Internet 协议（TCP/IP）属性”对话框的“常规”选项卡中，选中“自动获得 IP 地址”单选按钮，如图 7-27 所示。

5）设置完成后，重启客户机，在运行中输入“ipconfig/all”命令，查看 DHCP 客户机获取 IP 地址的情况，如图 7-28 所示。

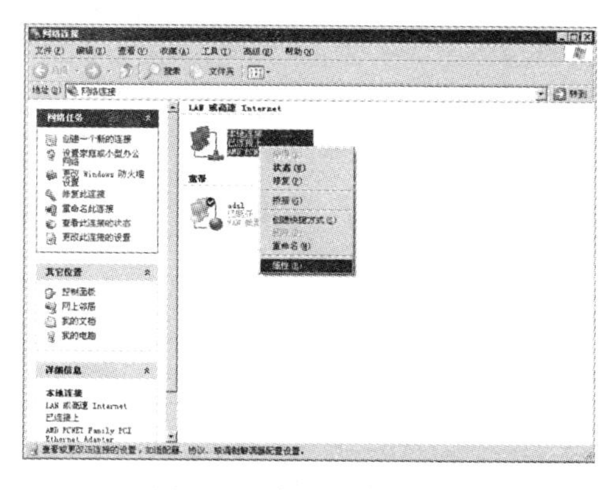

图 7-26　本地连接属性

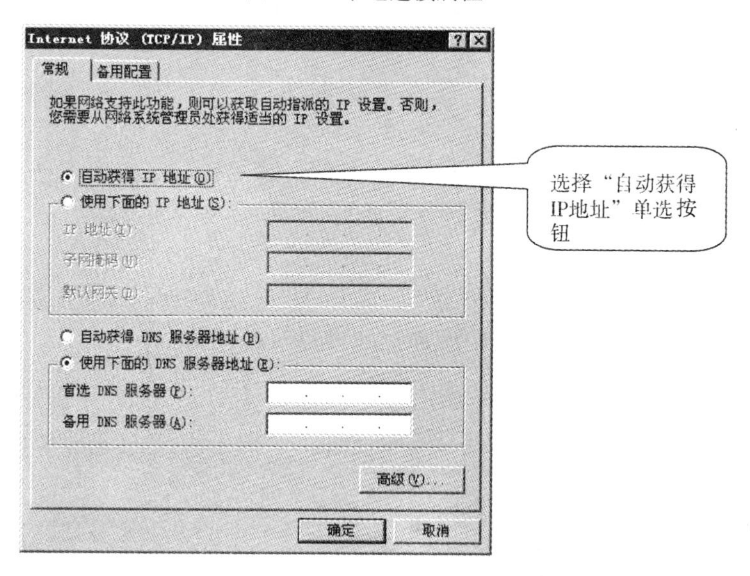

图 7-27　"Internet 协议（TCP/IP）属性"对话框

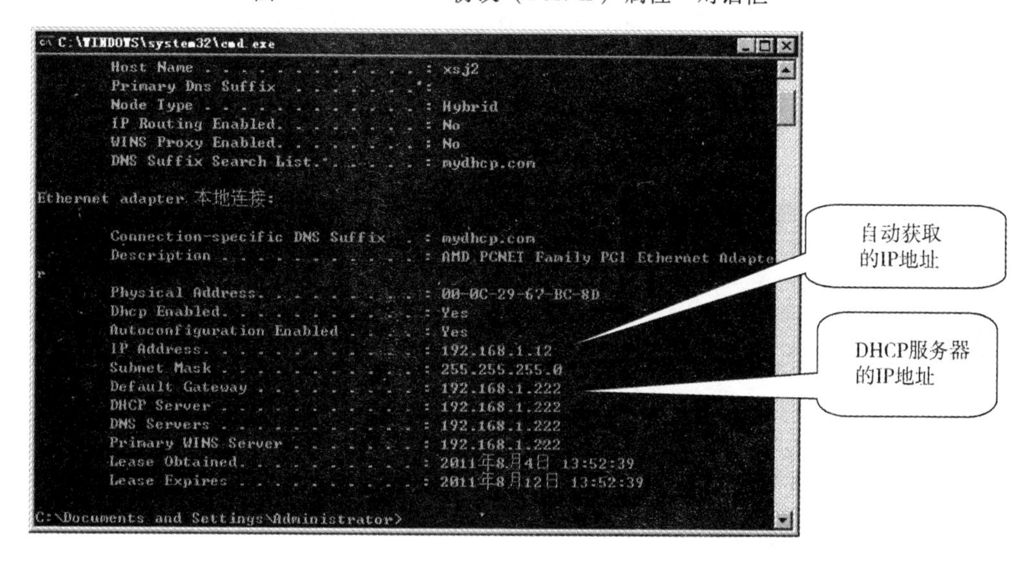

图 7-28　"ipconfig/all"命令窗口

任务二　在 Windows Server 2003 下架设局域网 WWW 服务器

知识目标：

掌握在 Windows Server 2003 下架设局域网 WWW 服务器的方法。

技能目标：

能够在 Windows Server 2003 安装 WWW 服务器，并对 WWW 服务器进行配置。

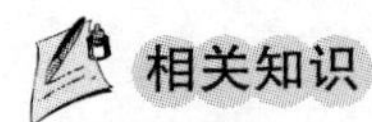

任务分析

本任务是在 Windows Server 2003 下架设局域网 WWW 服务器，安装基于 IIS 的 WWW 服务器并对 WWW 服务器进行相关的配置。

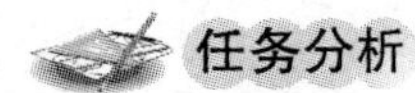

相关知识

WWW（World Wide Web）是 Internet 最重要的协议之一，是实现信息发布的基本平台。Internet 上的各种网站都是通过 WWW 服务器软件实现的。WWW 服务器所使用的协议主要是 HTTP 协议，也就是超文本传输协议。

常见的 WWW 服务器有：IIS 服务器、Apache 服务器、Tomcat 服务器、Sambar 服务器等。本任务主要讲解基于 IIS 的 WWW 服务器的架设与设置。

任务准备

实施本任务所使用的实训设备为：一台安装有 Windows Server 2003 操作系统的 IBM 服务器。

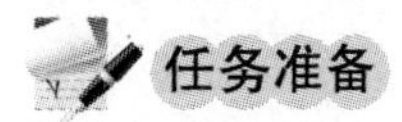

任务实施

1. 安装 IIS 服务器

1）通过“开始”菜单打开“管理工具”窗口，然后选择“配置您的服务器向导”选项，打开“配置您的服务器向导”对话框（见图 7-29 和图 7-30），依次单击“下一步”按钮，打开图 7-31 所示对话框，从中选择“应用程序服务器（IIS，ASP. NET）”选项，然后单击“下一步”按钮。

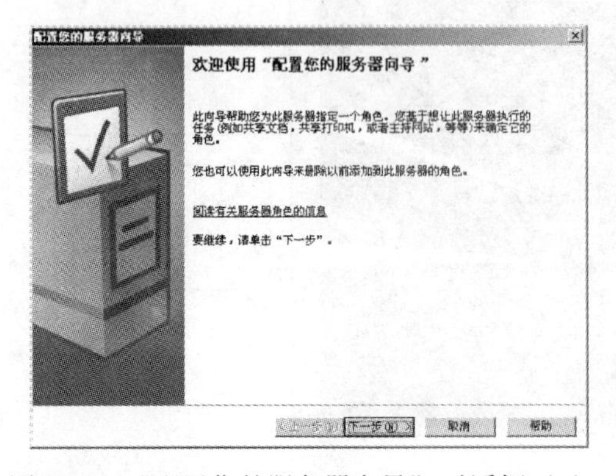

图 7-29　“配置您的服务器向导”对话框（1）

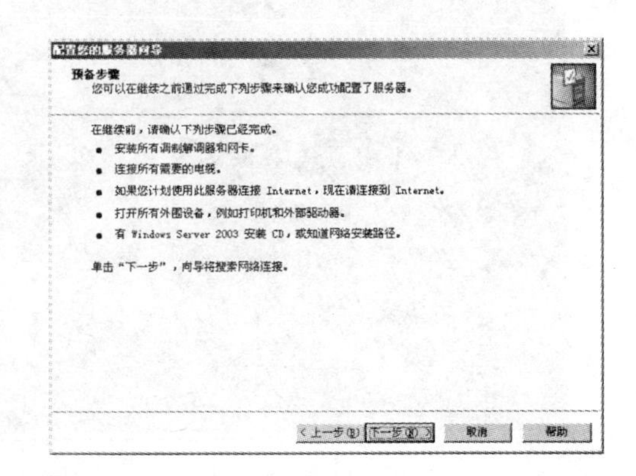

图 7-30　“配置您的服务器向导”对话框（2）

2）在打开的图 7-32 所示对话框中选择是否安装与 IIS 相关的其他工具，包括“Frontpage Server Extension”以及“ASP. NET”，如果想安装，那么可以选中相应复选框，然后点“下一步”按钮，如图 7-33 所示。

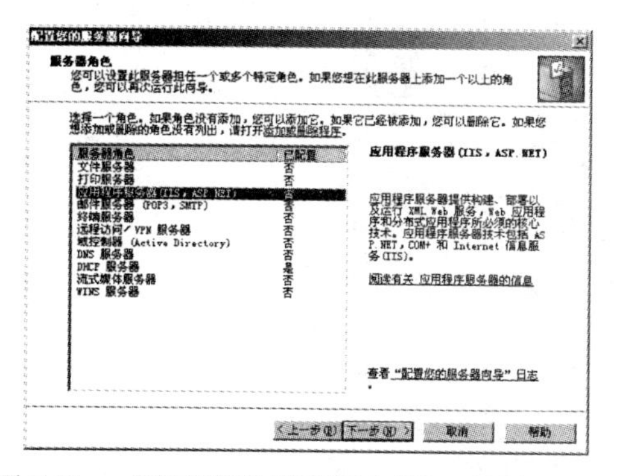

图 7-31　“配置您的服务器向导”对话框（3）

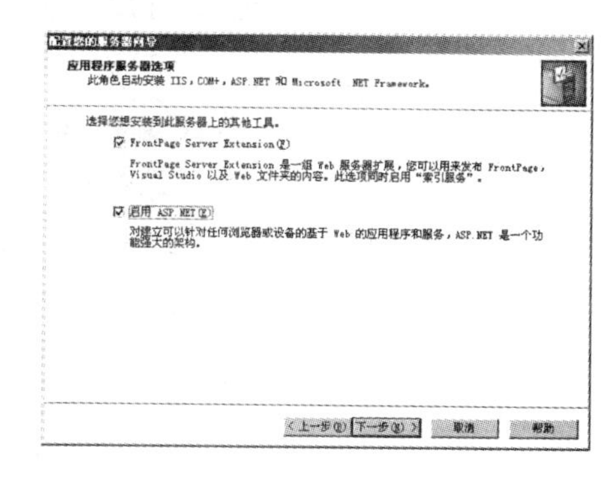

图 7-32　“配置您的服务器向导”对话框（4）

3）接着开始安装并配置 IIS 程序，如图 7-34 所示。

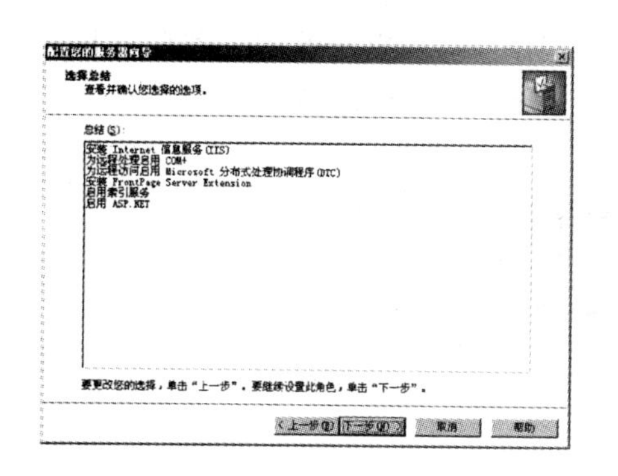

图 7-33　“配置您的服务器向导”对话框（5）

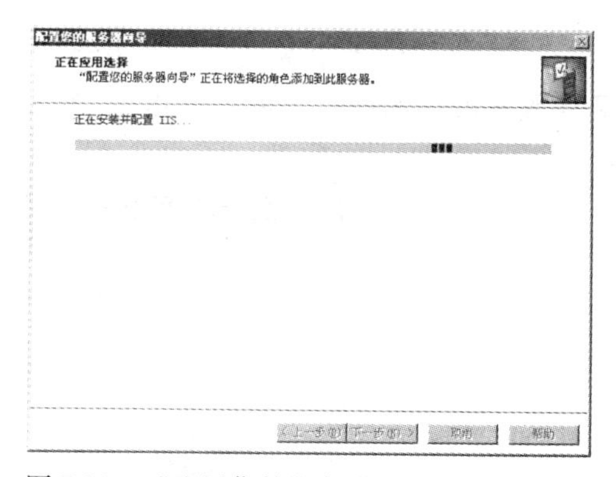

图 7-34　“配置您的服务器向导对话框”（6）

4）系统自动调用安装程序并进行安装，建立文件列表，如图 7-35 所示。

5）在安装过程中会弹出提示，要求向光驱中插入 Windows Server 2003 的安装光盘。这是因为在默认情况下 IIS 组件的程序与文件是存储在 Windows Server 2003 光盘中的，需要插入光盘才能安装，如图 7-36 所示。

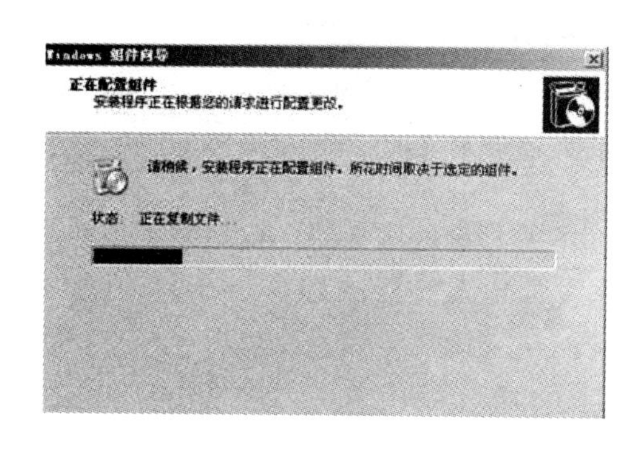

图 7-35　“配置您的服务器向导”对话框（7）

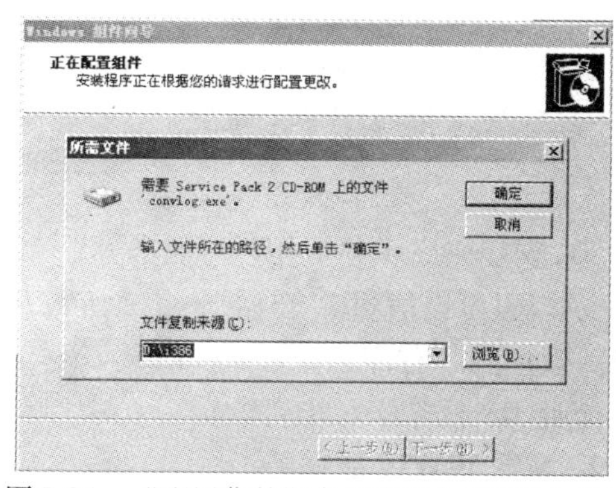

图 7-36　“配置您的服务器向导”对话框（8）

6）放入 Windows Server 2003 安装光盘后，系统会自动搜索所需要的文件并进行安装，如图 7-37 所示。

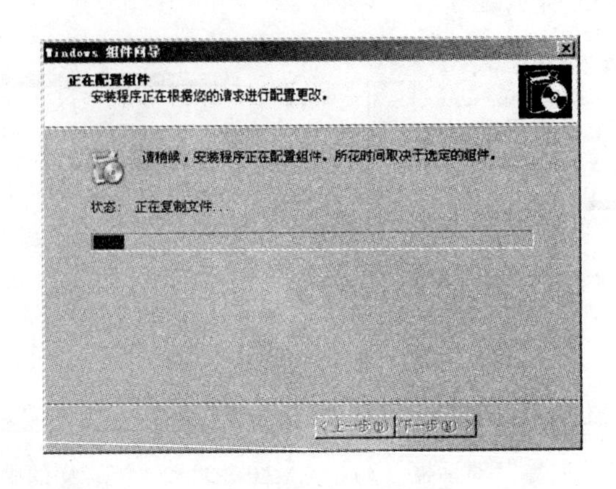

图 7-37　“配置您的服务器向导”对话框（9）

7）等待几分钟后，系统完成了 IIS6 组件的安装工作，会弹出“此服务器现在是一台应用程序服务器”的提示（见图 7-38），单击“完成”按钮完成全部安装工作。

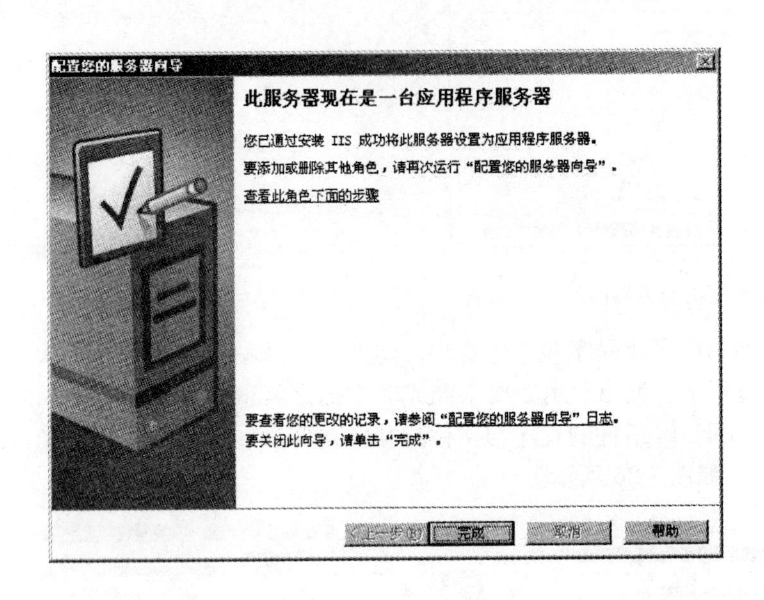

图 7-38　“配置您的服务器向导”对话框（10）

8）安装完成后“应用程序服务器”就会出现在“管理您的服务器”窗口中了，如图 7-39 所示。也可以通过“开始”→“所有程序”→“管理工具”找到“Internet 信息服务（IIS）管理器”程序，如图 7-40 所示。

至此 IIS 服务器安装完毕。

2. 配置 WWW 服务器

1）IIS 服务器安装完成后，系统会自动创建一个默认网站，单击“开始”→“管理工具”→“Internet 信息服务（IIS）管理器”选项，打开“Internet 信息服务（IIS）管理器”窗口，如图 7-41 所示。

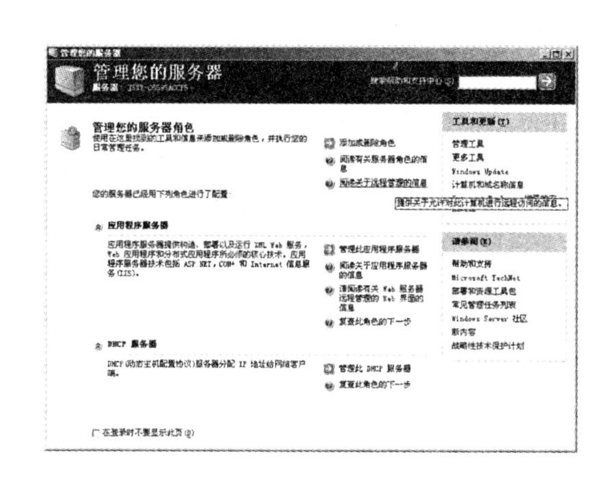

图 7-39　“管理您的服务器”窗口　　图 7-40　“管理工具”菜单

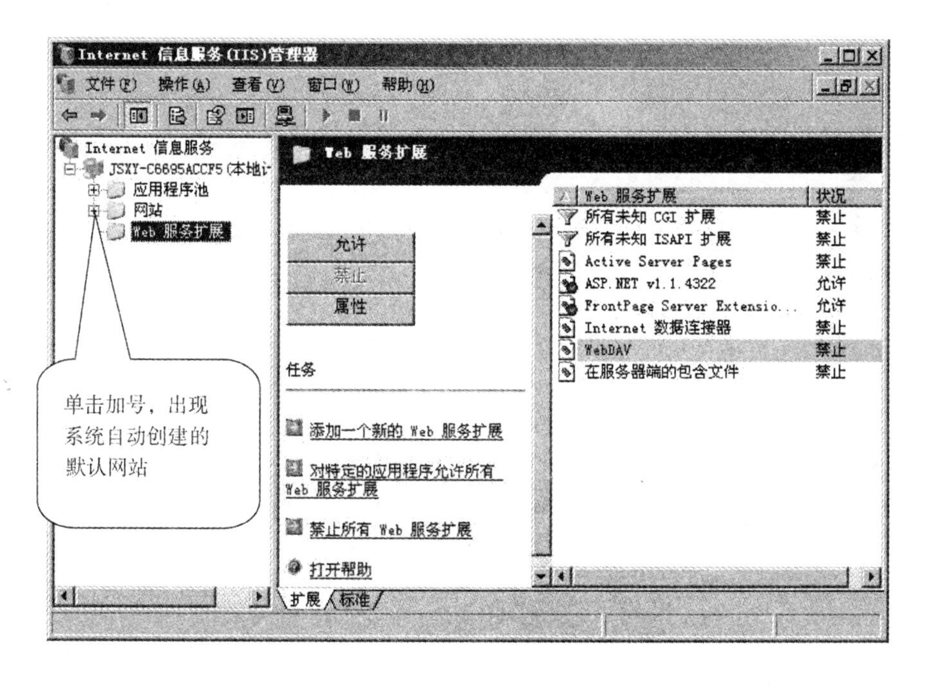

图 7-41　“Internet 信息服务（IIS）管理器”窗口

2）右击窗口中的“默认网站”选项，在弹出的快捷菜单中单击“属性”命令，在打开的对话框中可以配置站点基本信息，如图 7-42 所示。

3）打开“主目录”选项卡，配置主目录，如图 7-43 所示。

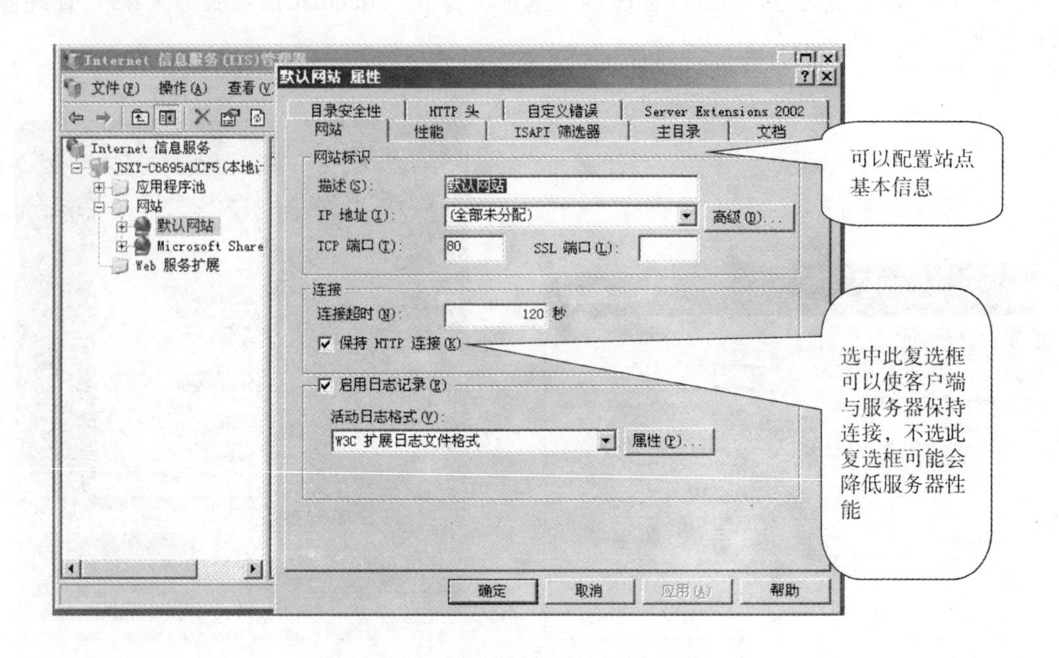

图 7-42　“默认网站　属性”对话框

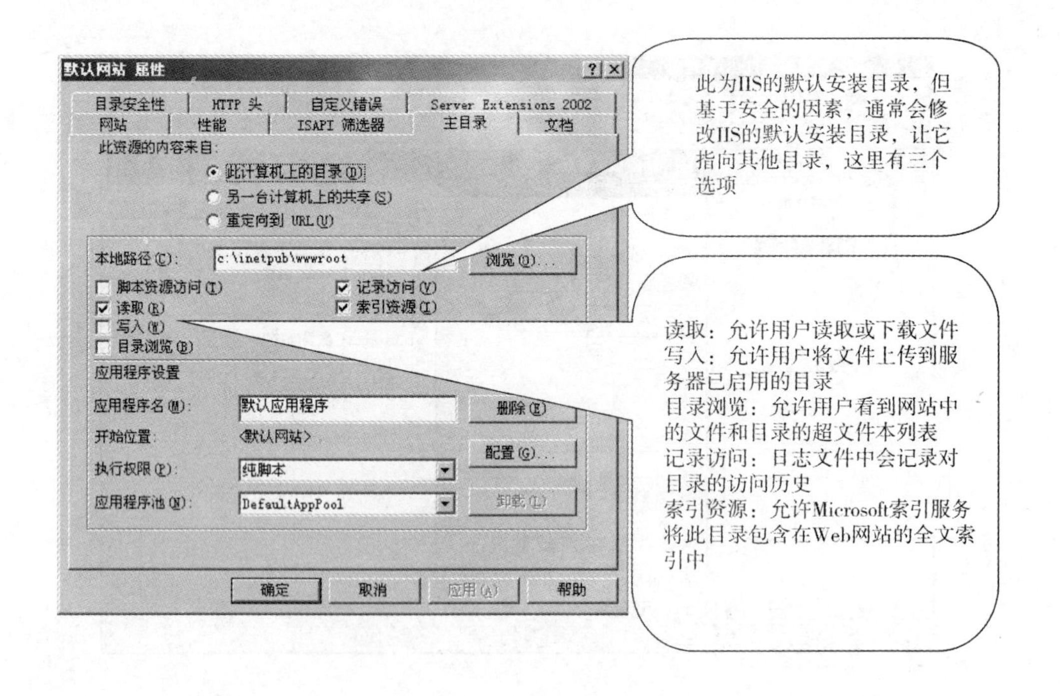

图 7-43　配置主目录

4）打开“文档”选项卡，配置默认首页属性，如图 7-44 所示。

5）打开“HTTP 头”选项卡，配置 HTTP 头属性，如图 7-45 和图 7-46 所示。

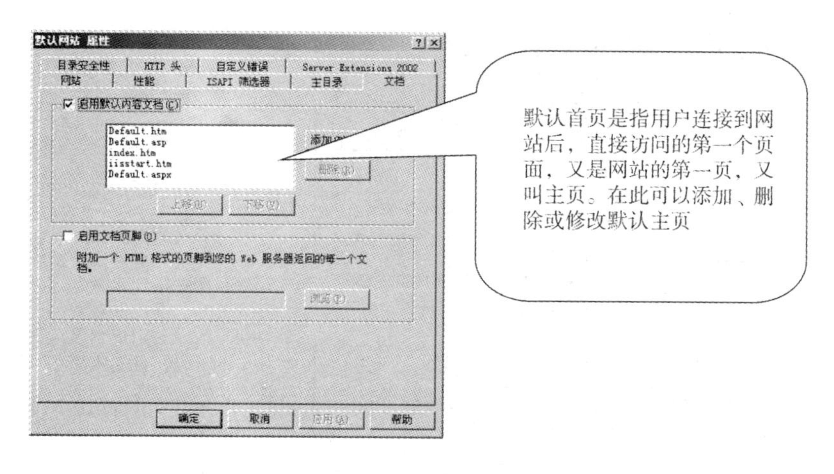

默认首页是指用户连接到网站后，直接访问的第一个页面，又是网站的第一页，又叫主页。在此可以添加、删除或修改默认主页

图 7-44　配置默认首页属性

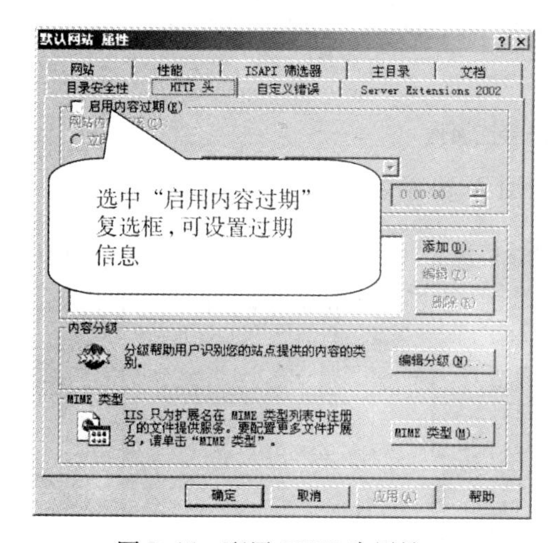

图 7-45　配置 HTTP 头属性

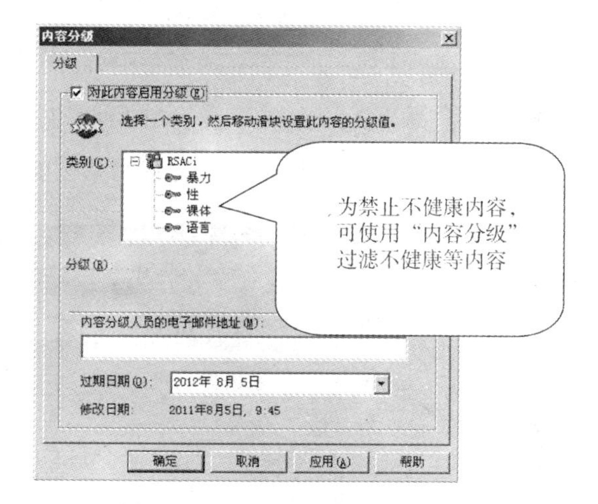

为禁止不健康内容，可使用“内容分级”过滤不健康等内容

图 7-46　配置 HTTP 头分级属性

6）打开“目录安全性”选项卡，配置 WWW 目录安全性，如图 7-47 和图 7-48 所示。

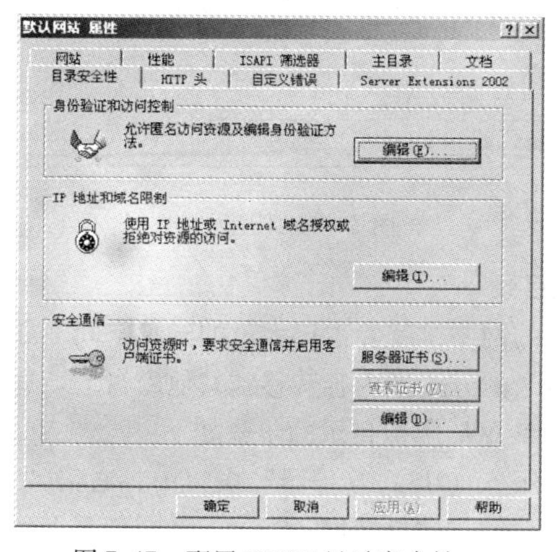

图 7-47　配置 WWW 目录安全性

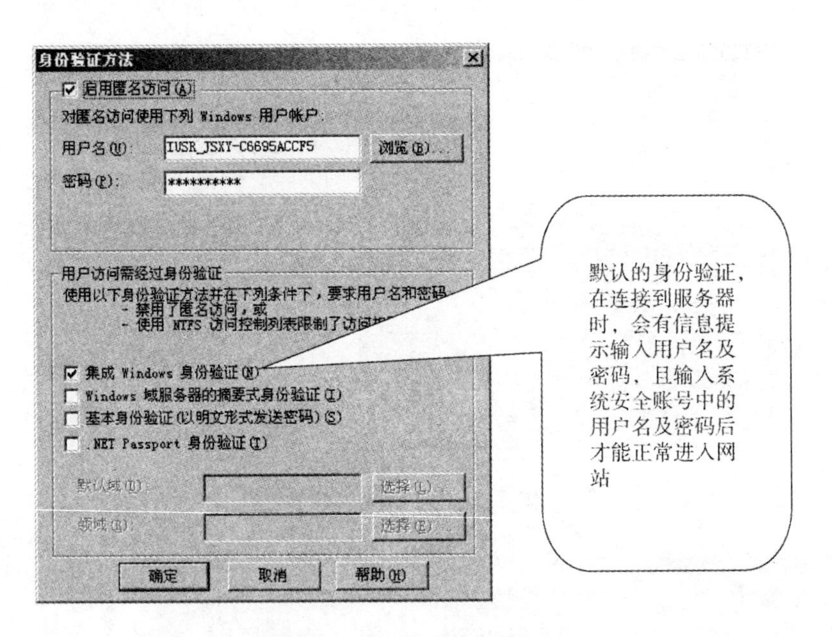

图 7-48　配置身份验证属性

7）打开“性能”选项卡，配置网站性能，如图 7-49 所示。

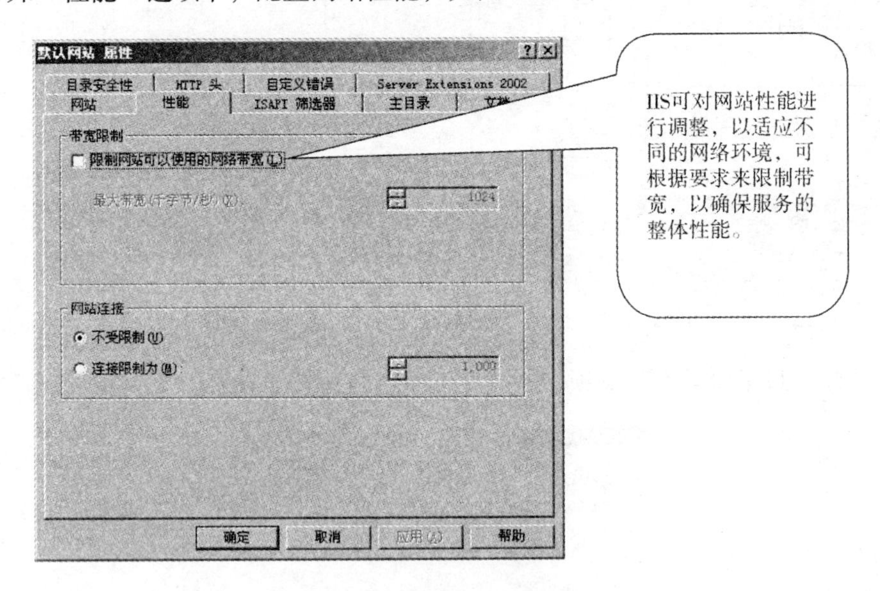

图 7-49　配置网站性能

3. 配置 WWW 虚拟目录

如果要制作内容丰富的网站，就要占用大量的磁盘空间。如果网站占用的空间超过磁盘限制，就可以通过虚拟目录的方式把内容转移到其他磁盘上。这样用户可以访问到除默认目录以外的其他目录。配置 WWW 虚拟目录的步骤如下：

1）在“Internet 信息服务（IIS）管理器”窗口中，右击“默认网站”选项，在弹出的快捷菜单中单击“新建”→“虚拟目录”命令（见图 7-50），弹出“虚拟目录创建向导”对话框，如图 7-51 所示。

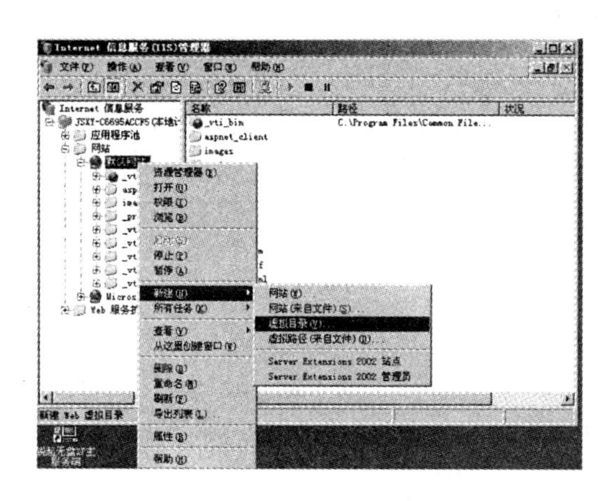

图 7-50　“Internet 信息服务（IIS）管理器”窗口

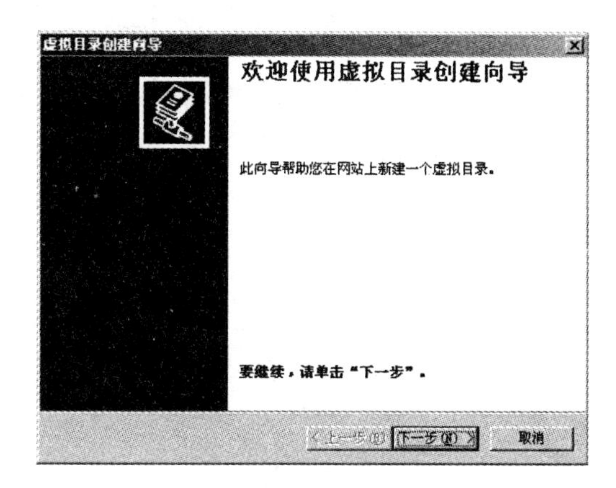

图 7-51　“虚拟目录创建向导”对话框

2）单击“下一步”按钮，出现图 7-52 所示对话框，输入“jsxy”。

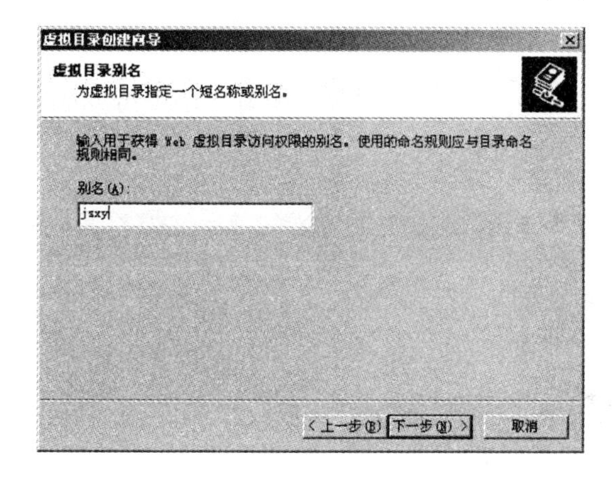

图 7-52　输入别名

3）单击“下一步”按钮，出现图 7-53 所示对话框。

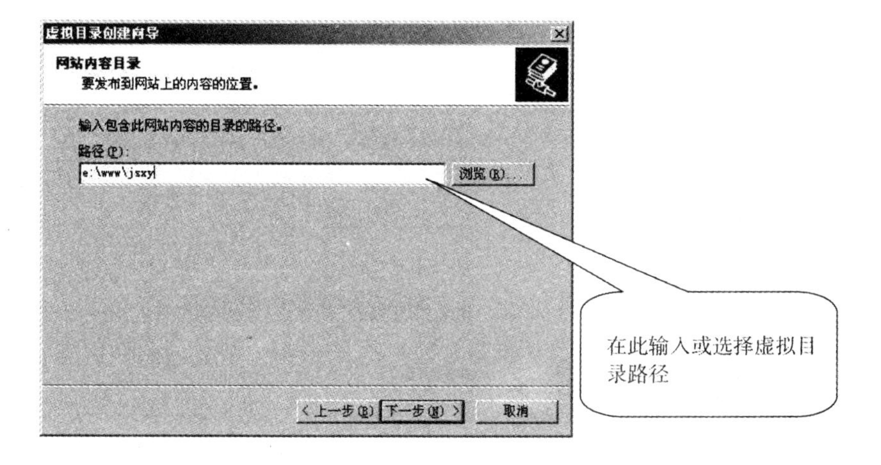

图 7-53　输入或选择虚拟目录路径

4）单击“下一步”按钮，出现图7-54所示对话框。

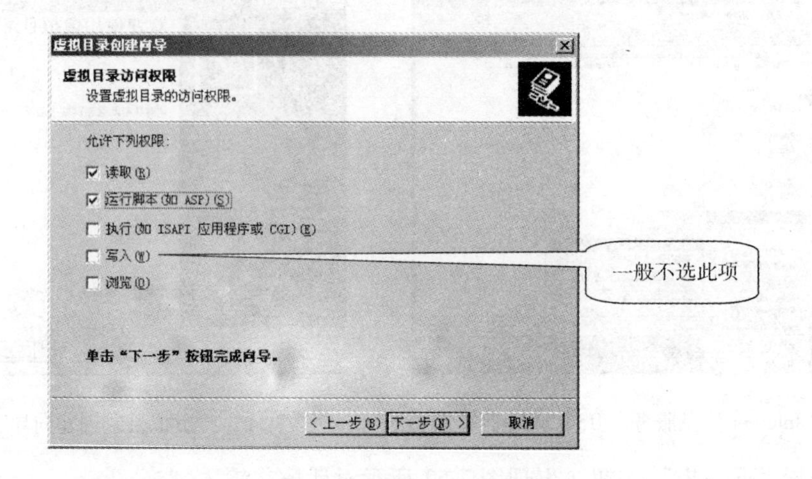

图7-54　设置虚拟目录访问权限

5）单击“下一步”按钮，打开图7-55所示窗口，单击“确定”按钮完成虚拟目录的创建。

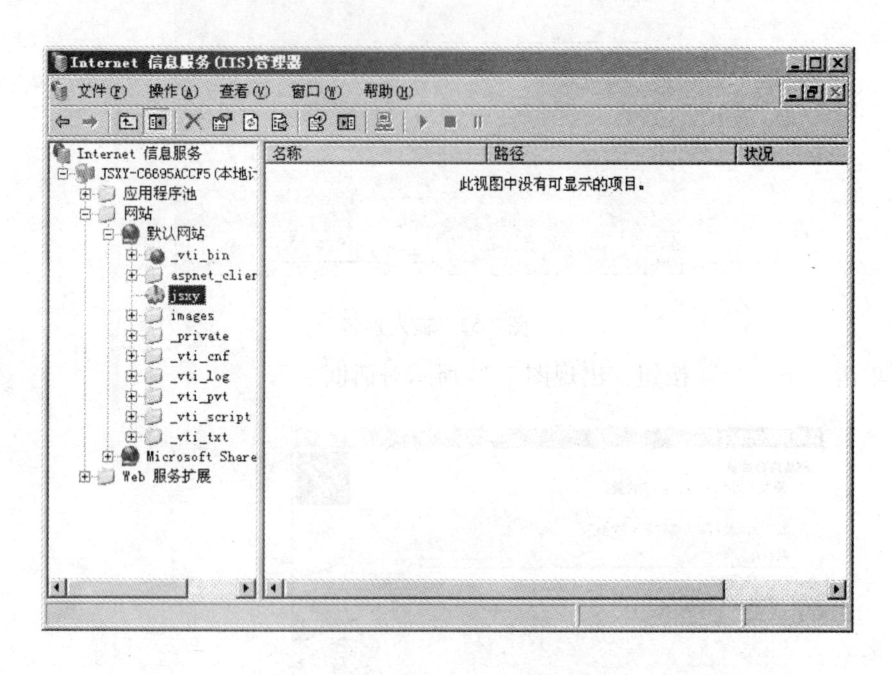

图7-55　完成虚拟目录的创建

6）虚拟目录创建成功后，可在“Internet信息服务（IIS）管理器”窗口中设置刚创建的虚拟目录的属性，设置方法与默认目录相同，如图7-56所示。

至此，完成WWW服务器的设置与配置。

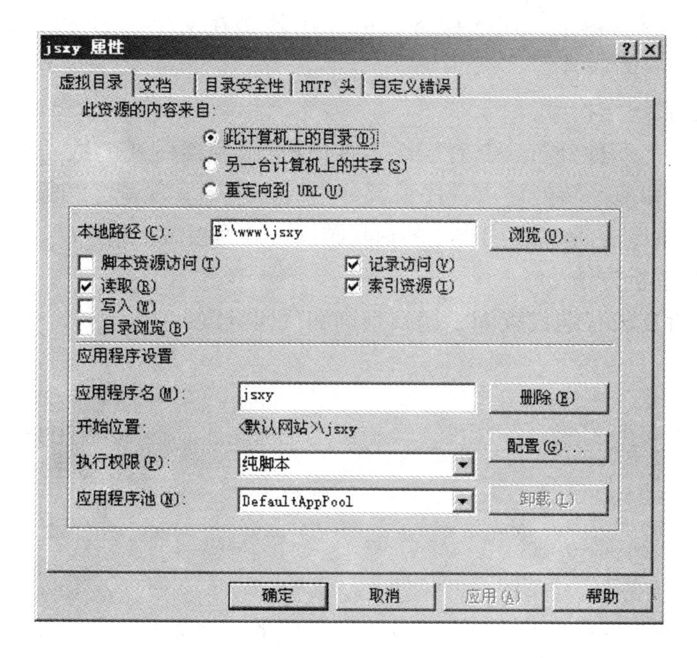

图 7-56　设置新创建的虚拟目录的属性

任务三　在 Windows Server 2003 下架设 DNS 服务器

知识目标：

掌握在 Windows Server 2003 下架设 DNS 服务器的方法。

技能目标：

能够根据实际要求，安装 DNS 服务器并对其进行相关设置。

DNS（Domain Name System 或者 Domain Name Service）是指域名系统或者域名服务。域名系统给 Internet 上的主机分配域名地址和 IP 地址，当用户使用域名地址时，该系统就会自动把域名地址转为 IP 地址。域名服务是运行域名系统的 Internet 工具。执行域名服务的服务器称为 DNS 服务器，通过 DNS 服务器可以进行域名服务的查询。

任务分析

本任务是基于 Windows Server 2003 构建 DNS 服务器。

相关知识

1. 什么是 DNS 服务器

为计算机设定过 Internet 连线的用户一定接触过 DNS 服务器。那么，DNS 服务器又是什么呢？简单地说，DNS 是用来帮助用户记忆网络地址的。DNS 的全称是 Domain Name System，当用户连上一个网页地址时，就开始享受 DNS 提供的服务了。如果用户知道这个网页的 IP 地址，那么直接输入 IP 地址同样可以打开这个网页。其实计算机使用的只是 IP 地址而已，是让人们容易记忆而设的。因为人类对一些比较有意义的文字的记忆比对那些毫无头绪的号码的记忆往往容易得多。DNS 服务器的作用就是在文字和 IP 地址之间担当“翻译”，免除了用户强记号码的痛苦。

2. DNS 域名系统结构

DNS 域名系统是一种分布式、有层次、客户机/服务器模式的数据库管理系统，由域名空间，域名服务器和地址转换请求程序三部分组成，用来实现域名和 IP 地址之间的转换。

DNS 的域名空间结构是一种层次化的树状结构，分为根域、顶级域、各级子域和主机名。

3. DNS 域名解析方法

DNS 域名解析方法有迭代查询、递归查询和反向查询。

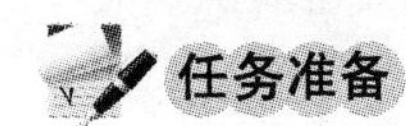

任务准备

实施本任务所使用的实训设备为：一台安装有 Windows Server 2003 操作系统的 IBM 服务器。

任务实施

1. 安装 DNS 服务器

1）单击“开始”→“管理工具”→“配置您的服务器向导”选项，打开图 7-57 所示对话框，单击“下一步”按钮，在打开的图 7-58 所示对话框中选择“DNS 服务器”选项，然后单击“下一步”按钮，开始安装 DNS 服务器，如图 7-59 所示。

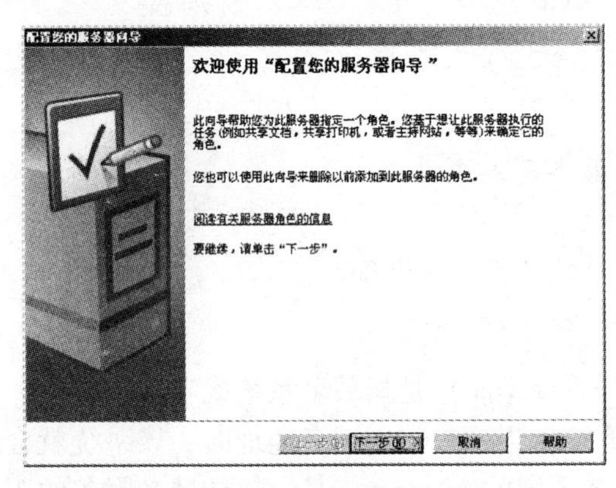

图 7-57 “配置服务器向导”对话框

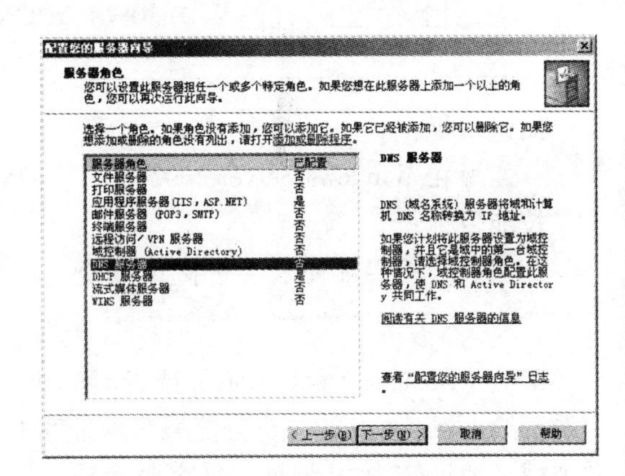

图 7-58 选择“DNS 服务器”

2）放入 Windows Server 2003 安装光盘后，系统会自动搜索所需要的文件并进行安装，如图 7-60 和图 7-61 所示。

3）依次单击“下一步”按钮，进行安装，直到安装完成，如图 7-62 ~ 图 7-69 所示。

2. 配置 DNS 服务器

创建好 DNS 服务器后，可以通过修改其属性来对其进行配置。

1）在“管理工具”菜单中单击“管理您的服务器”选项，打开“管理您的服务器”窗口

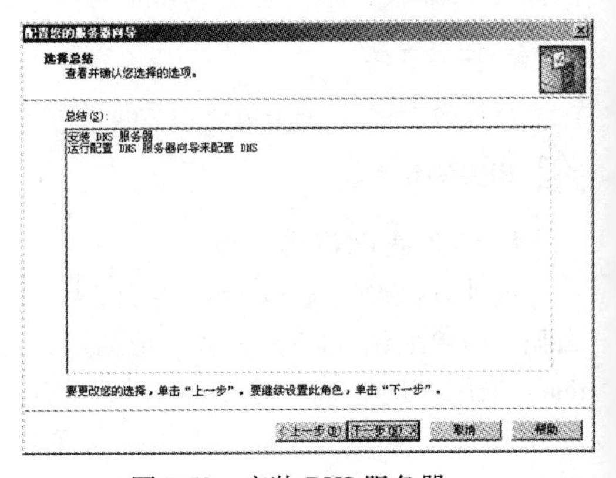

图 7-59 安装 DNS 服务器

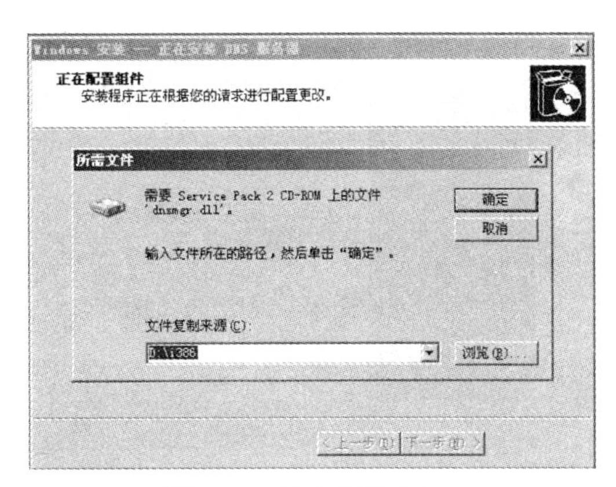

图 7-60　放入安装光盘

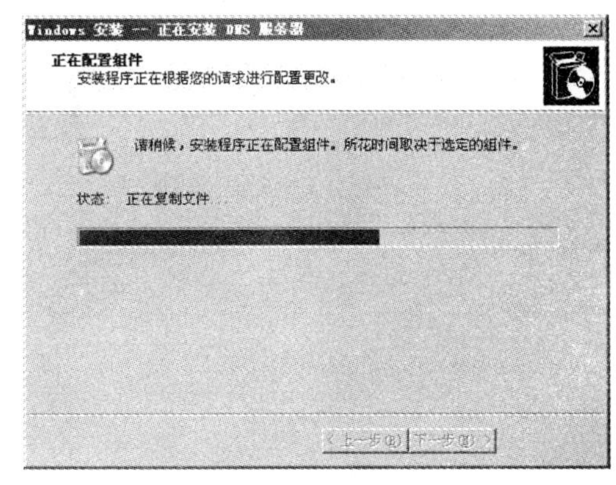

图 7-61　开始复制文件

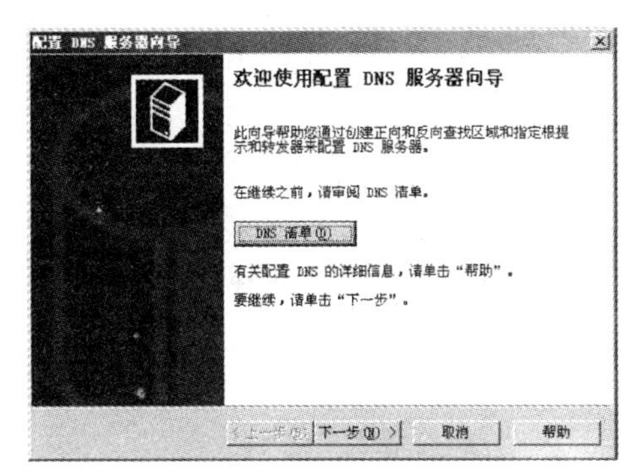

图 7-62　欢迎对话框

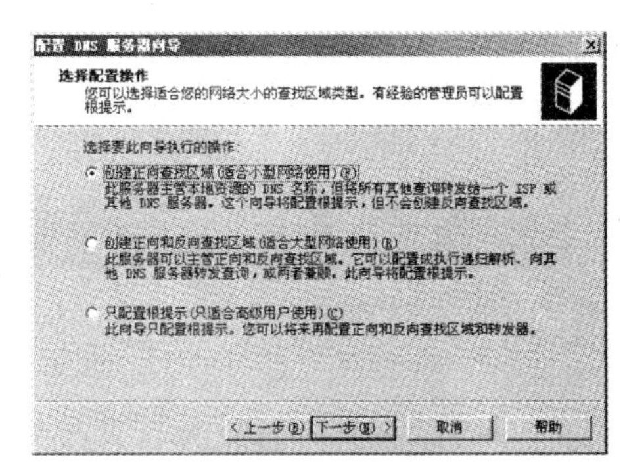

图 7-63　选择配置操作

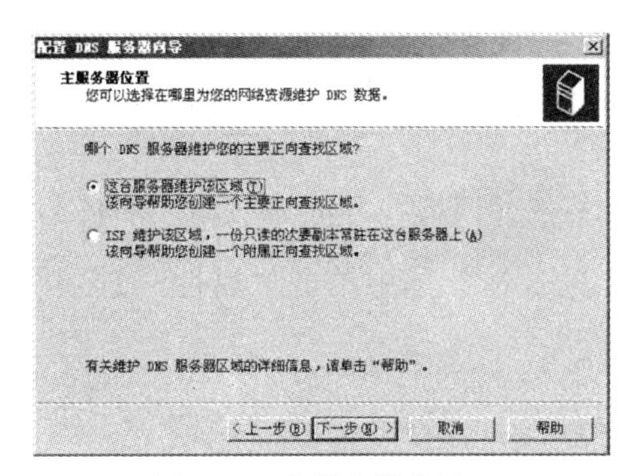

图 7-64　主服务器位置

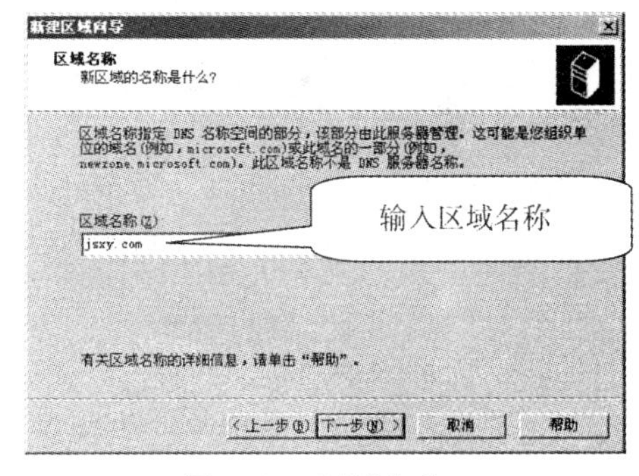

图 7-65　区域名称

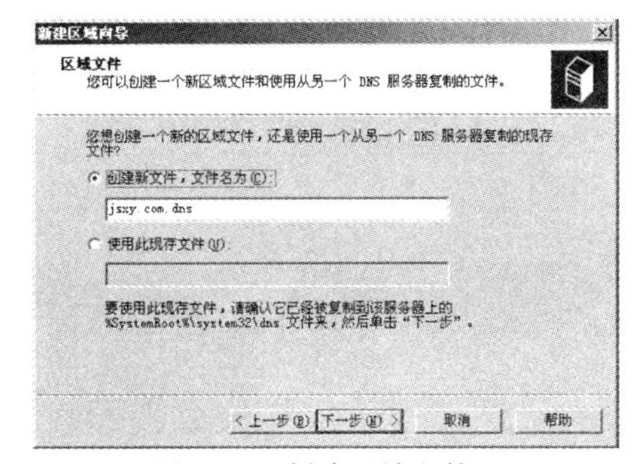

图 7-66　创建区域文件

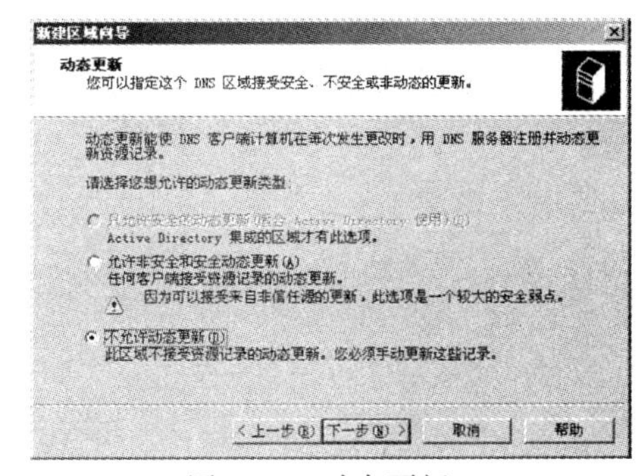

图 7-67　动态更新

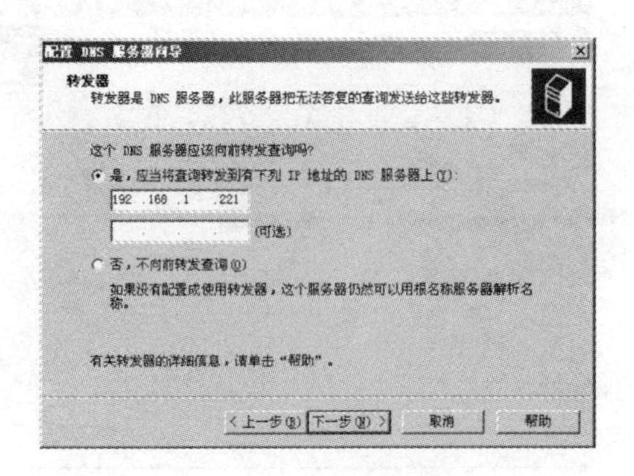

图 7-68　转发器

图 7-69　安装完成

（见图 7-70），从中单击“管理此 DNS 服务器”选项，打开“DNS 服务器”窗口，如图 7-71 所示。

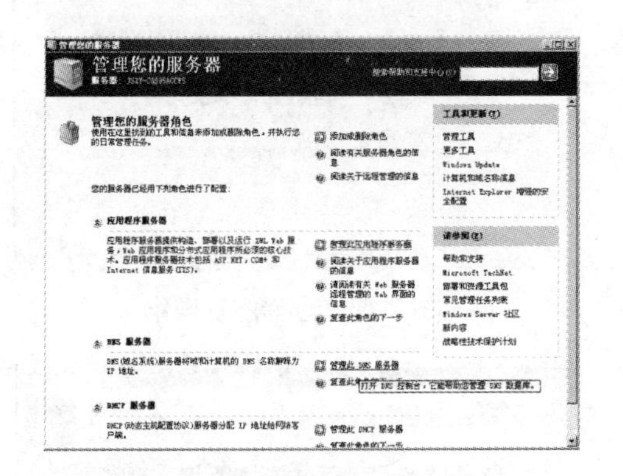

图 7-70　“管理您的服务器”窗口

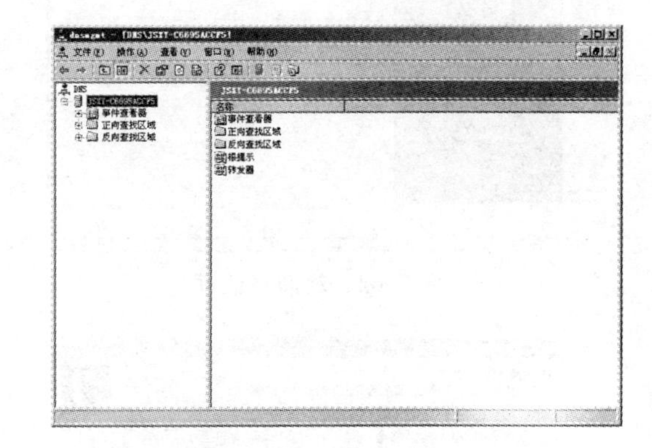

图 7-71　“DNS 服务器”窗口

2）右击“JSXY-C6695ACCF5”选项，在弹出的快捷菜单中单击“属性”选项（见图 7-72），打开图 7-73 所示对话框。

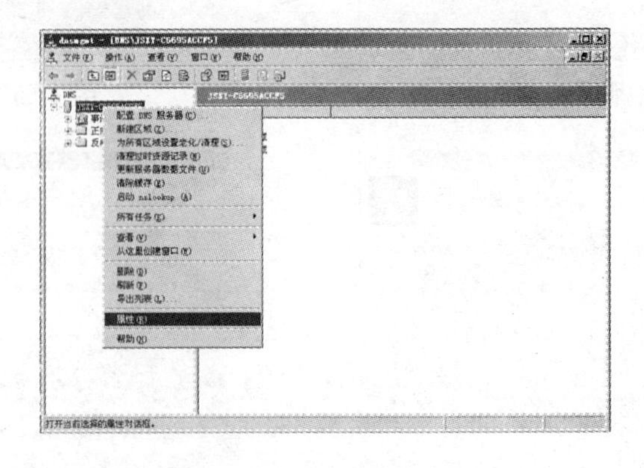

图 7-72　DNS 服务器窗口

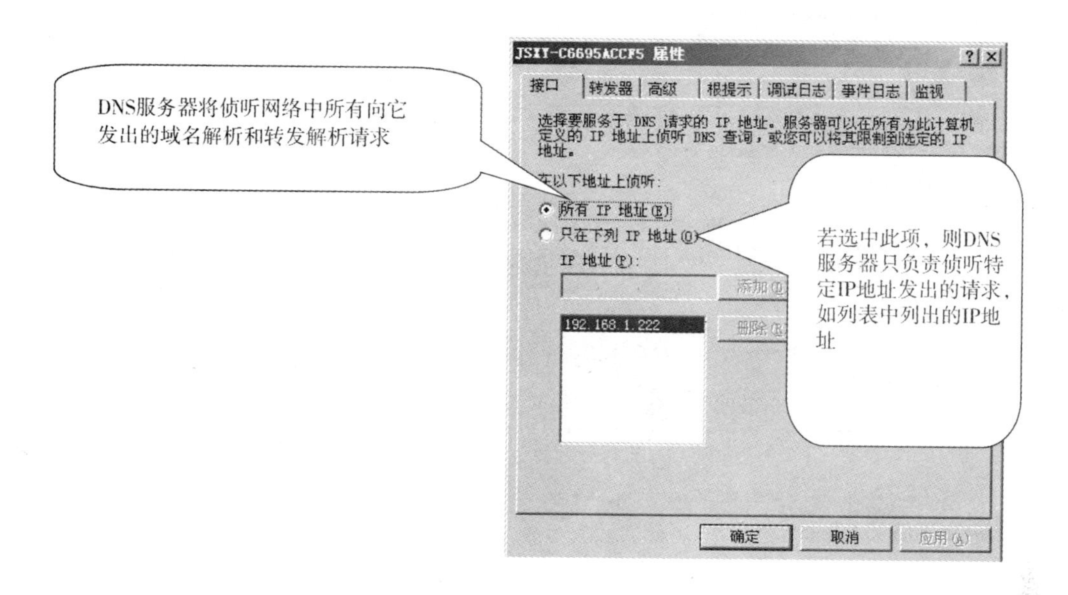

图 7-73　“JSXY-C6695ACCF5 属性”对话框

3）打开“转发器”选项卡，配置转发器，如图 7-74 所示。

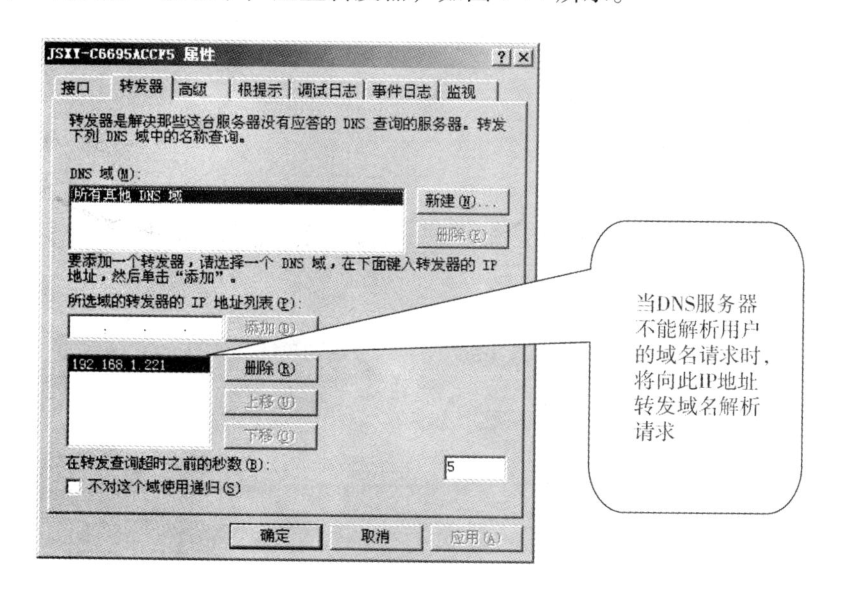

图 7-74　“转发器”选项卡

4）打开“高级”选项卡，配置高级属性，如图 7-75 所示。

5）打开“根提示”选项卡，配置 DNS 服务器的根提示，如图 7-76 所示。

6）分别打开“调试日志”选项卡和“事件日志”选项卡，进行相应设置，如图 7-77 和图 7-78 所示。

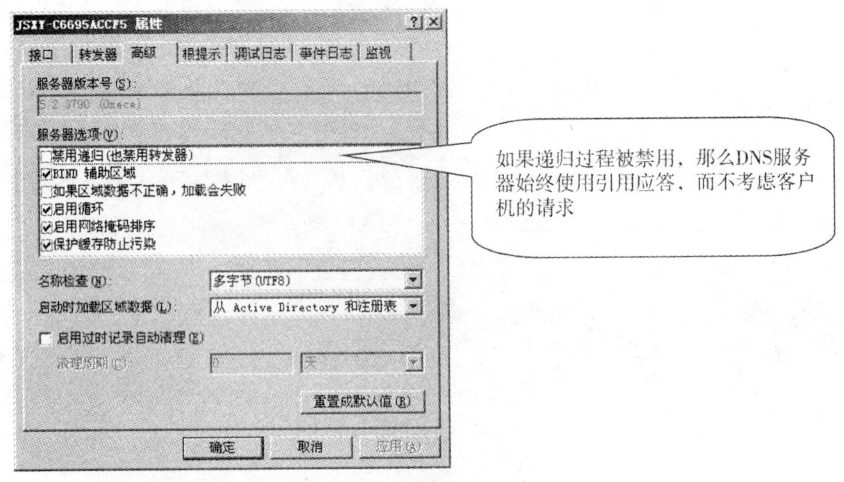

图 7-75　“高级”选项卡

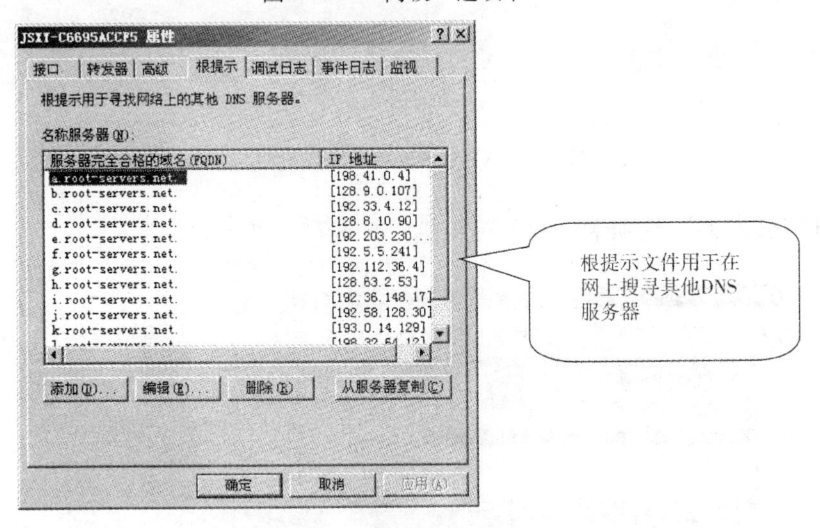

图 7-76　“根提示”选项卡

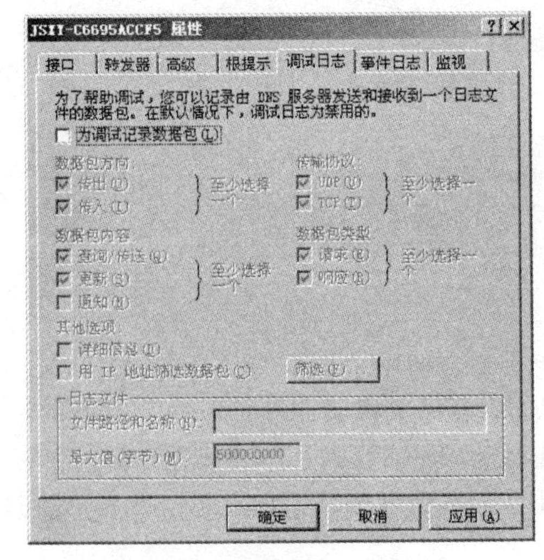

图 7-77　“调试日志”选项卡

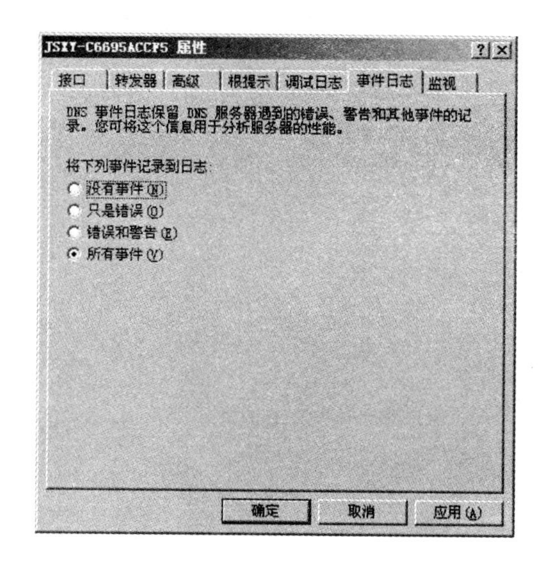

图 7-78　“事件日志”选项卡

7）打开“监视”选项卡，进行相应设置，如图 7-79 所示。

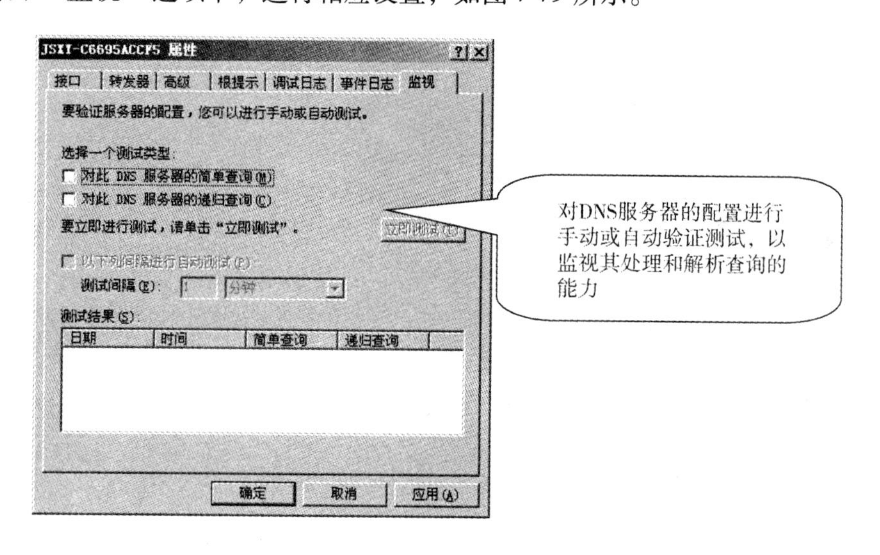

图 7-79　“监视”选项卡

3. DNS 服务器的管理

打开“DNS 服务器”窗口（见图 7-80），右击“JSXY-C6695ACCF5”选项，在弹出的快捷菜单中单击“为所有区域设置老化/清理”选项，打开图 7-81 所示对话框，然后为所有区域设置老化/清理属性。

4. 设置客户机

DNS 客户机的设置比较简单，只需在“Internet 协议（TCP/IP）属性”对话框中将 DNS 服务器的 IP 地址添加上即可，如图 7-82 所示。

至此，DNS 服务器架设完成。

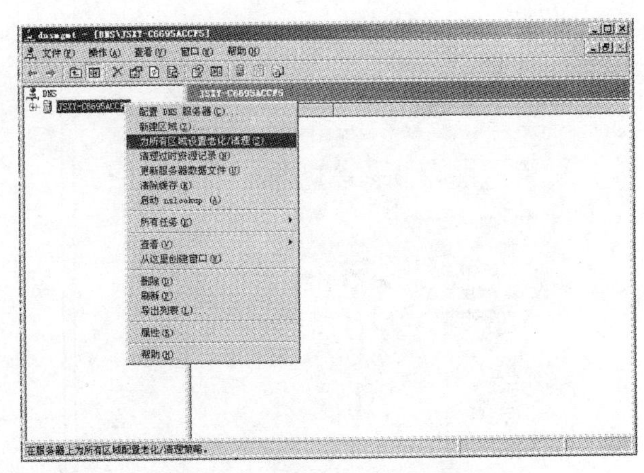

图 7-80　“DNS 服务器”窗口

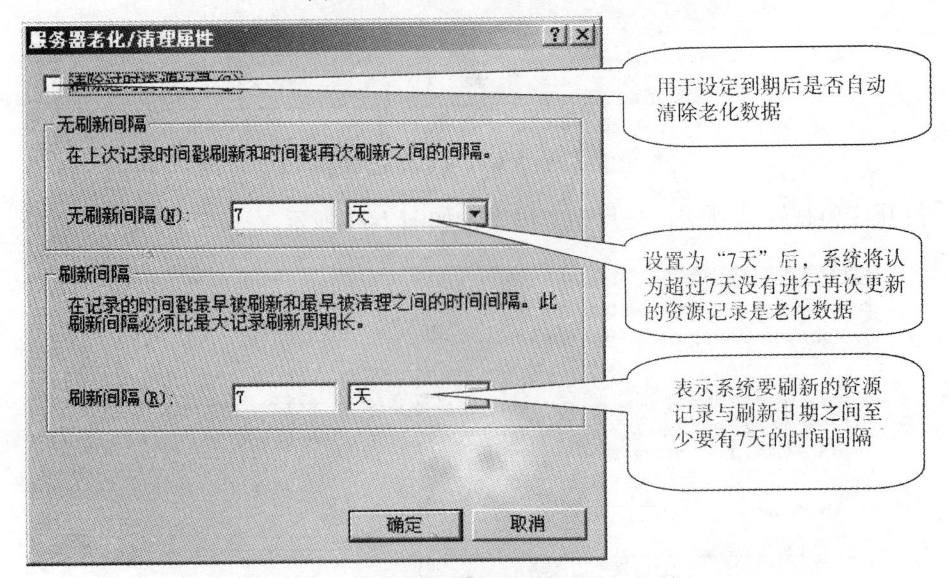

图 7-81　“服务器老化/清理属性”对话框

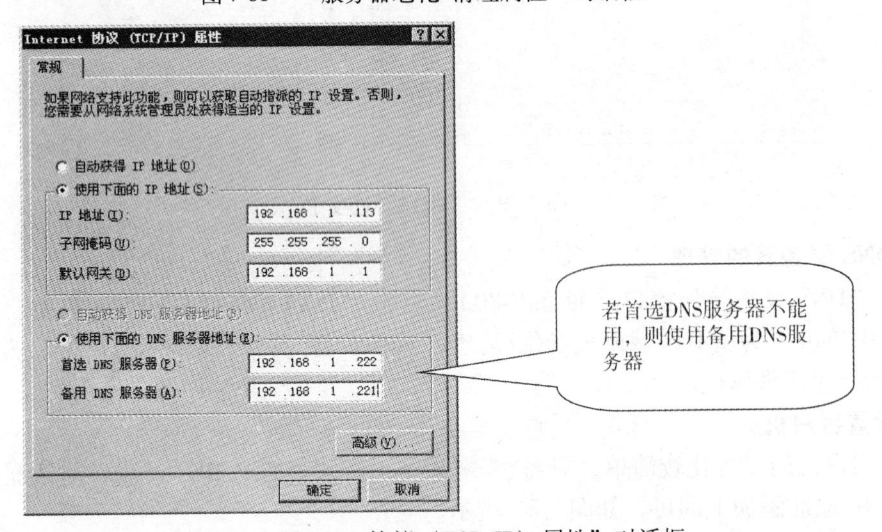

图 7-82　“Internet 协议（TCP/IP）属性”对话框

任务四　在 IIS 下架设 FTP 服务器

知识目标：

掌握基于 IIS 架设 FTP 服务器的方法。

技能目标：

能够安装 FTP 服务器，并对 FTP 服务器进行简单的设置。

文件传输服务是最常用的网络服务之一。FTP 服务器则是在 Internet 上提供存储空间的计算机，依照 FTP 协议提供服务。FTP 的全称是 File Transfer Protocol（文件传输协议），顾名思义，就是专门用来传输文件的协议。简单地说，支持 FTP 协议的服务器就是 FTP 服务器。

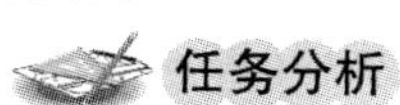

任务分析

本任务是基于 IIS 架设 FTP 服务器。

任务准备

实施本任务所使用的实训设备为：一台安装有 Windows Server 2003 操作系统的 IBM 服务器。

相关知识

1. FTP 协议

FTP 是 TCP/IP 协议组中的协议之一，是英文 File Transfer Protocol 的缩写。该协议是 Internet 文件传送的基础，由一系列规格说明文档组成。其目标是提高文件的共享性，提供非直接使用远程计算机服务，使存储介质对用户透明和可靠、高效地传送数据。简单地说，FTP 协议就是完成两台计算机之间的复制，从远程计算机复制文件至自己的计算机上，称为“下载（Download）”文件，若将文件从自己的计算机中复制至远程计算机上，则称为“上载（Upload）”文件。在 TCP/IP 协议中，FTP 标准命令 TCP 端口号为 21，Port 方式数据端口为 20。

2. FTP 服务器的访问方式

FTP 服务器的访问方式有两种，一种是匿名登录访问，另一种是使用授权账号与密码登录访问。

当使用 FTP 服务器时，必须先登录，在远程主机上获得相应的权限以后，方可上传或下载文件。也就是说，要想与某台计算机传送文件，就必须获得这台计算机的适当授权，换言之，除非有账号和密码，否则便无法传送文件。这种情况违背了 Internet 的开放性。Internet 上的 FTP 服务器成千上万，不可能要求每个用户在每一台主机上都拥有账号。匿名 FTP 服务器就是为了解决这个问题而产生的。匿名 FTP 服务器采用的是这样一种机制：用户可通过它连接到远程主机上，并下载文件，而无需成为其注册用户。系统管理员建立了一个特殊的用户 ID，名为 anonymous，Internet 上的任何人在任何地方都可使用该用户 ID。通过 FTP 程序连接匿名 FTP 服务器的方式同连接普通 FTP 服务器的方式差不多，只是在要求提供用户标志 ID 时必须输入 anonymous。该用户 ID 的密码可以是任意的字符串，习惯上用自己的 E-mail 地址作为密码，使系统维护程序能够记录下来谁在存取这些文件。值得注意的是，匿名 FTP 服务器不适用于所有 Internet 主机，而只适用于那些提供了这项服务的主机。

3. 常用的 FTP 服务器软件

同大多数 Internet 服务系统一样，FTP 也是一个客户/服务器系统。用户可通过一个客户机程序连接至在远程计算机上运行的服务器程序。依照 FTP 协议提供服务，进行文件传送的计算机就是 FTP 服务器。连接 FTP 服务器，遵循 FTP 协议与服务器传送文件的计算机就是 FTP 客户端。用户要连上 FTP 服务器，就要用到 FTP 的客户端软件。通常 Windows 自带“ftp”命令，这是一个命令行的 FTP 客户程序。另外，常用的 FTP 客户程序还有 CuteFTP、Ws _ FTP、FlashFXP、LeapFTP、流星雨-猫眼等。

任务实施

1. 安装 FTP 服务器

基于 IIS 的 FTP 服务器适用于小型网络，并且网络中同时在线的用户不超过 10 个，且不会同时进行大流量的数据传输。在默认情况下，FTP 服务器是不会自动安装的，需要手动安装和设置。

1）在“控制面板”窗口中双击“添加或删除程序”图标，在弹出的窗口中单击“添加/删除 Windows 组件”选项，打开图 7-83 所示对话框，选中“Internet Explorer 增强的安全配置”选项，单击“下一步”按钮。

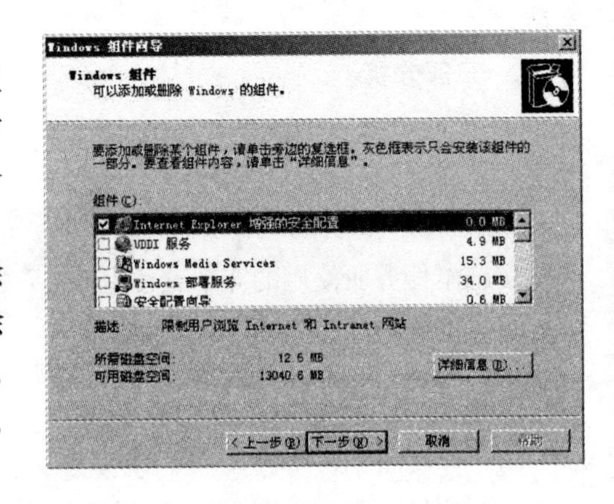

图 7-83　添加/删除 Windows 组件

2）在弹出的对话框中选中“应用程序服务器”选项，如图 7-84 所示。

3）单击图 7-84 所示对话框中的“详细信息”按钮，然后选中“Internet 信息服务（IIS）”选项，再次单击“详细信息”按钮，弹出图 7-85 所示的对话框。

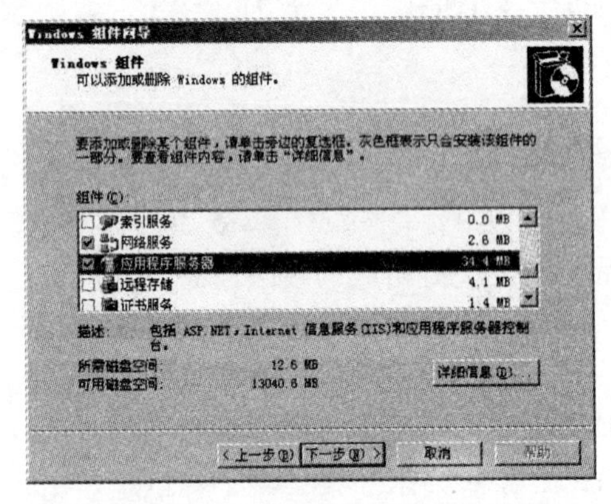

图 7-84　选中“应用程序服务器”选项

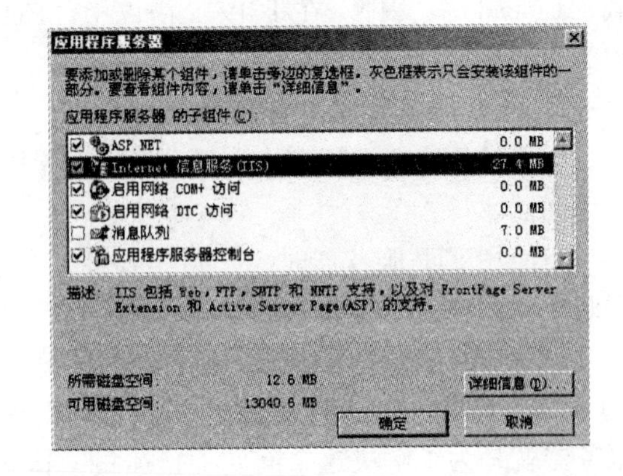

图 7-85　选中“Internet 信息服务（IIS）”选项

4）选中“文件传输协议（FTP）服务”选项（见图 7-86），单击“确定”按钮两次，再单击“下一步”按钮，弹出图 7-87 所示对话框。

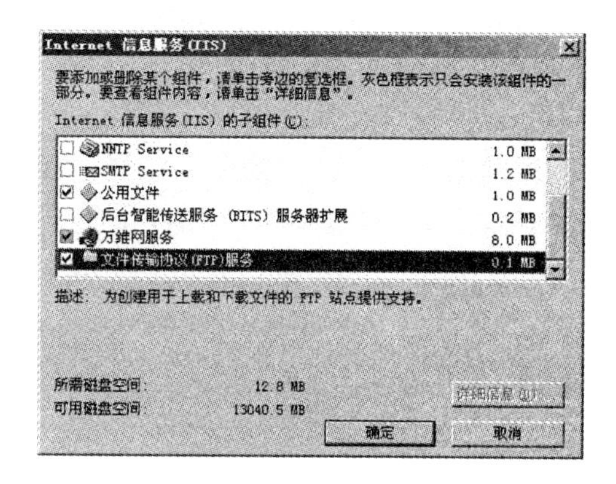

图 7-86　选中"文件传输协议（FTP）服务"选项

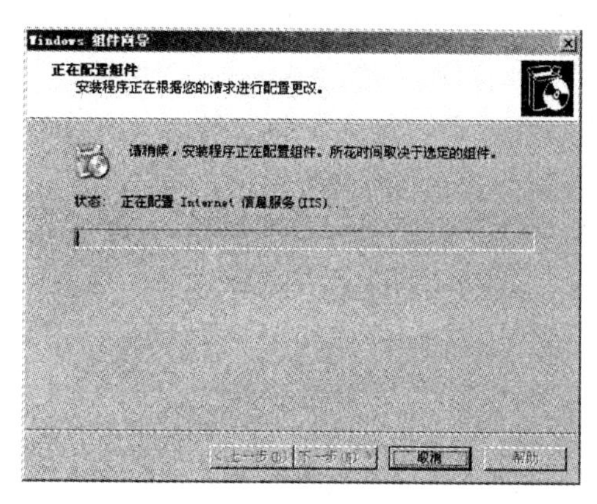

图 7-87　正在配置 Internet 信息服务（IIS）

5）配置完成后，出现图 7-88 所示提示对话框，此时应放入光盘，选择正确的"文件复制来源"路径，然后单击"确定"按钮。至此，完成 FIP 服务器的安装。

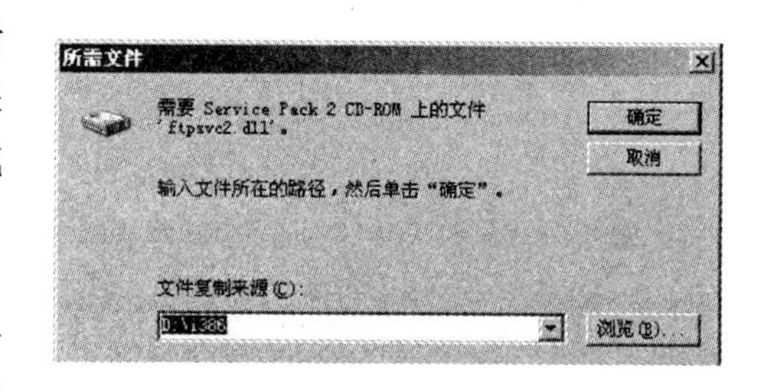

图 7-88　"所需文件"对话框

2. 配置 FTP 服务器

FIP 服务器安装成功后，系统会自动创建一个默认的 FTP 站点。在 Windows Server 2003 系统中安装 FTP 服务器组件以后，用户只需进行简单的设置即可配置一台常规的 FTP 服务器。

1）单击"开始"→"管理工具"→"Internet 信息服务（IIS）管理器"选项，打开"Internet 信息服务（IIS）管理器"窗口，在左窗格中展开"FTP 站点"目录，右击"默认 FTP 站点"选项，从弹出的快捷菜单中选择"属性"命令，如图 7-89 所示。

2）打开"默认 FTP 站点属性"对话框，在"FTP 站点"选项卡（见图 7-90）中可以设置关于 FTP 站点的参数。其中，在"FTP 站点标志"区域中可以更改 FTP 站点名称，监

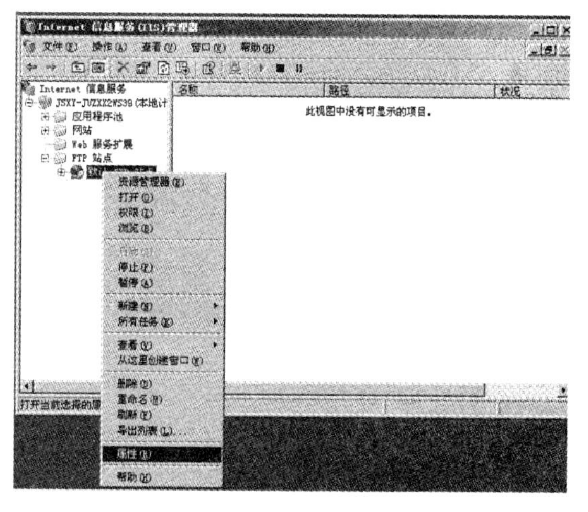

图 7-89　"默认 FTP 站点"选项

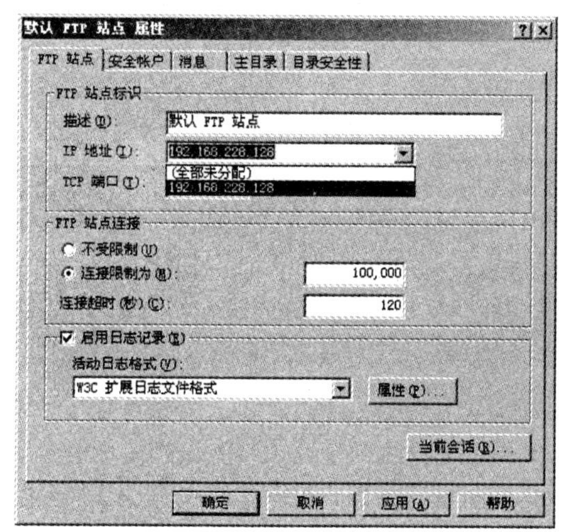

图 7-90　"FTP 站点"选项卡

听 IP 地址以及 TCP 端口号。单击“IP 地址”下拉列表框，从下拉列表中选中该站点要绑定的 IP 地址。在“FTP 站点连接”区域可以限制连接到 FTP 站点的计算机数量，一般在局域网内部设置为“不受限制”较为合适。

3）切换到“安全账户”选项卡，此选项卡用于设置 FTP 服务器允许的登录方式。在默认情况下允许匿名登录，如果取消“允许匿名连接”复选框的选中状态，那么用户在登录 FTP 站点时需要输入合法的用户名和密码。本例选中“允许匿名连接”复选框，如图 7-91 所示。

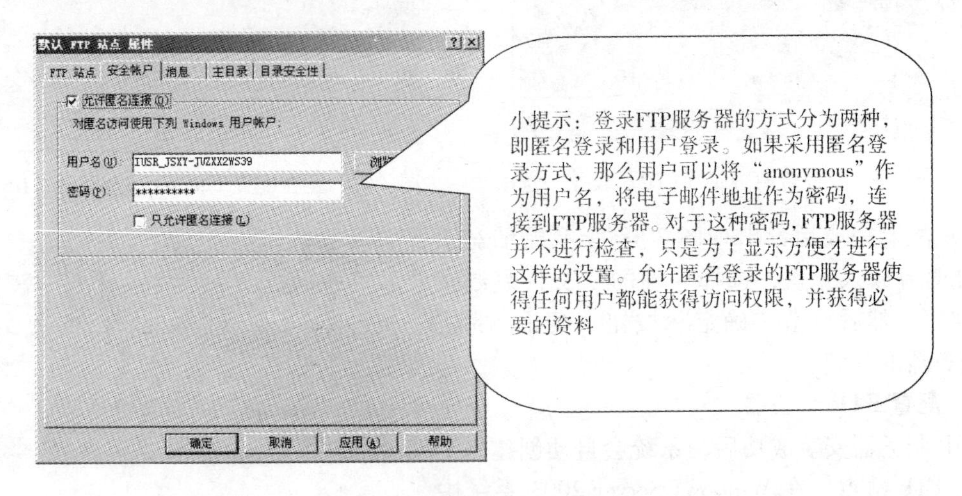

图 7-91 “安全账户”选项卡

4）切换到“消息”选项卡（见图 7-92），在“标题”文本框中输入能够反映 FTP 站点属性的文字（如“黑龙江技师学院 FTP 服务器”），该标题会在用户登录之前显示。接着在“欢迎”文本框中输入一段介绍 FTP 站点详细信息的文字，这些信息会在用户成功登录之后显示。

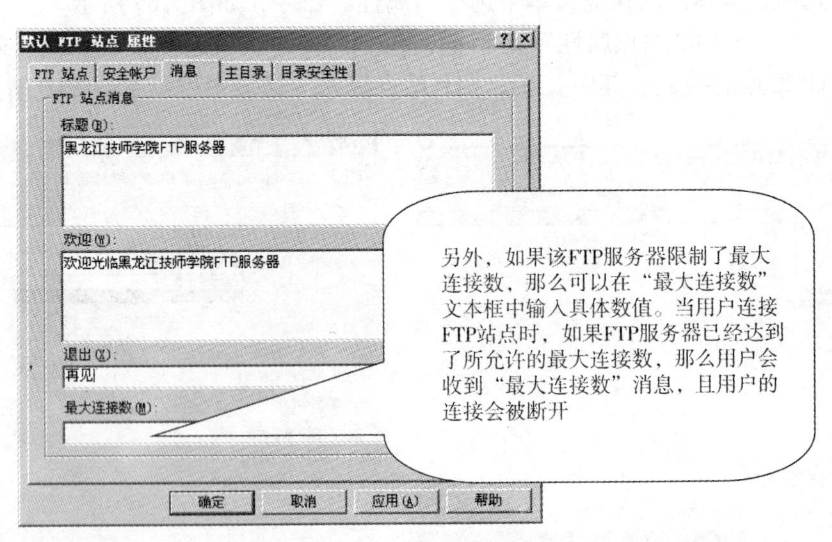

图 7-92 “消息”选项卡

5）切换到“主目录”选项卡，如图 7-93 所示。主目录是 FTP 站点的根目录。用户在连接到 FTP 站点时，只能访问主目录及其子目录的内容，而不能访问主目录以外的内容。

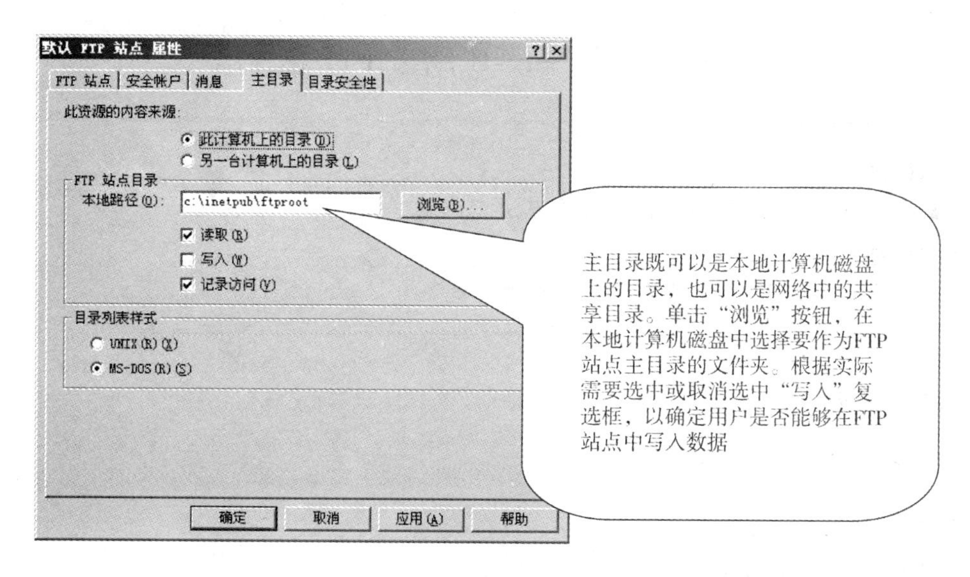

图 7-93　“主目录”选项卡

6）切换到“目录安全性”选项卡，该选项卡主要用于设置授权或拒绝特定的 IP 地址连接到 FTP 站点。例如，若只允许某一段 IP 地址范围内的计算机连接到 FTP 站点，则应该选中“拒绝访问”单选按钮，然后单击“添加”按钮，在打开的“授权访问”对话框中选中“一组计算机”单选按钮，再在“网络标识”文本框中输入特定的网段（如 192.168.7.0），并在“子网掩码”文本框中输入子网掩码（如 255.255.255.0），最后单击“确定”按钮，如图 7-94 所示。

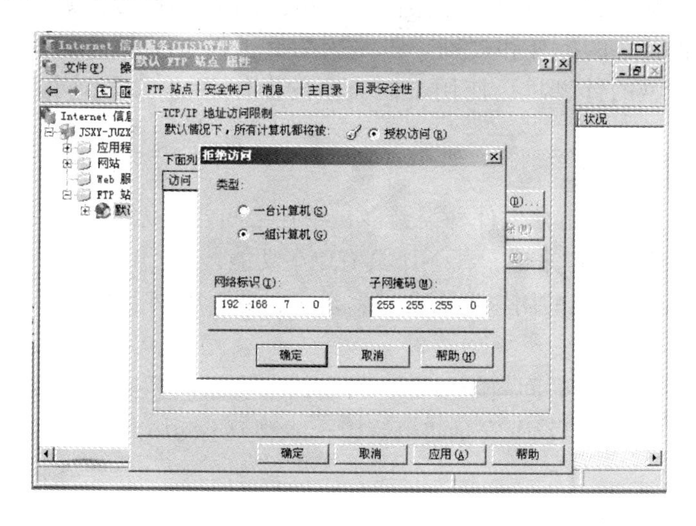

图 7-94　“授权访问”对话框

7）返回“默认 FTP 站点属性”对话框，单击“确定”按钮使设置生效。现在用户已经可以在网络中任意客户机的 Web 浏览器中输入 FTP 站点地址（如 ftp：//192.168.228.128）来访问 FTP 站点了。

小提示：如果 FTP 站点所在的服务器上启用了本地连接的防火墙，那么需要在“本地连接 属性”的“高级”选项卡中添加“例外”选项，否则客户端计算机不能连接到 FTP 站点。

任务五　用 Serv-U 架设 FTP 服务器

知识目标：

掌握用 Serv-U 架设 FTP 服务器的方法。

技能目标：

能够安装 Serv-U 服务器并进行简单的设置。

本任务将用 Serv-U 架设 FTP 服务器。

1. Serv-U 软件简介

Serv-U 是一种被广泛运用的 FTP 服务器端软件，支持 Windows 9x/ NT/2000 等全 Windows 系列操作系统，可以设定多个 FTP 服务器，限定登录用户的权限，登录主目录及空间大小等，功能非常完备。它具有非常完备的安全特性，支持 SSL FTP 传输，支持在多个 Serv-U 和 FTP 客户端之间通过 SSL 加密连接来保护用户的数据安全等。

通过使用 Serv-U，用户能够将任何一台计算机设置成一个 FTP 服务器。这样，用户就能够使用 FTP 协议，通过在同一网络上的任何一台计算机与 FTP 服务器连接，进行文件或目录的复制、移动、创建和删除等操作。这里提到的 FTP 协议是指专门被用来规定计算机之间进行文件传输的标准和规则。正是因为有了像 FTP 这样的专门协议，才使得人们能够通过不同类型的计算机，使用不同类型的操作系统，对不同类型的文件进行相互传递。

2. Serv-U 的主要功能

虽然目前 FTP 服务器端的软件种类繁多，相互之间各有优势，但是 Serv-U 凭借其独特的功能得以崭露头角。具体来说，Serv-U 具有以下功能：

1）符合 Windows 标准的用户界面友好、亲切、易于掌握，支持实时的多用户连接，支持匿名用户访问。

2）可以通过限制同一时间内的用户访问人数来确保计算机正常运转；安全性能出众；在目录和文件层次上都可以设置安全防范措施；能够为不同用户提供不同设置，支持分组管理数量众多的用户。

3）可以基于 IP 地址授予用户访问权限或拒绝其访问。

4）支持文件上传和下载过程中的断点续传。

5）支持拥有多个 IP 地址的多宿主站点。

6）能够设置上传和下载的比率、硬盘空间配额、网络使用带宽等，从而能够保证用户有限的资源不被大量的 FTP 访问用户消耗。

7）可作为系统服务后台运行。

8）可自行设置用户登录或退出时的显示信息，支持具有 UNIX 风格的外部链接。

任务准备

实施本任务所使用的实训设备为：一台安装有 Windows XP 或其他操作系统的服务器，一套 Serv-U 服务器软件。

任务实施

1. 安装 Serv-U

Serv-U 是一款共享软件，可以在其官方网站上下载最新版本。其安装非常简单，按照提示一步步地完成即可，如图 7-95 ~ 图 7-102 所示。

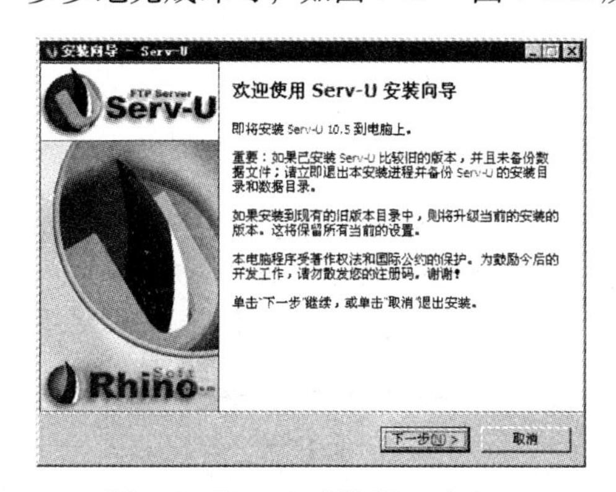

图 7-95　Serv-U 安装窗口（1）

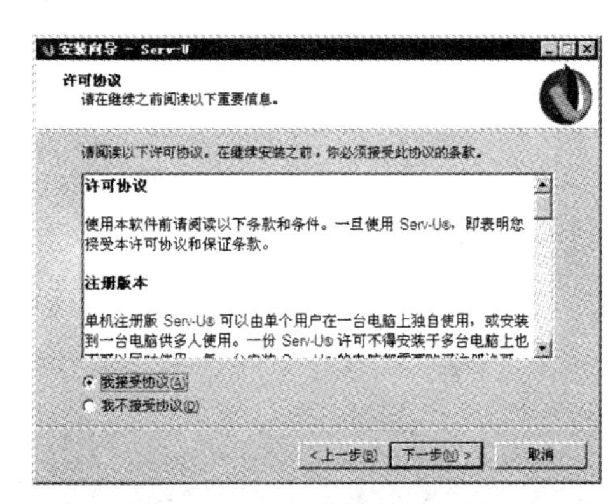

图 7-96　Serv-U 安装窗口（2）

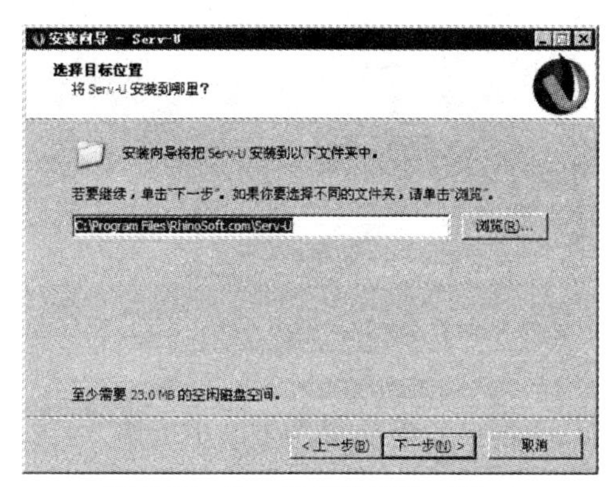

图 7-97　Serv-U 安装窗口（3）

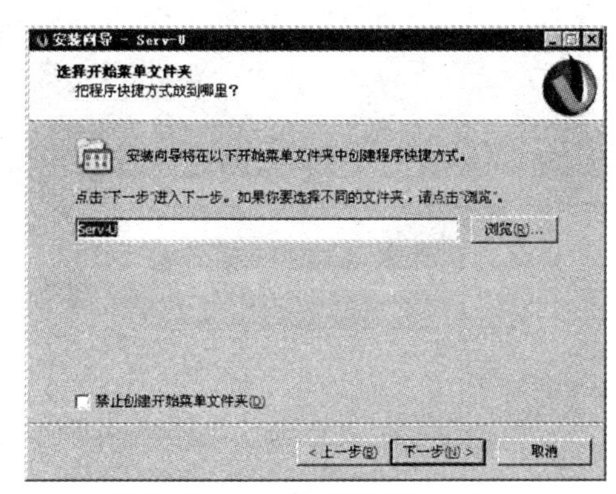

图 7-98　Serv-U 安装窗口（4）

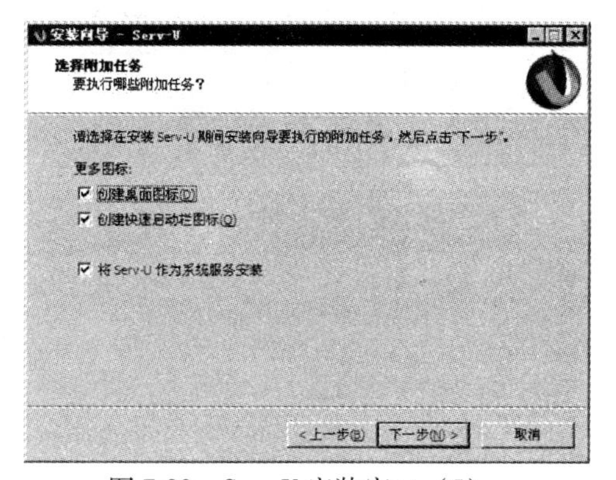

图 7-99　Serv-U 安装窗口（5）

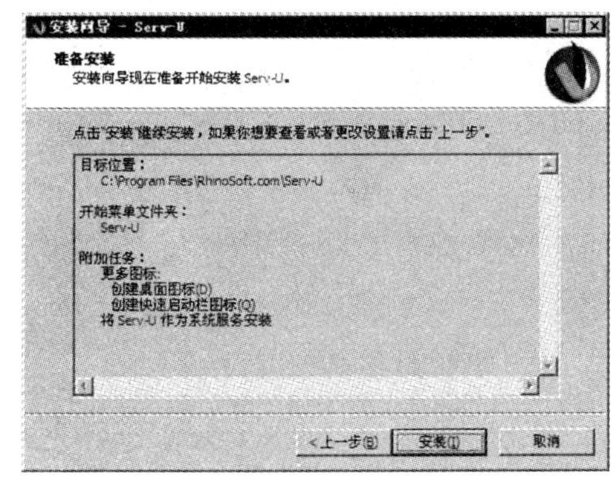

图 7-100　Serv-U 安装窗口（6）

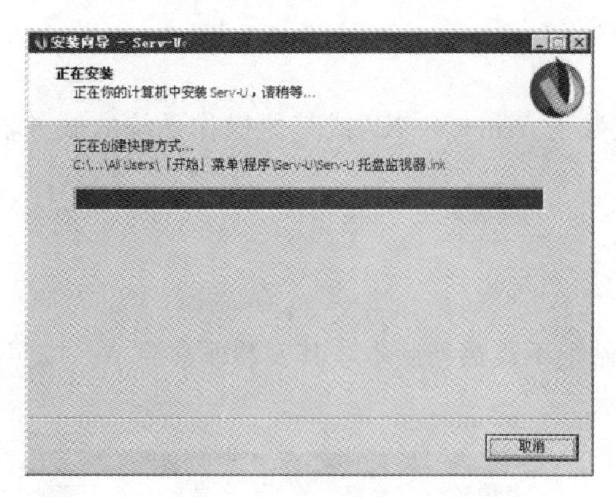

图 7-101　Serv-U 安装窗口（7）

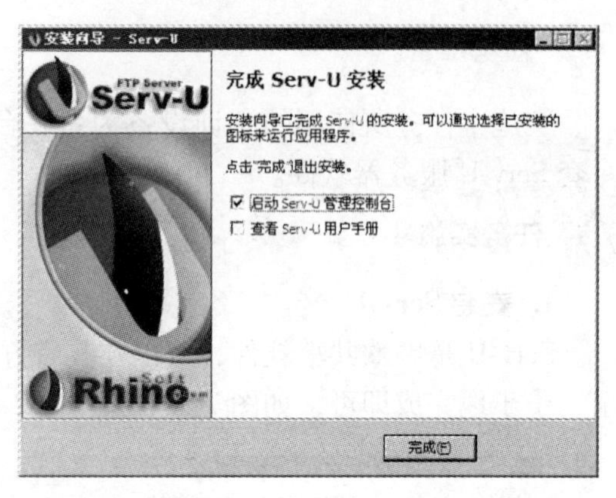

图 7-102　Serv-U 安装窗口（8）

2. Serv-U FTP 服务器的基本设置

1）双击桌面上的 Serv-U FTP 服务器软件图标，当第一次运行 Serv-U 时，会弹出 Serv-U 设置向导，询问"您现在要定义新域吗?"，单击"是"按钮，如图 7-103 所示。

2）在弹出的对话框中输入域名称（见图 7-104），然后单击"下一步"按钮。

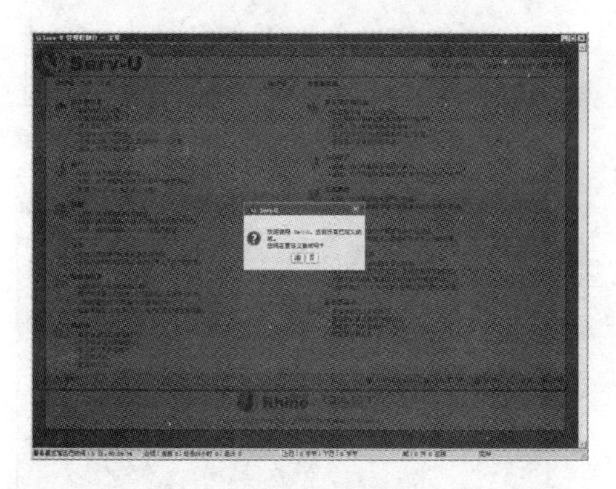

图 7-103　设置向导

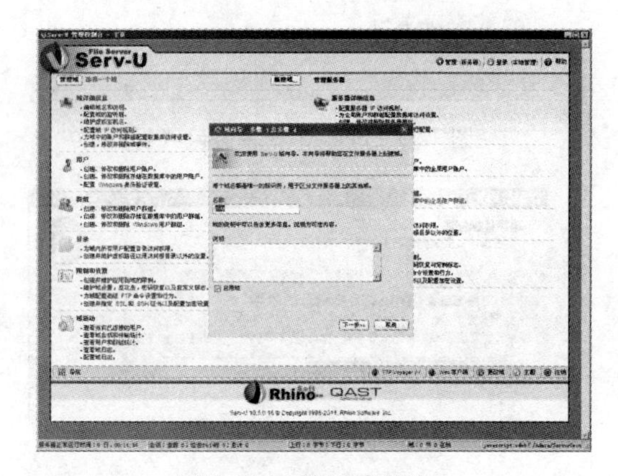

图 7-104　设置域名称

3）弹出的图 7-105 所示对话框中的参数取默认值即可，然后单击下一步按钮。

4）在弹出的对话框中为域指定 IP 地址，如图 7-106 所示。

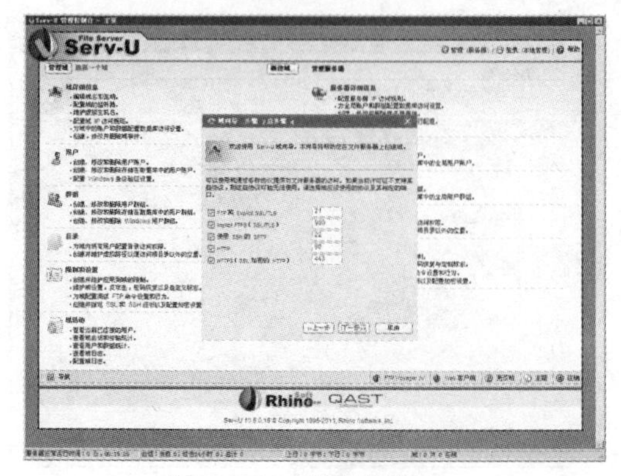

图 7-105　设置域端口

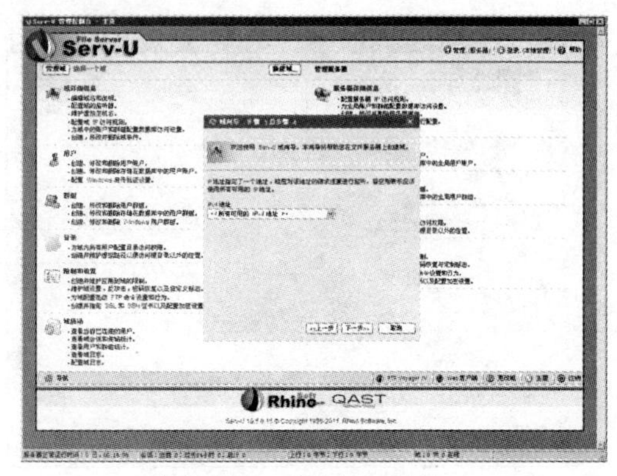

图 7-106　设置 IP 地址

5）单击“下一步”按钮完成域的设置，如图 7-107 所示。单击“完成”按钮，出现询问“域中暂无用户，你现在要为该域创建用户账户吗?”提示，单击“是”按钮，如图7-108所示。

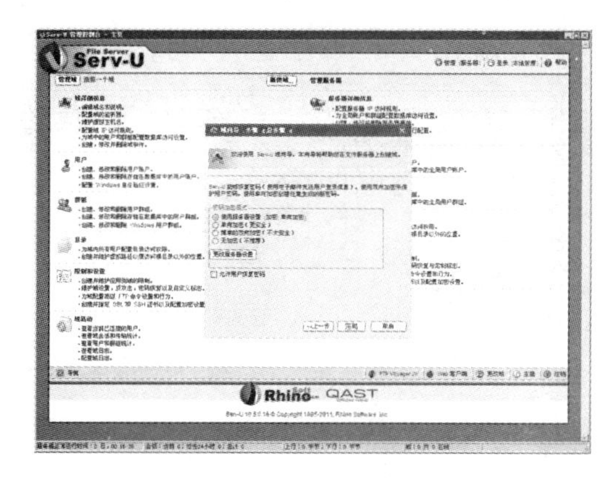

图 7-107　域设置完成

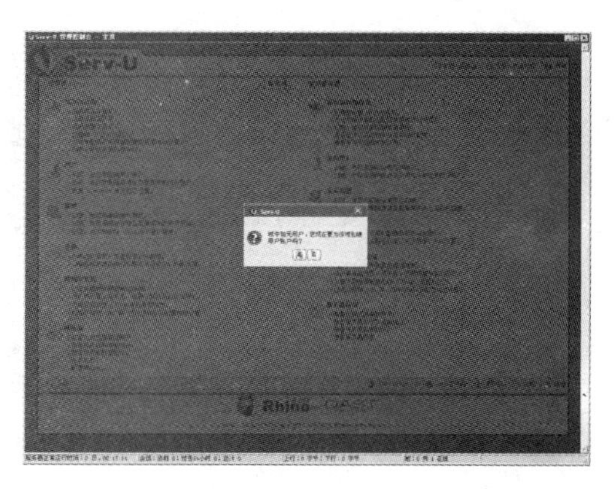

图 7-108　提示对话框

6）在图 7-109 所示的对话框中输入登录 ID，然后单击“下一步”按钮。

7）记住系统设置的默认密码后，单击“下一步”按钮，可以选中“用户必须在下一次登录时更改密码”复选框，如图 7-110 所示。

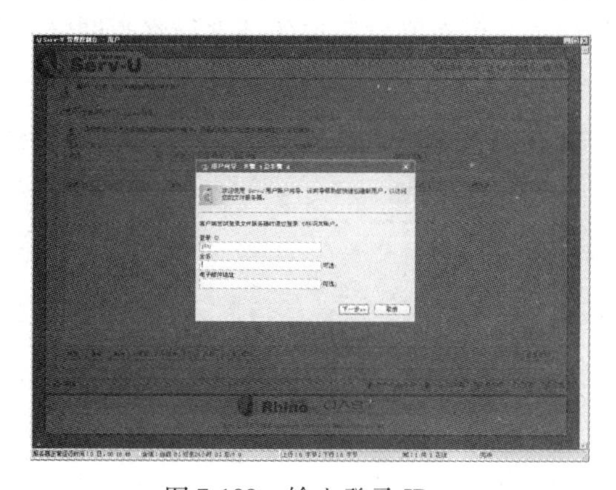

图 7-109　输入登录 ID

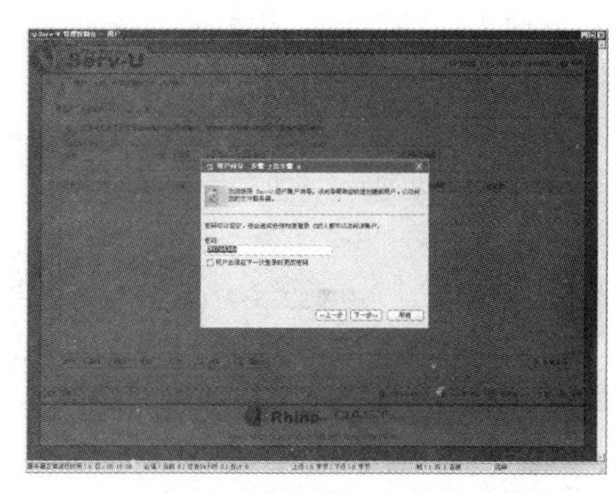

图 7-110　登录设置密码

8）在弹出的对话框中设置根目录和访问权限，如图 7-111 和图 7-112 所示。

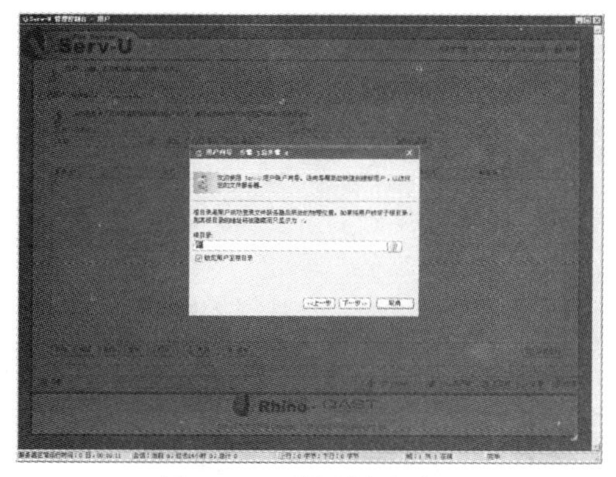

图 7-111　设置根目录

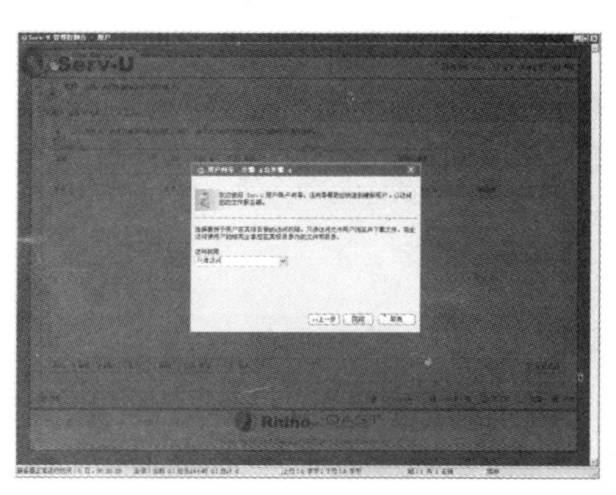

图 7-112　设置访问权限

9）单击“完成”按钮，设置完成如图7-113所示。“Serv-U管理控制台-主页”窗口如图7-114所示。

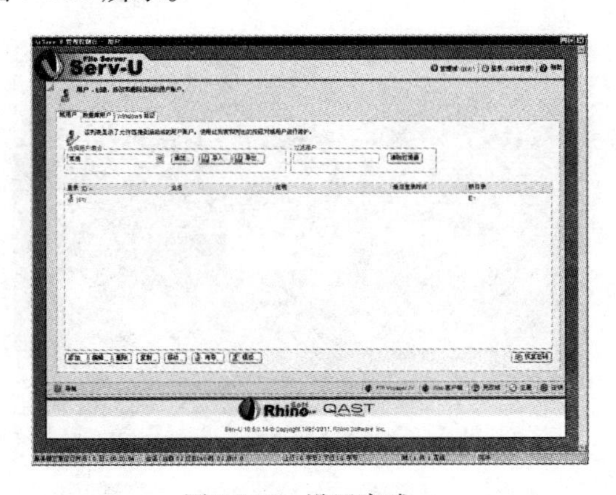
图7-113　设置完成

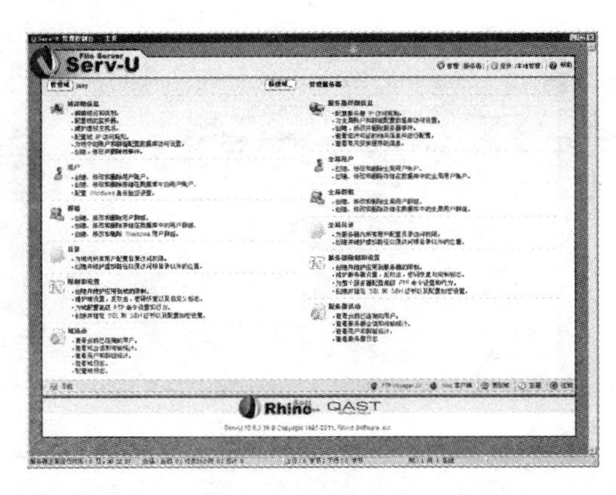
图7-114　“Serv-U管理控制台-主页”窗口

3. 配置Serv-U FTP服务器管理域

第一次启动Serv-U FTP服务器时需要进行基本的设置，设置完成后，再对Serv-U FTP服务器管理域（刚刚新建的域jsxy）进行配置。

在图7-114所示窗口中单击“域详细信息”选项，可对刚才添加的域进行修改设置。管理域的配置如图7-115~图7-120所示。

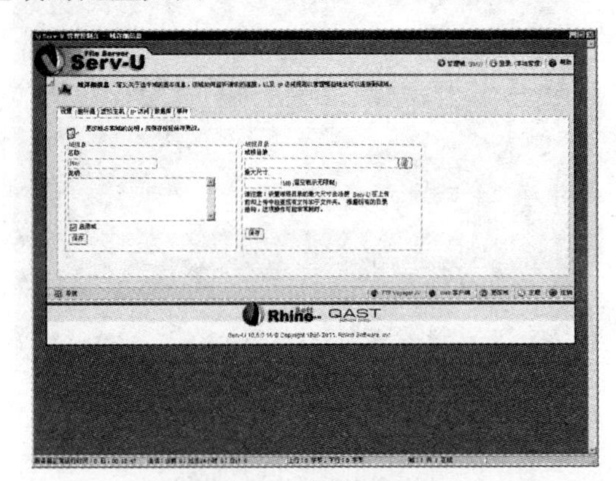
图7-115　域详细信息

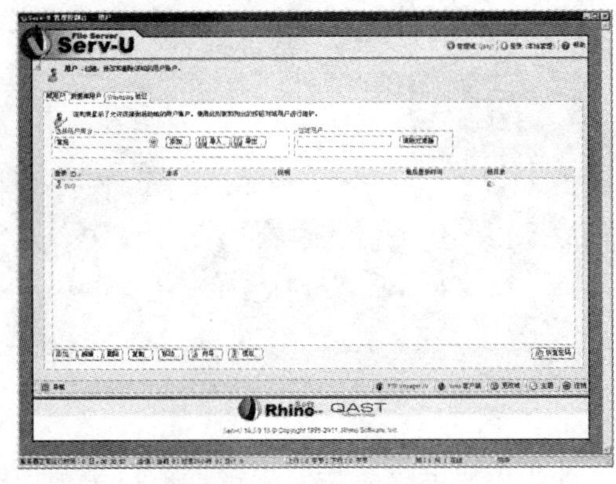
图7-116　用户的设置

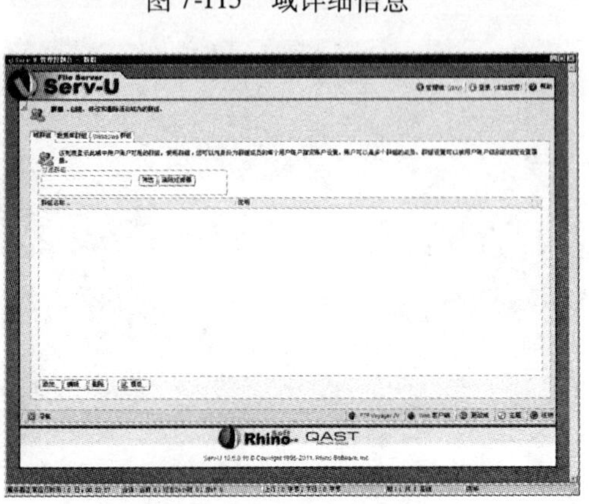
图7-117　群组的设置

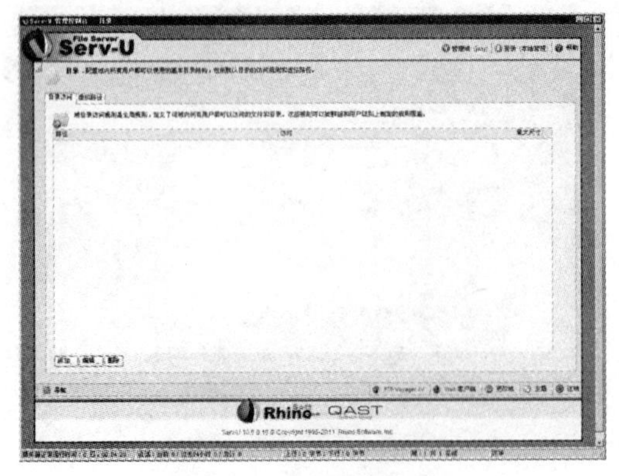
图7-118　目录的设置

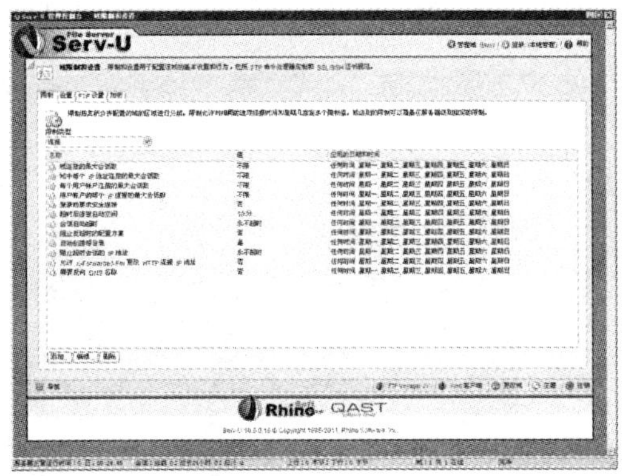

图 7-119　域限制和设置

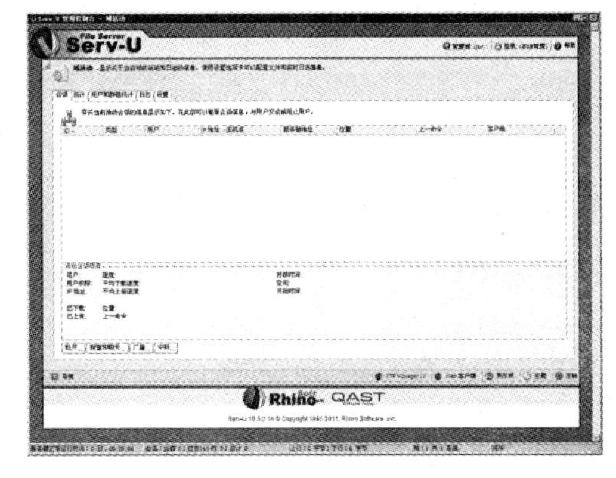

图 7-120　域活动

安装完成后程序会自动运行，也可以在菜单中选择运行。

任务六　用 CuteFTP 架设 FTP 客户端

知识目标：

掌握用 CuteFTP 架设 FTP 客户端的方法。

技能目标：

能够安装和设置 CuteFTP 客户端。

任务分析

用 CuteFTP 架设 FTP 客户端。

相关知识

1. CuteFTP 软件简介

CuteFTP 是小巧强大的 FTP 工具之一，具有友好的用户界面，稳定的传输速率。LeapFTP、FlashFXP 、CuteFTP 堪称 FTP 三剑客。FlashFXP 传输速率比较高，但有时无法连接一些教育网 FTP 站点；LeapFTP 传输速率稳定，能够连接绝大多数 FTP 站点（包括一些教育网站点）；虽然 CuteFTP 相对来说比较庞大，但是其自带了许多免费的 FTP 站点，资源丰富。

2. CuteFTP 的主要功能

CuteFTP 具有站点对站点的文件传输（FXP）、远程文件修改、自动拨号、自动搜索文件、连接向导、连续传输、多协议支持等功能，是目前应用较为广泛的 FTP 客户端软件。

任务准备

实施本任务所使用的实训设备为：一台安装 Windows XP 或其他操作系统的计算机，一套 CuteFTP 客户端软件。

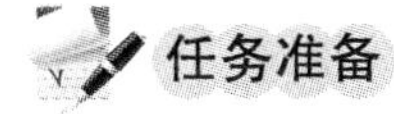

任务实施

1. 安装 CuteFTP 客户端

CuteFTP 客户端的安装非常简单，只要一直单击“下一步”按钮或“是”按钮，最后单击“完成”按钮即可，如图 7-121 ~ 图 7-124 所示。

图 7-121　CuteFTP 客户端的安装（1）

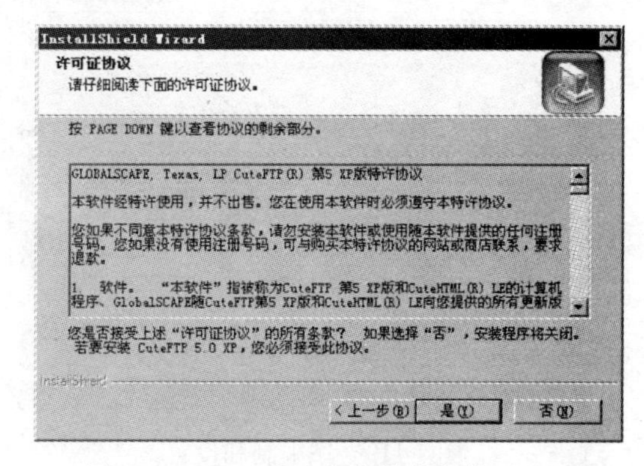

图 7-122　CuteFTP 客户端的安装（2）

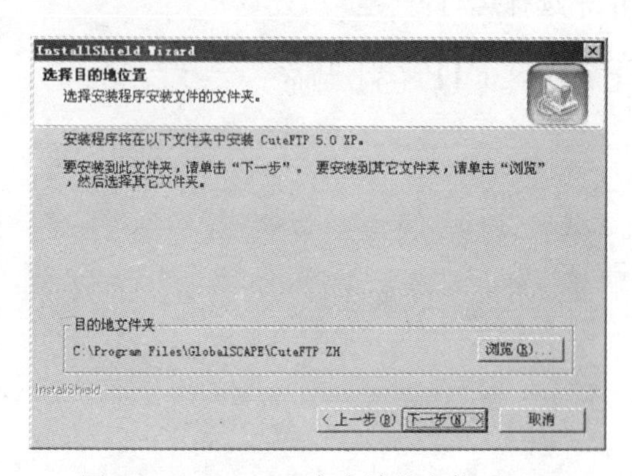

图 7-123　CuteFTP 客户端的安装（3）

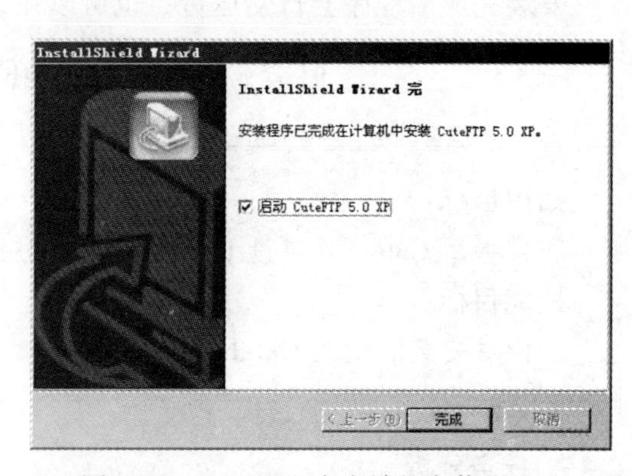

图 7-124　CuteFTP 客户端的安装（4）

2. 配置 CuteFTP 客户端

1）运行 CuteFTP 客户端软件，在第一次使用时会弹出“CuteFTP 连接向导”对话框（见图 7-125），输入标签名后单击“下一步”按钮。

2）在弹出的图 7-126 所示对话框中输入在 FTP 站点设置的用户名和密码，若 FTP 服务允许，也可以选择匿名登录。

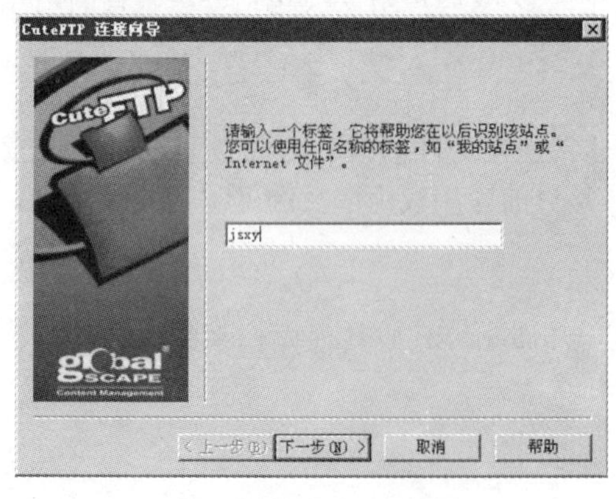

图 7-125　输入标签名

图 7-126　输入用户名和密码

3）单击“下一步”按钮，在弹出的图 7-127 所示对话框中输入本地默认上传目录。

4）单击“下一步”按钮，在弹出的图 7-128 所示对话框中选择 FTP 站点的连接方式。

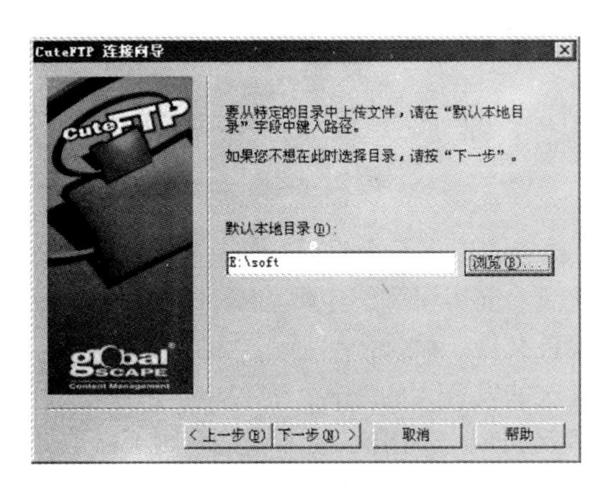

图 7-127　设置本地目录

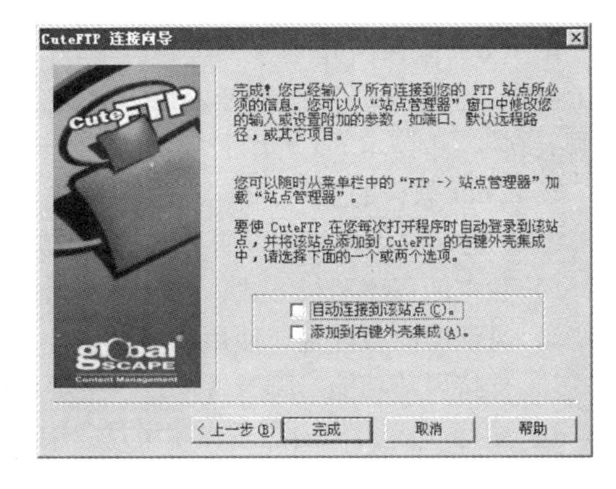

图 7-128　设置站点连接方式

5）单击“完成”按钮后弹出主界面窗口，如图 7-129 所示。

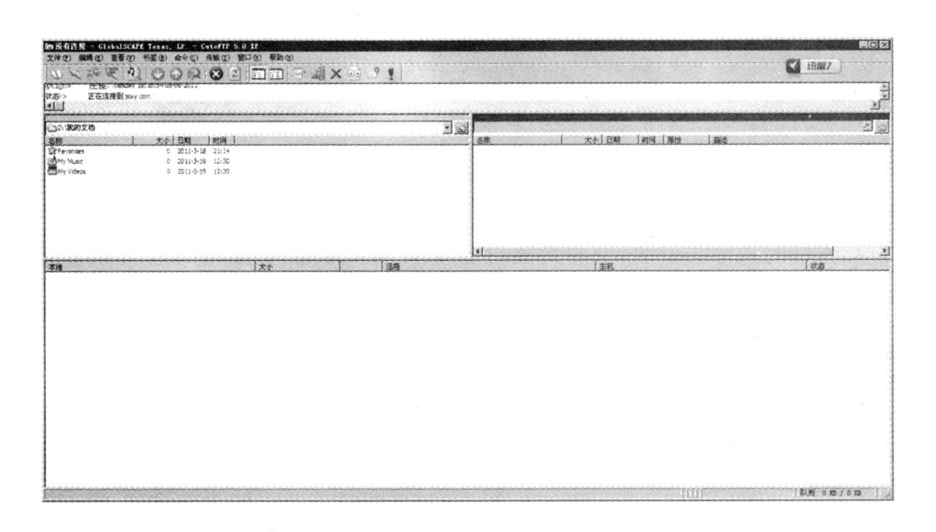

图 7-129　主界面窗口

任务七　用 iChat 架设聊天服务器

知识目标：

掌握用 iChat 架设聊天服务器的方法。

技能目标：

能够设置 iChat 聊天服务器，并登录聊天服务器进行账号注册。

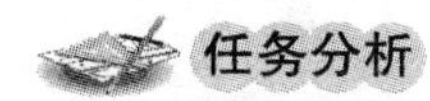

任务分析

用 iChat 架设聊天服务器。

相关知识

1. iChat 软件简介

iChat 是由 iChat 工作组开发的聊天服务器软件。该软件是用 C++语言编写的，与一般的聊天软件不同。iChat 占用服务器的资源非常少。iChat 是苹果平台自有的即时通信工具。

2. iChat 软件的功能

iChat 是一款优秀的聊天服务器软件，其主要功能有以下几个方面：

1）独立的程序运行方式，保证了聊天室的快捷、高容量和稳定性。

2）灵活的面板配置，使用户可以自行修改模板文件，设计出自己喜欢的聊天室。

3）支持屏蔽功能。聊天者可以自主屏蔽不喜欢的发言人的发言，也可以解除屏蔽。

4）支持“踢人”功能。在聊天过程中，管理员可以“踢出”或屏蔽某个聊天者。

5）支持悄悄话。

6）能够防止“炸弹”。

任务准备

实施本任务所使用的实训设备为：一台安装有 Windows XP 或其他操作系统的计算机，一套 iChat 软件。

任务实施

1. iChat 的安装和配置

iChat 的安装和配置非常简单，在安装过程中，系统会自动弹出配置界面，简单设置完成后即可进入聊天室聊天，如图 7-130 ~ 图 7-136 所示。

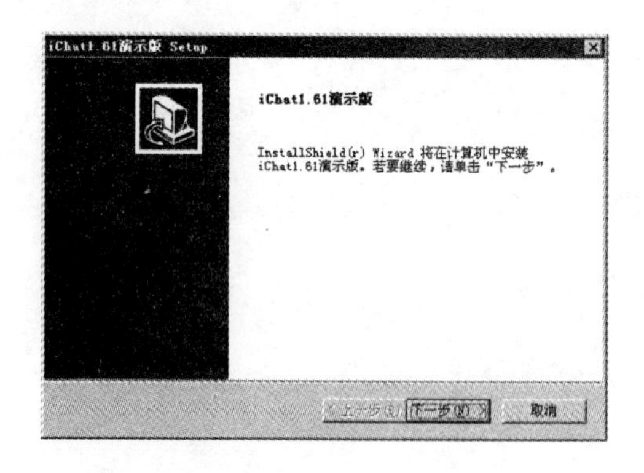

图 7-130　iChat 的安装和配置（1）

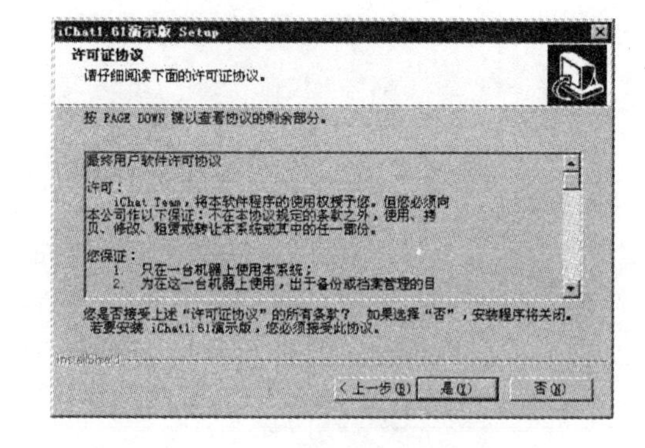

图 7-131　iChat 的安装和配置（2）

2. 登录聊天室

1）双击“控制面板”→“管理工具”→“服务”命令，打开“服务”窗口，找到“iChat Server”选项，启动即可，如图 7-137 所示。

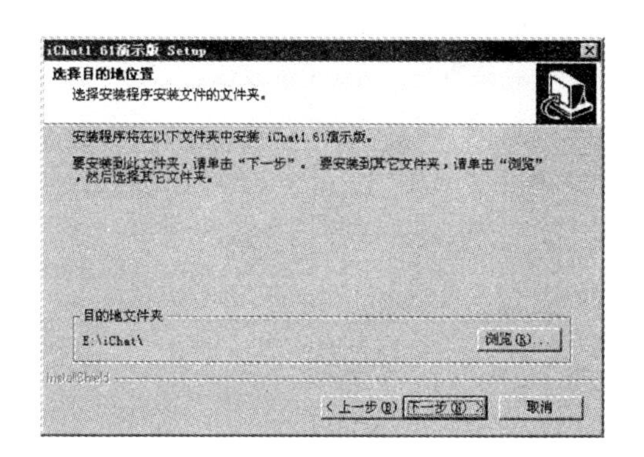

图 7-132　iChat 的安装和配置（3）

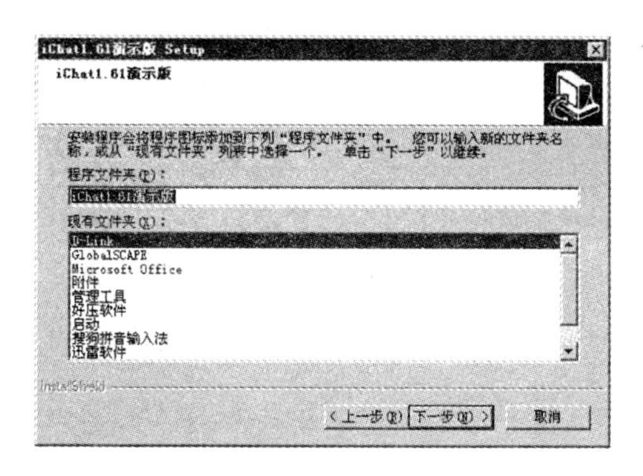

图 7-133　iChat 的安装和配置（4）

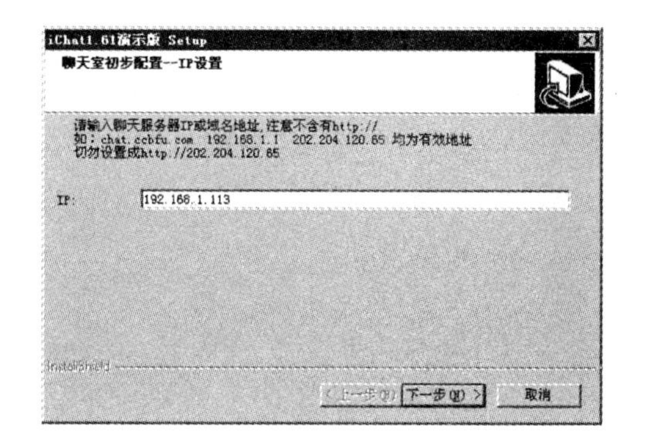

图 7-134　iChat 的安装和配置（5）

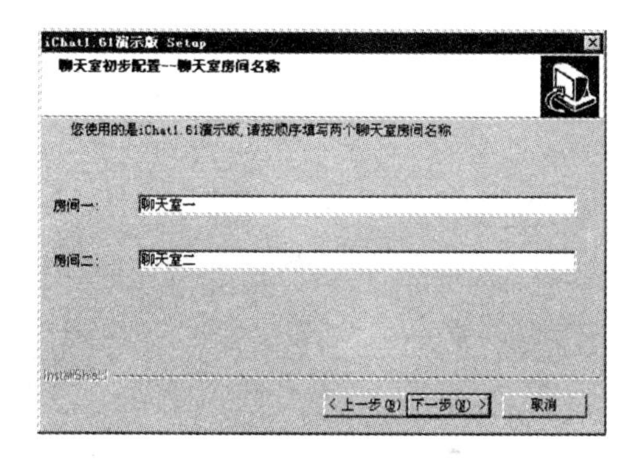

图 7-135　iChat 的安装和配置（6）

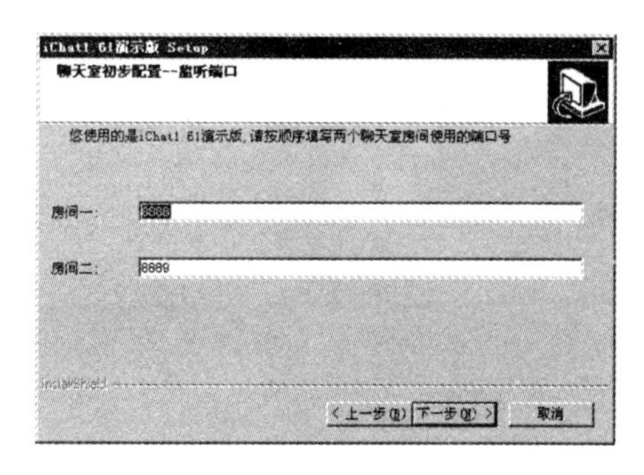

图 7-136　iChat 的安装和配置（7）

2）在地址栏中输入 http：//IP 地址：端口号，端口号默认为 8888 或 8889，如图 7-138 所示。

3）选择“注册昵称”选项，注册用户之后，即可登录聊天室，如图 7-139 所示。

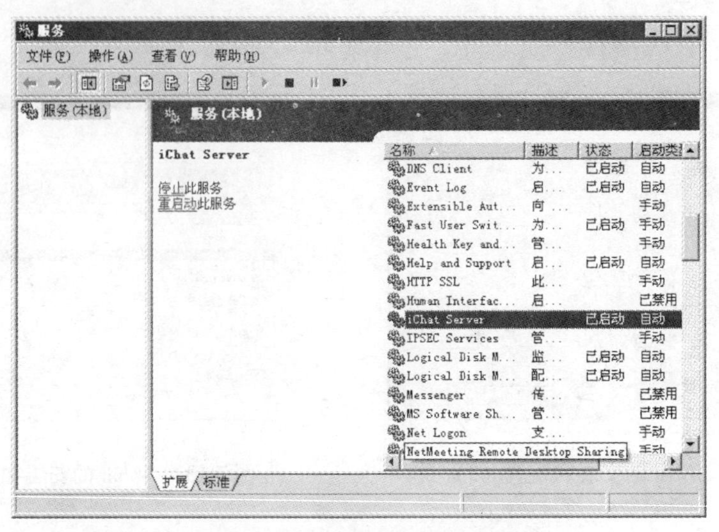

图 7-137 “服务”窗口

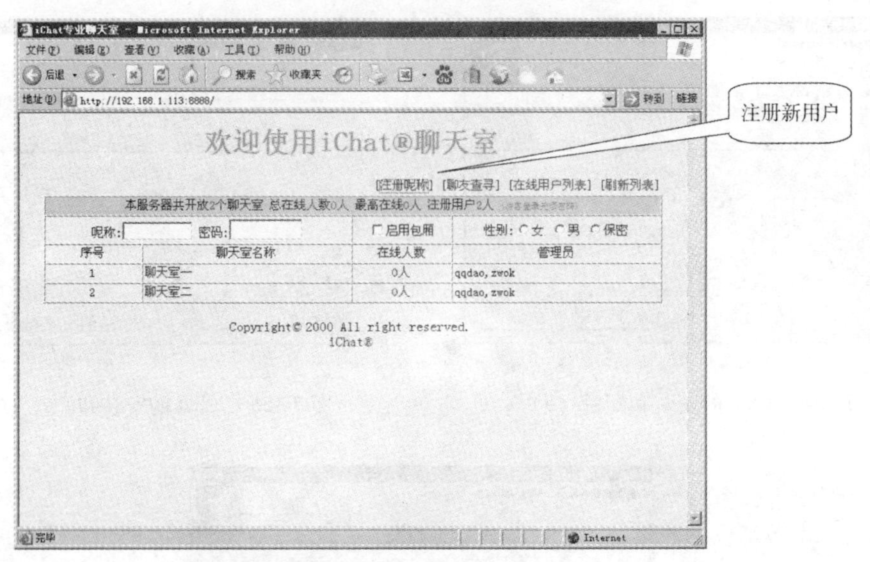

图 7-138 聊天室窗口

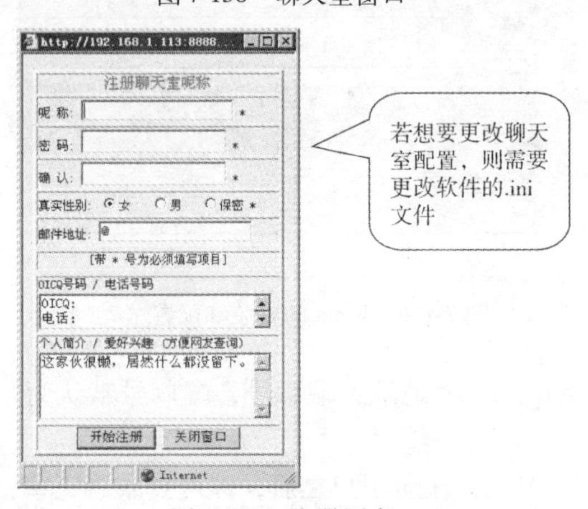

图 7-139 注册用户

任务八　用 Foxmail Server 架设 Email 服务器

知识目标：

掌握使用 Foxmail Server 架设 Email 服务器的方法。

技能目标：

能够安装 Foxmail Server，并对 Foxmail 服务器进行简单的设置。

任务分析

本任务主要是以 FMS 2.0 为例介绍架设 Email 服务器的方法。本任务将从 FMS 2.0 的设置、管理、收发邮件等几方面入手，简单介绍该软件的使用方法及注意事项。可以到相关网站下载其试用版本，并且会得到试用产品的编号和安装序列号。

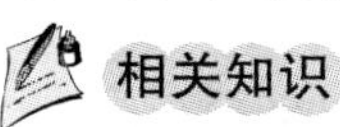

相关知识

1. 电子邮件

电子邮件（Electronic Mail，简称 Email，标志为@，昵称为“伊妹儿”）又称为电子信箱、电子邮政。它是一种用电子手段提供信息交换的通信方式，是 Internet 应用最广的服务。通过网络电子邮件系统，用户可以用非常低廉的价格（不管发送到哪里，都只需负担电话费和网费即可），以非常快速的方式（几秒钟之内可以到达世界上任何目的地），与世界上任何一个角落的网络用户联系。这些电子邮件可以是文字、图像、声音等。同时，用户还可以得到大量免费的新闻、专题邮件，并实现轻松的信息搜索。

2. Foxmail Server

Foxmail Server（以下简称 FMS）是由广州博大 Internet 技术有限公司推出的企业级邮件服务平台，利用它可以搭建出功能强大的邮件服务器。FMS 2.0 需要操作系统为 Windows NT 4.0（Service Pack4 以上）和 IIS 5.0 及以上版本的支持才能实现全部功能，并且还应以 Administrator 身份登录计算机。本任务讨论的是基于 Windows Server 2000 + IIS 5.0 的运行环境。

任务准备

实施本任务所使用的实训设备为：一台安装有 Windows NT 4.0（Service Pack4 以上）和 IIS 5.0 及以上版本操作系统的计算机。一套 Foxmail Server 软件。

任务实施

1. 安装和设置邮件服务器

FMS 的安装过程比较简单，下面以 FMS 2.0 测试版为例介绍 Email 服务器的安装、账号管理和相关选项的设置。

1）双击 FMS 2.0 测试版安装包，开始安装。在安装过程中，系统会弹出设置项，如图 7-140 所示。

2）输入完成后单击“确定”按钮，在弹出的图 7-141 所示对话框中单击“下一步”按

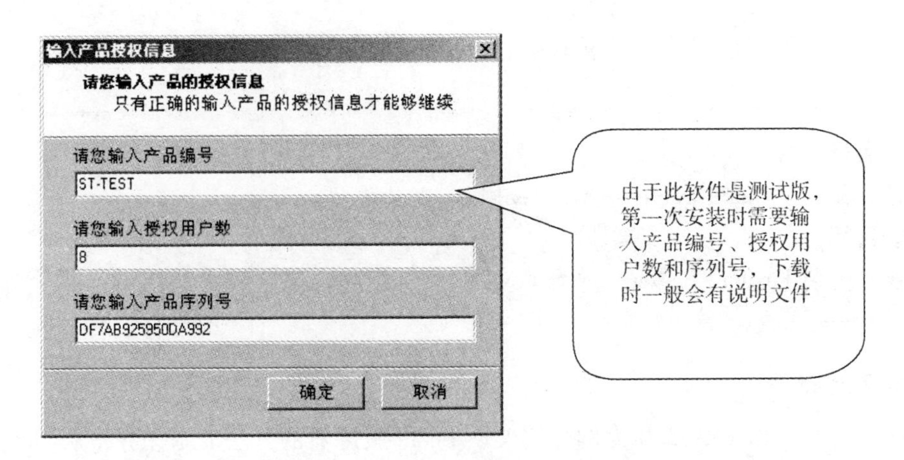

图 7-140　输入产品授权信息

钮，弹出图 7-142 所示的对话框，选择安装目录后单击“下一步”按钮。

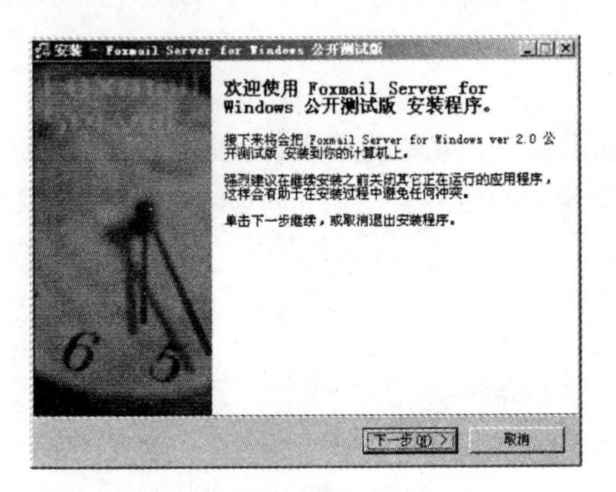

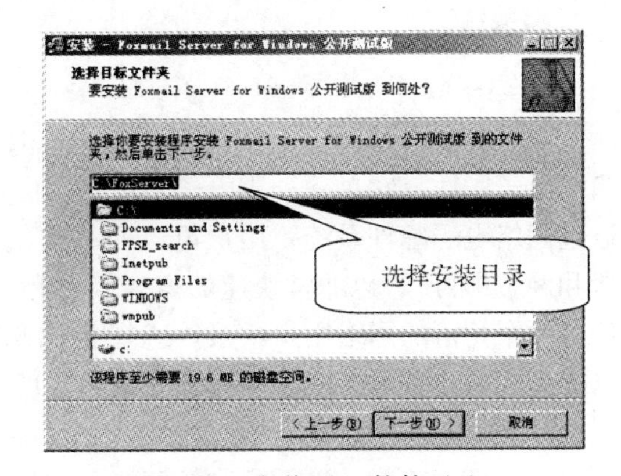

图 7-141　安装 FMS 软件（1）　　　图 7-142　安装 FMS 软件（2）

3）在弹出的图 7-143 所示对话框中单击“下一步”按钮，弹出准备安装窗口，单击“安装”按钮开始安装，如图 7-144 所示。

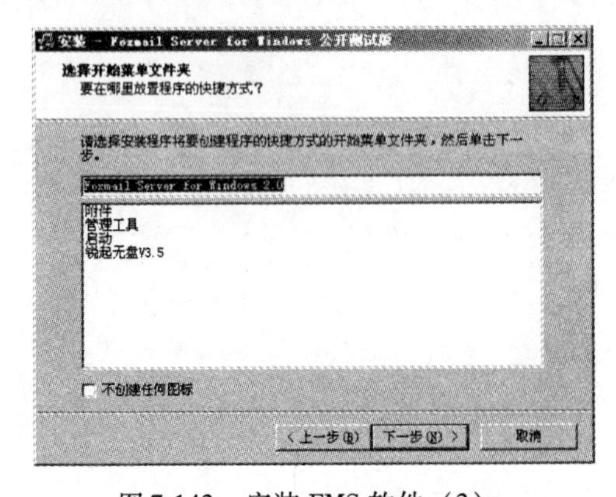

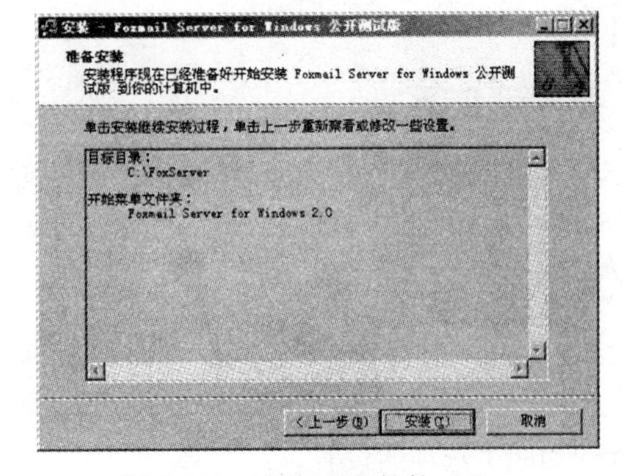

图 7-143　安装 FMS 软件（3）　　　图 7-144　安装 FMS 软件（4）

4）安装程序开始安装软件，安装到 100% 时会弹出设置向导对话框，如图 7-145 和图 7-146所示。

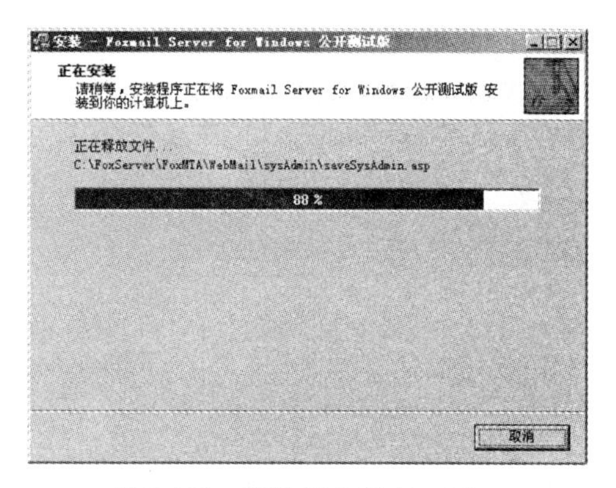

图 7-145　安装 FMS 软件（5）

图 7-146　“设备向导”对话框

5）单击“下一步”按钮，弹出“应用程序设置”对话框，进行相关设置，如图 7-147 所示。

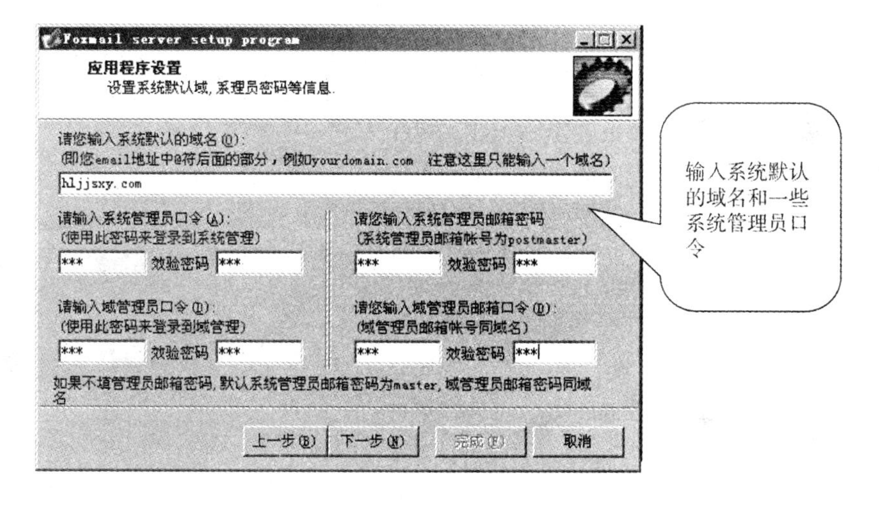

图 7-147　“应用程序设置”对话框

6）设置完成后单击“下一步”按钮，弹出“邮件服务器网络设置”对话框（见图 7-148），在“请您输入一个 DNS 服务器地址”文本框中输入 DNS IP 地址，然后单击“下一步”按钮，弹出“IIS 设置”对话框，如图 7-149 所示。

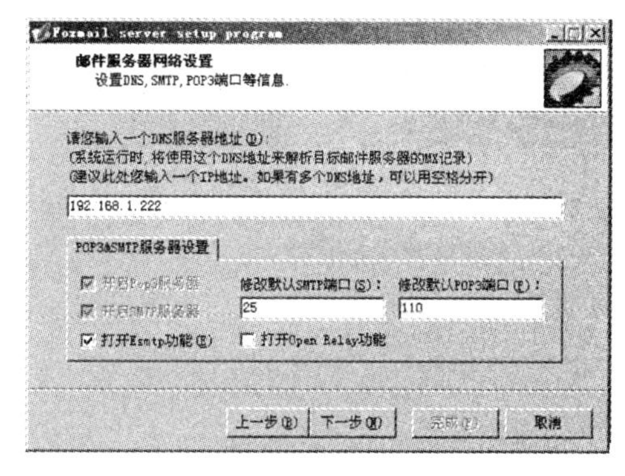

图 7-148　“邮件服务器网络设置”对话框

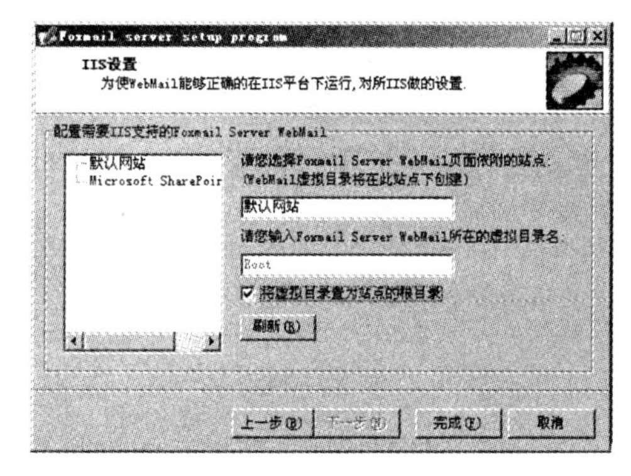

图 7-149　“IIS 设置”对话框

7）设置完成单击“完成”按钮，安装结束，如图7-150所示。

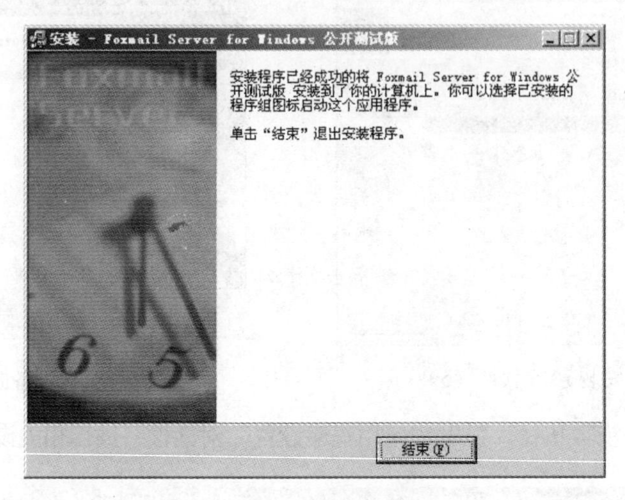

图7-150　安装结束

2. 登录邮件服务器

如果一切配置正确，那么客户机即可在浏览器地址栏里以http：//服务器的IP地址或默认域名/Webmail的格式，通过Web方式登录Foxmail Server收发邮件了，如图7-151所示。当然，如果是新用户，那么必须先注册账号，然后才能使用。至此，一个简单的邮件服务环境也就搭建完成了。

图7-151　登录界面

提示：如果不能进入Webmail，那么应检查IIS是否正常开启。如果向外部邮箱发信不成功，那么应检查Foxmail Server内设置的DNS地址是否正确。

如果要对注册的Email账户进行管理等高级应用，那么可以启动Foxmail Server的管理程序（程序位置为：..\FoxServer\MTA\admin），在图7-152所示的界面中，输入相应的管理员如口令即可进入具体设置项。用户可根据自己的邮件服务器环境进行设置。

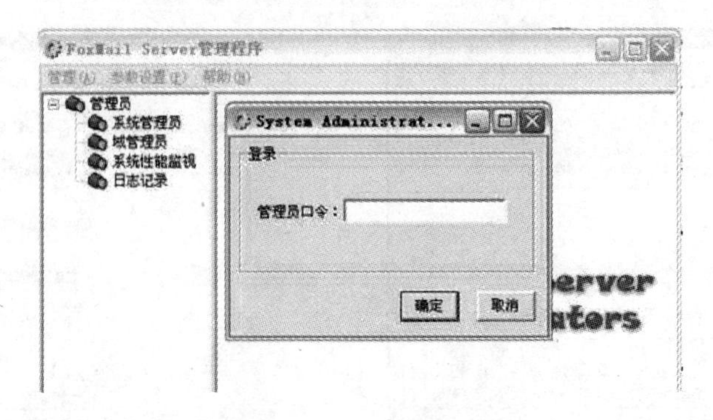

图7-152　管理程序

至此，一个中小企业 Email 服务器就安装完成了。

任务九　用 Exchange Server 架设 Email 服务器

知识目标：

掌握用 Exchange Server 架设 Email 服务器的方法。

技能目标：

能够用 Exchange Server 安装和设置 Email 服务器。

任务分析

本任务将通过介绍 Exchange Server 2003 中文版的安装和设置过程，讲解用 Exchange Server 架设 Email 服务器的方法。

相关知识

Exchange Server 2003 是为微软公司推出的邮件服务器软件。Exchange 2003 包含众多新增和改进特性，这些特性让 Exchange Server 2003 成为具有高度生产力和面向移动访问的理想消息和协作服务器平台。常见的任务包括：备份与还原，建立新邮箱，恢复，移动，安装新的硬件、存储区、软件和工具以及应用更新和修补程序等。新工具和改进的工具可帮助 IT 员工更有效地完成工作。例如，一位管理人员需要恢复几个月以前删除的一封非常重要的电子邮件，那么他可以通过使用新的“恢复存储组”功能，恢复个人用户的邮箱，以便查找以前删除的重要电子邮件。其他新的管理功能包括：并行移动多个邮箱；改进的消息跟踪和 Outlook 客户端性能记录功能；增强的队列查看器，使用户能够从同一控制台同时查看 SMTP 和 X.400 队列；新的基于查询的通信组列表，支持动态地实时查找成员。此外，用于 Microsoft Operations Manager 的 Exchange 管理包可自动监视整个 Exchange 环境，从而使用户能够对 Exchange 问题预先采取管理措施并快速予以解决。

任务准备

实施本任务所使用的实训设备为：一台安装有 Windows Server 2003 操作系统的计算机，一套 Exchange Server 2003 软件。

任务实施

1. 安装 Exchange Server 2003 Email 服务器

Exchange Server 2003 需安装在 Windows 2000 Server 和 Windows Server 2003 服务器上，如果是 Windows 2000 Server 操作系统，那么在安装之前需要安装补丁程序。

1）在服务器上安装 NNTP、SMTP、WWW，其中，NNTP 是 Network News Transfer Protocol（网络新闻传输协议）的缩写，SMTP 是 Simple Mail Transfer Protocol（简单邮件传输协议）的缩写，WWW 是 World Wide Web（万维网）的缩写。其安装方法为：在“控制面板”→“添加/删除程序”→“添加/删除 Windows 组件”→“Internet 信息服务（IIS）”中添加，步骤如图 7-153 ~ 图 7-161 所示。

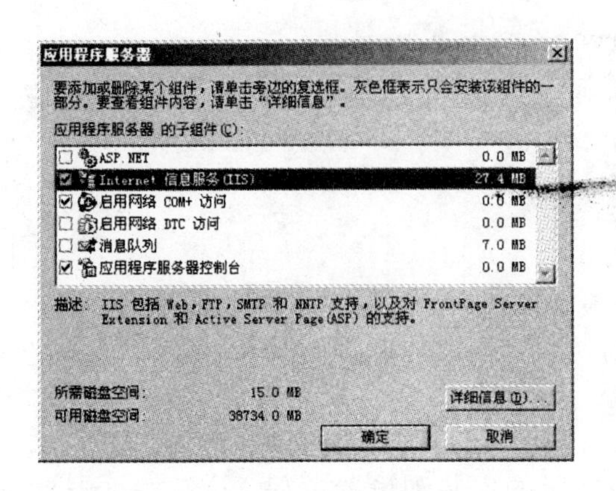

图 7-153　应用程序服务器的安装（1）

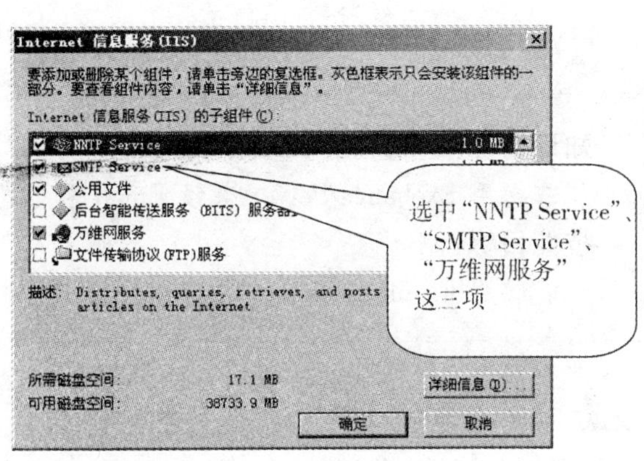

图 7-154　应用程序服务器的安装（2）

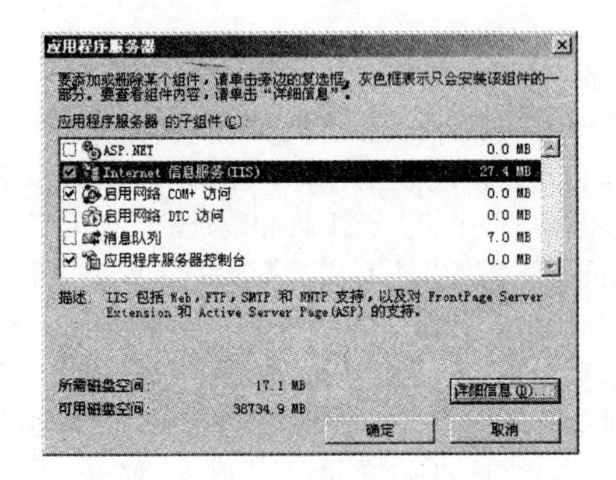

图 7-155　应用程序服务器的安装（3）

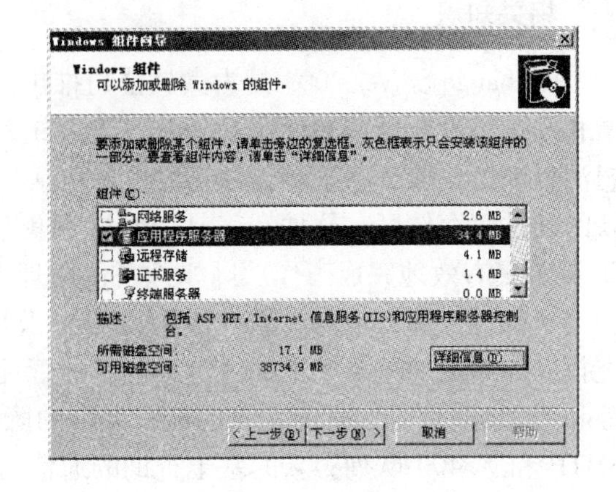

图 7-156　应用程序服务器的安装（4）

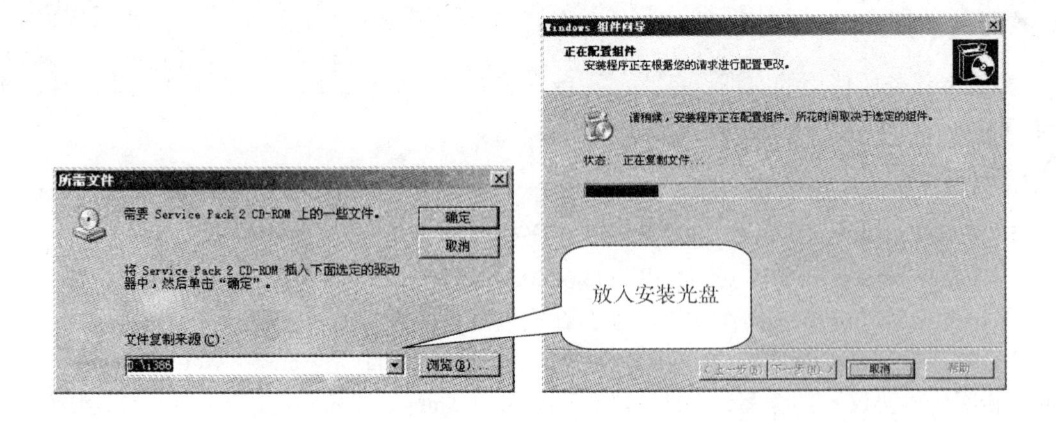

图 7-157　应用程序服务器的安装（5）　　图 7-158　应用程序服务器的安装（6）

2）确定 IIS 安装是否成功，如图 7-162 所示。

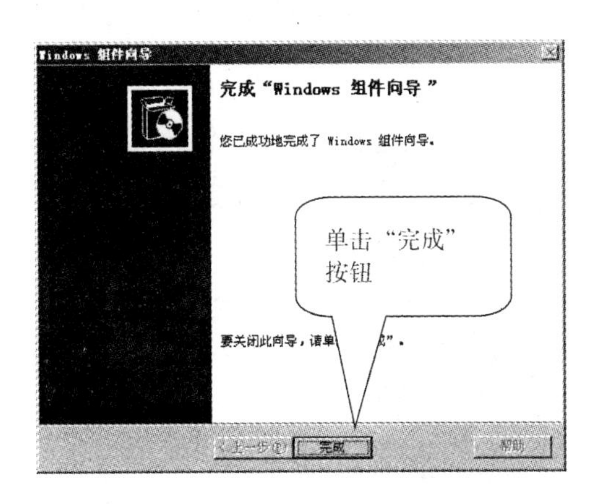

图 7-159　应用程序服务器的安装（7）

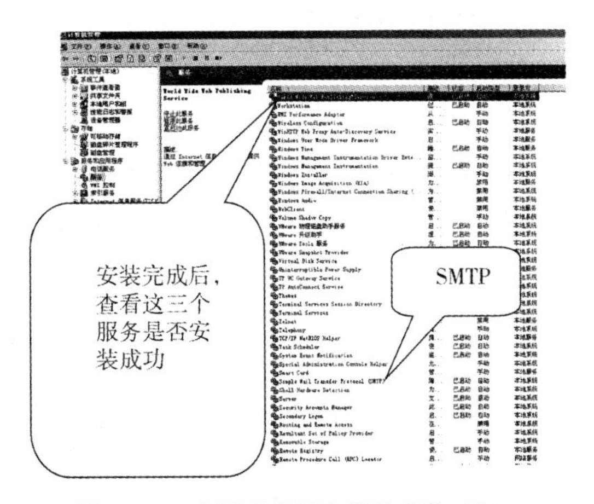

图 7-160　应用程序服务器的安装（8）

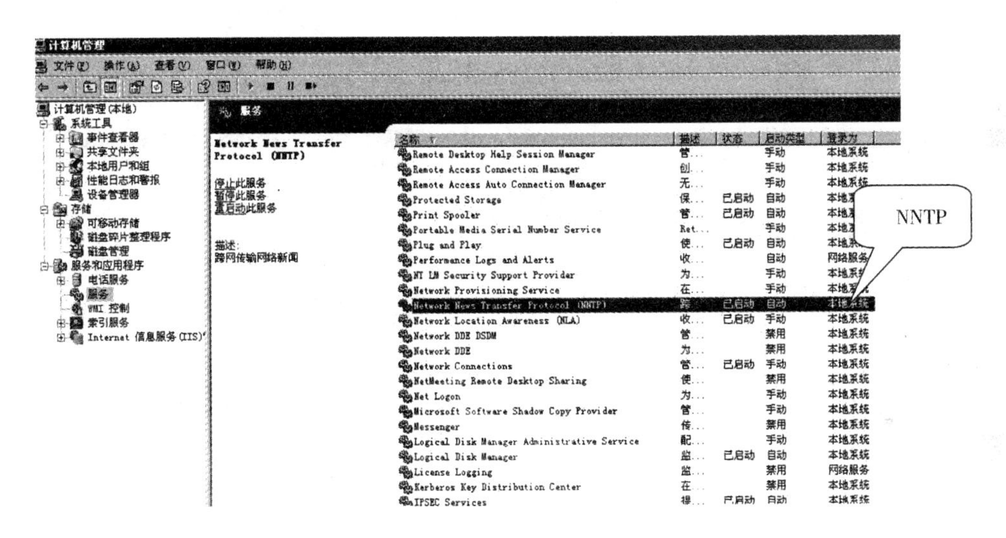

图 7-161　应用程序服务器的安装（9）

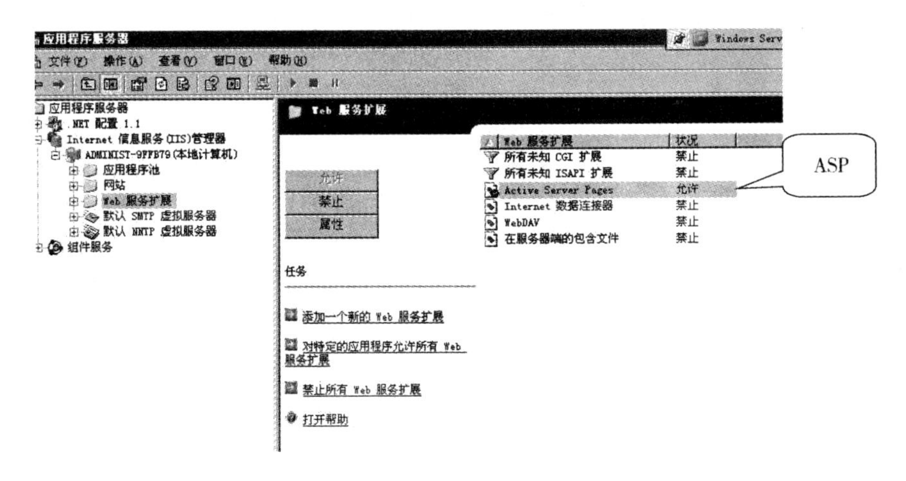

图 7-162　IIS 安装成功

3）安装 Windows Support Tools。打开安装光盘，进入“SUPPORT \ TOOLS”目录，双击“SUPTOOLS. MSI”文件，安装 Windows Support Tools，如图 7-163 ~ 图 7-169 所示。

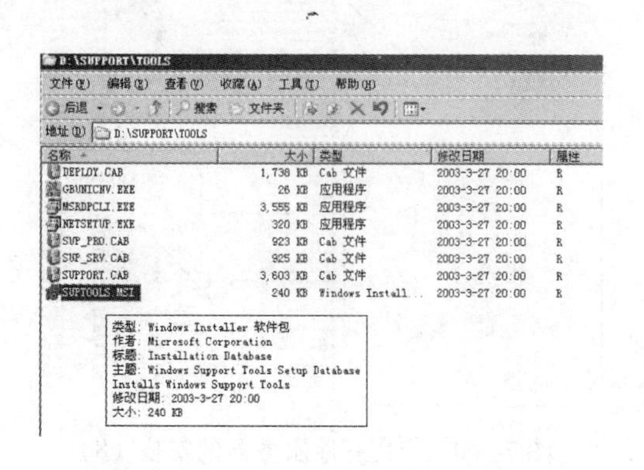

图 7-163　安装 Windows Support Tools（1）

图 7-164　安装 Windows Support Tools（2）

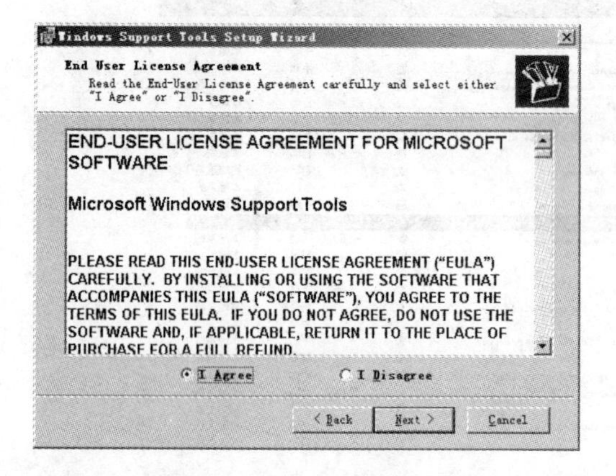

图 7-165　安装 Windows Support Tools（3）

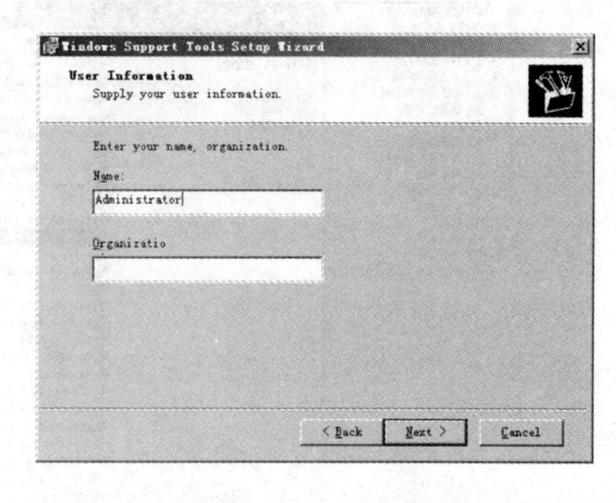

图 7-166　安装 Windows Support Tools（4）

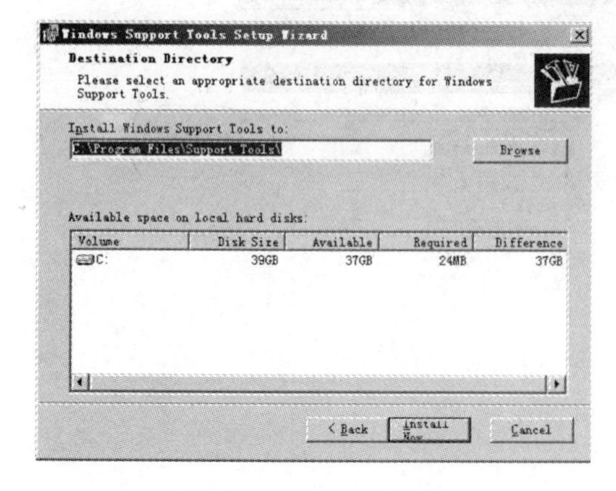

图 7-167　安装 Windows Support Tools（5）

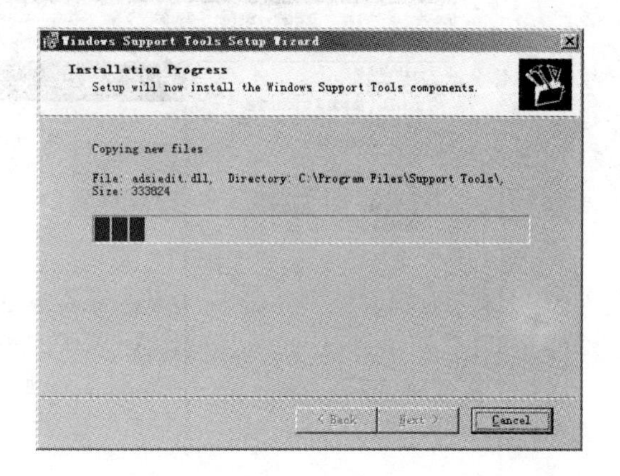

图 7-168　安装 Windows Support Tools（6）

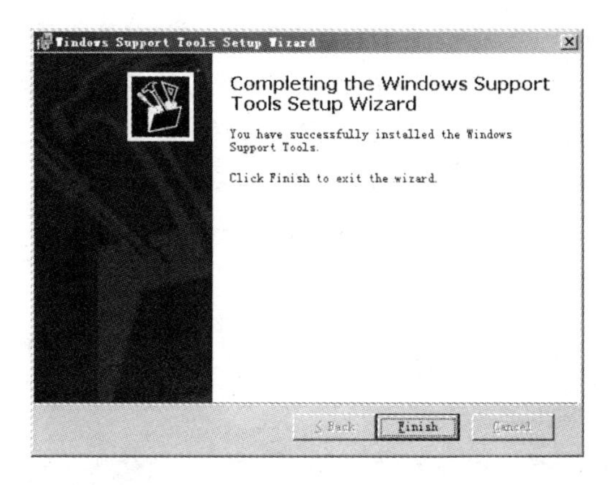

图 7-169　安装 Windows Support Tools（7）

4）安装完成后，开始安装 Email 服务器软件，如图 7-170 ~ 图 7-182 所示。

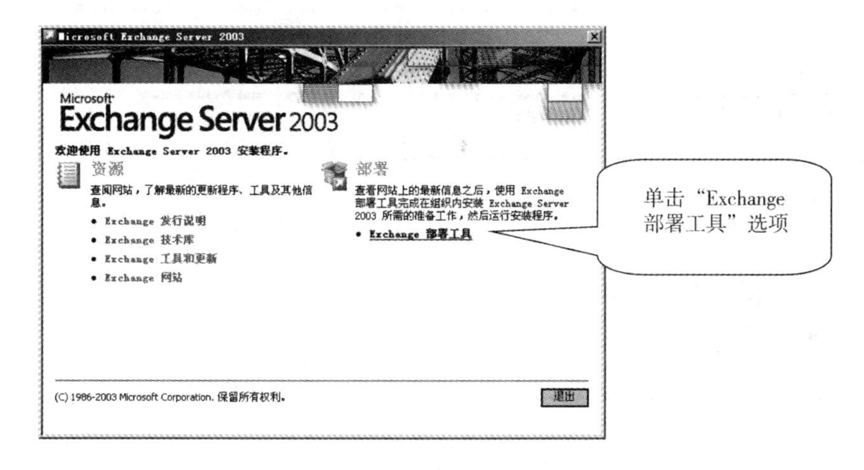

图 7-170　部署工具

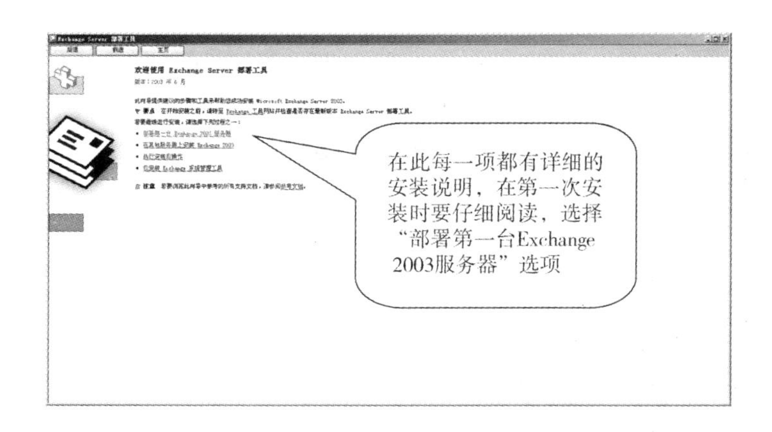

图 7-171　欢迎页面

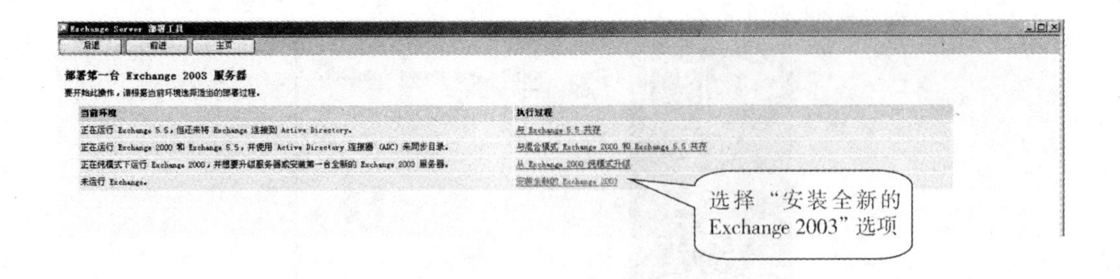

图 7-172　部署第一台服务器

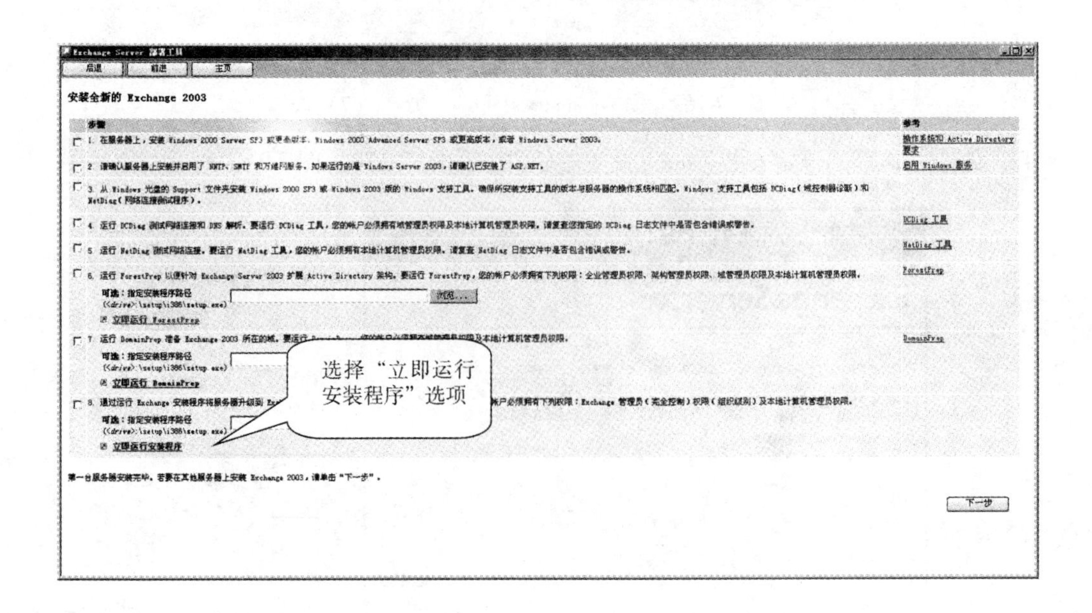

图 7-173　立即运行安装程序

图 7-174　提示信息

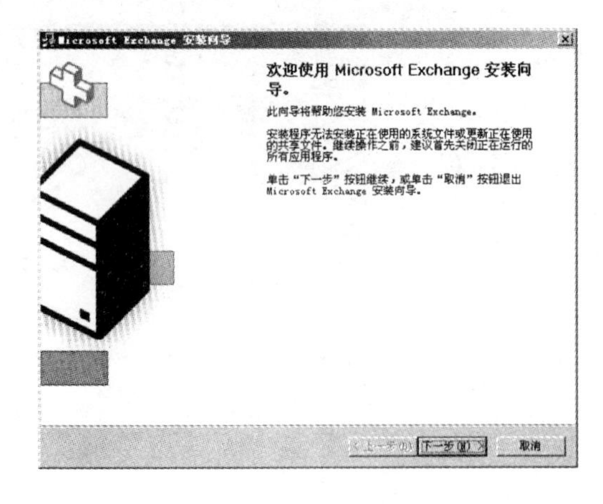

图 7-175　安装向导

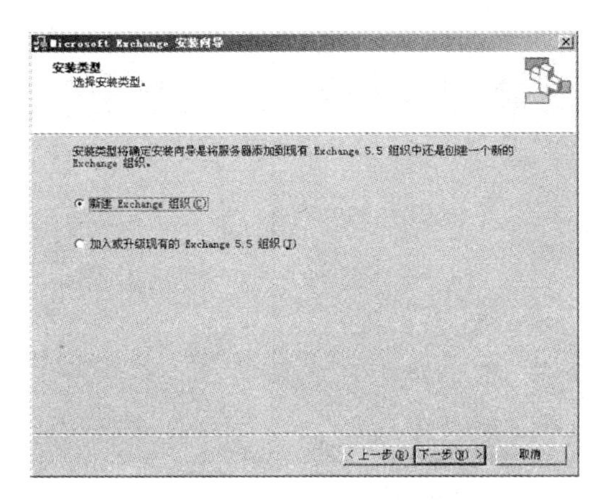

图 7-176　“安装类型”对话框

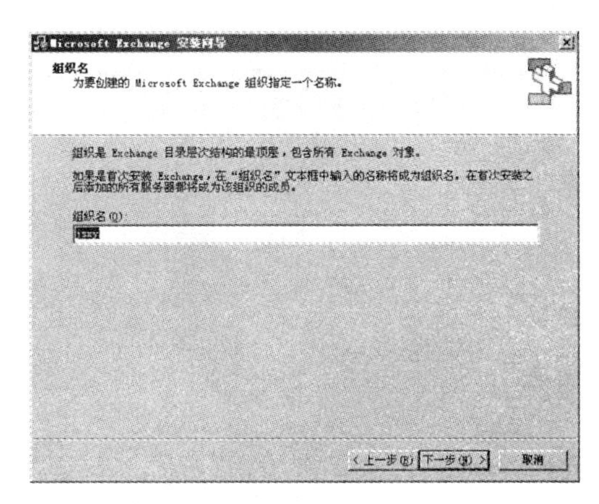

图 7-177　“组织名”对话框

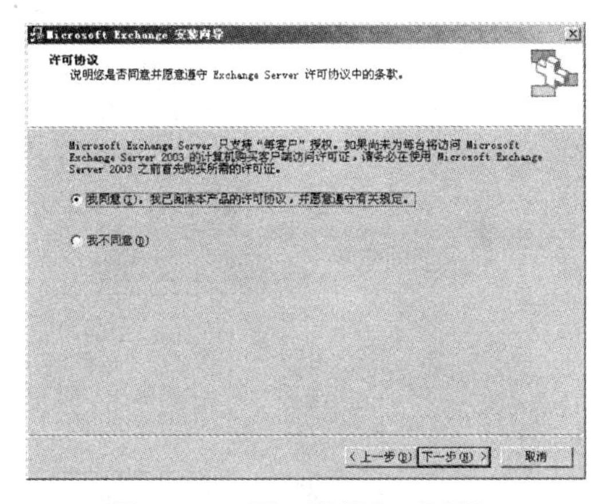

图 7-178　“许可协议”对话框

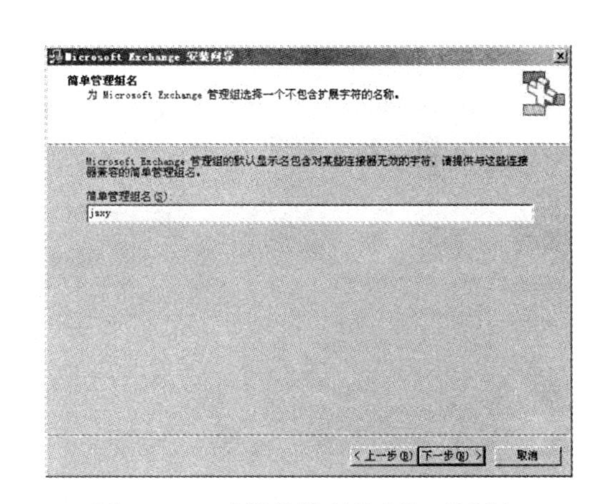

图 7-179　“简单管理组名”对话框

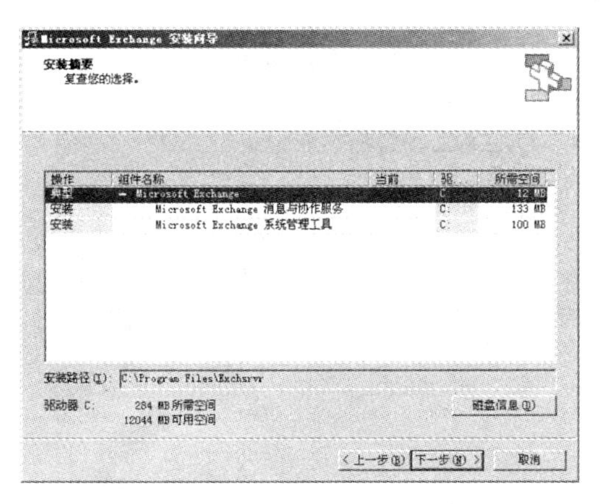

图 7-180　“安装摘要”对话框

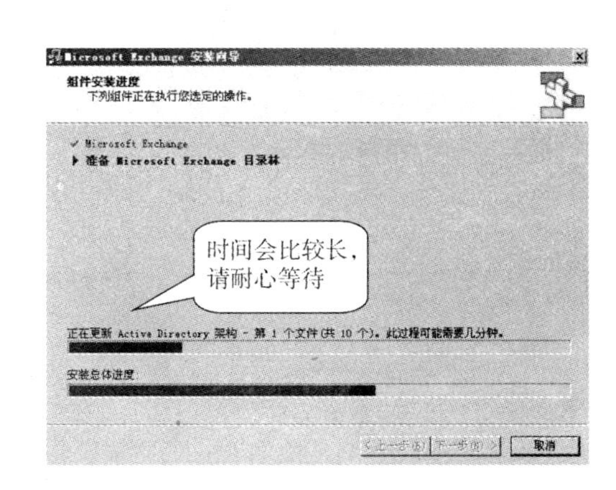

图 7-181　“组件安装进度”对话框

5）单击图 7-182 所示对话框中的“完成”按钮，完成 Exchange Server 2003 Email 服务器的安装。

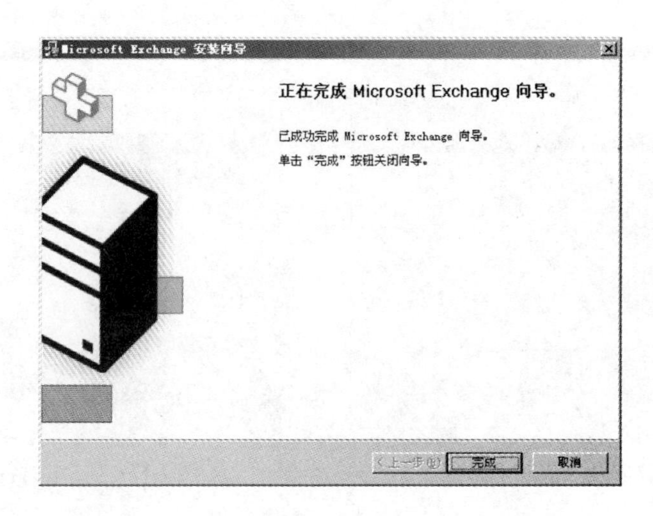

图 7-182　安装完成

2. 配置 Exchange Server 2003 Email 服务器

1）创建新用户，如图 7-183 ~ 图 7-188 所示。

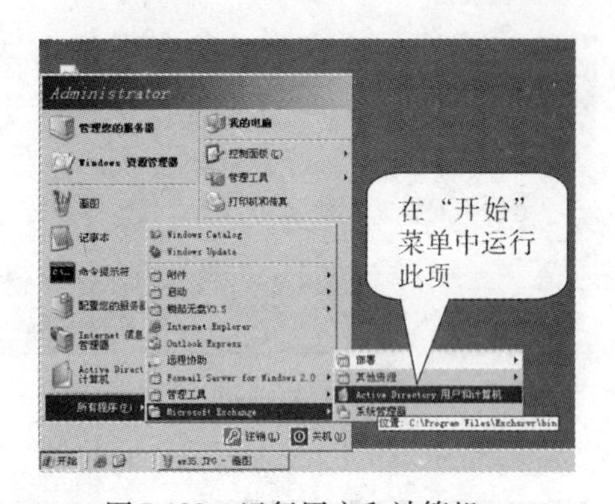

图 7-183　运行用户和计算机

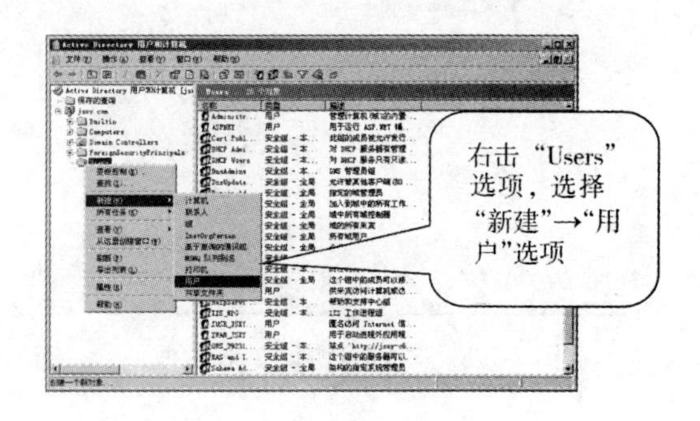

图 7-184　新建用户

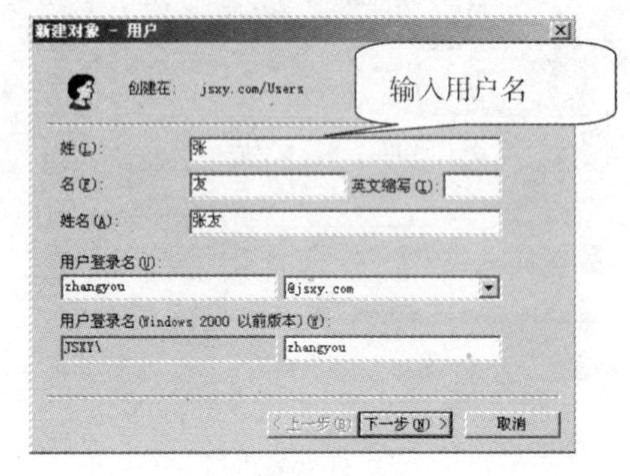

图 7-185　输入用户名

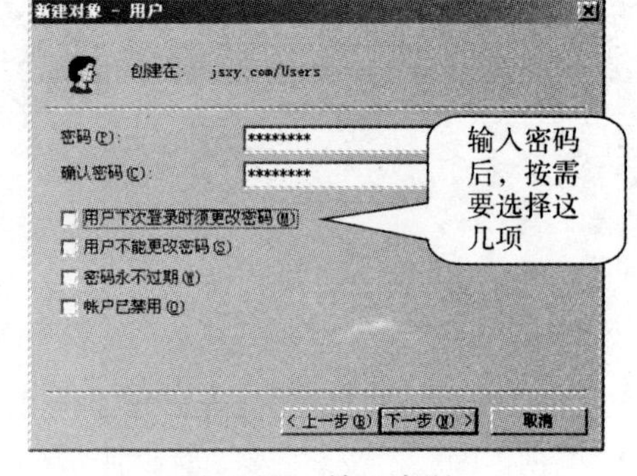

图 7-186　输入密码

2）启用 POP3 服务。打开“控制面板”→“管理工具”→“服务”命令，找到“Microsoft Exchange POP3”选项，此项默认为禁用状态，双击此选项在弹出的对话框中启用，如图 7-189 ~ 图 7-191 所示。

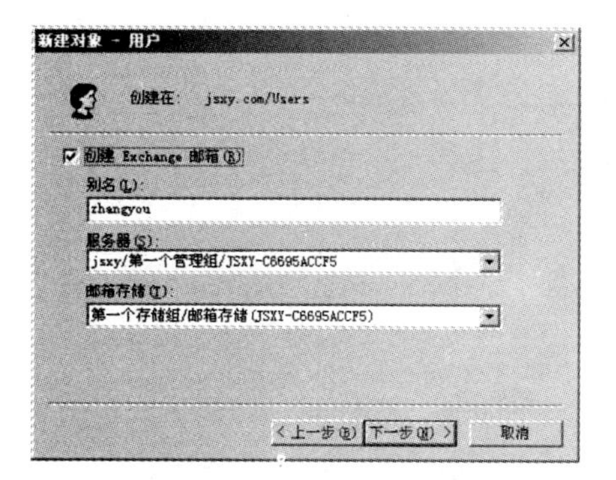

图 7-187　创建邮箱

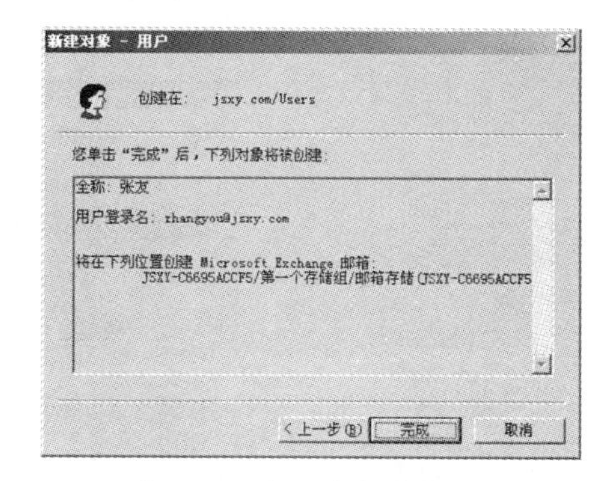

图 7-188　新用户创建完成

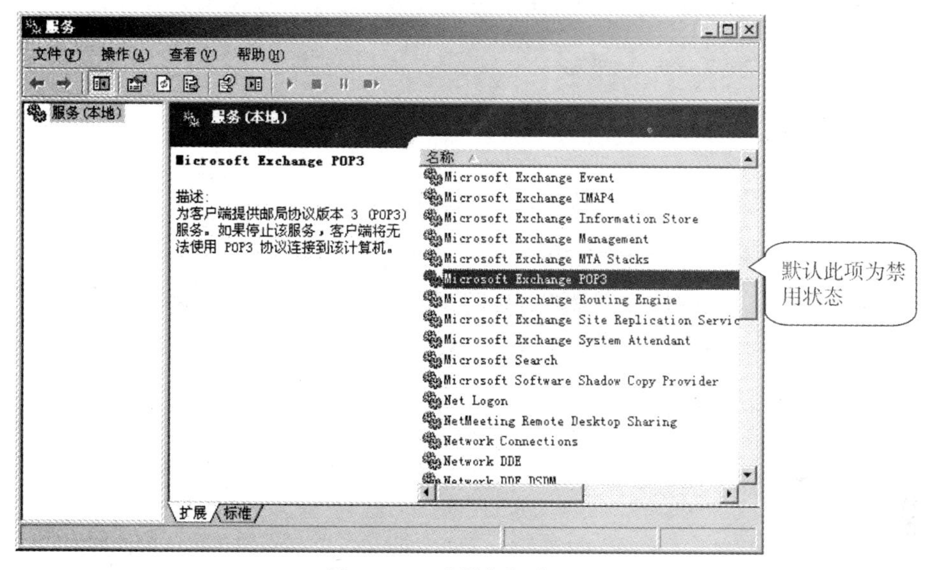

图 7-189　"服务"窗口

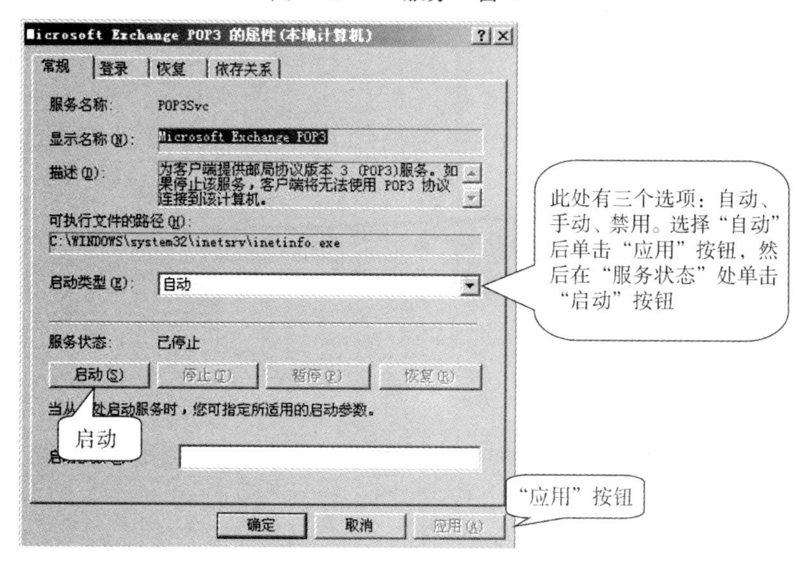

图 7-190　POP3 属性窗口

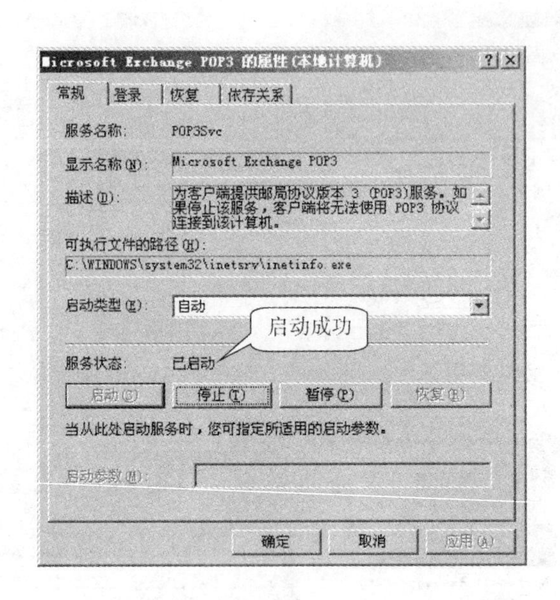

图 7-191　启动 POP3 服务

3）打开 Web 服务。选择“管理工具”→“Internet 信息服务（IIS）管理器”选项，打开“Internet 信息服务（IIS）管理器”窗口，在“默认站点”上右击，在弹出的快捷菜单中单击“属性”选项，然后在打开的“默认网站　属性”对话框中输入 IP 地址，如图 7-192 和图 7-193 所示。

图 7-192　“Internet 信息服务（IIS）管理器”窗口

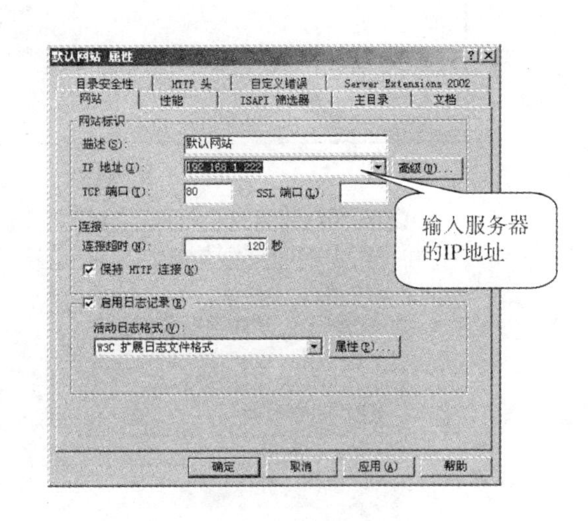

图 7-193　“默认网站　属性”对话框

4）限制用户的邮箱容量。在 Exchange Server 2003 中，能对用户的邮箱容量进行限制，并且可以更改用户的邮箱容量，如图 7-194 和图 7-195 所示。

5）限制用户邮件大小。右击“全局设置”中的“邮件传递”选项，在弹出的快捷菜单中单击“属性”选项（见图 7-196），弹出图 7-197 所示的“邮件传递　属性”对话框。

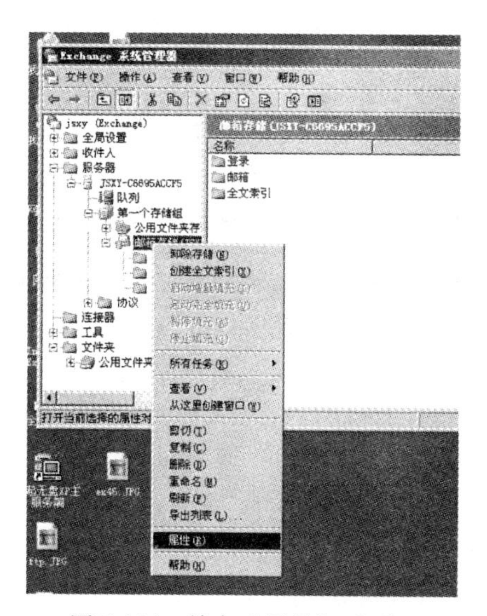
图 7-194 单击“属性”选项

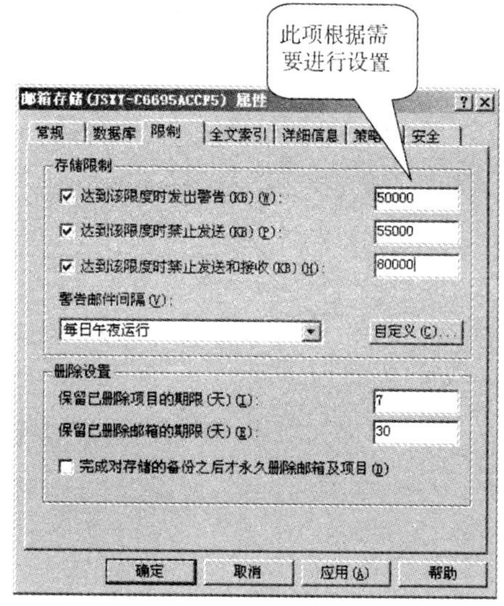

图 7-195 进行邮箱存储限制

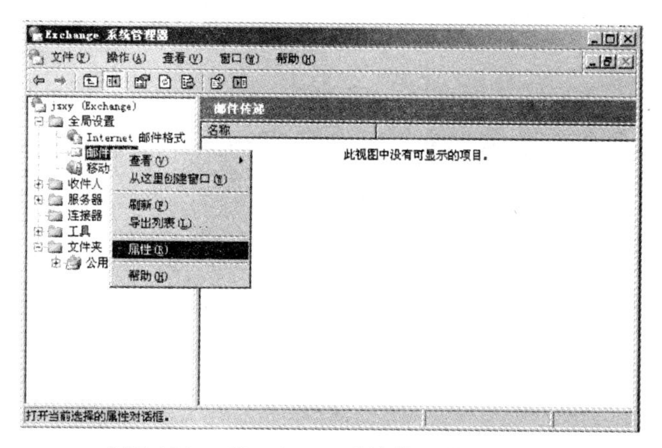
图 7-196 “Exchange 系统管理器”窗口

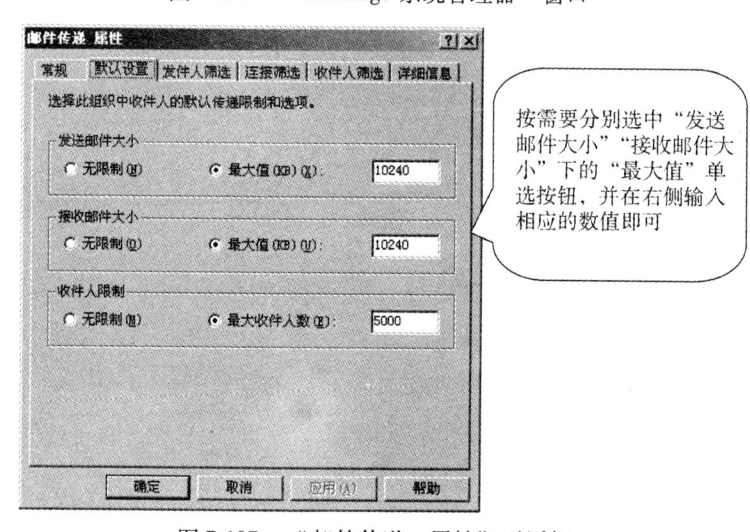

按需要分别选中“发送邮件大小”“接收邮件大小”下的“最大值”单选按钮，并在右侧输入相应的数值即可

图 7-197 “邮件传递 属性”对话框

6）查看用户邮箱使用情况。在系统管理器中，打开图 7-198 所示的窗口，查看已创建邮箱的使用情况。

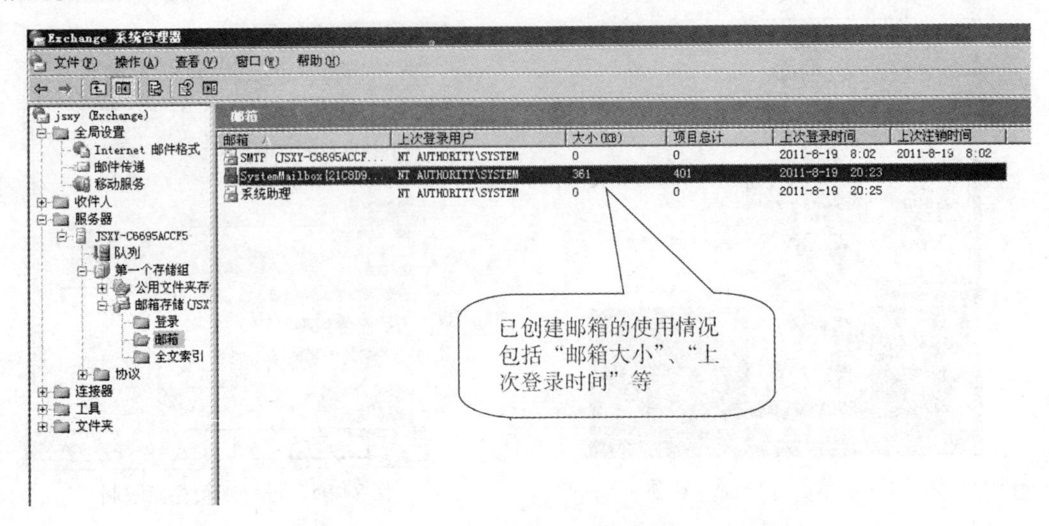

图 7-198 查看已创建邮箱的使用情况

至此，Exchange Server 2003 Email 服务安装及设置完成。

任务十 用 Windows Media 架设流媒体服务器

知识目标：

学会用 Windows Media 架设流媒体服务器的方法。

技能目标：

能够安装 Windows Media 服务器并进行简单设置。

任务分析

Windows Media 服务器采用流媒体的方式来传输数据。就目前来看，最流行的流媒体点播服务器有两种，即 Windows Media 服务器和 Real Server 服务器。本任务主要讨论在 Windows Server 2003 环境下搭建视频点播服务器的方法。

相关知识

随着 Internet 内容的日益丰富，视频点播也逐渐应用于宽带网和局域网。人们已不再满足于浏览文字和图片，而更喜欢在网上看电影、听音乐。然而，视频点播和音频点播功能的实现，必须依靠流媒体服务技术。Windows Media 服务器采用流媒体的方式传输数据。通常格式的文件只有在完全下载到本地硬盘后，才能够正常打开和运行。由于多媒体文件通常都比较大，所以完全下载到本地往往需要较长时间，而流媒体格式的文件只需先下载一部分，然后可以一边下载一边播放。Windows Media 服务器支持 ASF 和 WMV 格式的视频文件，以及 WMA 和 MP3 格式的音频文件。

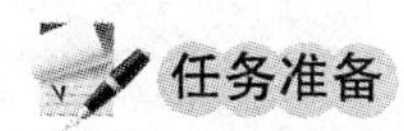

任务准备

实施本任务所使用的实训设备为：一台安装有 Windows Server 2003 操作系统的服务器。

任务实施

1. Windows Media 服务器的安装

Windows Media 服务器虽然是 Windows Server 2003 操作系统的组件之一，但是在默认情况下并不会自动安装，而是需要用户手动添加。在 Windows Server 2003 操作系统中，除了可以使用“Windows 组件向导”安装 Windows Media 服务器之外，还可以通过“配置您的服务器向导”来实现。

1）选择“控制面板”→“添加或删除程序”→“添加/删除 Windows 组件”选项，打开“Windows 组件向导”对话框，然后进行 Windows Media 服务器的安装，步骤如图 7-199～图 7-203 所示。

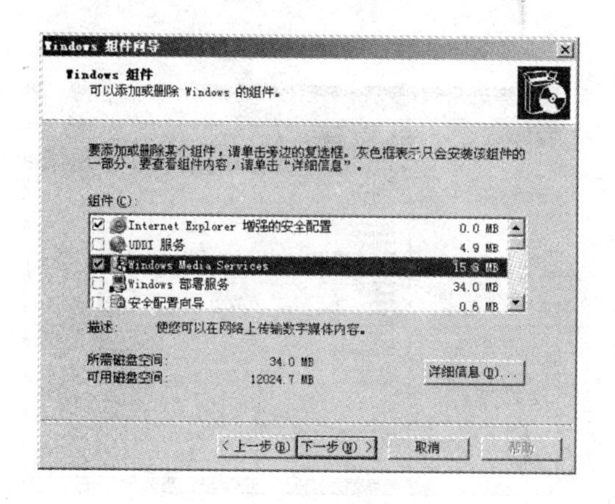

图 7-199　添加组件向导

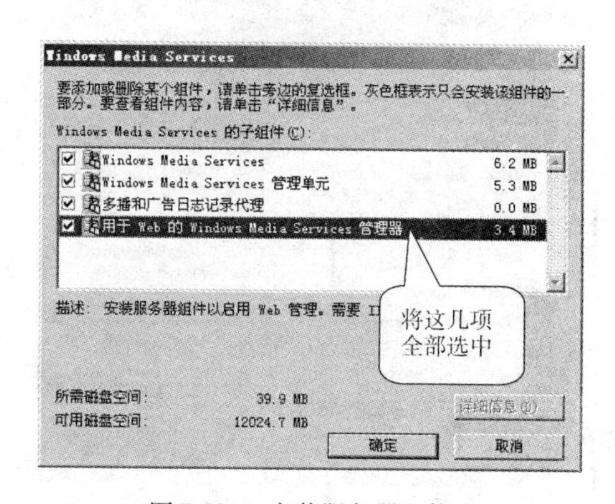

图 7-200　安装服务器组件

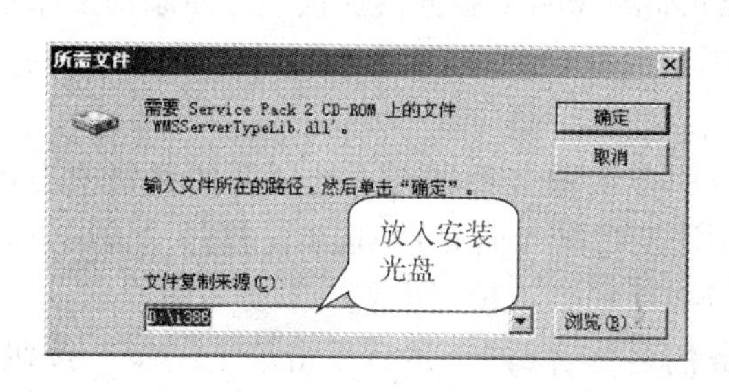

图 7-201　“所需文件”对话框

图 7-202　“查找文件”对话框

2）在 Windows Media 服务器安装完成后，将返回到“管理您的服务器”窗口，单击其中“流式媒体服务器”右侧的“管理此流式媒体服务器”超链接，或选择“开始”→“所有程序”→“管理工具”→“Windows Media Services”选项，打开 Windows Media 服务器主界面，如图 7-204 和图 7-205 所示。

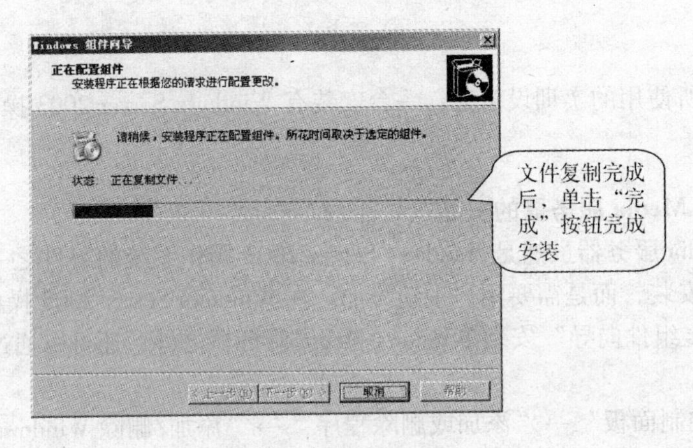

图 7-203　正在配置组件

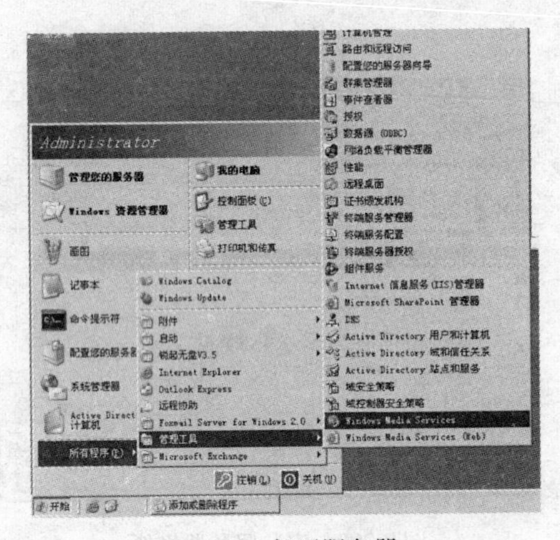

图 7-204　打开服务器

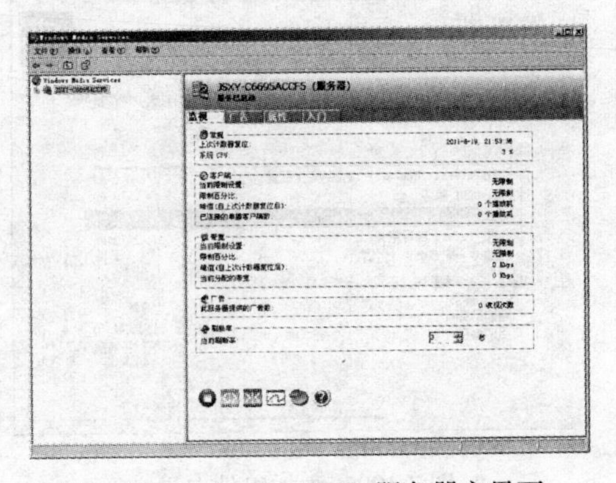

图 7-205　Windows Media 服务器主界面

2. 添加点播发布站点

对于 Windows Media 服务器的初级用户，Windows Media 服务器提供了方便添加发布点的向导。初级用户在打开 Windows Media 服务器以后，可使用“添加发布点向导”创建一个名字为“dy”的“点播发布点”，操作步骤如下：

1）在 Windows Media 服务器主界面左边栏中单击服务器图标，在展开的项目中右击“发布点”选项，然后在弹出的菜单中单击“添加发布点（向导）”选项，打开“添加发布点向导”对话框，单击“下一步”按钮，如图 7-206 和图 7-207 所示。

2）在“名称”文本框中填入要建电影服务的名称“dy”，然后单击“下一步”按钮，如图 7-208 所示。

3）在弹出的“内容类型”对话框中，要求选择将要发布内容的类型。由于要发布的是存在本地服务器硬盘上的电影文件，所以选择最后一个单选按钮“目录中的文件”，单击“下一步”按钮，如图 7-209 所示。

4）在弹出的“发布点类型”对话框中选择“点播发布点”单选按钮，然后单击“下一步”按钮，如图 7-210 所示。

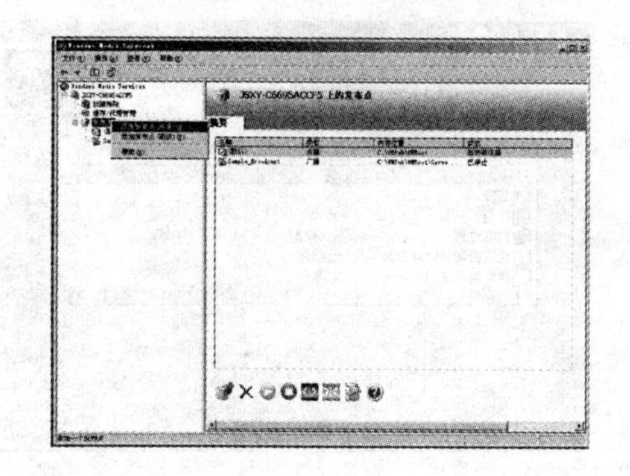

图 7-206　单击“添加发布点（向导）”选项

图 7-207　“添加发布点向导”对话框

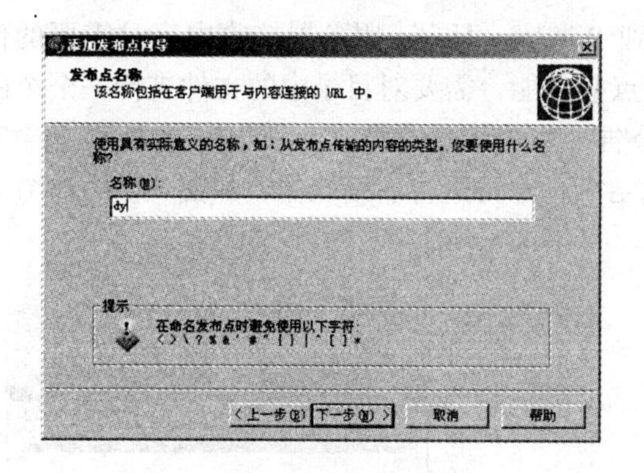

图 7-208　输入站点名称

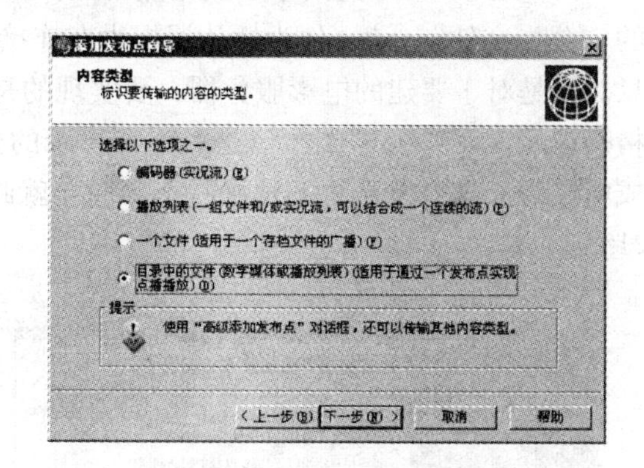

图 7-209　选择内容类型

5）在弹出的“目录位置”对话框中，要求给服务器指定媒体文件所在的目录，输入完成后，也可以选中“允许使用通配符对目录内容进行访问”复选框，然后单击“下一步”按钮，如图 7-211 所示。

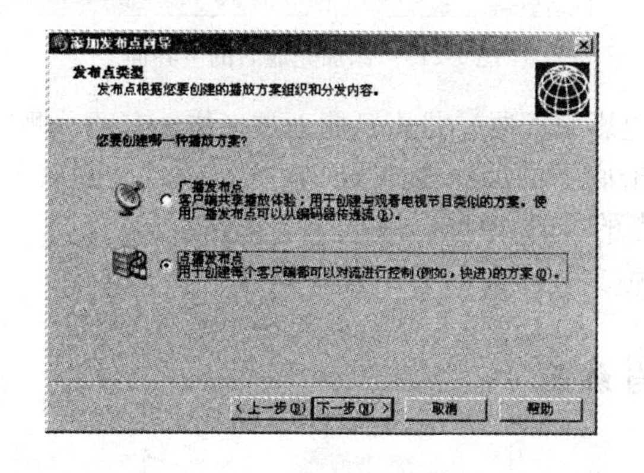

图 7-210　选择播放方案

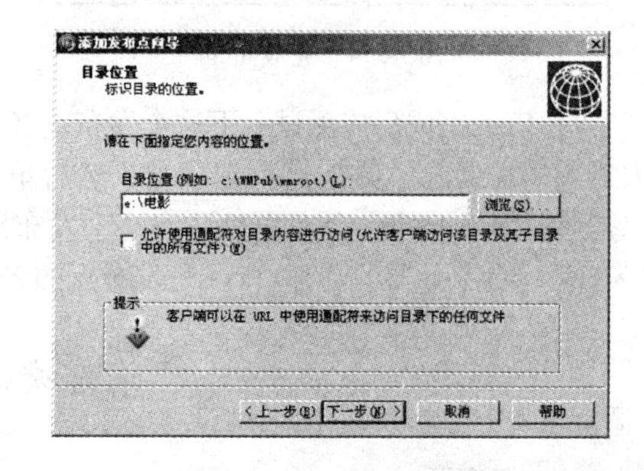

图 7-211　“目录位置”对话框

6）在弹出的“内容播放”对话框中，可根据需要随意选择，然后单击“下一步”按钮（见图 7-212），弹出“发布点摘要”对话框，单击“下一步”按钮，如图 7-213 所示。

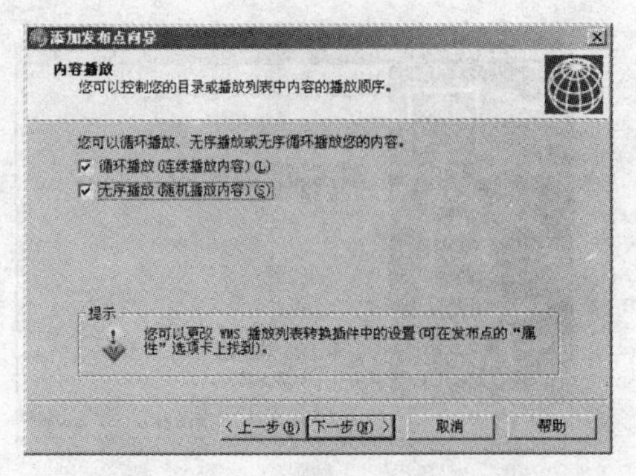

图 7-212　“内容播放”对话框

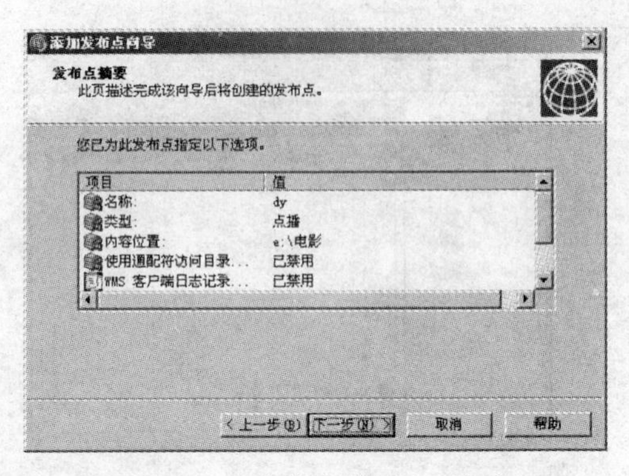

图 7-213　“发布点摘要”对话框

7）至此，基本完成添加发布点的工作，但是向导还提示可以进行进一步的创建发布点的“公告文件”。该文件为播放器提供在连接到 Windows Media 服务器接收内容时需要的信息。但是对于要建的电影服务器，要实现的是点播功能，需要对目录中的文件进行一个个的精确访问，而“公告文件”是对整个目录的公告，显然不符合要求，所以在这里取消“完成向导后”这个复选框的选中状态，向导就此结束，不再进行后续操作，如图 7-214 和图 7-215 所示。

图 7-214　完成向导

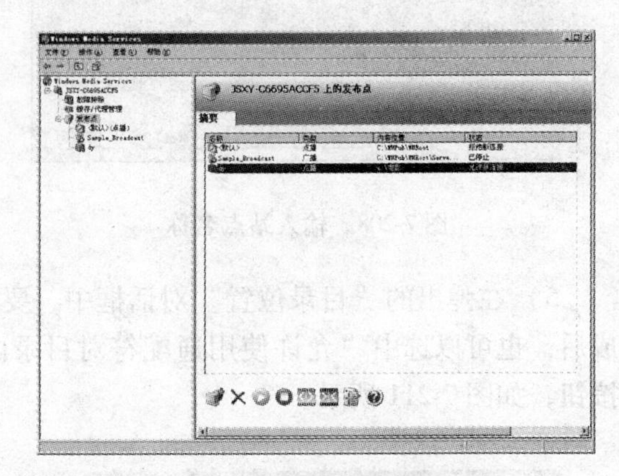

图 7-215　添加完成后的主界面

8）安装完成后应测试一下这个发布点（电影服务器）是否已能正常工作，有两种测试方式：一是单击“源”这个选项卡，然后单击底下的那个播放器的图标，就可以测试了；二是通过网络上的一台客户机访问这个发布点的 URL 地址，如 mms：//XXX/xxx/，其中，XXX 是一台服务器的名称，xxx 是发布点的名称。

思考与练习

一、填空题

1. DHCP 是＿＿＿＿＿＿协议，有了它管理员只需在服务器上设置好 DHCP 配置文件和 DHCP 客户机，这样在客户机启动时会自动与 DHCP 服务器通信，从服务器获取＿＿＿＿＿＿和＿＿＿＿＿＿。

2. WWW（World Wide Web）是 Internet 最重要的协议之一，是实现信息发布的基本平台。Internet 上的各种网站都是通过 WWW 服务器软件实现的。WWW 服务器所使用的协议主要是__________，也就是__________。

3. DNS（Domain Name System 或者 Domain Name Service）是指__________或者域名服务。域名系统给 Internet 上的主机分配__________和__________。

4. __________是最常用的网络服务之一，FTP 服务器则是在 Internet 上提供存储空间的计算机。它们依照 FTP 协议提供服务。FTP 的全称是__________（文件传输协议），顾名思义，就是专门用来传输文件的协议。

5. CuteFTP 是小巧但强大的 FTP 工具之一，具有友好的用户界面，稳定的传输速率，与__________、__________一起堪称 FTP 三剑客。

6. Foxmail Server 是由广州博大互联网技术有限公司推出的企业级邮件服务平台，利用它可以搭建出功能强大的__________。

7. NNTP 是__________（网络新闻传输协议）的缩写，SMTP 是__________（简单邮件传输协议）的缩写，WWW 是__________（万维网）的缩写。

8. Windows Media 服务器采用流媒体的方式来传输数据。就目前来看，最流行的流媒体点播服务器有两种，即__________和__________。

二、简答题

1. 什么是 DNS 服务器？
2. 简述 DNS 域名系统的结构。
3. DNS 域名的解析方法有哪些？
4. FTP 服务的访问方式有哪几种？

三、操作题

1. 配置 DHCP 服务器和客户机。
2. 架设局域网 WWW 服务器，安装 IIS 服务器并对 WWW 服务器进行相应配置。
3. 安装 DNS 服务器，并进行相应配置。
4. 安装 FTP 服务器，并进行相应配置。
5. 安装 Foxmail Server 服务器软件，并对其进行相应配置。
6. 安装 Exchange Server 2003 中文版并进行相应设置。
7. 在 Windows Server 2003 环境下搭建视频点播服务器。

单元八　局域网维护常用命令

8

作为一名网络维护人员，经常要处理网络故障，而了解和掌握常用的网络维护命令有助于更快地检测网络故障，从而节省维护时间，提高网络管理效率。Windows 操作系统提供了一组实用程序来实现简单的网络配置和管理功能，如 Ping，Ipconfig，Netstat，Tracert，Netsh，Net，Route，Nslookup 等命令。这些实用程序通常以 DOS 命令的形式出现，而不以图形界面的形成出现。另外，它们通过键盘命令来显示和改变网络配置，这样不但操作简单明了，而且立刻显现结果，使维护人员可以即时了解网络的配置参数，发现局域网中的故障，解决局域网中的各种问题。本章主要介绍局域网中常用的网络管理维护命令。通过学习本章的内容，读者可以学会局域网中常用的维护命令，掌握监控网络互连环境工作状况的方法。

任务一　运行 Netsh 命令

知识目标：

掌握 Netsh 命令的功能、格式以及操作方法。

技能目标：

能够根据实际局域网的维护要求，灵活地应用 Netsh 命令修改和配置当前网络参数。

任务分析

通过 Netsh 命令进行网络配置的修改和备份，并通过远程桌面连接，实现系统服务器的远程配置和控制。

相关知识

Netsh 命令是 Windows 系统本身提供的功能强大的网络配置命令行工具和命令行脚本实用工具。它允许从本地或远程显示或修改当前正在运行的计算机网络配置。利用 Netsh 命令，也可以以批处理模式运行一组命令，或者把当前的配置脚本用文本文件保存起来，用作备份或用来配置其他的服务器。本任务的主要内容就是：通过 Netsh 命令进行网络参数的配置，并导出配置脚本程序进行备份。为了在远程 Windows 中运行 Netsh 命令，使用“远程桌面连接”功能连接到正在运行终端服务器的系统中。

Netsh 命令格式如下：

netsh[-a AliasFile][-c Context][-r RemoteMachine][-u[DomainName]UserName][-p Password | *][Command | -f ScriptFile]，

其中一些命令参数的含义如下：

（1）-a AliasFile　指定使用了一个别名文件。因为别名文件包含 Netsh 命令列表和一个别名版本，所以可以使用别名命令行替换 Netsh 命令，也可以使用别名文件将其他平台中更熟悉的命令映射到适当的 Netsh 命令。

（2）-c Context　指定对应于已安装的支持 DLL 的命令环境。

（3）-r RemoteMachine　指定在远程计算机上运行 Netsh 命令，由名称或 IP 地址来指定远程计算机。

（4）-f ScriptFile　指定运行 ScriptFile 文件中所有的 Netsh 命令。

任务准备

实施本任务所使用的实训设备为：若干台安装了 Windows XP 或以上版本操作系统并连成局域网，可连入 Internet 的计算机。

任务实施

1. 配置网络参数

1）单击“开始”→“运行”命令，在弹出的对话框中输入“cmd”（见图 8-1），然后单击“确定”按钮，进入命令提示符窗口。

图 8-1　“运行”对话框

2）输入命令“netsh interface ip show address”查看当前 IP 地址配置（见图 8-2），可看到当前的 IP 地址为“192. 168. 138. 85”。

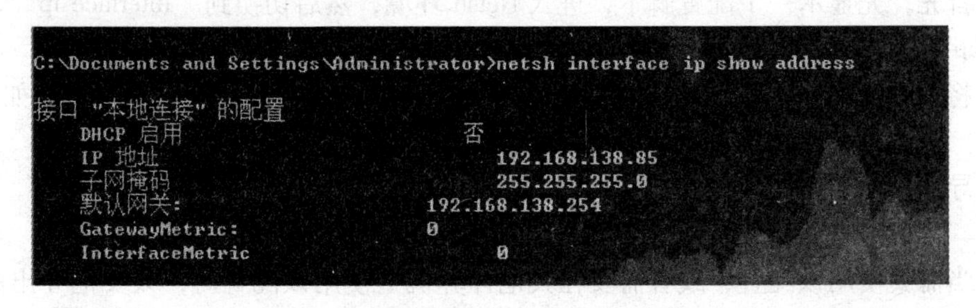

图 8-2　运行 Netsh 命令查看当前 IP 地址配置

小技巧：*在命令解释程序下，输入命令后，在后面输入“/?”，可以列出该命令的所有参数情况，如“netsh/?”。*

3）输入图 8-3 所示的命令，配置接口 IP 地址。

```
C:\Documents and Settings\Administrator>netsh
netsh>interface ip set address "本地连接" static 192.168.138.86 255.255.255.0
确定。

netsh>quit
```

图 8-3　配置接口 IP 地址

4）输入命令“netsh interface ip show config”，即可确认更改是否成功，如图 8-4 所示。参数 Config 用于显示 IP 地址和更多的网络配置信息。

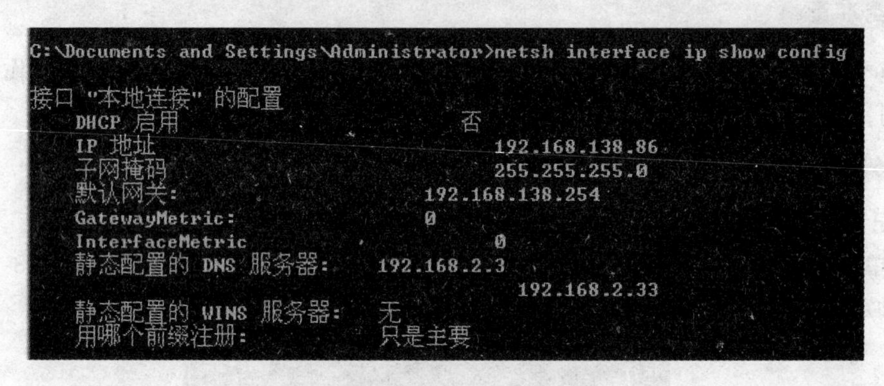
C:\Documents and Settings\Administrator>netsh interface ip show config
接口 "本地连接" 的配置
DHCP 启用　否
IP 地址　192.168.138.86
子网掩码　255.255.255.0
默认网关:　192.168.138.254
GatewayMetric:　0
InterfaceMetric　0
静态配置的 DNS 服务器:　192.168.2.3
192.168.2.33
静态配置的 WINS 服务器:　无
用哪个前缀注册:　只是主要

图 8-4　运行 Netsh 命令确认更改是否成功

小技巧：在命令提示符状态下，如果之前输入过一条命令，现在想要再次运行它，那么可以按向上箭头【↑】键和向下箭头【↓】键，或【F3】键，把这条命令重新调出执行；还可以按【→】键，把上一次执行的命令一个字符一个字符地调出；或者按【F7】键，查看及执行用过的命令，然后选择执行。

2. 导出配置脚本以作备份

将当前网络配置导出为脚本程序，当需要使用该配置时，再将该程序导入系统，这样就能以最快捷的方式修改自身的网络配置。

1）首先，先显示一个配置脚本，进入 Netsh 环境，然后切换到“interface ip”环境，通过“dump”命令将当前配置情况显示出来，如图 8-5 所示。

2）将当前网络配置导出为一个配置脚本，保存到“c：\ interface. txt”中，如图 8-6 所示。

3）导出的配置脚本可用记事本程序打开，并可根据自己的需要进行修改，如图 8-7 所示。

4）当需要使用该配置，或者需要在其他计算机上使用该配置时，只要把导出的配置文件直接导入系统即可，如图 8-8 所示。这样，就可以轻松地实现网络配置的修改。

3. 远程桌面连接

1）为了在远程 Windows 中运行 Netsh 命令，要通过远程桌面连接功能连接到正在运行终端服务器的系统中，在某台计算机开启了远程桌面连接功能后，用户就可以在网络的另一端控制这台计算机了。

图 8-5　显示当前配置情况

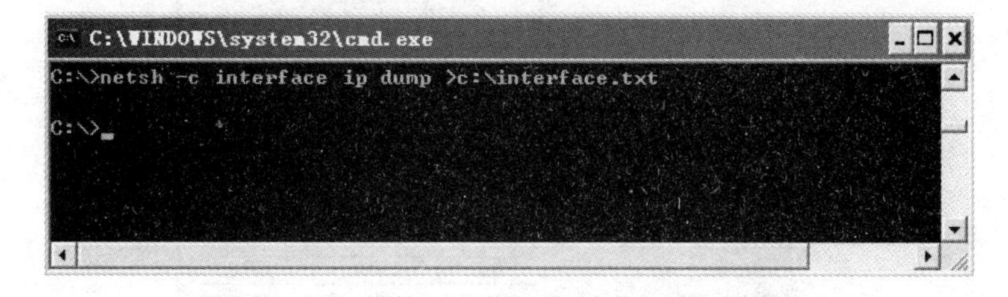

图 8-6　导出配置脚本

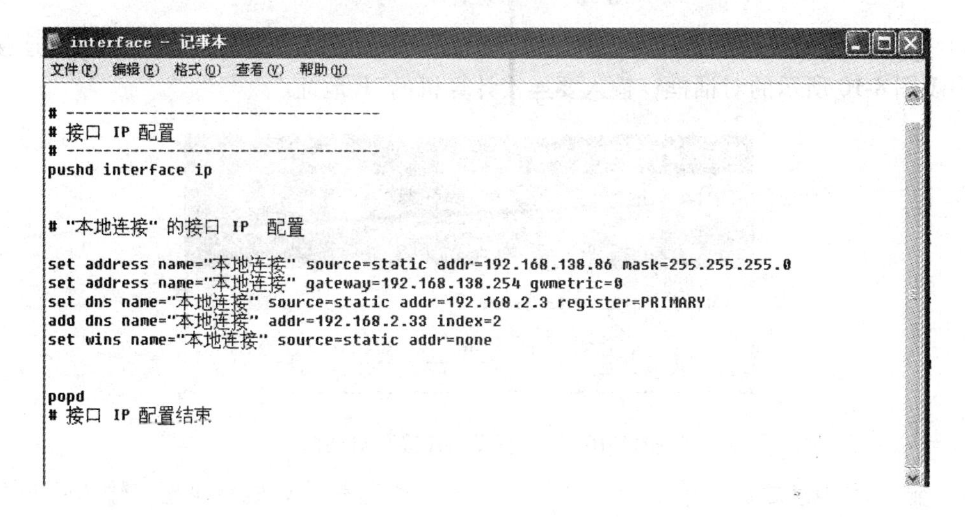

图 8-7　导出的配置脚本程序

图 8-8　导入配置脚本

2）开启被连接计算机的远程桌面连接功能，右击“我的电脑”图标，在弹出的快捷菜单中选择“属性”命令，弹出“系统属性”对话框，选择“远程”选项卡，然后选择“远程桌面”中的“允许用户远程连接到此计算机”复选框，如图 8-9 所示。

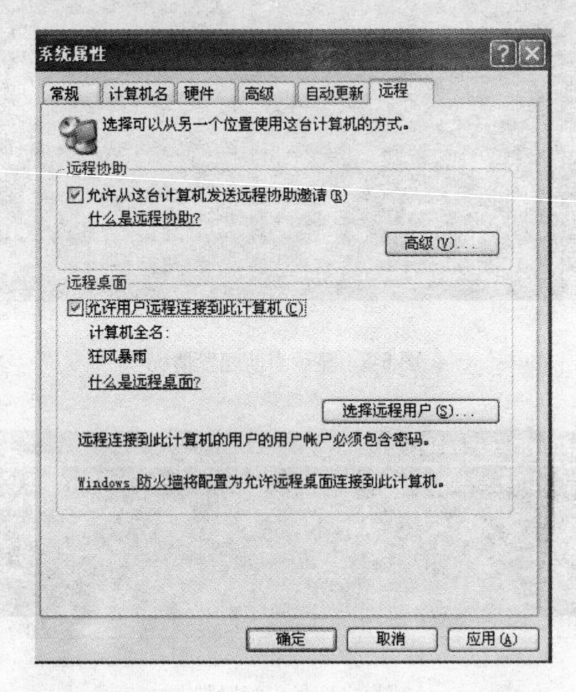

图 8-9　“系统属性”对话框

3）在远程连接端，单击“开始”→“所有程序”→“附件”→“远程桌面连接”命令，出现图 8-10 所示的对话框，输入要连接计算机的 IP 地址。

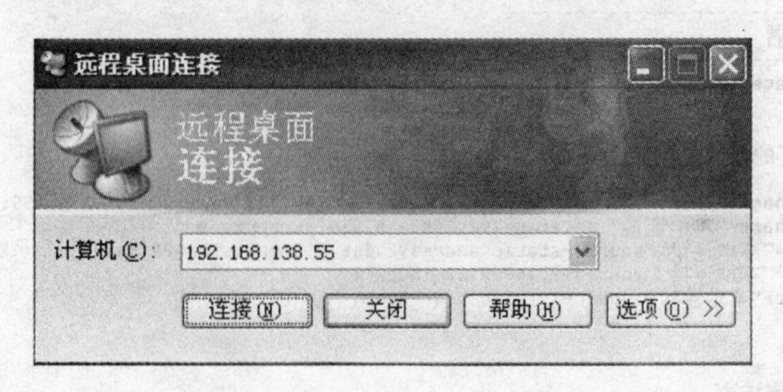

图 8-10　“远程桌面连接”对话框

4）输入 IP 地址之后，单击“连接”按钮，出现远程计算机登录框，输入用户名和密码就可以登录远程计算机了。登录计算机后，所有的操作都好像是直接在该计算机上操作一样。

任务二　运行 Ipconfig 命令

知识目标：

掌握 Ipconfig 命令的功能、格式以及操作方法。

技能目标：

能够根据实际局域网的维护要求，灵活地应用 Ipconfig 命令显示当前网络参数。

任务分析

使用 Ipconfig 命令查看网络配置的具体信息，以此来检验 TCP/IP 协议的设置是否正确。

相关知识

IP 配置查看程序 Ipconfig 的功能是显示当前的 TCP/IP 网络配置值，包括网络适配器的物理地址、IP 地址、子网掩码以及默认网关等。这些信息一般用来检验 TCP/IP 设置得是否正确。Ipconfig 命令是进行测试和故障分析的必要项目。

Ipconfig 命令的格式如下：

ipconfig [/all] [/renew [Adapter]] [/release [Adapter]] [/flushdns] [/displaydns] [/registerdns] [/showclassid Adapter] [/setclassid Adapter[Class ID]]

各命令参数的含义如下：

（1）/all　显示完整的 TCP/IP 配置信息。在没有该参数的情况下，Ipconfig 命令只显示各个适配器的 IPv6 地址或 IPv4 地址、子网掩码和默认网关值。

（2）/renew [Adapter]　刷新指定网络适配器的 IP 地址。该选项只在运行 DHCP 客户端的服务系统上可用。当要指定适配器名称时，应输入使用不带参数的 Ipconfig 命令显示的适配器名称。

（3）/release [Adapter]　发布当前的 DHCP 配置。该选项禁用本地系统上的 TCP/IP 协议，并只在 DHCP 客户端上可用。当要指定适配器名称时，应输入使用不带参数的 Ipconfig 命令显示的适配器名称。

（4）/flushdns　刷新并重设 DNS 客户解析缓存的内容。

（5）/displaydns　显示 DNS 客户解析缓存的内容。

（6）/registerdns　初始化计算机上配置的 DNS 名称和 IP 地址的手工动态注册。

（7）/showclassidAdapter　显示指定适配器的 DHCP 类别 ID。

（8）/setclassidAdapter [Class ID]　配置特定适配器的 DHCP 类别 ID。

如果不带参数，那么 Ipconfig 实用程序将向用户提供当前的 TCP/IP 配置值，包括 IP 地址和子网掩码。该使用程序在运行 DHCP 的系统上特别有用，允许用户决定由 DHCP 配置的值。

任务准备

实施本任务所使用的实训设备为：若干台安装了 Windows XP 或以上版本的操作系统并

连成局域网，可连入 Internet 的计算机。

任务实施

1）在命令提示符窗口中输入“ipconfig”且不带任何参数，显示本机网络适配器 IP 协议的配置信息，如图 8-11 所示。

```
C:\Documents and Settings\Administrator>ipconfig

Windows IP Configuration


Ethernet adapter 本地连接:

        Connection-specific DNS Suffix  . :
        IP Address. . . . . . . . . . . . : 192.168.138.85
        Subnet Mask . . . . . . . . . . . : 255.255.255.0
        Default Gateway . . . . . . . . . : 192.168.138.254
```

图 8-11　运行“ipconfig”命令

2）在命令提示符窗口中输入“ipconfig/all”（见图 8-12），即可查看网络配置的具体信息。

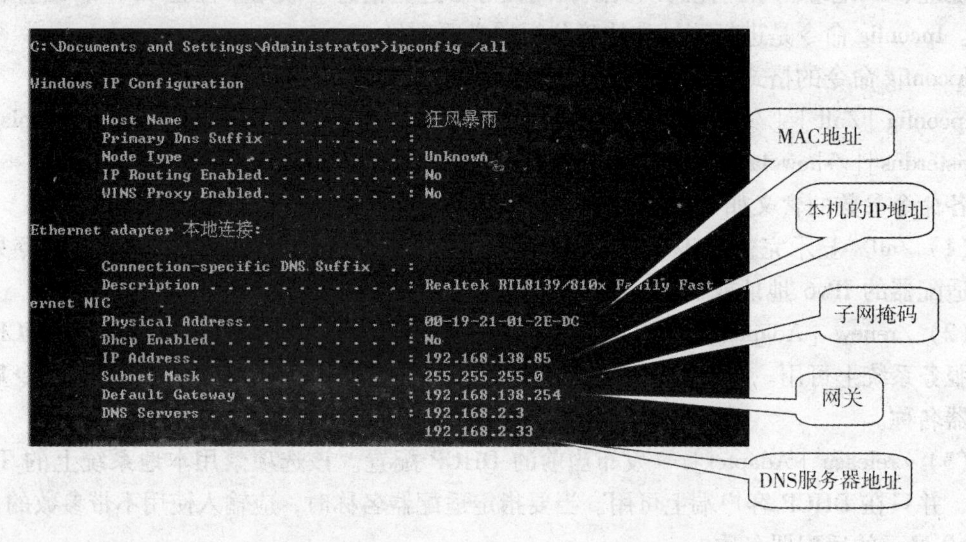

图 8-12　运行“ipconfig/all”命令

任务三　运行 Tracert 命令

知识目标：

掌握 Tracert 命令的功能、格式以及操作方法。

技能目标：

能够根据实际局域网的维护要求，灵活地应用 Tracert 命令进行路由分析诊断。

任务分析

本任务的内容及要求是：通过 Tracert 命令进行路由分析，查看本机到另一台计算机或网站的路由配置得是否正确。

相关知识

Tracert 命令是路由分析诊断命令，用来显示数据包到达目的主机所经过的路径。通过执行 Tracert 到对方主机的命令，就可以根据返回数据包确定到达目的主机前所经历路径的详细信息，并显示到达每个路径所消耗的时间。Tracert 命令的格式是：

tracert[-d][-h maximum_hops][-j computer-list][-w timeout] target_name

各命令参数的含义如下：

（1）-d　不进行主机名称的解析，这样可以加快跟踪的速度。

（2）-h maximum_hops　指定跃点数，以跟踪名称为“target_name”的主机的路由，默认值是 30 跳。

（3）-j computer-list　指定 Tracert 实用程序数据包所采用路径中的路由器接口列表，标志符“computer-list”列出必须经过的中间结点地址或名称，最多可以列出 9 个中间结点，各个中间结点用空格隔开。

（4）-w timeout　每次回复所指定的毫秒数，若接收超时，则显示星号“*”，默认超时间隔是 4s。

（5）target_name　目标主机的名称或 IP 地址。

Tracert 命令通过向目标计算机发送具有不同生存时间的 ICMP 数据包，来确定至目标计算机的路径，也就是说用来跟踪一条消息从一台计算机到另一台计算机所走的路径。每个报文中 TTL 字段的值都是不同的，如果 TTL 为 0，那么路由器就向源端返回一个超时报文，并丢弃原来要转发的报文。如果某路由器不返回超时报文，那么这个路由器就是不可见的，显示列表中用星号“*”来表示。

任务准备

实施本任务所使用的实训设备为：若干台安装了 Windows XP 或以上版本操作系统并连成局域网，可连入 Internet 的计算机。

任务实施

1）在命令提示符窗口中输入命令“tracert 192.168.2.3”，判断数据包到达目的主机所经过的路径，如图 8-13 所示。

```
C:\Documents and Settings\Administrator>tracert 192.168.2.3

Tracing route to ns.gzjtjx.com [192.168.2.3]
over a maximum of 30 hops:

  1     2 ms    <1 ms    <1 ms  192.168.138.254
  2     1 ms     1 ms    <1 ms  st-lwgw.gzjtjx.com [192.168.128.1]
  3    <1 ms    <1 ms    <1 ms  ns.gzjtjx.com [192.168.2.3]

Trace complete.
```

图 8-13　运行“tracert”命令

最左边的数字“1、2、3”是指该路由经过的计算机数目和顺序，“2ms”是向经过第一个计算机发送报文的往返时间。由于每个报文每次往返的时间不一样，所以 Tracert 只显示三次往返时间。时间信息之后是计算机的名称信息，是便于阅读的域名格式，也有 IP 地址格式。它可以让用户知道自己的计算机与目的计算机在网络上的距离，要经过几步才能到达，图 8-14 所示为经过了 3 步到达目的地。Tracert 最多会显示 30 段跃点。

2）跟踪到达主机“192.168.2.3”的路径，不进行名字解析，然后输入“tracert -d 192.168.2.3”命令，如图 8-14 所示。

```
C:\WINDOWS\system32\cmd.exe
Microsoft Windows XP [版本 5.1.2600]
(C) 版权所有 1985-2001 Microsoft Corp.

C:\Documents and Settings\Administrator>tracert -d 192.168.2.3

Tracing route to 192.168.2.3 over a maximum of 30 hops

  1     2 ms    <1 ms    <1 ms  192.168.138.254
  2     1 ms    <1 ms    <1 ms  192.168.128.1
  3    <1 ms    <1 ms    <1 ms  192.168.2.3

Trace complete.

C:\Documents and Settings\Administrator>_
```

图 8-14　tracer -d 命令

3）如果使用 Tracert 命令后往返时间以“＊”显示，而且不断出现“Request timed out”信息（见图 8-15），那么有可能遇到拒绝 Tracert 询问的路由器，这可能是路由器配置的问题，或者是 192.168.10.99 网络不存在（错误的 IP 地址）。

```
C:\Documents and Settings\Administrator>tracert 192.168.10.99

Tracing route to 192.168.10.99 over a maximum of 30 hops

  1    <1 ms    <1 ms    <1 ms  192.168.138.254
  2     1 ms    <1 ms    <1 ms  st-lugu.gz.jtjx.com [192.168.128.1]
  3     *        *        *     Request timed out.
  4     *        *        *     Request timed out.
  5     *        *        *     Request timed out.
  6     *        *        *     Request timed out.
  7     *        *        *     Request timed out.
  8     *        *        *     Request timed out.
  9     *        *        *     Request timed out.
 10     *        *        *     Request timed out.
 11     *        *        *     Request timed out.
 12     *        *        *     Request timed out.
 13     *        *        *     Request timed out.
 14     *        *        *     Request timed out.
 15     *        *        *     Request timed out.
 16     *        *        *     Request timed out.
```

图 8-15　路由配置出错信息

4）显示本机到“www.21cn.com”的路由跟踪列表，如图 8-16 所示。

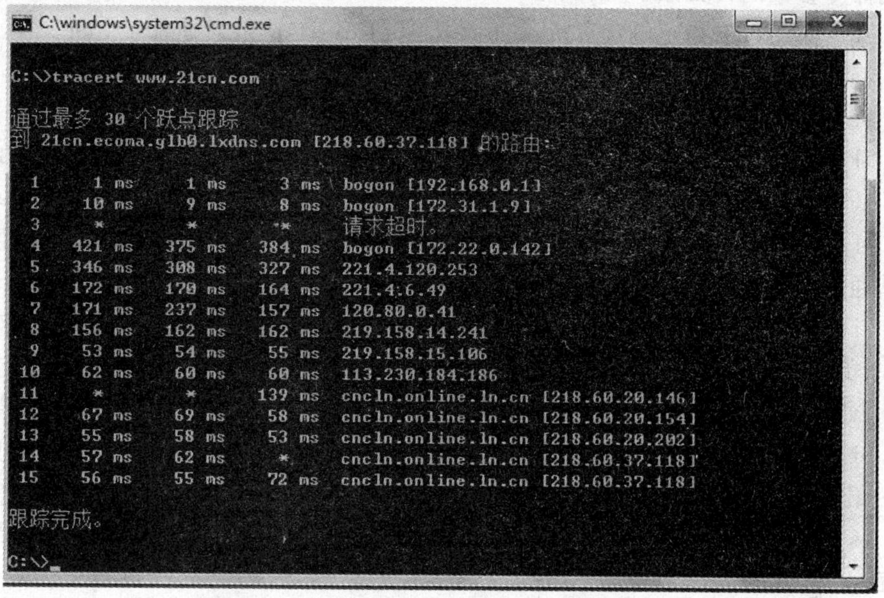

```
C:\windows\system32\cmd.exe

C:\>tracert www.21cn.com

通过最多 30 个跃点跟踪
到 21cn.ecoma.glb0.lxdns.com [218.60.37.118] 的路由:

  1     1 ms     1 ms     3 ms  bogon [192.168.0.1]
  2    10 ms     9 ms     8 ms  bogon [172.31.1.9]
  3     *        *        *     请求超时。
  4   421 ms   375 ms   384 ms  bogon [172.22.0.142]
  5   346 ms   308 ms   327 ms  221.4.120.253
  6   172 ms   170 ms   164 ms  221.4.6.49
  7   171 ms   237 ms   157 ms  120.80.0.41
  8   156 ms   162 ms   162 ms  219.158.14.241
  9    53 ms    54 ms    55 ms  219.158.15.106
 10    62 ms    60 ms    60 ms  113.230.184.186
 11     *        *      139 ms  cncln.online.ln.cn [218.60.20.146]
 12    67 ms    69 ms    58 ms  cncln.online.ln.cn [218.60.20.154]
 13    55 ms    58 ms    53 ms  cncln.online.ln.cn [218.60.20.202]
 14    57 ms    62 ms     *     cncln.online.ln.cn [218.60.37.118]
 15    56 ms    55 ms    72 ms  cncln.online.ln.cn [218.60.37.118]

跟踪完成。

C:\>_
```

图 8-16 Tracert 到 www.21cn.com 的路由

任务四 运行 Ping 命令

知识目标：

掌握 Ping 命令的功能、格式以及操作方法。

技能目标：

能够根据实际局域网的维护要求，灵活地应用 Ping 命令检查 IP 网络的连接情况以及网络是否通畅，以判断网络故障所在。

任务分析

本任务的主要内容及要求是：使用 Ping 命令判断网络的连通性，以判断网络故障所在。

相关知识

网络连通测试程序 Ping 命令，用于检查 IP 网络的连接情况及网络是否通畅，是一个用于排除网络连接故障的测试命令。Ping 命令的原理是：网络上的机器都有唯一确定的 IP 地址，当给目标 IP 地址发送一个数据包时，对方就要返回一个同样大小的数据包，根据返回的数据包可以确定目标主机的存在，也可以初步判断目标主机的操作系统等。它可以用于检查网络是否能够连通，能够很好地帮助网络维护人员分析判定网络故障。该命令只有在安装了 TCP/IP 协议后才可以使用。Ping 命令格式如下：

ping [-t] [-a] [-n count] [-l length] [-f] [-i ttl] [-v tos] [-r count] [-s count] [-j computer-list] | [-k computer-list] [-w timeout] TargetName

常用命令参数的含义如下：

（1）-t　一直 Ping 指定的计算机，直到按下【Ctrl + C】组合键时才中断。

（2）-a　将地址解析为计算机名。

（3）-n count　发送 count 指定的 ECHO 数据包数，默认值为 4。

（4）-l length　发送包含由 length 指定数据量的 ECHO 数据包，默认为 32B，最大值是 65527B。

（5）-f　只要在数据包中发送“不要分段”标志，数据包就不会被路由上的网关分段，用于测试通路上传输的最大报文长度。

（6）-i ttl　将“生存时间”字段设置为 ttl 指定的值，对于 Windows XP 系统来说，这个值是 128，最大为 255。

（7）-v tos　将“服务类型”字段设置为 tos 指定的值，默认值是 0。

（8）-r count　在“记录路由”字段中记录传出和返回数据包的路由。count 可以指定最少 1 台，最多 9 台计算机。

（9）-s count　指定 count 指定的跃点数的时间戳，用于记录达到每一跃点的时间，count 值在 1 ~4 之间。

（10）-j computer-list　利用 computer-list 指定的计算机列表路由数据包。连续计算机可以被中间网关分隔，允许的 IP 地址最多为 9 个，并且各 IP 地址间用空格分开。

（11）-k computer-list　利用 computer-list 指定的计算机列表路由数据包。连续计算机不能被中间网关分隔，允许的 IP 地址最多为 9 个，并且各 IP 地址间用空格分开。

（12）-w timeout　指定超时间隔，单位为 ms，默认超时间隔为 4s。若响应超时，则显示出错信息“Request time out”。

（13）TargetName　指定要 Ping 的远程计算机名或 IP 地址。

任务准备

实施本任务所使用的实训设备为：若干台安装了 Windows XP 或以上版本操作系统并连成局域网，可连入 Internet 的计算机。

任务实施

1）单击“开始”→“运行”命令，在弹出的对话框中输入“cmd”（见图 8-17），然后单击“确定”按钮，进入命令提示符窗口。

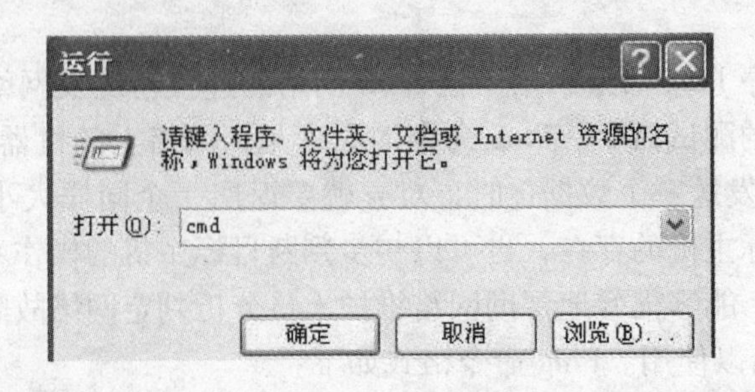

图 8-17　“运行”对话框

2）输入命令“ping 127. 0. 0. 1”，测试本机的 TCP/IP 协议，若出现图 8-18 所示的信息，则表示本机的 TCP/IP 协议正常。

```
C:\Documents and Settings\Administrator>ping 127.0.0.1

Pinging 127.0.0.1 with 32 bytes of data:

Reply from 127.0.0.1: bytes=32 time<1ms TTL=128
Reply from 127.0.0.1: bytes=32 time<1ms TTL=128
Reply from 127.0.0.1: bytes=32 time<1ms TTL=128
Reply from 127.0.0.1: bytes=32 time<1ms TTL=128

Ping statistics for 127.0.0.1:
    Packets: Sent = 4, Received = 4, Lost = 0 (0% loss),
Approximate round trip times in milli-seconds:
    Minimum = 0ms, Maximum = 0ms, Average = 0ms
```

图 8-18　输入命令“ping 127. 0. 0. 1”

小技巧：也可以输入“localhost”，它是系统的网络保留名，表示每台计算机都应该能够将该名字转换成该地址，如果没有做到这一点，那么表示主机文件（/Windows/host）中存在问题。

3）如果本机的 TCP/IP 协议不能正常工作，那么就会出现图 8-19 所示的信息，表示 TCP/IP 的安装或运行存在问题。

```
C:\Documents and Settings\Administrator>ping 127.0.0.1

Pinging 127.0.0.1 with 32 bytes of data:

Destination host unreachable.
Destination host unreachable.
Destination host unreachable.
Destination host unreachable.

Ping statistics for 127.0.0.1:
    Packets: Sent = 4, Received = 0, Lost = 4 (100% loss),
```

图 8-19　TCP/IP 协议的安装或运行存在问题

4）输入命令“ping 192. 168. 138. 85”，Ping 本机地址，若出现图 8-20 所示的提示信息，则表示本地配置正常；若出现图 8-21 所示的提示信息，则表示本地配置或安装存在问题。

```
C:\Documents and Settings\Administrator>ping 192.168.138.85

Pinging 192.168.138.85 with 32 bytes of data:

Reply from 192.168.138.85: bytes=32 time<1ms TTL=128
Reply from 192.168.138.85: bytes=32 time<1ms TTL=128
Reply from 192.168.138.85: bytes=32 time<1ms TTL=128
Reply from 192.168.138.85: bytes=32 time<1ms TTL=128

Ping statistics for 192.168.138.85:
    Packets: Sent = 4, Received = 4, Lost = 0 (0% loss),
Approximate round trip times in milli-seconds:
    Minimum = 0ms, Maximum = 0ms, Average = 0ms
```

图 8-20　Ping 本机地址

```
C:\Documents and Settings\Administrator>ping 192.168.138.85

Pinging 192.168.138.85 with 32 bytes of data:

Request timed out.
Request timed out.
Request timed out.
Request timed out.

Ping statistics for 192.168.138.85
    Packets: Sent = 4, Received = 0, Lost = 4 (100% loss),
```

图 8-21　Ping 本机地址出错

5）输入命令“ping 192. 168. 138. 254”，Ping 网关验证网络线路是否正常，若出现图 8-22所示的提示信息，则可肯定网络线路畅通，表示局域网中的网关或路由器正在运行；若出现 4 行“Request timeout”提示信息，则表示网络线路有故障。

```
C:\Documents and Settings\Administrator>ping 192.168.138.254

Pinging 192.168.138.254 with 32 bytes of data:

Reply from 192.168.138.254: bytes=32 time=3ms TTL=64
Reply from 192.168.138.254: bytes=32 time<1ms TTL=64
Reply from 192.168.138.254: bytes=32 time<1ms TTL=64
Reply from 192.168.138.254: bytes=32 time<1ms TTL=64

Ping statistics for 192.168.138.254:
    Packets: Sent = 4, Received = 4, Lost = 0 (0% loss),
Approximate round trip times in milli-seconds:
    Minimum = 0ms, Maximum = 3ms, Average = 0ms
```

图 8-22　Ping 网关

6）输入命令“ping www. 163. com”，验证 DNS 配置是否正确，若出现图 8-23 所示的提示信息，则表示 DNS 服务器配置正确；若出现“unknown host name”提示信息，则表示 DNS 服务器的 IP 地址配置不正确或 DNS 服务器有故障。

```
C:\Documents and Settings\Administrator>ping www.163.com

Pinging 163.xdwscache.glb0.lxdns.com [121.11.151.72] with 32 bytes of data:

Reply from 121.11.151.72: bytes=32 time=12ms TTL=53
Reply from 121.11.151.72: bytes=32 time=13ms TTL=53
Reply from 121.11.151.72: bytes=32 time=12ms TTL=53
Reply from 121.11.151.72: bytes=32 time=13ms TTL=53

Ping statistics for 121.11.151.72:
    Packets: Sent = 4, Received = 4, Lost = 0 (0% loss),
Approximate round trip times in milli-seconds:
    Minimum = 12ms, Maximum = 13ms, Average = 12ms
```

图 8-23　Ping 网址

小技巧：在排除网络故障时，经常都会使用 Ping 命令 + 参数 T 来检测网络的连通性，在 Ping 的过程中可以按【Ctrl + C】组合键终止操作。

任务五　运行 Netstat 命令

知识目标：

掌握 Netstat 命令的功能、格式以及操作方法。

技能目标：

能够根据实际局域网的维护要求，灵活地应用 Netstat 命令了解网络的整体使用情况。

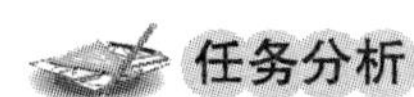

任务分析

Netstat 命令可以帮助网络管理员了解网络的整体使用情况。本任务的主要内容及要求是：使用 Netstat 命令查看本机所有网络连接的详细信息。

相关知识

Netstat 命令的功能是显示当前正在活动的网络连接的详细信息，如计算机正在监听的端口、以太网统计信息、IP 路由表、IPv4 统计信息（包括 IP、ICMP、TCP 和 UDP 等协议）、IPv6 统计信息（包括 IPv6、ICMPv6、TCP over IPv6 和 UDP over IPv6 等协议）。Netstat 命令格式如下：

netstat[-a][-b][-e][-f][-n][-o][-p proto][-r][-s][-t][interval]

常用参数的含义如下：

（1）-a　显示所有连接和侦听的 TCP 和 UDP 端口，可以有效发现和预防木马病毒。

（2）-b　显示在创建每个连接或侦听端口时涉及的可执行程序。

（3）-e　显示关于以太网的统计数据。它列出的项目包括传送数据包的总字节数、错误数、删除数，数据包的数量和广播的数量。这些统计数据既有发送的数据包数量，也有接收的数据包数量。

（4）-f　显示外部地址的完全限定域名。

（5）-n　显示所有已建立的有效连接，以数字形式显示地址和端口号。

（6）-r　显示关于路由表的信息。

（7）-s　本选项能够按照各个协议分别显示其统计数据。

任务准备

实施本任务所使用的实训设备为：若干台安装了 Windows XP 或以上版本操作系统并连成局域网，可连入 Internet 的计算机。

任务实施

1）在命令提示符窗口中运行“netstat-a”命令，查看本机所有连接，如图 8-24 所示。

其中，“Active Connections”是指当前本机的活动连接，“Proto”是指连接使用的协议名称，“Local Address”是指本地计算机的 IP 地址和连接正在使用的端口号，“Foreign Address”是指连接该端口的远程计算机的 IP 地址和端口号，“State”则表明 TCP 连接的状态，图 8-24 中下面几行的监听端口是 UDP 协议的，所以没有 State 表示的状态。

```
C:\Documents and Settings\Administrator>netstat -a

Active Connections

  Proto  Local Address          Foreign Address        State
  TCP    TC:epmap               TC:0                   LISTENING
  TCP    TC:microsoft-ds        TC:0                   LISTENING
  TCP    TC:1025                TC:0                   LISTENING
  TCP    TC:netbios-ssn         TC:0                   LISTENING
  TCP    TC:1036                218.6.23.40:http       TIME_WAIT
  UDP    TC:microsoft-ds        *:*
  UDP    TC:1042                *:*
  UDP    TC:3600                *:*
  UDP    TC:ntp                 *:*
  UDP    TC:1026                *:*
  UDP    TC:1039                *:*
  UDP    TC:1040                *:*
  UDP    TC:1900                *:*
  UDP    TC:ntp                 *:*
  UDP    TC:netbios-ns          *:*
  UDP    TC:netbios-dgm         *:*
  UDP    TC:1900                *:*
```

图 8-24　运行“netstat-a”命令

下面以图 8-24 中的第 6 行为例来解释一下各项的含义。

Proto	Local Address	Foreign Address	State
TCP	TC：1036	218. 6. 23. 40：http	TIME _ WAIT

各项的含义为：TCP 是指传输层通信协议；本地机器名（Local Address）为 TC，本地打开并用于连接的端口为 1036；远程机器名（Foreign Address）为 218. 6. 23. 40；远程端口为 http。

状态为 TIME _ WAIT，表示该机在目前已经是等待状态。

小技巧：可以通过监听常见木马病毒所使用的通信端口（如 BO（31337）、YAI（1999）、冰河（7626）、SUB7（1243，27374）等）来判断是否感染病毒。例如，机器的 7626 端口已经开放，而且正在监听等待连接，像这样的情况极有可能是已经感染了木马病毒。

2）输入“netstat -e”命令，显示以太网的统计信息，如图 8-25 所示。

```
C:\Documents and Settings\Administrator>netstat -e
Interface Statistics

                           Received            Sent

Bytes                       5238314         1545163
Unicast packets                6354            5641
Non-unicast packets             207             163
Discards                          0               0
Errors                            0               0
Unknown protocols               206
```

图 8-25　运行“netstat -e”命令

3）输入命令“netstat -o”，显示 TCP 连接及其对应的进程 ID，如图 8-26 所示。

```
C:\WINDOWS\system32\cmd.exe
C:\Documents and Settings\Administrator>netstat -o

Active Connections

  Proto  Local Address          Foreign Address        State           PID
  TCP    TC:1061                www.gcti.cn:http       ESTABLISHED     3624
  TCP    TC:1063                121.14.228.43:http     ESTABLISHED     3624
  TCP    TC:1064                119.147.241.36:http    ESTABLISHED     3624
  TCP    TC:1065                119.147.241.28:http    ESTABLISHED     3624
  TCP    TC:1066                119.147.241.36:http    ESTABLISHED     3624
  TCP    TC:1067                m14-177.yeah.net:http  ESTABLISHED     3624
  TCP    TC:1068                123.58.176.140:http    ESTABLISHED     3624
  TCP    TC:1069                123.58.176.140:http    ESTABLISHED     3624
  TCP    TC:1070                123.58.176.140:http    ESTABLISHED     3624
  TCP    TC:1071                119.147.241.36:http    ESTABLISHED     3624
  TCP    TC:1072                119.147.241.36:http    ESTABLISHED     3624
  TCP    TC:1073                119.147.241.28:http    ESTABLISHED     3624
  TCP    TC:1074                119.147.241.28:http    ESTABLISHED     3624
  TCP    TC:1076                119.147.241.28:http    ESTABLISHED     3624
  TCP    TC:1077                119.147.241.28:http    ESTABLISHED     3624
  TCP    TC:1079                119.147.241.28:http    ESTABLISHED     3624
  TCP    TC:1084                119.147.241.36:http    ESTABLISHED     3624
  TCP    TC:1085                119.147.241.28:http    ESTABLISHED     3624
  TCP    TC:1087                119.147.241.36:http    ESTABLISHED     3624
  TCP    TC:1088                119.147.241.36:http    ESTABLISHED     3624
```

图 8-26　运行“netstat -o”命令

4）输入命令“netstat -r”，查看路由信息表，如图 8-27 所示。

```
C:\>netstat -r
===========================================================================
接口列表
 11...44 87 fc d7 f3 79 ......基于 Marvell Yukon 88E8057 PCI-E 的通用千兆以太网
控制器
  1...........................Software Loopback Interface 1
 12...00 00 00 00 00 00 00 e0 Microsoft ISATAP Adapter
 13...00 00 00 00 00 00 00 e0 Teredo Tunneling Pseudo-Interface
===========================================================================

IPv4 路由表
===========================================================================
活动路由:
网络目标        网络掩码          网关       接口   跃点数
          0.0.0.0          0.0.0.0    192.168.4.254     192.168.4.62    266
        127.0.0.0        255.0.0.0            在链路上         127.0.0.1    306
        127.0.0.1  255.255.255.255            在链路上         127.0.0.1    306
  127.255.255.255  255.255.255.255            在链路上         127.0.0.1    306
      192.168.4.0    255.255.255.0            在链路上      192.168.4.62    266
     192.168.4.62  255.255.255.255            在链路上      192.168.4.62    266
    192.168.4.255  255.255.255.255            在链路上      192.168.4.62    266
        224.0.0.0        240.0.0.0            在链路上         127.0.0.1    306
        224.0.0.0        240.0.0.0            在链路上      192.168.4.62    266
  255.255.255.255  255.255.255.255            在链路上         127.0.0.1    306
  255.255.255.255  255.255.255.255            在链路上      192.168.4.62    266
===========================================================================
永久路由:
  网络地址          网络掩码  网关地址  跃点数
          0.0.0.0          0.0.0.0    192.168.4.254     默认
===========================================================================
```

图 8-27　运行“netstat -r”命令

任务六　运行 Net 命令

知识目标：

掌握 Net 命令的功能、格式以及操作方法。

技能目标：

能够根据实际局域网的维护要求，灵活地应用 Net 命令查看网络管理环境。

任务分析

利用 Net 命令可以查看并管理网络环境、服务、用户、登录等信息内容。本任务的内容及要求是：使用 Net 命令查看本机所有用户列表、共享资源列表以及启动服务的列表。

相关知识

Net 命令是功能强大的以命令行方式执行的工具，使用它可以轻松地管理本地或者远程计算机的网络环境，以及各种服务程序的运行和配置。Net 命令的格式如下：

NET[ACCOUNTS | COMPUTER | CONFIG | CONTINUE | FILE | GROUP | HELP | HELPMSG | LOCALGROUP | NAME | PAUSE | PRINT | SEND | SESSION | SHARE | START | STATISTICS | STOP | TIME | USE | USER | VIEW]

可以输入“net help”命令在命令行中获得 Net 命令的语法帮助。例如，要得到“net accounts”命令的帮助，应输入“net help accounts”，结果如图 8-28 所示。

图 8-28　“net help accounts”命令

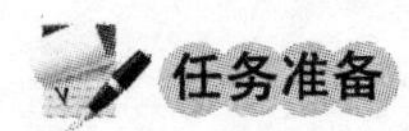

任务准备

实施本任务所使用的实训设备为：若干台安装了 Windows XP 或以上版本操作系统并连成局域网，可连入 Internet 的计算机。

任务实施

1）在命令提示符窗口中运行“net user”命令，查看本机所有用户列表，如图 8-29 所示。

```
C:\>net user

\\ZXT-PC 的用户帐户

-------------------------------------------------------------------------------
Administrator            Guest                    ZXT
命令成功完成。


C:\>
```

图 8-29　运行“net user”命令

2）在命令提示符窗口中运行“net view”命令，显示域列表、计算机列表或指定计算机的共享资源列表，如图 8-30 所示。

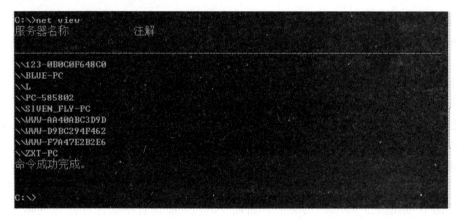

```
C:\>net view
服务器名称            注解

-------------------------------------------------------------------------------
\\123-0B0C0F648C0
\\BLUE-PC
\\L
\\PC-585802
\\SIVEN_FLY-PC
\\WWW-AA40ABC3D9D
\\WWW-D9BC294F462
\\WWW-F7A47E2B2E6
\\ZXT-PC
命令成功完成。


C:\>
```

图 8-30　运行“net view”命令

3）在命令提示符窗口中运行“net start”命令，启动服务或显示已启动服务的列表，如图 8-31 所示。

```
C:\>net start
已经启动以下 Windows 服务:

   ABBYY FineReader 9.0 Sprint Licensing Service
   Application Experience
   Application Host Helper Service
   Application Information
   Background Intelligent Transfer Service
   Base Filtering Engine
   COM+ Event System
   Computer Browser
   Cryptographic Services
   DCOM Server Process Launcher
   Desktop Window Manager Session Manager
   DHCP Client
   Diagnostic Policy Service
   Diagnostic Service Host
   Distributed Link Tracking Client
   DNS Client
```

图 8-31　运行“net start”命令

任务七 运行 Route 命令

知识目标：

掌握 Route 命令的功能、格式以及操作方法。

技能目标：

能够根据实际局域网的维护要求，灵活地应用 Route 命令管理 IP 路由表。

任务分析

Route 命令是显示和修改路由的命令，可以分析网络路由，判断网络连接情况。通过 Route 命令可查看路由表信息，并添加和删除路由信息，以管理网络路由。

相关知识

Route 命令是用来显示和修改本地 IP 路由表的网络命令。Route 命令的格式如下：

route[-f][-p][Command[Destination][mask *Netmask*][Gateway][metric *Metric*][if Interface]]

常用参数的含义如下：

（1）-f 清除路由表中的网络路由（子网掩码为 255.255.255.255 的路由）、环回网络路由（目标为 127.0.0.0，子网掩码为 255.255.255.0 的路由）或多播路由（目标为 224.0.0.0，子网掩码为 240.0.0.0 的路由）条目的路由表。如果将它与命令之一（如 add、change 或 delete）结合使用，那么路由表会在运行命令之前清除。

（2）-p 当其与 add 命令共同使用时，指定路由被添加到注册表，并在启动 TCP/IP 协议时初始化 IP 路由表。在默认情况下，启动 TCP/IP 协议时不会保存添加的路由。当其与“print”命令一起使用时，则显示永久路由列表。所有其他的命令都忽略此参数。

（3）Command 指定要运行的命令。表 8-1 列出了有效的命令。

表 8-1 有效的命令

命 令	作 用	命 令	作 用
add	添加路由	delete	删除路由
change	更改现存路由	print	打印路由

（4）Destination 指定路由的网络目标地址。

（5）mask *Netmask* 指定与网络目标地址相关联的网络掩码（又称为子网掩码）。

（6）Gateway 指定网络目标定义的地址集和子网掩码可以到达的前进或下一跃点的 IP 地址。

（7）metric *Metric* 为路由指定所需跃点数的整数值（范围是 1～9999），用来从路由表里的多个路由中选择与转发包中目标地址最为匹配的路由，所选的路由具有最少的跃点数。跃点数反映跃点的数量、路径的速度、路径的可靠性、路径的吞吐量以及管理属性。

（8）if Interface　为可以访问目标的接口指定接口索引。使用“route print”命令可以显示接口及其对应接口索引的列表。

若不带任何参数，则给出帮助信息。

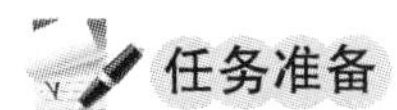

任务准备

实施本任务所使用的实训设备为：若干台安装了 Windows XP 或以上版本操作系统并连成局域网，可连入 Internet 的计算机。

任务实施

1）输入命令“route print”，显示本机路由表的信息，如图 8-32 所示。

```
C:\>route print
===========================================================================
接口列表
 11...44 87 fc d7 f3 79 ......基于 Marvell Yukon 88E8057 PCI-E 的通用千兆以太网
控制器
  1...........................Software Loopback Interface 1
 12...00 00 00 00 00 00 00 e0 Microsoft ISATAP Adapter
 13...00 00 00 00 00 00 00 e0 Teredo Tunneling Pseudo-Interface
===========================================================================

IPv4 路由表
===========================================================================
活动路由:
网络目标        网络掩码          网关       接口   跃点数
          0.0.0.0          0.0.0.0    192.168.4.254     192.168.4.62    266
        127.0.0.0        255.0.0.0            在链路上         127.0.0.1    306
        127.0.0.1  255.255.255.255            在链路上         127.0.0.1    306
  127.255.255.255  255.255.255.255            在链路上         127.0.0.1    306
      192.168.4.0    255.255.255.0            在链路上      192.168.4.62    266
     192.168.4.62  255.255.255.255            在链路上      192.168.4.62    266
    192.168.4.255  255.255.255.255            在链路上      192.168.4.62    266
        224.0.0.0        240.0.0.0            在链路上         127.0.0.1    306
        224.0.0.0        240.0.0.0            在链路上      192.168.4.62    266
  255.255.255.255  255.255.255.255            在链路上         127.0.0.1    306
  255.255.255.255  255.255.255.255            在链路上      192.168.4.62    266
===========================================================================
```

图 8-32　显示路由表信息

2）输入命令“route add 0. 0. 0. 0 mask 0. 0. 0. 0 192. 168. 12. 1”，添加一条 IP 地址为“192. 168. 12. 1”的默认路由，如图 8-33 所示。

```
C:\> route add 0.0.0.0 mask 0.0.0.0 192.168.12.1
```

图 8-33　添加默认路由

3）若要删除目标 IP 地址为“10. 41. 0. 0”，子网掩码为“255. 255. 0. 0”的路由，则输入命令“route delete 10. 41. 0. 0 mask 255. 255. 0. 0”，如图 8-34 所示。

```
C:\> route delete 10.41.0.0 mask 255.255.0.0
```

图 8-34　删除路由信息

4）若添加一条到达目标“192.168.20.0”的路由，下一跳网关地址为“192.168.30.254”，则输入命令“route add 192.168.20.0 mask 255.255.255.0 192.168.30.254”，如图 8-35 所示。

```
C:\> route add 192.168.20.0 mask 255.255.255.0 192.168.30.254
```

图 8-35　添加路由信息

任务八　运行 Nslookup 命令

知识目标：

掌握 Nslookup 命令的功能、格式以及操作方法。

技能目标：

能够根据实际局域网的维护要求，灵活地应用 Nslookup 命令显示当前网络参数。

任务分析

本任务的内容及要求是：使用 Nslookup 命令查询本机的 DNS 记录，判断域名解析是否正确。

相关知识

Nslookup 命令用于查询 DNS 的记录，查看域名解析是否正常，在网络故障的时候用来诊断网络问题。Nslookup 命令的语法如下：

nslookup [-option …]	使用默认服务器的交互模式
nslookup [-option …] -server	使用“Server”的交互模式
nslookup [-option …] host	仅查找使用默认服务器的主机信息
nslookup [-option …] host server	仅查找使用指定“Server”主机信息

任务准备

实施本任务所使用的实训设备为：若干台安装了 Windows XP 或以上版本操作系统并连成局域网，可连入 Internet 的计算机。

任务实施

1）直接输入“nslookup”命令，系统返回本机 DNS 服务器名称和 IP 地址，并进入以“>”为提示符的操作命令行状态，如图 8-36 所示。

```
C:\>nslookup
默认服务器:  ns.gzjtjx.com
Address:  192.168.2.3
```

图 8-36　运行“nslookup”命令

2）此时可继续查询其他 DNS 的名称及 IP 地址，如输入域名“www. baidu. com”，查找该域名的 IP 地址，结果如图 8-37 所示。

图 8-37　查询 DNS 记录

思考与练习

一、操作题

1. 显示从本地计算机到“www. 163. com”这台服务器所经路径的命令是________。

2. 查询使用机器的主机名、MAC 地址、IP 地址、DNS、网关等配置信息，主机名为________，MAC 地址为________，IP 地址为________，DNS 地址为________，网关为________。

二、选择题

1. 若用 Ping 命令来测试本机是否安装了 TCP/IP 协议，则正确的命令是（　　）。如果要列出本机当前建立的连接，那么可以使用的命令是（　　）。

（1）A. Ping 127. 0. 0. 0　B. Ping 127. 0. 0. 1　C. Ping 127. 0. 1. 1　D. Ping 127. 1. 1. 1

（2）A. Netstat-s　B. Netstat-0　C. Netstat-a　D. Netstat-r

2. 如果想了解数据包到达目的主机所经过的路径，显示数据包经过的中继结点和到达时间，那么可选用（　　）命令。

A. Ping　B. Tracert　C. Netsh　D. Ipconfig

3. 如果想知道网络适配器的物理地址，那么可使用（　　）命令。

A. Ping　B. Tracert　C. Netsh　D. Ipconfig

4. 若刚安装了 Windows Server 2003 操作系统，并配置了网络参数，但却发现机器不能访问网络，首先排除了硬件故障的可能，接下来想查看一下 IP 地址配置信息是否正确，那么应使用（　　）命令。

A. Ipconfig　B. Ping　C. Tracert　D. Netstat

5. 小明对自己的主机进行了相应的配置，当他对另外一台主机执行 Ping 命令时，屏幕显示“Destination host unreachable”信息，这说明（　　）。

A. 线路不好，延时过大　B. DNS 解析错误

C. 目标主机不可达，两台主机之间无法建立连接

6. 以下哪个命令用于查看正在使用的端口？（　　）

A. Ifconfig -a　B. Netstat -a　C. Netstat -m

7. 以下哪个命令用于测试网络是否连通？（ ）

A. Telnet B. Nslookup C. Ping D. Netsh

8. 局域网络连接其他网络的网关地址是“192. 168. 1. 1”，当主机“192. 168. 1. 20”访问“172. 16. 1. 0/24”网络时，其路由设置正确的是（ ）。

A. route add 192. 168. 1. 0 mask 255. 255. 255. 0 192. 168. 1. 1

B. route add 172. 16. 1. 0 mask 255. 255. 255. 255 192. 168. 1. 1

C. route add 172. 16. 1. 0 mask 255. 255. 255. 0 192. 168. 1. 1

D. route add default 192. 168. 1. 0 mask 172. 168. 1. 1 192. 168. 1. 1

9. 在 Windows 命令窗口输入（ ）命令可查看 DNS 服务器的 IP 信息。

A. Telnet B. Nslookup C. Ping D. Netsh

三、简答题

1. 请写出测试网络路径的具体方法。
2. 指出使用 Netsh 命令导出和导入当前配置脚本程序的方法。
3. 简述使用 Ping 命令判断网络连通性的方法。
4. 输入命令 Netstat -r，指出动态路由信息和静态路由信息。
5. 简述常用网络维护命令的功能。
6. 使用 Route 命令打印路由表，并解释其各列含义。

单元九　局域网安全和远程管理

9

局域网安全是指在一个局部的地理范围内（如学校、工厂和机关内）将各种计算机、外部设备和数据库等互相连接起来组成的计算机通信网络系统没有被危险虚拟事物侵害的状态。

随着互联网技术的迅速普及，局域网已成为企业发展中不可缺少的一部分。然而，企业在感受网络所带来便利的同时，也面临着各种各样的威胁，如机密泄露、数据丢失、网络滥用、身份冒用、非法入侵等。目前，有些企业建立了相应的局域网络安全系统，并制订了相应的网络安全使用制度，但在实际使用中，由于用户对操作系统安全使用策略的配置及各种技术选项的意义不明确，使各种安全工具得不到正确的使用，系统漏洞、违规软件、病毒、恶意代码入侵等现象层出不穷，导致计算机操作系统达不到等级标准要求的安全等级。

各企业为了保证企业内部网络安全，纷纷购买了独立的杀毒软件和检测工具。然而，不同种类的网络和安全设备之间缺乏有效的信息整合，很容易形成信息孤岛，从而使网络被各个击破。以往安全软件的扫描过程漫长，排查隐患不合理，问题定位不精确，扫描缺乏深度，安全结论模糊等一系列业内技术难题始终存在。

2004年，通过网络快速自动传播的蠕虫病毒颠覆了内网安全的格局，它所造成的经济损失首次超过信息被窃所造成的损失，跃居第一位。为了防止灾难再次发生，各杀毒软件厂家加大研发力度，纷纷推出了升级的安全软件。

远程控制是一种基于网络的控制技术，只有通过计算机网络才能实现远程控制。远程控制要有服务器端和客户端，即控制端和被控制端。控制端发出控制指令，控制被控制端的计算机中运行的各种应用程序。

任务一　安装杀毒软件

知识目标：

掌握杀毒软件的安装、设置和升级方法。

技能目标：

能够根据要求安装各种不同的杀毒软件。

任务分析

本任务是安装360杀毒软件，以此来掌握各种杀毒软件的安装方法并能对杀毒软件进行简单的设置。

相关知识

杀毒软件也称为反病毒软件或防毒软件，是用于查杀计算机病毒和恶意软件的一类软件。杀毒软件通常有监控识别、病毒扫描和清除、自动升级等功能，有的杀毒软件还带有数据恢复功能。

常见的杀毒软件有很多，国内的有江民杀毒软件、瑞星杀毒软件、金山毒霸、360 杀毒软件等；国外的有卡巴斯基、诺顿等。奇虎 360 是国内首家推出免费杀毒软件的公司，开启了杀毒软件个人免费使用的先河。

任务准备

实施本任务所使用的实训设备为：一台安装有 Windows XP 操作系统的计算机，一套 360 杀毒软件。

任务实施

360 杀毒软件是免费杀毒软件，可在其官方网站上下载。其安装与设置方法相对简单，具体如下：

1）双击在 360 官方网站上下载的安装包，然后在弹出的对话框中单击“快速安装”按钮（见图 9-1），开始下载安装程序，如图 9-2 所示。

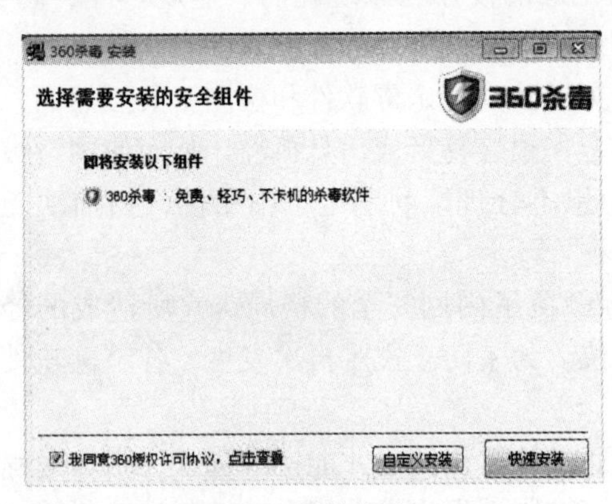

图 9-1 开始安装

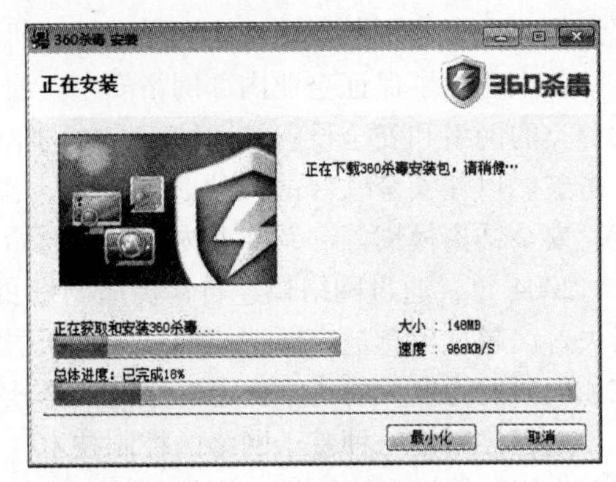

图 9-2 下载安装程序

2）下载完成后，弹出“安装向导”对话框（见图 9-3），从中单击“下一步”按钮，弹出“许可证协议”对话框，如图 9-4 所示。

图 9-3 “安装向导”对话框

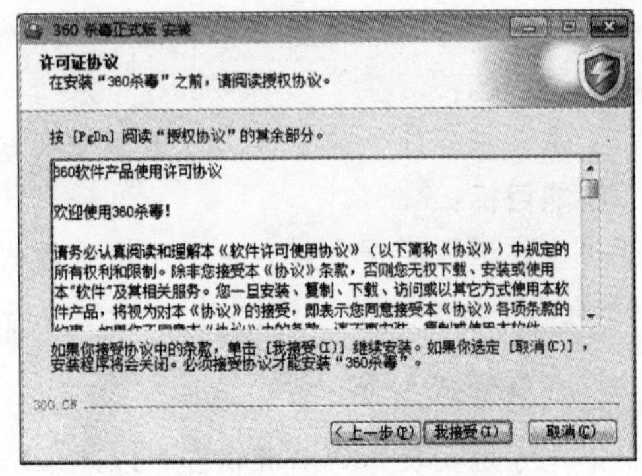

图 9-4 “许可证协议”对话框

3）单击“我接受”按钮，打开“选择安装位置”窗口（见图9-5），从中单击“下一步”按钮，打开“选择‘开始菜单’文件夹”对话框，如图9-6所示。

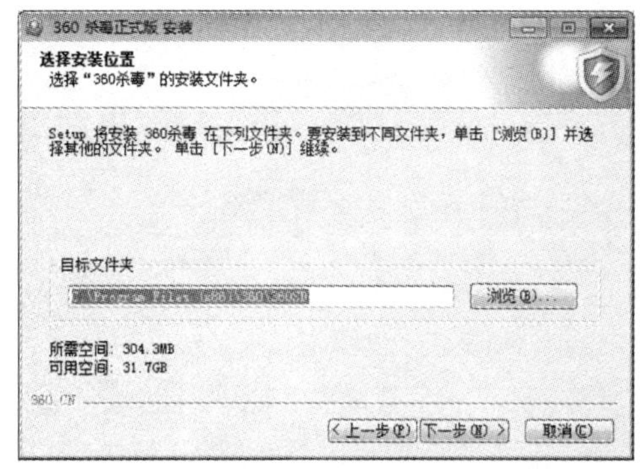

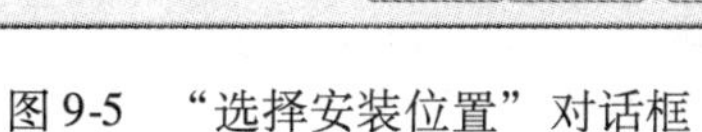

图9-5　“选择安装位置”对话框

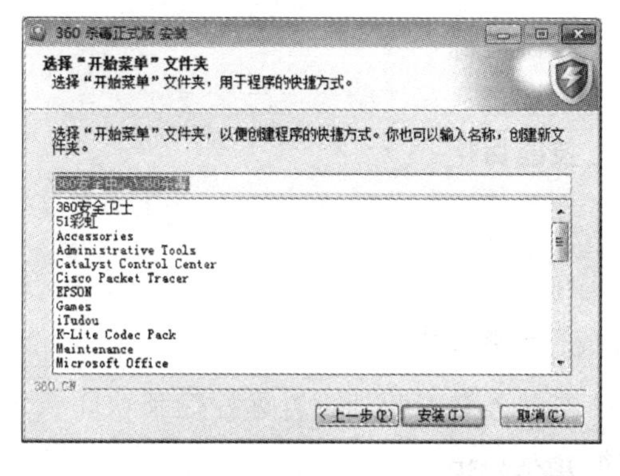

图9-6　“选择‘开始菜单’文件夹”对话框

4）单击“安装”按钮，开始安装，如图9-7所示。安装完成后弹出“检测”对话框，检测计算机的配置，如图9-8所示。

图9-7　正在安装

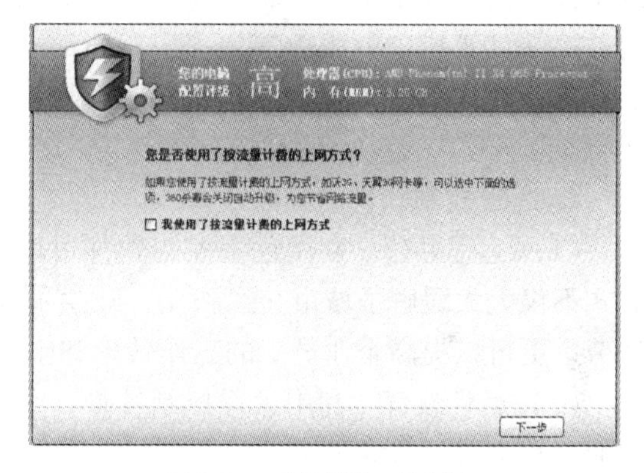

图9-8　“检测”对话框

5）单击“下一步”按钮，打开“防护选项”对话框（见图9-9），从中单击“完成”按钮，弹出“完成安装”对话框，如图9-10所示。

图9-9　“防护选项”对话框

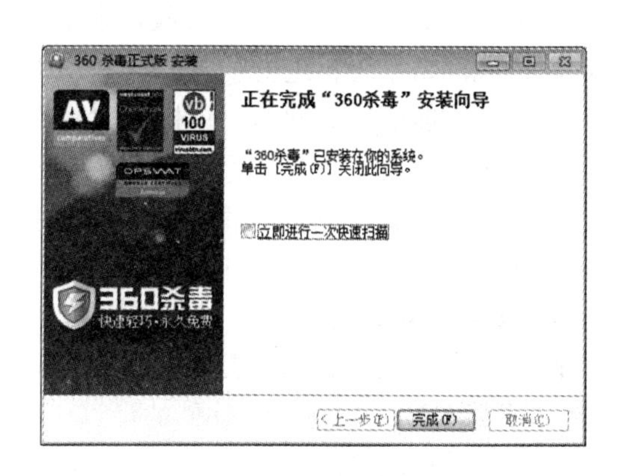

图9-10　“完成安装”对话框

任务二　安装远程控制软件

知识目标：

掌握远程控制软件的原理和安装方法。

技能目标：

能够安装各远程控制软件的服务器端和客户端并进行远程客户端控制。

任务分析

本任务是安装和设置远程控制软件 pcAnywhere。

相关知识

1. 远程控制软件的工作原理

大多数远程控制软件分为客户端程序和服务器端程序两部分。通常将客户端程序安装到主控端的计算机上，将服务器端程序安装到被控端的计算机上。在使用时，客户端程序向被控端计算机中的服务器端程序发出信号，建立一个特殊的远程服务，然后通过这个远程服务，使用各种远程控制功能发送远程控制命令，控制被控端计算机中的各种应用程序运行。

2. 远程控制软件的应用

（1）远程办公　利用远程控制软件可以远程控制办公室的计算机进行工作。这种办公方式不仅大大缓解了城市交通状况，减少了环境污染，而且免去了人们在上下班路上奔波的辛劳，更可以提高企业员工的工作效率和工作兴趣。

（2）远程教育　利用远程控制软件，采用交互式的教学模式，商业公司可以实现与用户的远程交流，并通过实际操作来培训用户，使用户十分容易地从技术支持人员那里学习示例知识。教师和学生之间也可以利用这种远程控制技术实现教学问题的交流，学生可以不用见到老师，就得到老师手把手的辅导和讲授。学生还可以直接在计算机中进行习题的演算和求解，在此过程中，教师能够轻松地看到学生的解题思路和步骤，并加以实时指导。

（3）远程维护　计算机系统技术服务工程师或管理人员可通过远程控制软件管理和维护计算机或网络系统，进行配置、安装、维护、监控与管理等操作，解决以往服务工程师必须亲临现场才能解决的问题。这样大大降低了计算机应用系统的维护成本，最大限度地减少了用户损失，实现了高效率、低成本。

（4）远程协助　任何人都可以利用一技之长通过远程控制软件为远端计算机前的用户解决问题，如安装和配置软件、绘画、填写表单等。

3. pcAnywhere 软件

pcAnywhere 是一款远程控制软件，可以将当前的一台计算机当成主控端去控制远方另一台同样安装有 pcAnywhere 软件的计算机（被控端），也可以使用被控端计算机上的程序或在主控端与被控端之间互传文件，还可以使用其闸道功能让多台计算机共享一台调制解调器或是向网络使用者提供打进或打出的功能。

任务准备

实施本任务所使用的实训设备为：一台安装有 Windows 操作系统的计算机。

任务实施

1. 安装主控端与被控端

1）pcAnywhere 软件的主控端与被控端的安装方法基本相同，不同的是在安装完成后，将计算机分别设置为主控端或被控端。双击安装软件，弹出软件安装对话框，单击“下一步”按钮开始安装，步骤如图 9-11 ~ 图 9-17 所示。

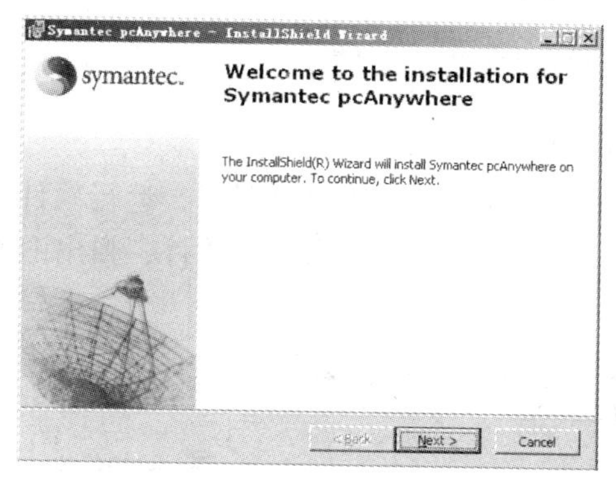

图 9-11　软件安装对话框

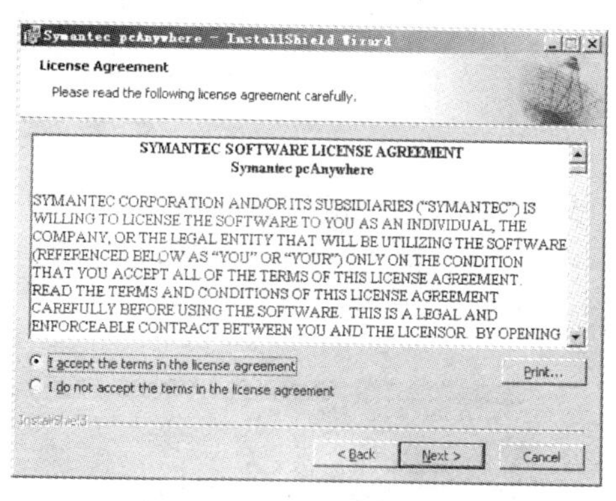

图 9-12　同意安装协议

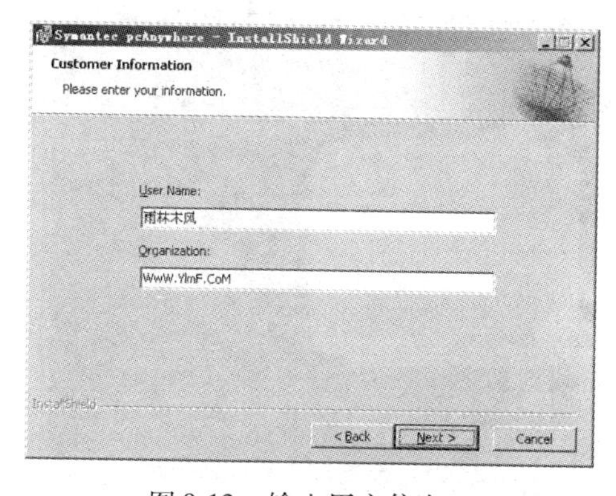

图 9-13　输入用户信息

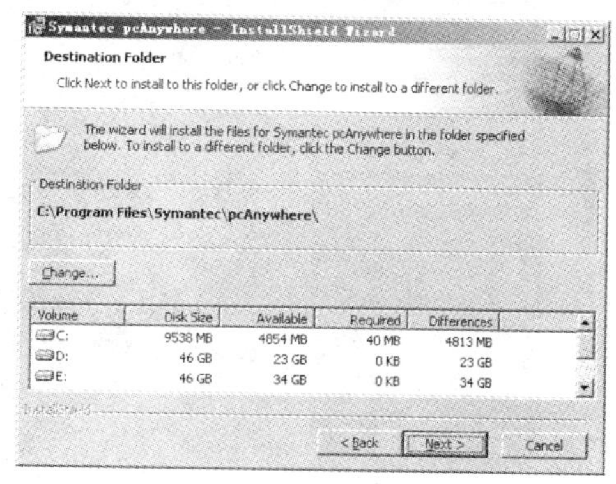

图 9-14　选择安装软件磁盘

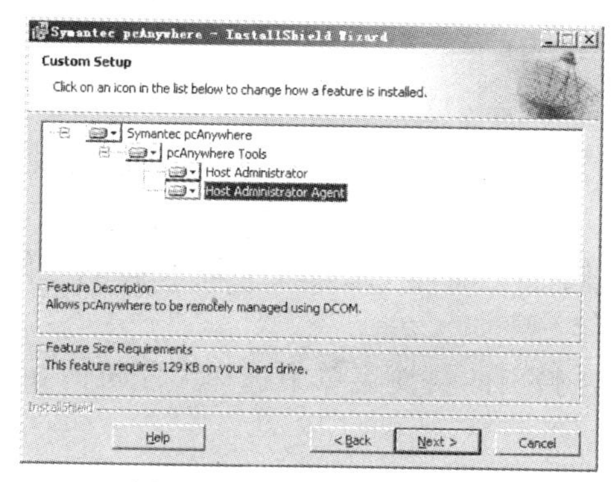

图 9-15　选择自定义安装

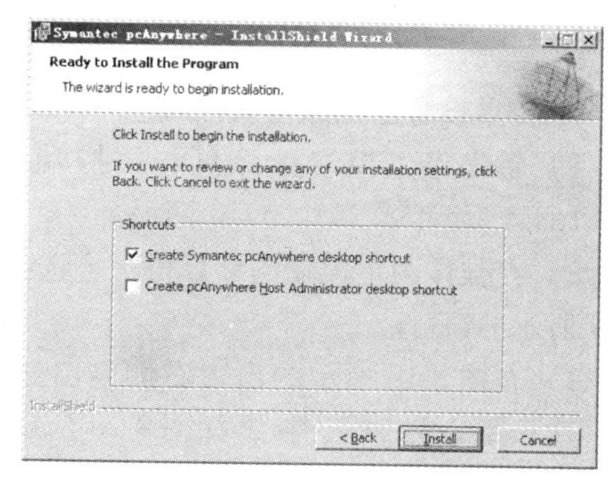

图 9-16　创建桌面快捷图标

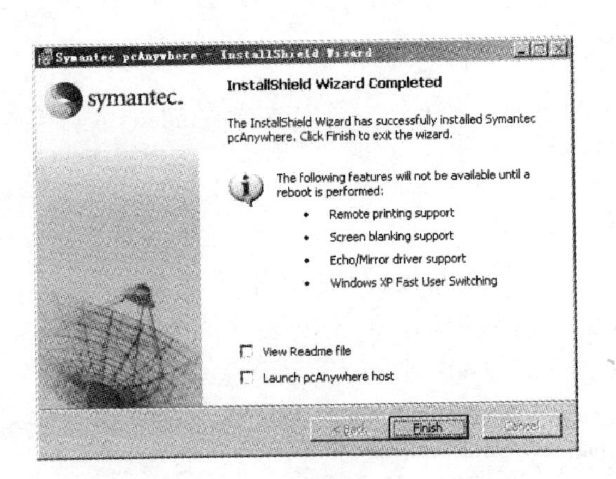

图 9-17　安装完成

2）软件安装完成后，双击桌面上的“Symantec pcAnywhere”快捷图标，运行软件。在第一次运行软件时，会弹出软件升级窗口，选择“以后再说”，取消升级软件，弹出图 9-18 所示的窗口。

图 9-18　pcAnywhere 窗口

2. 简单设置主控端与被控端

1）首先将主控端计算机与被控端计算机的 IP 地址设置为同一网段，这里设置为 192.168.1.0，255.255.255.0 网段。

2）在被作为主控端的计算机上，选择窗口左侧栏中的“转到高级视图”选项，弹出图 9-19 所示的窗口。

3）在图 9-19 所示的窗口右侧空白处右击，在弹出的快捷菜单中选择“联机向导”选项，建立新的主控端连接，如图 9-20 所示。

4）弹出“联机方式”对话框，如图 9-21 所示。

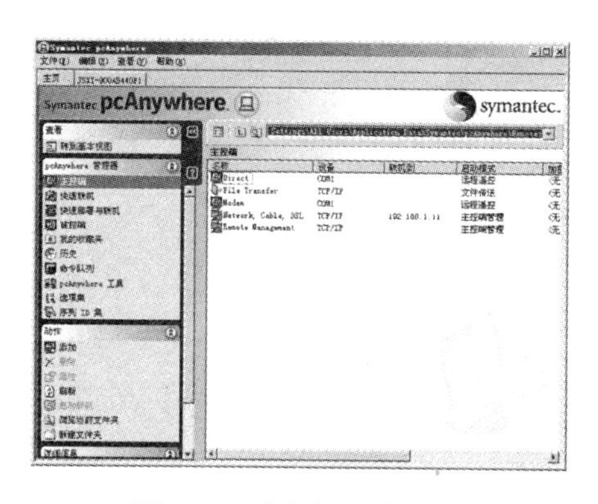

图 9-19　高级视图模式

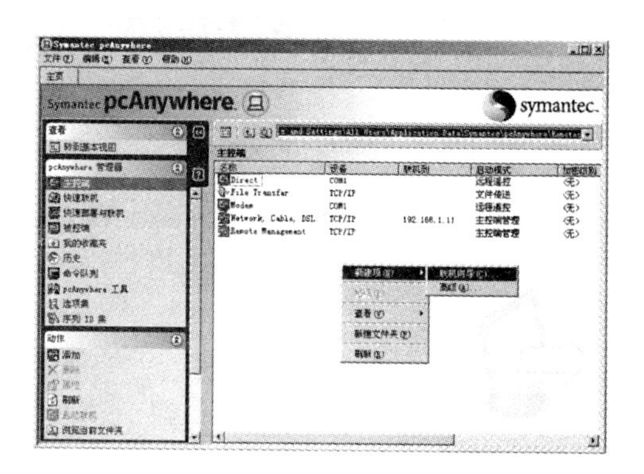

图 9-20　新建项目

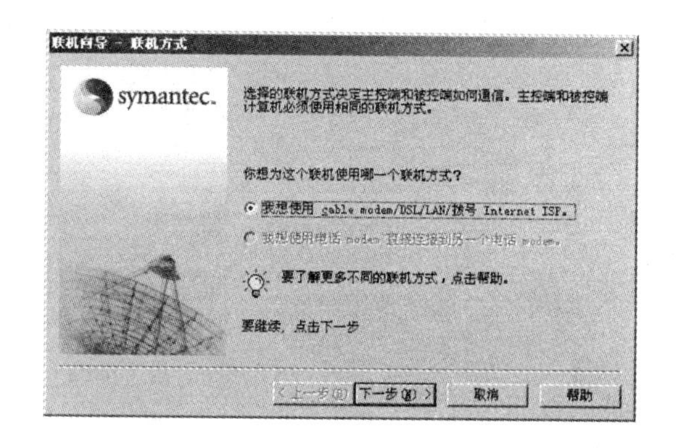

图 9-21　“联机方式”对话框

5）单击“下一步”按钮，弹出图 9-22 所示的对话框。

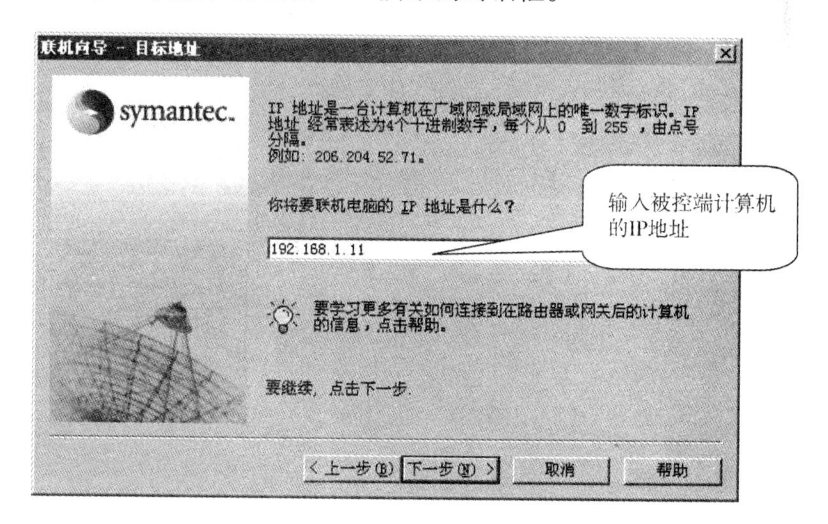

图 9-22　“目标地址”对话框

6）输入被控端计算机的 IP 地址后，单击“下一步”按钮，弹出图 9-23 所示的窗口，在窗口中的“请输入这个连接的名称”处输入连接名称。

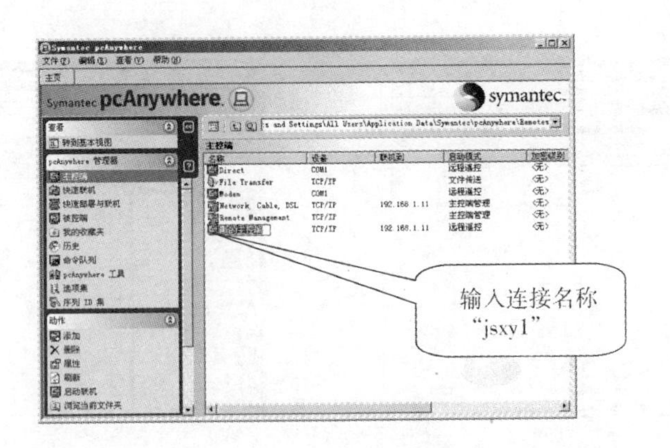

图 9-23　输入连接名称

7）在“jsxy1”选项上右击，在弹出的快捷菜单中选择“属性”命令（见图 9-24），弹出图 9-25 所示的窗口打开“连接信息”选项卡，从“启动模式”项中选中“远程管理”单选按钮，再在设备列表项中选择“TCP/IP”选项，如图 9-25 所示。

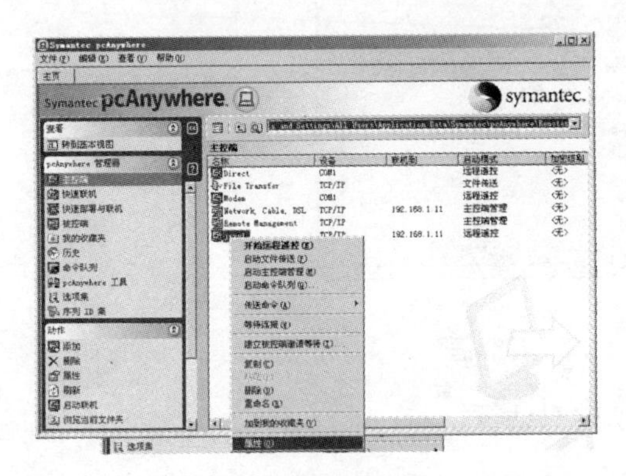

图 9-24　属性的设置

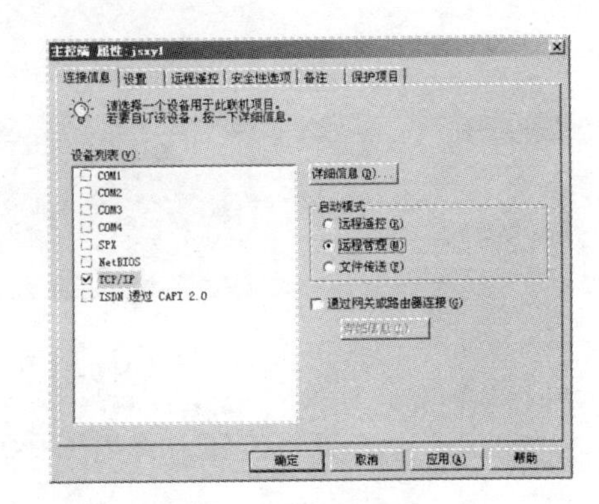

图 9-25　“连接信息”选项卡

8）打开“设置”选项卡，输入被控制端的 IP 地址和登录信息（稍后设置被控端的信息），如图 9-26 所示。

9）在“安全性选项”选项卡中将级别设置为“pcAnywhere 编码”，然后单击“确定”按钮，完成主控端的设置，如图 9-27 所示。

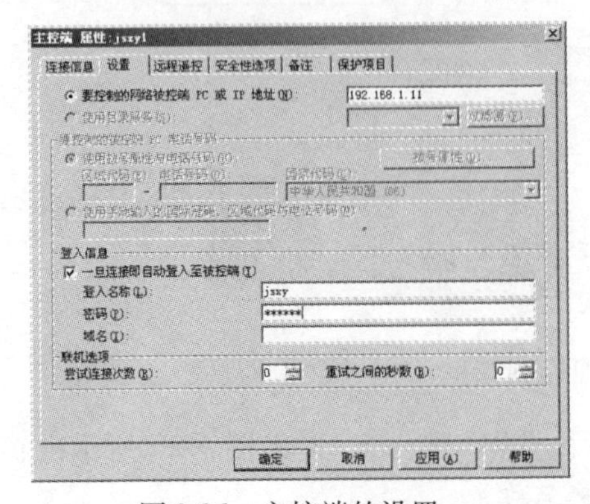

图 9-26　主控端的设置

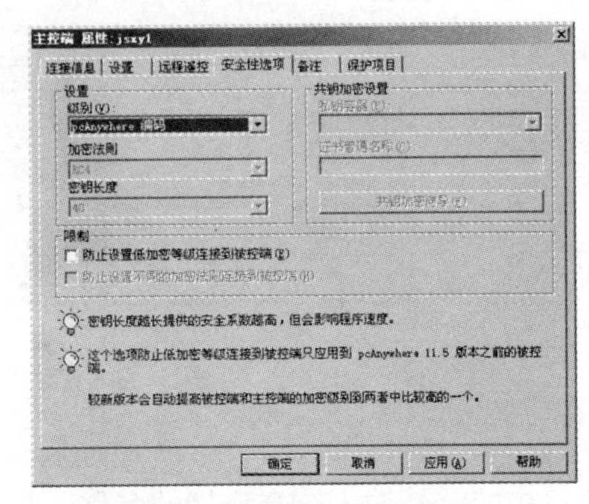

图 9-27　安全性选项的设置

10）主控端设置完成后，需要对被控端进行设置，如图 9-28 ~ 图 9-32 所示。

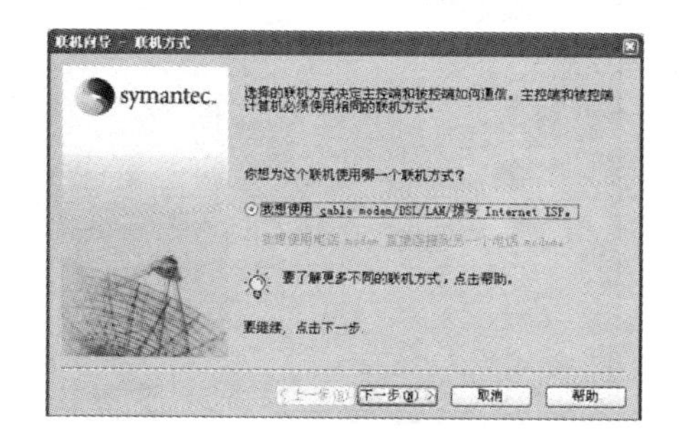

图 9-28　设置联机方式

图 9-29　设置连接模式

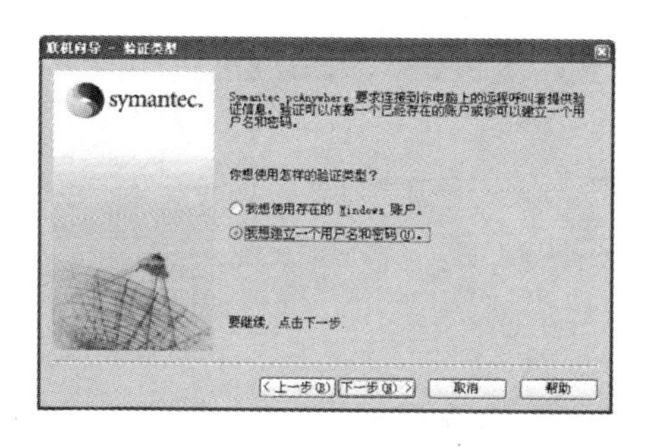

图 9-30　设置验证类型

图 9-31　设置用户名和密码

11）新建连接完成后，在图 9-33 所示的窗口中设置“jsxy”连接属性。

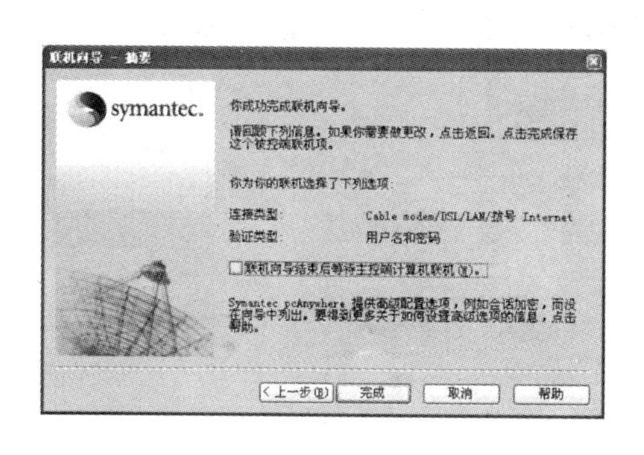

图 9-32　摘要

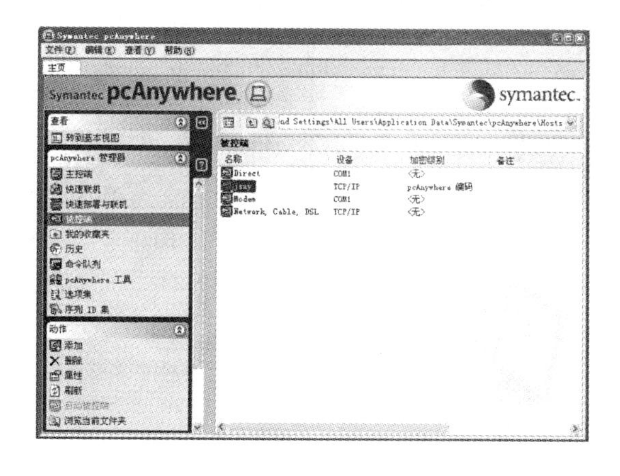

图 9-33　“jsxy”连接属性

12）属性设置如图 9-34 和图 9-35 所示。

13）打开“呼叫者”选项卡，在“jsxy”选项上右击，选择“属性”命令，在打开的对话框中设置呼叫者属性，如图 9-36 ~ 图 9-39 所示。

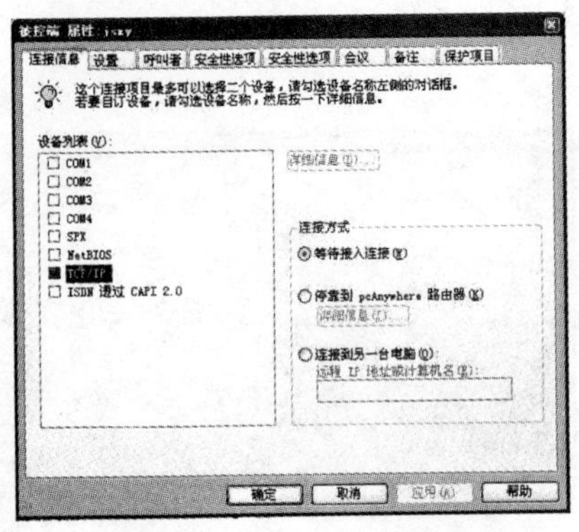

图 9-34　连接方式的设置

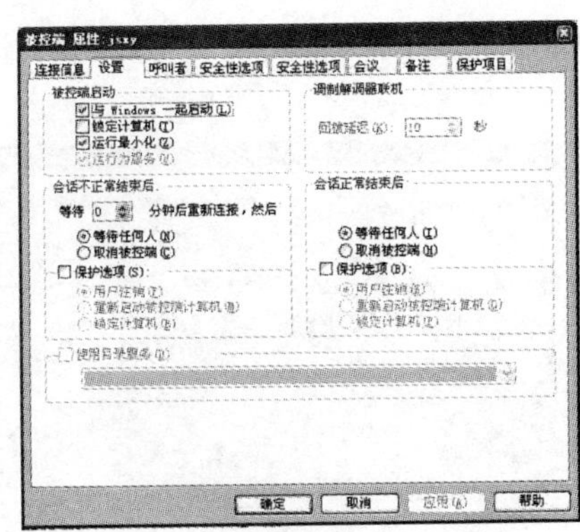

图 9-35　被控端启动的设置

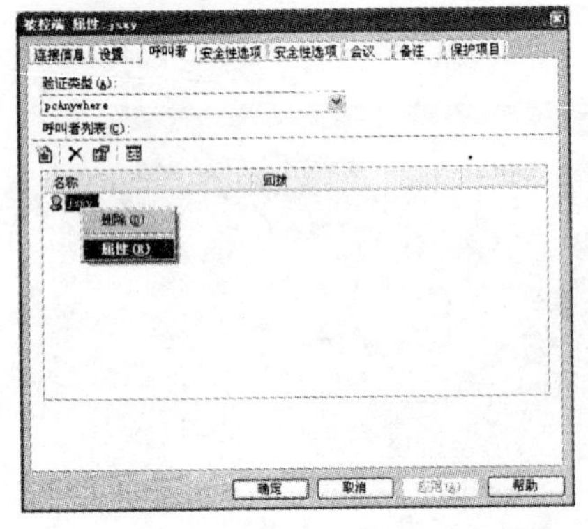

图 9-36　“呼叫者”选项卡

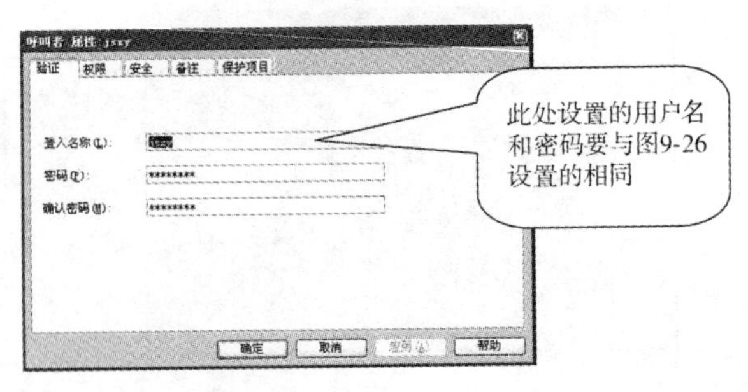

此处设置的用户名和密码要与图9-26设置的相同

图 9-37　“验证”选项卡

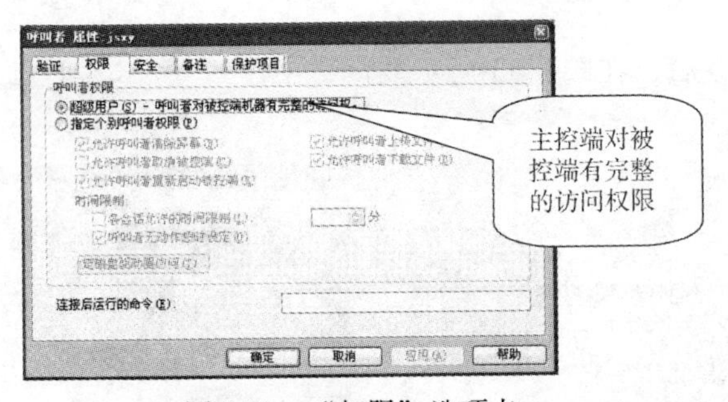

主控端对被控端有完整的访问权限

图 9-38　“权限”选项卡

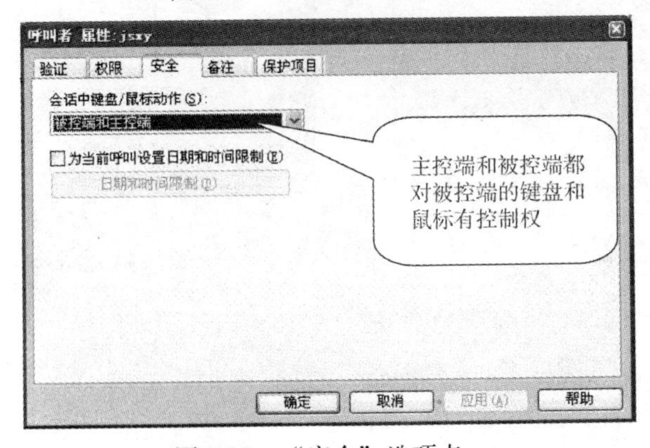

主控端和被控端都对被控端的键盘和鼠标有控制权

图 9-39　“安全”选项卡

14）设置安全性选项，如图 9-40 所示。

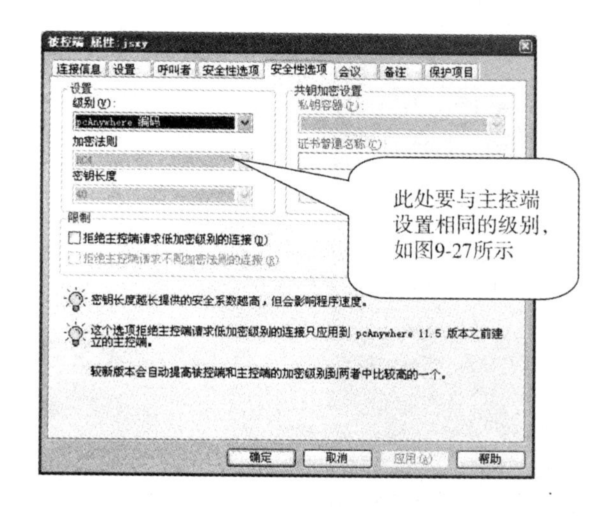

图 9-40　“安全性选项”选项卡

15）设置完成后，启动被控端，以便主控端连接到被控端，如图 9-41 所示。

16）现在用主控端连接被控端，如图 9-42 和图 9-43 所示。远程连接成功后，就可以对被控端计算机进行设置了。

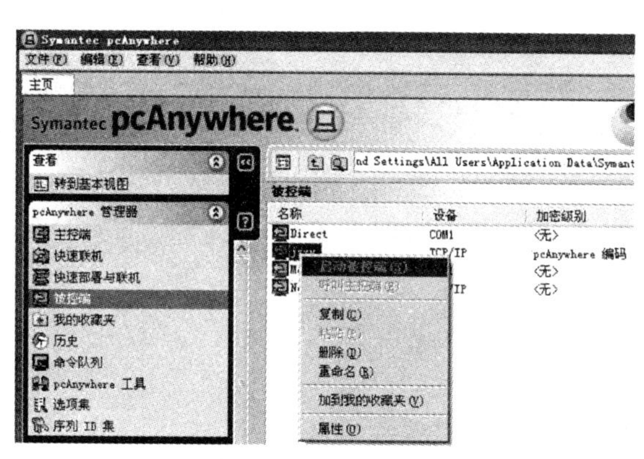

图 9-41　启动被控端

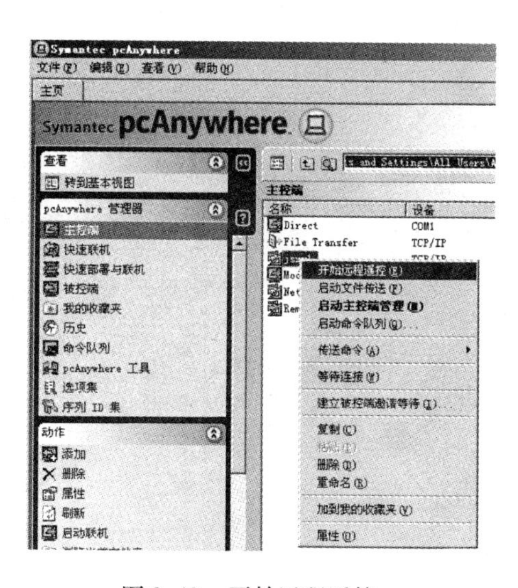

图 9-42　开始远程遥控

pcAnywhere 软件的远程控制功能非常强大，同学们可以自行学习和体验。

扩展知识

pcAnywhere 远程控制软件还有其他相当不错的功能，如远程文件传输和远程关机等。

1. 远程文件传送

1）在图 9-44 所示的窗口中选中“jsxy1”选项，右击，然后在弹出的快捷菜单中单击“启动文件传送”命令。

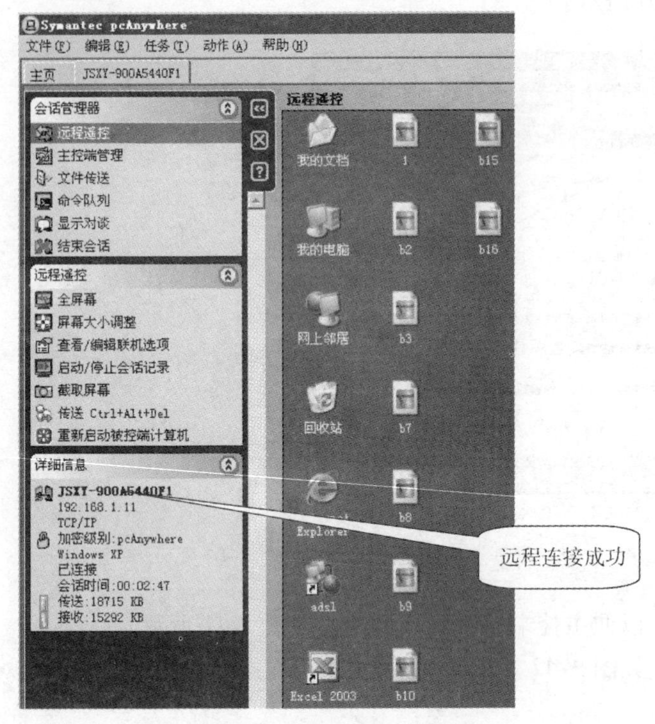

图 9-43　远程连接成功

图 9-44　文件传送

2）在弹出的窗口中，左侧为主控端磁盘，右侧为被控端磁盘，在主控端磁盘中选中要传送的文件，如图 9-45 和图 9-46 所示。

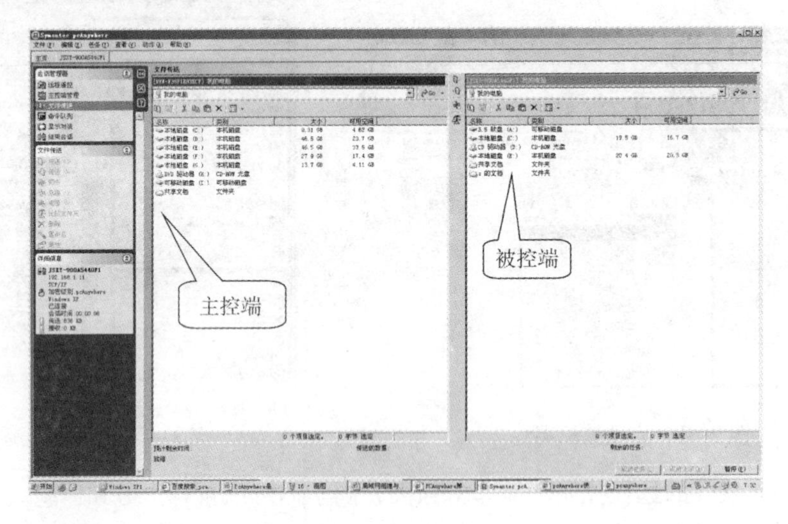

图 9-45　文件传送窗口

3）在弹出的对话框中单击“是”按钮（见图 9-46），开始文件传送，如图 9-47 所示。

4）文件传送完成，如图 9-48 所示。

2. 远程传送命令

pcAnywhere 远程控制软件可以向被控端远程传送命令，如图 9-49 和图 9-50 所示。

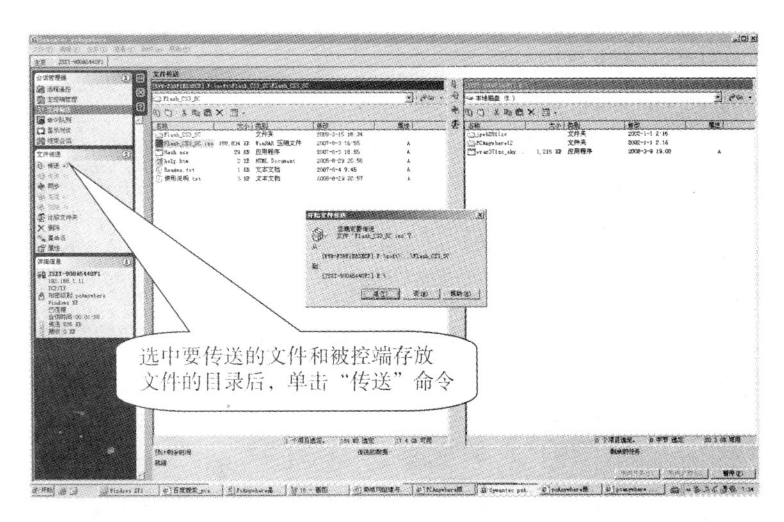
选中要传送的文件和被控端存放文件的目录后，单击“传送”命令

图 9-46　选中要传送的文件

开始传送文件

图 9-47　开始传送文件

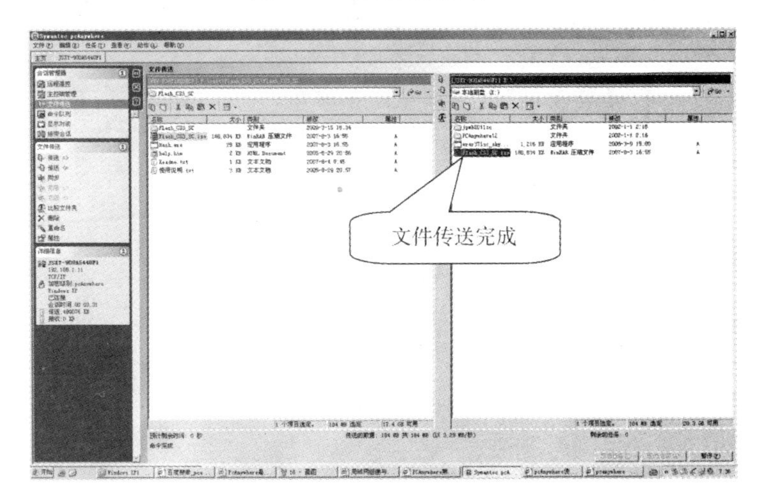
文件传送完成

图 9-48　文件传送完成

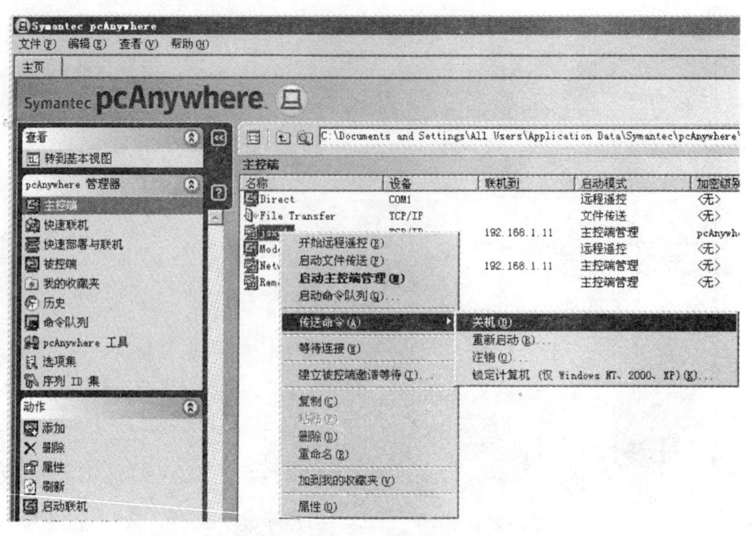

图 9-49　远程传送命令

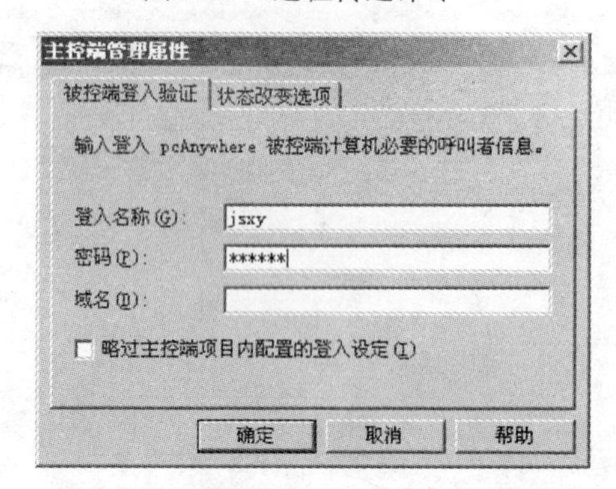

图 9-50　远程关机

输入登录名和密码后，单击“确定”按钮，即可传送命令。

3. 主控端与被控端进行会话

主控端与被控端的会话窗口如图 9-51 所示。

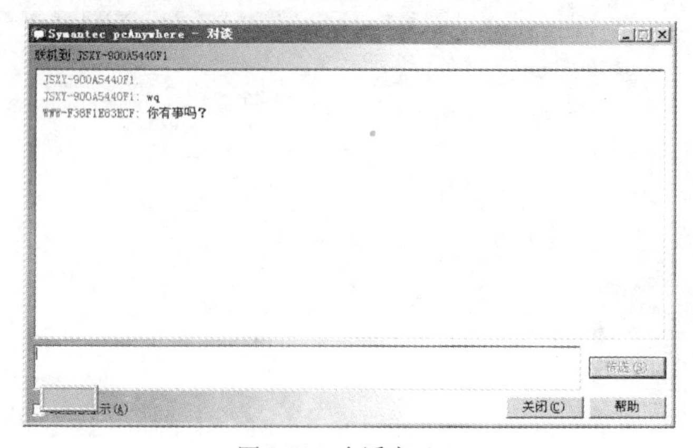

图 9-51　会话窗口

思考与练习

1. 安装一款杀毒软件。

2. 安装 pcAnywhere 远程控制软件，然后设置其主控端与被控端，使其能通过局域网连接并进行远程控制。

单元十　局域网故障的分析与排除

10

任务一　分析与排除 Windows XP 网络故障

知识目标：

掌握 Windows XP 网络故障分析与排除。

技能目标：

能够根据网络故障现象，分析和排除 Windows XP 下常见的网络故障。

任务分析

由于网络的复杂多样性，网络故障在所难免。当网络故障产生时，我们要能够分析并查找故障的原因，及时排除故障。本任务的内容及要求为：掌握局域网故障产生的原因并快速排除局域网故障。

相关知识

1. 局域网故障产生的原因

局域网故障多种多样，其产生的原因主要有硬件问题和软件问题，如局域网连接故障、网络协议故障、网络服务故障、网络配置文件错误等问题。

（1）局域网连接故障　当局域网产生故障时，首先要查看是否为局域网连接问题。局域网连接故障通常是由网卡、网线、RJ-45 接口插座、交换机等设备引起的。局域网中任何一个连接设备损坏，都会导致局域网连接故障。

（2）网络协议故障　网络协议是数据在网络上交换时必须遵循的规则。若没有网络协议，则网络中的网络设备和计算机之间就无法进行信息传输。网络协议的配置是否正确，决定着网络能否正常运行。网络中包含了许多网络协议，无论哪一个协议出现错误，都可能导致网络故障出现。

（3）网络服务故障　网络服务故障主要有网络服务器硬件故障、网络操作系统故障等。网络服务器是网络的重要组成部分，当其产生故障时，会影响网络的正常运行。在网络日常维护中，要定期清理服务器等设备上的灰尘，做好服务器的散热工作，避免因服务器等硬件设备的损坏而导致网络故障。

网络操作系统是网络服务器提供网络服务的灵魂。网络操作系统如果出现故障，那么就不能正常提供网络服务，从而导致网络故障的发生。连接到网络中的交换机配置出现错误后，会导致网络故障或使个别服务无法实现。这些故障的产生都与网络服务有关，所以应当检查提供相应网络服务的相关配置信息。

2. 局域网故障排除的原则

在排除局域网故障时，应该仔细观察、分析故障现象，确定局域网故障范围，检查网络设备，查找问题的根源，排除网络故障，恢复局域网的正常运行。要想能够排除局域网故障，必须要了解局域网拓扑结构、网络协议、网络所用硬件设备和软件等网络相关知识。

（1）分析故障　在排除故障之前，要认真观察网络故障现象，搜集有关故障信息并与故障发生前进行对比。不同的故障原因一般会产生不同的故障现象，应根据故障现象提示分析、查找故障原因。在排除局域网故障时，需要检查局域网的配置是否被改动，是否执行了一些与网络无关的操作，这些都有可能是导致网络故障的原因。

（2）定位故障　将收集到的故障信息汇总并进行分析后，对所有可能导致故障的原因逐一进行测试，在测试时，应根据多次测试的结果断定问题的所在，然后做出分析报告，剔除非故障因素，缩小故障产生的范围。在诊断故障的过程中，要采用科学的诊断方法，提高工作效率，快速排除故障。定位故障时，首先要确定硬件是否有故障，然后再查找软件方面的故障，如先排除网卡、交换机等硬件故障，再查看服务器、交换机等系统日志。

（3）隔离故障　经过反复的测试，已经定位导致故障发生的部件，比如确定是服务器导致网络故障，则应检查服务器网卡是否安装好，网络协议是否安装并设置正确，网络服务是否配置正确。

如果是网络连通性故障影响整个网段，那么可以通过隔离故障源来判断故障。例如，将判定的故障源仅与一个结点相连，并断开其他所有结点，如果测试能正常通信，那么再增加其他结点；如果这两个结点不能通信，那么要检查网卡、网线、RJ-45 插头和交换机等设备。

（4）排除故障　经过反复的检测，确定了故障源，排除故障时就相对比较容易了。对于网络硬件设备损坏引起的故障，可以通过更换硬件设备来排除故障。对于软件引起的故障，可以重新安装有问题的软件并对软件进行重新设置。如果问题是单一用户的问题，那么通常最简单的方法是删除该用户，为该用户重新安装原来出问题的软件，重新配置系统可以快速解决问题。

任务准备

实施本任务所使用的实训设备为：一台有故障的计算机。

任务实施

1. 连接故障

在网络故障中，网络连接故障所占比例较大，是网络中经常发生的故障，通过观察和测试，网络连接故障的排除并不难。

（1）故障现象

1）计算机无法登录到网络服务器。

2）计算机无法通过局域网接入 Internet。

3）计算机在“网上邻居”中只能看到自己，看不到网络中的其他计算机，无法共享网络资源和共享打印机。

4）网络中的部分计算机运行速度异常缓慢。

（2）故障原因

1）网卡未安装或安装不正确，网卡与其他设备有冲突或网卡损坏。

2）网络协议未安装或安装了协议但是协议设置不正确。

3）交换机电源未打开，交换机硬件故障或交换机端口有故障。

4）网线、RJ-45 插头或 RJ-45 接口插座故障。

5）VLAN 设置错误。

（3）排除方法

1）确认链路故障。当网络出现故障时，如果计算机无法由局域网接入 Internet，那么首先查找网络中的其他计算机能否接入 Internet。如果其他计算机能够正常连接，那么说明是本机故障；如果其他计算机也不能接入 Internet，但可以在“网上邻居”中找到其他计算机，并能 Ping 网关到其他计算机，那么说明不是连通性故障。如果计算机还是无法由局域网接入 Internet，那么继续下面操作。

2）通过 LED 指示灯判断网卡的故障。首先查看网卡的指示灯是否正常。在正常情况下，当网卡传送数据时，指示灯闪烁较快；当网卡不传送数据时，指示灯闪烁较慢。网卡指示灯不亮或者常亮不灭，都表明有故障存在。如果网卡的指示灯不正常，那么需关掉计算机后更换网卡。如果指示灯闪烁正常，那么继续下面的操作。

3）用 Ping 命令测试，排除网卡故障。使用 Ping 命令，Ping 本地的 IP 地址或 127.0.0.1，检查网卡和 IP 网络协议是否安装完好。如果能 Ping 通（见图 10-1），那么说明计算机网卡和网络协议设置没有问题，故障出在计算机与网络的连接上，应检查网线、交换机和交换机端口的状态；如果无法 Ping 通，那么说明 TCP/IP 协议有问题。在设备管理器中查看网卡是否已经安装正确，如果在设备管理器列表中没有发现网络适配器或网络适配器前方有一个黄色的“!”，那么说明网卡驱动未安装正确（见图 10-2），需重新安装网卡驱动程序，在正确安装和配置网络协议后进行测试。如果网卡无法正确安装，那么说明网卡可能损坏，应在更换网卡后重试。如果网卡安装正确，那么原因是网络协议未安装，需重新安装网

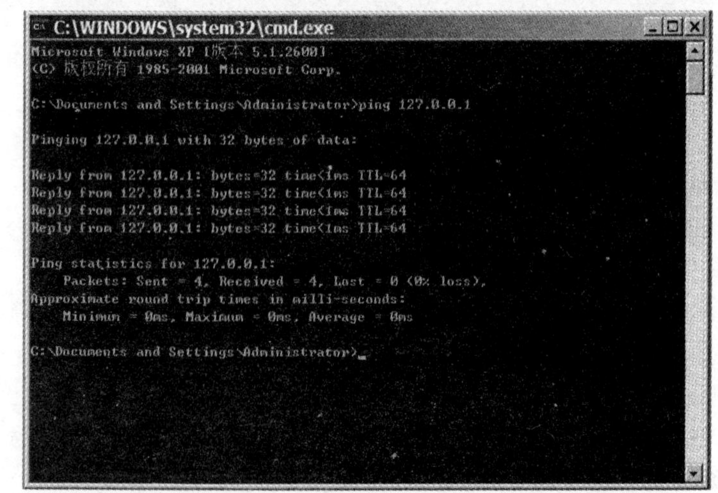

图 10-1 Ping 通后的系统提示

络协议。网卡损坏会造成广播风暴，导致局域网中计算机互相访问的速度变慢，此时可以把所有网线从交换机中拔出，逐一排查并找出有故障的网卡。

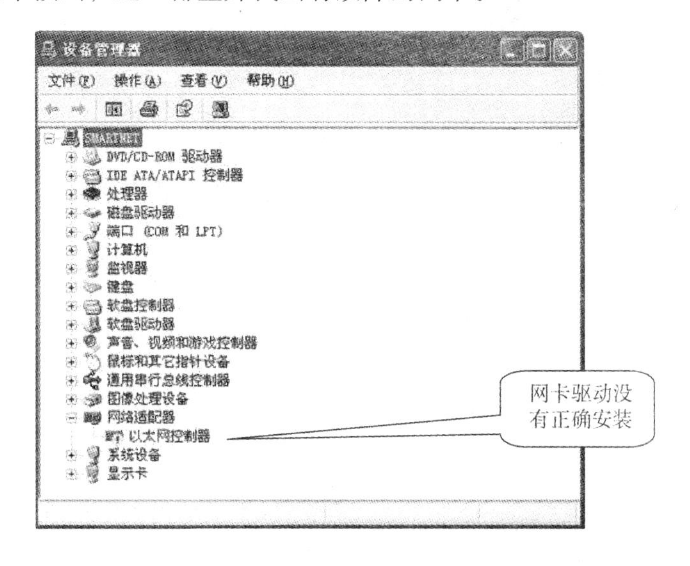

图 10-2　设备管理器窗口

4）测试网线、交换机。在确定网卡和协议都正确的情况下，网络还是不通，可初步断定是交换机和网线的问题。为了进一步进行确认，可更换一台计算机，用同样的方法进行判断。如果这台计算机与本机连接正常，那么故障一定在前一台计算机和交换机接口上。

5）若确定交换机有故障，则应首先检查交换机指示灯是否正常，如果前一台计算机与交换机连接的接口指示灯不亮，那么说明该交换机接口有故障。如果交换机没有问题，那么应检查计算机到交换机的那一段网线和的网卡是否有故障。

通过上面的分析测试，可以判断故障出在网卡、网线或交换机上。

2. 协议故障

（1）故障现象

1）计算机无法登录到服务器。

2）计算机在“网上邻居”中既看不到自己，也无法在网络中访问其他计算机。

3）计算机在“网上邻居”中能看到自己和其他计算机，但无法访问计算机。

4）计算机无法通过局域网接入 Internet。

5）计算机名重复或 IP 地址冲突。

（2）故障分析

1）协议未安装：实现局域网通信，需安装 TCP/IP 协议和 NetBEUI 协议。

2）协议配置不正确：TCP/IP 协议包括 IP 地址、子网掩码、DNS、网关。其中任何一项设置错误，均会导致故障发生。

3）网络中有两台名称或 IP 地址完全相同的计算机。

（3）故障排除

1）检查计算机是否安装 TCP/IP 协议和 NetBEUI 协议，如果没有安装，那么应安装 TCP/IP 协议和 NetBEUI 协议。

2）检查TCP/IP协议设置是否正确，若发现设置错误，则重新设置。

3）使用Ping命令测试，Ping本地的IP地址或127.0.0.1，检查网络协议是否安装完好。如果能Ping通，那么说明计算机网络协议设置没有问题，如图10-1所示；如果Ping不通，那么重新安装网络协议，并进行正确设置。

4）查看计算机有无重名，若有，则修改计算机名称。

任务二　分析与排除ADSL常见故障

知识目标：

掌握ADSL常见故障的分析与排除方法。

技能目标：

能够根据网络故障现象，分析和排除Windows XP下常见的ADSL网络故障。

任务分析

使用ADSL上网的用户都遇到过无法连接Internet的问题。其实解决这些问题并不是很难，有些故障是由设置不当、ADSL调制解调器质量问题、ADSL线路不好或计算机网卡故障造成的。本次任务的内容及要求为：掌握Windows XP下ADSL上网故障的分析及排除方法。

相关知识

ADSL硬件故障大多数是由接触不良、ADSL调制解调器损坏、网卡或网线故障等引起的。此外，电压不稳定、温度过高、雷击、线路距离过长、线路质量差也会造成ADSL故障。如果电压不稳定，那么应配备稳压电源；ADSL调制解调器应该保持清洁、散热良好，若遇雷雨天气，则不要上网，应关闭ADSL调制解调器电源，并拔下所有连线，以避免因雷击而损坏硬件。

1. 线路问题

ADSL调制解调器距离电信局最好要在5km之内，外线应无断点，否则会引起ADSL线路不稳定。检查室内线路是否完好，如果室内安装电话分机，那么要选用质量好的分线盒并确保线路连接正确，检查接线盒和RJ-45插头接触是否良好。

2. 网卡问题

检查网卡指示灯，在网线把网卡和ADSL调制解调器连好后，如果连接正确，那么网卡指示灯就会闪亮，若该指示灯不能正常闪亮，则说明网卡或者网线有故障。

3. ADSL调制解调器同步异常

电话线出现问题或者ADSL连接的地方接触不良，可以造成这类故障。首先分析是否是分离器或ADSL调制解调器损坏，可以不使用分离器，直接将外线接入ADSL调制解调器，如果故障消失，那么说明是分离器损坏。如果确定分离器是完好的，可检查分离器与ADSL调制解调器的连线是否过长，如果连线过长，那么ADSL调制解调器同步就很困难。如果不是上述原因，那么可以试着更换ADSL调制解调器来排除故障。

4. 病毒破坏了 ADSL 相关组件

如果计算机受到黑客和病毒的攻击，ADSL 相关组件受到破坏，那么就会发生 ADSL 断网故障。建议安装杀毒软件和软件防火墙，这些软件可以实时监控计算机和网络通信情况，如果发现非法的网络访问，那么它们会进行杀毒或拦截非法程序。

5. 防火墙软件设置不当

如果排除了病毒和黑客破坏后还发生 ADSL 断网现象，那么有可能是由防火墙软件设置不当造成的。此时应检查安装的防火墙软件设置是否正确或暂停运行这类软件，然后再上网测试，观察上网速度是否恢复正常。

6. 多个拨号软件引起冲突

目前个人用户大都使用 ADSL 虚拟拨号方式上网，此上网方式需要安装 PPPOE 拨号软件。如果用户安装了多个 PPPOE 拨号软件，那么就会引起冲突，导致 ADSL 故障。注意，不要同时安装多个 PPPOE 拨号软件，以免造成冲突。

任务准备

实施本任务所使用的实训设备为：一台有相应故障的 ADSL 调制解调器。

任务实施

1. ADSL 指示灯变红，连接中断

（1）故障现象　拨号成功后使用一段时间，突然发现网速有些慢，接着发现 ADSL 指示灯变红，最后网络中断。

（2）故障分析　ADSL 指示灯用于显示调制解调器的同步情况，常亮绿灯表示调制解调器与局端能够正常同步，常亮红灯表示没有同步，闪动绿灯表示正在建立同步。如果出现 ADSL 指示灯变红的现象，那么说明故障为电话线路有干扰、电话线路插头接触不良或线路存在故障。

（3）故障排除　检查线路上的插头是否良好。ADSL 线路上最好不接分机，因为接分机时要使用信号分离器引出，否则可能会出现上述现象。如果分线盒内的电话线过长，那么应将平行线更换为双绞线，提高线路抗干扰能力。有时是受天气（比如大雨天）的干扰或线路本身的问题，只需过一会儿再重新启动调制解调器并拨号就会恢复正常，此类故障原因多为线路接触不良。

2. 打开调制解调器后不能立即上网

（1）故障现象　计算机通过 ADSL 连接一段时间，打开调制解调器后不能立即上网，要等几分钟后才能上网，而且在关闭调制解调器后再启动时，也要等几分钟才能连接上网。

（2）故障分析　根据提示，首先排除网络线路和调制解调器的故障，然后再排除计算机故障。用一台便携式计算机（笔记本电脑）来连接调制解调器，可以很快连接到 Internet 上，上网正常，说明网络线路和调制解调器完好，故障可能出在计算机上。更换网卡后故障依旧，排除网卡故障后，怀疑可能是计算机系统感染了病毒。

（3）故障排除　判断是计算机硬件故障还是软件故障。首先用系统安装盘对 C 盘进行格式化并安装操作系统，然后设置宽带连接，如果此时连接网络正常，那么说明问题出在系统软件上。重装安装操作系统，然后安装杀毒软件并升级到最新版本，进行全盘杀毒后，连接网络正常，说明问题是由系统感染病毒引起的。此类故障要先排除线路、调制解调器故障和计算机硬件故障，然后再确定是否为软件故障。

3. ADSL 连接经常断线

（1）故障现象　ADSL 用户连接 Internet 时经常断线，特别是在打电话时会立即断线，每次断线时间为十几秒。

（2）故障分析　问题有可能出现在 ADSL 信号分离器不能正常分离语音信号和数据信号，导致打电话时 Internet 连接中断。电话线路过长或线路不好、调制解调器存在质量问题或在 ADSL 线路上加分机，都有可能造成 Internet 连接中断。

（3）故障排除　检查室内电话线路，确认没有问题后，更换信号分离器和调制解调器，如果故障没有解决，那么可要求电信部门检查线路质量。

扩展知识

ADSL PPPoE 拨号出错部分故障码简介如下：

1. Error 617

故障现象：拨号网络连接的设备已经断开。

故障原因：PPPoE 软件没有被完全和正确地安装，ISP（互联网服务提供商）服务器故障，连接线、ADSL 调制解调器故障。

解决方法：卸载 PPPoE 软件，重新安装，致电 ISP 询问，检查网线和 ADSL 调制解调器。

2. Error 619

故障现象：与 ISP 服务器不能建立连接。

故障原因：ADSL ISP 服务器故障，ADSL 电话线故障。

解决方法：检查 ADSL 信号灯是否能正确同步，致电 ISP 询问。

3. Error 630

故障现象：ADSL 调制解调器没有响应。

故障原因：ADSL 电话线故障，ADSL 调制解调器故障（电源没打开等）。

解决方法：检查 ADSL 设备。

4. Error 633

故障现象：拨号网络由于设备安装错误或正在使用，不能进行连接。

故障原因：PPPoE 软件没有被完全和正确地安装。

解决方法：卸载 PPPoE 软件，重新安装。

5. Error 645

故障现象：网卡没有正确响应。

故障原因：网卡故障或者网卡驱动程序故障。

解决方法：检查网卡，重新安装网卡驱动程序。

6. Error 650

故障现象：远程计算机没有响应，断开连接。

故障原因：ADSL ISP 服务器故障，网卡故障，非正常关机造成网络协议出错。

解决方法：检查 ADSL 信号灯是否能正确同步，致电 ISP 询问，检查网卡，删除所有网络组件并重新安装网络。

7. Error 678

故障现象：与ISP服务器不能连接。

故障原因：ADSL网络服务提供商的服务器故障或者ADSL电话线故障。

解决方法：检查ADSL信号灯是否能正确同步，致电ISP询问。

8. Error 691

故障现象：输入的用户名和密码不对，无法建立连接。

故障原因：用户名和密码错误，ISP服务器故障。

解决方法：使用正确的用户名和密码，并且使用正确的ISP账号格式。

9. Error 718

故障现象：验证用户名时远程计算机超时没有响应，断开连接。

故障原因：ADSL ISP服务器故障。

解决方法：致电ISP询问。

10. Error 738

故障现象：服务器不能分配IP地址。

故障原因：ADSL ISP服务器故障，ADSL用户太多，超过ISP所能提供的IP地址。

解决方法：致电ISP询问。

任务三　分析与排除网络设备常见故障

知识目标：

掌握网络设备常见故障的分析与排除方法。

技能目标：

能够快速分析和排除常见网络故障。

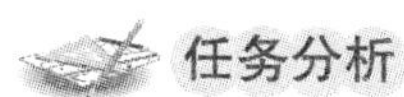

任务分析

网络设备是指连接到网络中的物理实体。网络设备的种类繁多，在局域网中常用的网络设备有交换机、路由器、网卡、调制解调器和通信介质等。本任务的内容及要求是：掌握交换机常见故障的排除方法。

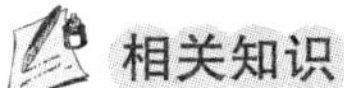

相关知识

交换机在网络中应用非常广泛，提供了计算机和网络设备之间的相互连接。由于交换机人为干预较少，因此交换机的故障与计算机故障相比要少得多。交换机故障可分为硬件故障和软件故障两种。交换机硬件故障主要是指交换机电源、模块、插槽、端口等部件的故障，交换机软件故障是指系统漏洞、系统配置错误等。

1. 交换机故障的排除方法

交换机的故障多种多样，不同的故障有不同的表现。在分析故障时要根据具体现象灵活运用故障排除方法（如排除法、对比法、替换法），找出问题所在，及时排除故障。

（1）排除法　排除法主要根据所观察到的故障现象，列举出所有可能发生的故障，然后逐个分析、排除。在排除故障时要遵循由简单到复杂的原则。使用排除法判断故障可以应付各种各样的故障，但维护人员需要有丰富的实践经验和较强的逻辑思维，对交换机知识有全面深入的了解。

（2）对比法　对比法就是以型号、配置相同并能够正常运行的交换机作参考，与故障交换机进行对比，找出故障点。这种方法简单有效，尤其是系统配置故障，只要进行对比便能找出配置的不同之处。对比法的缺点是有时想找两台型号、配置完全相同的交换机有些困难。

（3）替换法　替换法是解决交换机故障最常用的方法，是指用正常的交换机或交换机部件（端口、模块）来替换有故障交换机的部件，找出故障点进行故障排除的方法。替换法主要用于硬件故障的诊断。需要注意的是，替换的部件必须是品牌、型号完全相同的交换机才可以。

2. 交换机故障的排除原则

为了使交换机故障排除工作有章可循，在故障分析时，可以按照以下原则来分析：

（1）先简单后复杂　在排除交换机故障时，应先从简单操作和容易发生的故障来分析，列出可能导致故障的原因并从中排查，这样可以加快故障排除的速度，提高维修工作效率。

（2）由软到硬　排除交换机故障时应先从软件入手，如果软件没有问题，那么就有可能是硬件出问题了。在检查时，先从系统软件和系统配置上进行排查，如果经过排查，排除了系统软件和系统配置上的各种可能后，那么这时可以怀疑问题出现在硬件方面。

（3）由外到内　在通常情况下，交换机发生故障的可能性较小，在检测故障时首先要排除网络连接故障，如网络连接有无断点、插件是否接触不良、网卡是否损坏等，如果检测网络连接正常，那么可检查交换机是否存在故障，可先观察面板上的指示灯，然后根据故障提示，再来检查内部的相应部件是否存在问题。

任务准备

实施本任务所使用的实训设备为：若干台有相应故障的交换机或其他设备。

任务实施

1. 交换机硬件故障

（1）电源故障

故障现象：交换机面板上的电源指示灯熄灭或呈橘黄色（绿色表示正常），所用端口的LED指示灯熄灭，连接该交换机的所有计算机无法连接网络，交换机不能被登录，这些都说明交换机电源有故障。

故障分析：可能是外部供电不稳定，有静电，遭受雷击，供电线路不好，没有UPS等原因导致的电源损坏，使交换机不能正常工作。

故障排除：检查电源供电是否正常，并检查电源开关、插座是否良好，如果一切正常，那么可更换交换机进行测试。

预防措施：做好外部供电工作，单独引电源线提供独立的电源，安装带稳压功能的UPS以保证交换机的正常供电，安装防雷装置，避免雷电对交换机造成损坏。

（2）端口故障

故障现象：交换机面板上的电源指示灯熄灭或呈橘黄色，只有连接在该端口的计算机无法连接网络，其他端口能够正常连接网络。

故障分析：交换机端口质量问题和人为故障（带电插拔 RJ-45 插头、经常反复插拔 RJ-45 插头、端口有灰尘、RJ-45 插头氧化、RJ-45 插头与端口接触不良等）。

故障排除：在一般情况下，不会出现交换机大量端口同时发生故障（雷击除外）的现象。将故障端口的网线插头更换到其他完好的端口上，如果连接正常，那么可清理有故障端口上的灰尘或更换端口。

预防措施：端口故障是常见的硬件故障，无论是光纤端口还是双绞线的 RJ-45 端口，在插拔插头时都一定要小心，不要把光纤插头弄脏，否则会导致光纤端口不能正常通信。不要带电插拔插头，虽然从理论上讲是可行的，但是这样会增加端口的故障发生率。应使用质量好的 RJ-45 插头，尽量不要反复多次插拔端口，否则会造成端口接触不良。

（3）模块故障

故障现象：交换机面板上的电源指示灯熄灭或呈橘黄色，只有同一 VLAN 内的计算机之间可以通信，连接到交换机的计算机无法实现与其他交换机的计算机通信。

故障分析：智能交换机是由多个模块组成（堆叠模块、扩展模块等）的，在一般情况下这些模块发生故障的概率很小。模块存在质量问题，插拔模块时用力过大，交换机在移动时受到碰撞，电源不稳定等情况，都可能导致模块故障的发生。

故障排除：首先确保交换机及模块的电源正常供应，检查模块接插位置是否正确，检查连接模块的线缆是否正常。将判断有故障的模块插入另一正常插槽进行测试，若连接正常，则证明模块完好，问题可能出现在插槽上。

预防措施：购买时注意模块质量，不要带电插拔模块，注意交换机散热问题，准备备用模块，当出现故障时以便于更换。

（4）背板故障　背板带宽是交换机接口处理器或接口卡和数据总线间所能吞吐的最大数据量。背板带宽标志了交换机总的数据交换能力，交换机背板带宽从每秒几吉字节到每秒上百吉字节。交换机的背板带宽越高，处理数据的能力就越强，设计成本也就越高。交换机背板决定交换机性能和能否稳定工作。在一般情况下，交换机背板不容易发生故障。

故障现象：所有端口指示灯全部点亮或全部狂闪，又或者全部熄灭。在通电正常的情况下，交换机所有端口不能正常工作，无法与本交换机内其他计算机通信，无法连接网络，只有发送数据没有接收数据。

故障分析：交换机质量问题，电源损坏或被雷击，交换机散热不好或交换机受潮导致交换元件损坏。

故障排除：检查交换机连接线路是否连通，有无防雷措施；检查供电线路和电压，如果正常，那么可更换交换机进行检测，若检测结果正常，则说明交换机背板出现故障，更换背板后故障即可排除。

预防措施：交换机的模块都是接插在背板上的。要保证交换机清洁和散热良好，做好防雷、防潮、防磁、防静电及稳定供电。

2. 交换机的软件故障

（1）系统错误　交换机的软件与其他系统软件一样，由于设计原因，也会存在一定的系统漏洞。在交换机内部有一个可刷新的只读存储器，它保存了交换机所必需的软件系统。这些漏洞会影响交换机性能，导致交换机满载、丢包等现象的发生。对于此类问题，要及时更新系统，需要注意升级的系统软件要与系统硬件相匹配。

（2）配置不当　有些初学者对交换机不熟悉，在配置交换机时会出现配置错误和误删除系统软件等问题，如 VLAN 划分不正确导致网络不通、端口被错误地关闭、交换机和网卡的模式配置不匹配等都是常见的配置错误。如果不能确保用户的配置有问题，那么可以恢复出厂默认配置，然后再一步一步地配置。配置完成后做好备份，最好在配置之前，先仔细阅读说明书。

（3）密码丢失　这可能是每个系统管理员都经历过的，忘记密码后，可以恢复或者重置系统密码，有的则比较简单，在交换机上按下一个按钮就可以了，而有的则需要通过重新装载配置文件的操作来解决。

（4）外部因素　由于病毒或者黑客攻击，某台主机向所连接的端口发送大量不符合封装规则的数据包，造成交换机处理器过分繁忙，致使数据包来不及转发，进而导致缓冲区溢出产生丢包现象。还有一种情况就是广播风暴，它不仅会占用大量的网络带宽，而且会占用大量的 CPU 处理时间。如果网络长时间被大量广播数据包所占用，那么正常的点对点通信就无法正常进行，网络速度就会变慢甚至导致网络瘫痪。

软件故障相对于硬件故障来说较难查找，解决起来需要较长的时间。管理员最好在平时的工作中养成记录日志的习惯，当发生故障时要及时做好记录，积累排除故障的经验。

任务四　分析与排除传输介质常见故障

知识目标：

掌握局域网中传输介质常见故障的分析与排除方法。

技能目标：

能够根据局域网的传输介质类型，分析和排除由传输介质导致的局域网故障。

任务分析

在局域网故障中，网络连接故障占很大比例。导致网络连接故障的原因很多，如传输介质故障、网络设备故障等。传输介质故障是局域网连接故障中最为常见的。导致传输介质故障的原因很多，如双绞线线序错误、双绞线接触不良故障等。局域网中常见的传输介质有双绞线、同轴电缆和光纤。本任务是掌握局域网中传输介质常见故障的分析和排除方法。

相关知识

1. 传输介质常见故障现象

计算机与交换机端口相连，计算机却无法连接到网络，不能与其他计算机之间进行通信；计算机能够连接到网络，但数据传输的速率特别低；系统提示网络电缆没有插好，计算机不能连接网络；带光纤接口的两个交换机连接，端口指示灯不亮。

2. 传输介质常见故障原因

传输介质有断路现象或质量存在问题，当双绞线出现短路和断路现象时，将造成网络连接中断。双绞线或光纤质量不好，会导致网络数据传输速率下降，甚至会导致网络中断。线缆传输距离超限会导致计算机不能连接网络、丢包等故障（五类双绞线的有效传输距离为100m，多模光纤的有效传输距离为300～500m，单模光纤的有效传输距离为50～100km）。光纤模块有灰尘，RJ-45插头接触不好、氧化或插件接触不良等都会导致网络连接错误。

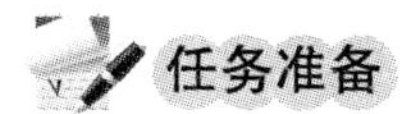
任务准备

实施本任务所使用的实训设备为：若干有故障的传输介质。

任务实施

1. 双绞线常见故障的排除

（1）局域网计算机运行缓慢

故障现象：局域网中一台计算机运行速度缓慢，每打开一个窗口都需要等一段时间，怀疑计算机中了病毒，拔掉网线杀毒，没有发现病毒，发现这时系统运行速度变快，插上网线后运行一会，系统运行速度又变得缓慢。

故障原因：由于网线一端插头制作错误，使网络数据传输和接收出错，导致CPU负荷增大，使计算机系统运行速度变慢。

故障排除：计算机能够正常连接网络，说明网络协议和网卡没有问题，而系统又没有中毒，经过检查发现插上网线后系统变得缓慢，测试网线发现网线1、2线序错误。把RJ-45插头剪掉，重新按EIA/TIA 568B标准制作后，连接到网络计算机，恢复正常。

（2）交换机、网卡指示灯正常但无法连接网络

故障现象：局域网中一台计算机无法连接网络，但交换机和网卡指示灯显示正常，Ping网关时显示连接超时。

故障原因：网线制作质量不好，导致网线的2、3线与RJ-45插头没有连接上。EIA/TIA 568B标准需要用到1、2、3、6四根线，当2、3两线断路时，导致计算机不能连接网络。由于其他六根线连接正常，所以交换机和网卡指示灯显示正常。

故障排除：检查网络协议正常，Ping网关时显示连接超时，经过排查，问题有可能出在网络线路上。拔掉网线，利用网线测线器进行测试，发现网线中2、3两线不通，说明网线中有断路，检查RJ-45插头发现2、3两线与RJ-45插头没有接触好。重新制作RJ-45插头，测试正常，计算机与交换机相连后能够正常连接网络。

（3）双绞线断路

故障现象：机房中一台计算机不能正常上网，查看本地连接显示正常，检查网络连接状态，发现只有发送数据没有接收数据。

故障排除：检查网络协议和网卡驱动，没有错误，更换交换机端口后故障依旧，把其他端口上的RJ-45插头插在该端口上，计算机能够正常上网，排除了交换机端口损坏故障。检查网络连接状态，只有发送数据没有接收数据，说明问题可能出现在网线的连接上。用网线检测器检查发现橙色线不通，其他线正常，重新制作RJ-45两端插头，测试还是橙色线不通，说明橙色线路中有断路处，而要重新布置一根网线既麻烦又浪费。在带宽为100Mbit/s的网络中只使用1、2、3、6（橙白、橙、绿白、绿）四根双绞线，当橙色线断路时可使用其线对来代替。重新制作RJ-45两端插头，两端线序为棕白、棕、绿白、蓝、蓝白、绿、橙

白、橙。测试正常后连接网络，计算机可以正常上网。对于线路有问题的双绞线，要做好标记和记录，以免在网络维护中出错。

2. 光纤常见故障的排除

（1）灰尘导致光纤连接不良

故障现象：一校园网中的主教学楼、实验楼、实训楼与网络中心采用光纤布线，实验楼计算机不能访问 Internet，但实验楼局域网连接正常，可以进行本地互访。

故障原因：由于能够在局域网内互访，说明本地网络正常，问题可能出在与网络中心连接的交换机或光纤线路上。造成光纤信息衰减的原因有光纤模块质量、光纤传输距离、光纤跨接线、光纤纤头灰尘等。由于实验楼与网络中心距离不超过 300m，所以排除光纤传输距离导致的故障。

故障排除：检测光缆通断：用激光手电对着光缆接头或耦合器的一端照光，在另一端看到有可见光，表明光缆没有断。检查和更换实验楼交换机和光纤模块，故障依旧，那么问题可能出在网络中心核心交换机上。更换核心交换机模块端口，故障依旧，在拔下光纤接头检查时，发现光纤接头表面有一层灰尘，找来酒精擦拭干净，连接到交换机上，实验楼计算机可正常上网。

（2）光电收发器故障

故障现象：学院网络中心与专家公寓采用光电收发器相连，专家公寓反映计算机不能正常上网，收发器连接指示灯熄灭。

故障原因：导致故障的原因可能是光纤线路中断、光纤接口连接不正确、光纤连接设备接触不良、光纤收发器质量问题、光纤散热不良等。

故障排除：由于校园网光纤都是埋在地下的，所以可排除光纤损坏的可能，问题有可能出现在光纤连接设备上。检查光纤接收器连接接口，良好，更换一台光纤收发器后故障排除。

任务五　分析与排除资源共享故障

知识目标：

掌握局域网资源共享故障的分析与排除方法。

技能目标：

能够正确设置和调试局域网资源共享，快速排除资源共享故障。

任务分析

资源共享是局域网用户经常使用的功能之一，但有时由于网络设置不当，会造成资源共享故障，使用户无法访问网络中的共享资源。本任务的内容及要求为：掌握局域网中资源共享故障的排除方法。

相关知识

导致 Windows XP 资源共享故障的原因很多，如没有正确运行“网络安装向导”；启用了 Windows XP 内置的防火墙；当运行“网络安装向导”时自动启用 Windows XP 内置的防火墙，禁止其他用户通过“网上邻居”共享文件夹；用户密码设置错误；管理工具中本地安全策略设置错误等，都会导致局域网资源共享出错。

任务准备

实施本任务所使用的实训设备为：一台有局域网资源共享故障的计算机。

任务实施

1. 检查 Guest 账户是否开启

Windows XP 在默认情况下是不开启 Guest 账户的。为了能实现局域网资源共享，让其他计算机能够访问本机，要启用 Guest 账户。为了安全，可以为 Guest 账户设置密码和相应的权限，还可以为每台计算机设置用户名和密码，以方便计算机之间互相访问。执行“开始”→“设置”→“控制面板”→“管理工具”→“计算机管理”→“本地用户和组”→“用户”命令，在右边的 Guest 账号上右击，弹出“Guest 属性”对话框，然后取消“帐户已停用”复选框的选中状态，如图 10-3 所示。

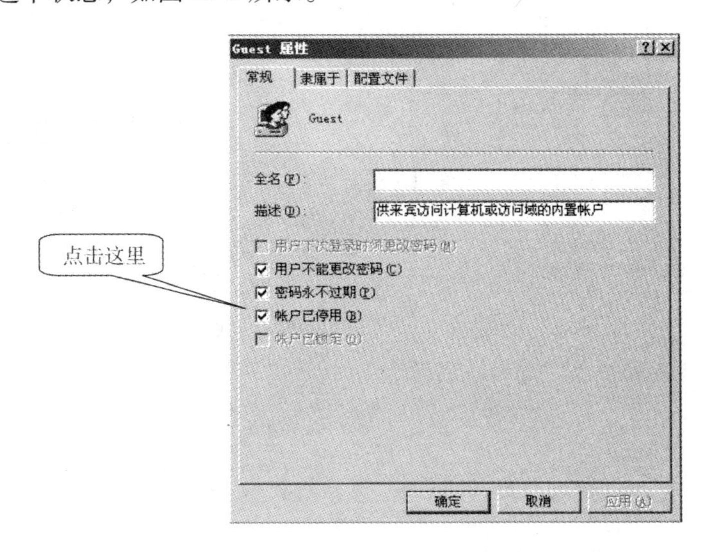

图 10-3　“Guest 属性”对话框

2. 更改 Guest 账户从网络访问本机

当开启了 Guest 账户后还是不能访问共享资源时，检查是否设置为拒绝 Guest 账户从网络访问计算机，因为 Windows XP 默认是不允许 Guest 从网络登录的，可以利用组策略编辑器开启 Guest 账户来解除对 Guest 账户的限制。单击“开始”→“运行”命令，在“运行”对话框中输入“gpedit. msc”，打开组策略编辑器，依次选择“计算机配置”→“Windows 设置”→“安全设置”→“本地策略”→“用户权利指派”选项，在右侧列表中双击“拒绝从网络访问这台计算机”选项，删除里面的“Guest”账户。这样其他用户就能够用 Guest 账户通过网络访问来使用 Windows XP 资源，如图 10-4 所示。

3. 更改网络访问模式

Windows XP 默认把网络登录的所有用户看作 Guest 账户。计算机管理员从网络登录时只具有 Guest 的权限，当遇到不能访问的计算机资源时，可更改网络的访问模式。运行

“gpedit. msc” 命令打开组策略编辑器，依次选择“计算机配置”→“Windows 设置”→“安全设置”→“本地策略”→“安全选项”，在右侧列表中双击“网络访问：本地帐户的共享和安全模式”选项，将默认设置“仅来宾-本地用户以来宾身份验证”更改为“经典-本地用户以自己的身份验证”，如图 10-5 所示。

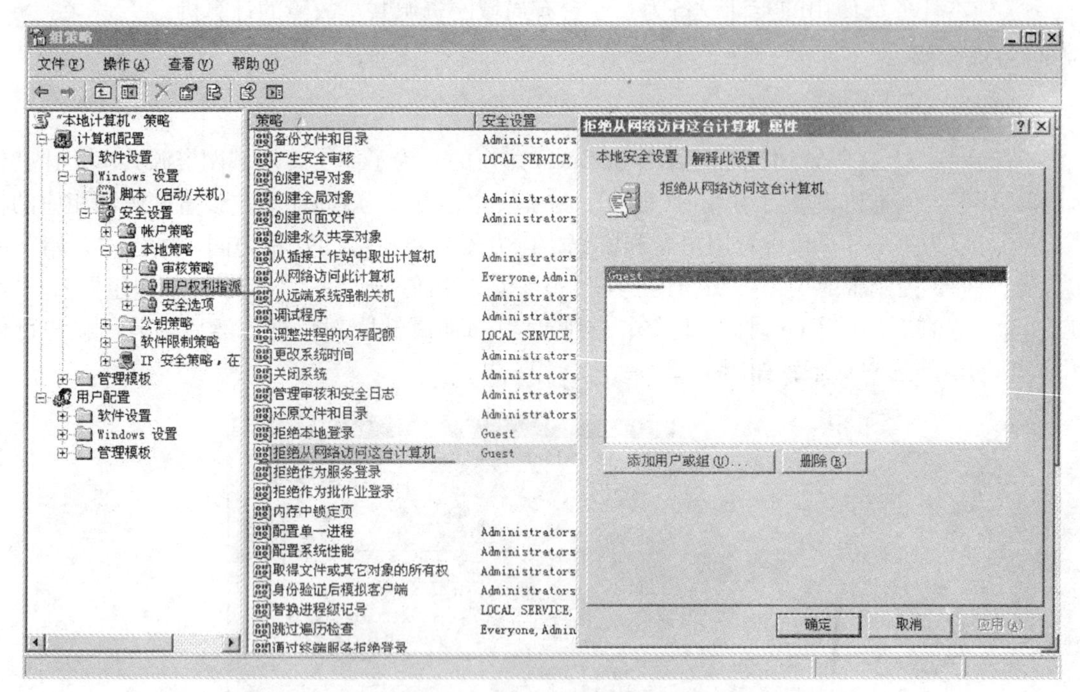

图 10-4　更改 Guest 账户从网络访问本机

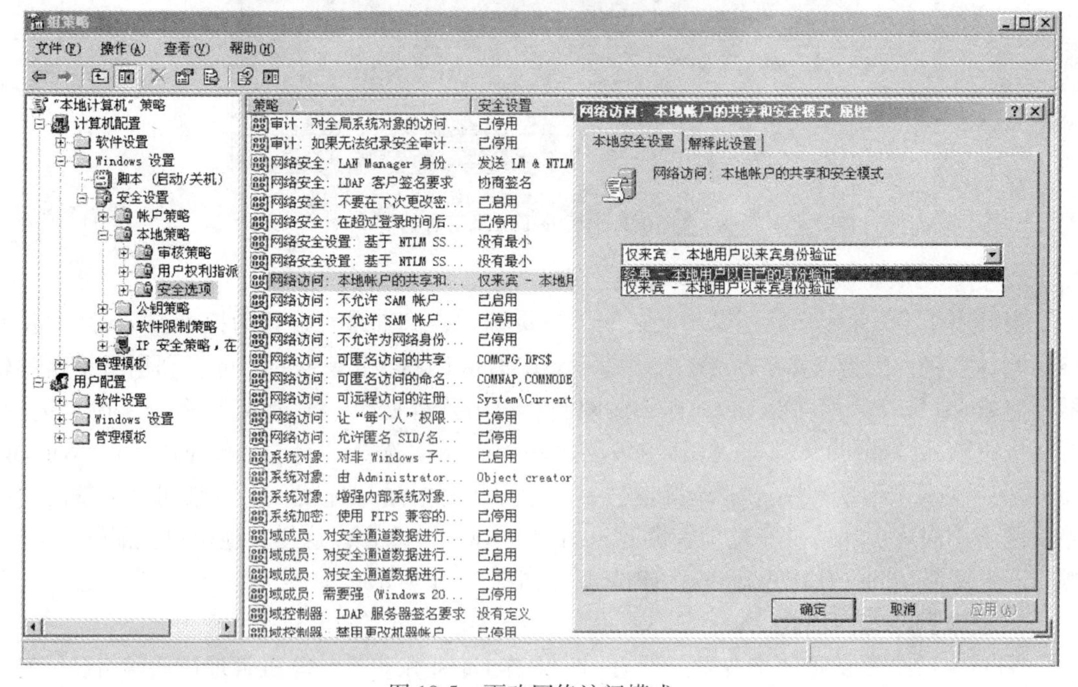

图 10-5　更改网络访问模式

4. 更改本地账户只允许进行控制台登录

在局域网中已经取消了简单共享设置，也删除了 Guest 账户，部分计算机能够访问局域网共享资源，但有的计算机还是无法访问共享资源。这时可以更改组策略中“计算机配置”→“Windows 设置”→“安全设置”→“本地策略”→“安全选项”中的“帐户：使用空白密码的本地帐户只允许进行控制台登录”选项，只要将这个策略停用便能解决问题，如图 10-6 所示。经过以上修改，便可以正常访问局域网共享资源了。

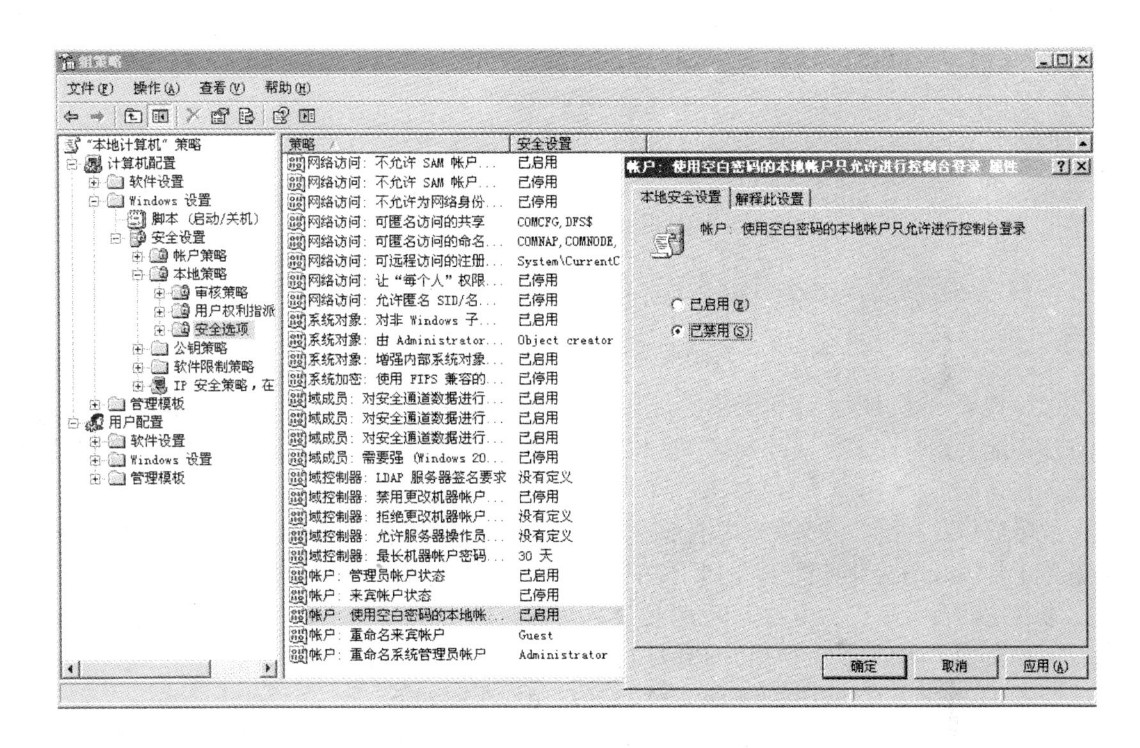

图 10-6　更改本地账户只允许进行控制台登录

5. 访问共享资源只能通过\\IP 方式

故障现象：局域网中的一台计算机无法通过网上邻居访问共享资源，但能够在运行命令下使用 IP 地址访问。

故障原因：能够通过 IP 地址访问共享资源，说明网络连接没有故障，问题可能是网络协议出错、网卡驱动错误或网络中共享资源的计算机被设置为隐藏等。

故障排除：删除网络协议和网卡驱动，重新安装网络协议和网卡驱动，设置局域网 IP 地址。如果还是不能通过网上邻居访问共享资源，那么可打开注册表编辑器，检查这台计算机是否被设置为在网络中隐藏。运行注册表编辑器，到注册表中找到主键“HKEY _ LOCAL _ MACHINE \ SYSTEM \ CurrentControlSet \ Services \ LanmanServer \ Parameters”，在注册表右侧窗口中找到“Hidden”键值，将其删除或修改其值为 0 即可，如图 10-7 所示。

6. 局域网中不能共享网络打印故障的排除

在局域网中可以实现资源共享，但有时却无法实现打印机共享。下面是 Windows XP 中共享打印机时容易出现的问题和一些排除故障的方法。

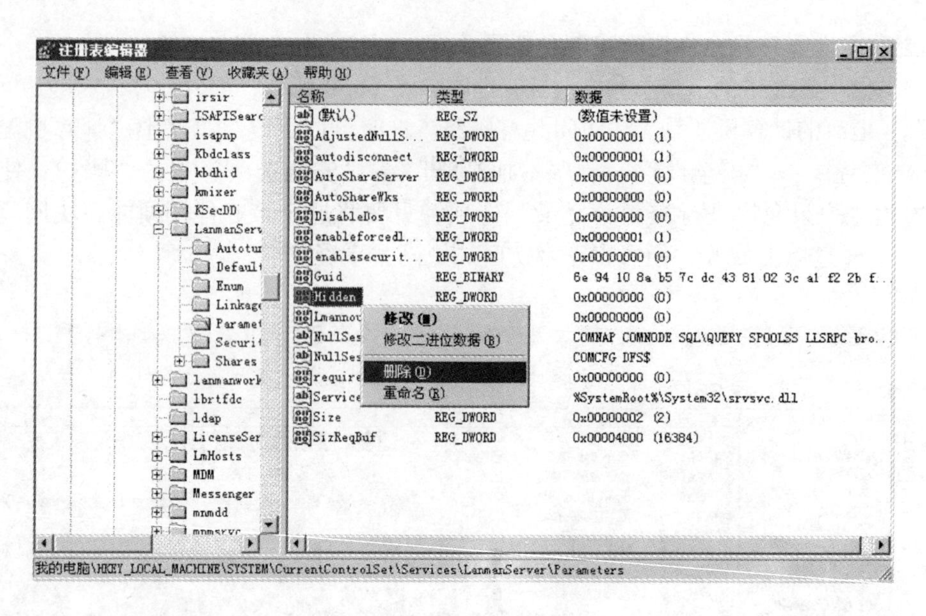

图 10-7 “注册表编辑器”窗口

故障现象：通过网上邻居无法找到提供共享打印服务的计算机，以前可以共享打印，但现在却不能共享打印了，访问共享打印机的计算机需要密码，即使是本机安装的打印机，也显示无权访问。

故障分析：在排除共享打印故障前，要先能够 Ping 通共享打印机的计算机，以确定网络链路正常以及两台计算机在同一网段中，然后检查网络组件是否安装和设置正确。

查看这两台计算机的中的 TCP/IP 协议是否已启用“NetBIOS”。两台计算机要能共享通信，需要在 TCP/IP 协议上启用 NetBIOS 协议。

查看 TCP/IP 上的 NetBIOS 协议是否已经启用的步骤如下：

1）在桌面上右击“网上邻居”图标，在弹出的快捷菜单中单击“属性”命令，打开“网络连接”窗口。

2）右击“本地连接”图标，在弹出的快捷菜单中单击“属性”命令。

3）在打开的“本地连接 属性”对话框中单击“Internet 协议（TCP/IP）”，然后单击“属性”按钮，如图 10-8 所示。

4）在打开的“Internet 协议（TCP/IP）属性”对话框中单击“高级”按钮后，在“高级 TCP/IP 设置”对话框中选择“WINS”选项卡，如图 10-9 所示。

5）在“NetBIOS 设置”下，选中“启用 TCP/IP 上的 NetBIOS”单选按钮，然后单击“确定”按钮，如图 10-10 所示。

查看两台计算机是否都安装了“Microsoft 网络的文件和打印共享”功能，并查看该功能是否被 Windows 防火墙阻止。

查看是否安装了“Microsoft 网络的文件和打印共享功能”的操作步骤如下：

1）在桌面上右击“网上邻居”图标，在弹出的快捷菜单中单击“属性”命令。

2）右击“本地连接”图标，在弹出的快捷菜单中单击“属性”命令。

3）在打开的“本地连接 属性”对话框中打开“常规”选项卡，然后单击“安装”按钮，如图 10-11 所示。

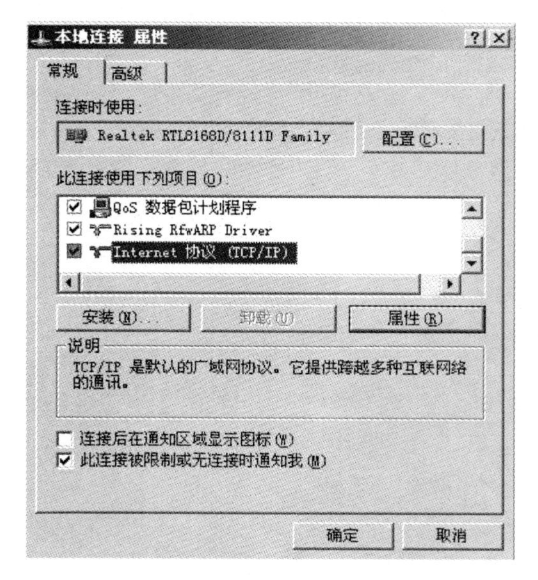

图 10-8　“本地连接　属性”对话框

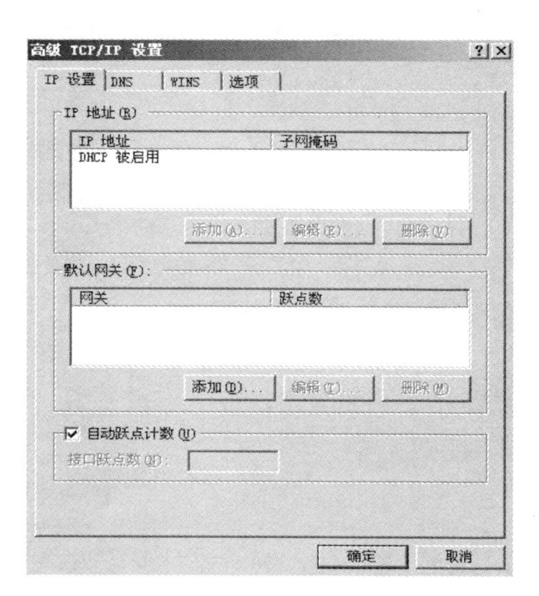

图 10-9　“高级 TCP/IP 设置”对话框

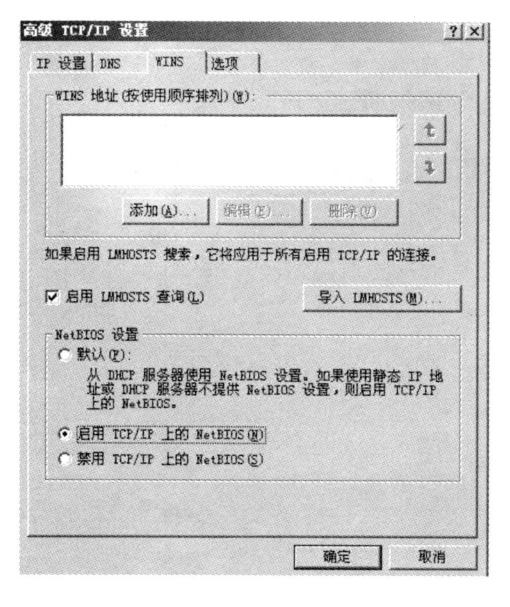

图 10-10　“WINS”选项卡

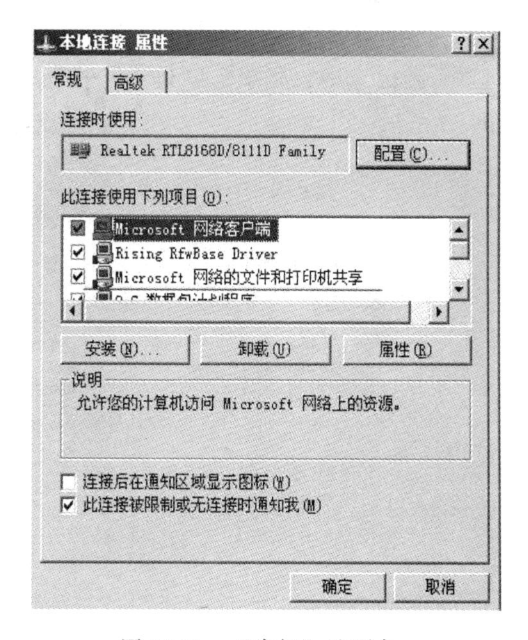

图 10-11　“常规”选项卡

4）在打开“选择网络组件类型”对话框中单击“服务”选项，然后单击“添加”按钮。

5）在打开的“选择网络服务”对话框的“网络服务”列表中，单击“Microsoft 网络的文件和打印共享”，然后单击“确定”按钮。

查看“文件和打印机共享”功能是否被 Windows 防火墙阻止的操作步骤如下：

1）选择“开始”→“控制面板”→“Windows 防火墙”选项，打开“Windows 防火墙”对话框。

2）在“常规”选项卡上确保“不允许例外”复选框没有选中，如图 10-12 所示。

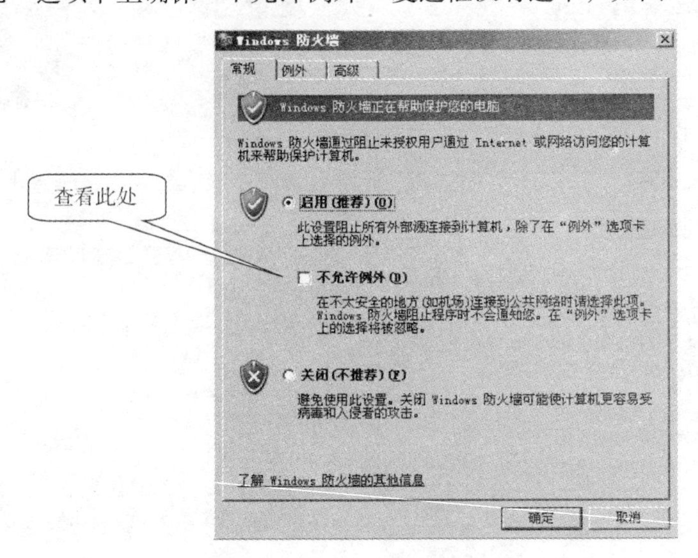

图 10-12　“Windows 防火墙”对话框

3）打开“例外”选项卡，查看“例外”选项卡上是否选中了“文件和打印机共享”复选框，若已选中，则单击“确定”按钮，如图 10-13 所示。

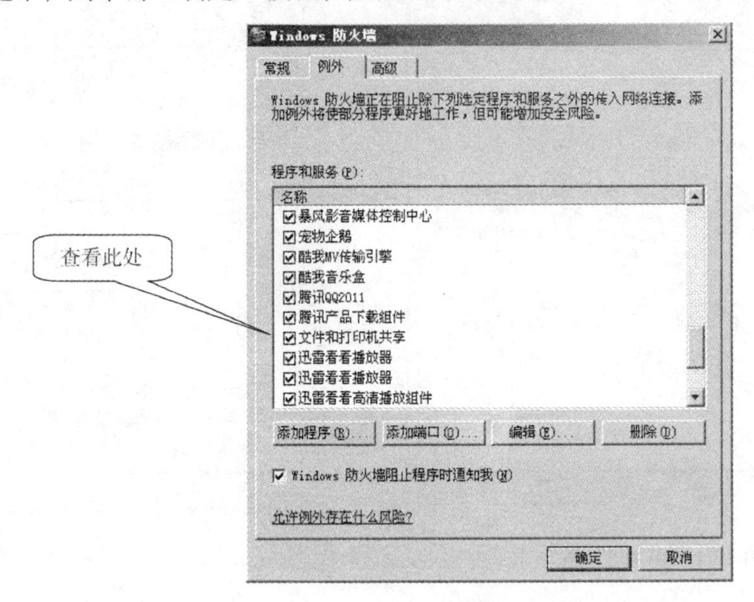

图 10-13　“例外”选项卡

查看计算机上的“计算机浏览器服务”的状态是否是“已启用”。若“计算机浏览器服务”的状态为空白，则表示没有启用该服务，需要将其启动，操作步骤如下：

1）右击桌面上的“我的电脑”图标，在弹出的快捷菜单中单击“管理”命令。

2）在打开的“计算机管理”窗口中单击“服务和应用程序”下的“服务”命令，在右侧窗口中右击“Computer Browser”选项，然后在弹出的快捷菜单中单击“启动”命令，如图 10-14 所示。

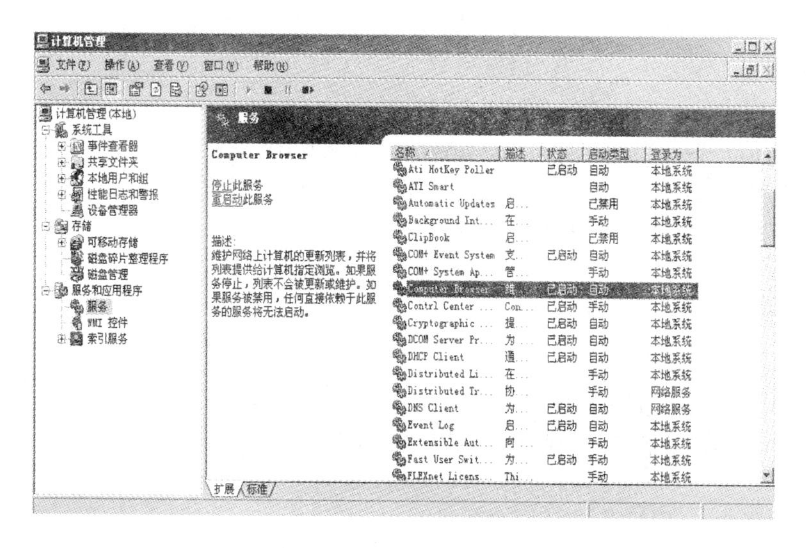

图 10-14　“计算机管理”窗口

思考与练习

一、填空题

1. 局域网故障多种多样，故障产生的原因主要有硬件问题和软件问题。局域网故障的原因主要有局域网________故障、________故障、________故障和________故障等。

2. 局域网故障排除的原则是________、________、________和________。

3. 交换机硬件故障有________、________、________、________等故障。

4. 交换机软件故障有________、________、________、________等故障。

5. 当交换机出现故障时可采用________、________、和________来解决故障。

6. 局域网与广域网、广域网与广域网的互连是通过________实现的。

二、选择题

1. 客户机无法登录到网络上的解决方法是（　　）。

A. 检查计算机上是否安装了网络适配器，若已安装，则检查网络适配器工作是否正常。

B. 确保网络通信正常，即网线等连接设备完好。

C. 确认网络适配器的中断和 I/O 地址没有与其他硬件冲突。

D. 检查网络设置是否有问题。

2. 如果某局域网的拓扑结构是（　　），那么局域网中任何一个结点出现故障均不会影响整个网络的工作。

A. 总线型结构　　B. 树形结构　　C. 环形结构　　D. 星形结构

3. 关于网络协议的说法，下列（　　）选项是正确的。

A. 是网民们签订的合同

B. 协议，简单地说就是为了网络信息传递，共同遵守的约定

C. TCP/IP 协议只能用于 Internet，不能用于局域网

D. 拨号网络对应的协议是 IPX/SPX

4. 分布范围小、投资少、配置简单是（　　）的特点。

A. 局域网　　B. 城域网　　C. 广域网　　D. 互联网

5. 下列选项中，属于计算机网络作用的是（　　）。

A. 数据通信、资源共享　　B. 文字处理

C. 提高计算机的处理能力　　D. 资源共享

6. 两个局域网要互连为广域网，那么可以选择的互连设备应该是（　　）。

A. 中继器　　B. 网桥　　C. 网卡　　D. 路由器

三、简答题

1. 协议故障的表现有哪些?

2. 常见的网络连接故障的具体表现有哪些?

3. 造成 ADSL 不能正常上网的故障原因有哪些?

单元十一　网络设备设置基础

11

在计算机网络通信中，不仅需要传输介质，而且需要网络的互连设备，从而使不同网络的用户之间能够相互通信，实现资源共享。比较常用的网络互连设备有交换机、路由器。在组建局域网络时，理解这些设备的工作原理并能正确配置这些设备是很重要的。本单元的主要内容是介绍交换机及路由器在局域网中的基本配置方法。

任务一　初始化交换机

知识目标：

掌握交换机初始化的方法。

技能目标：

能够根据局域网的组建要求，完成交换机初始化设置和调试。

任务分析

交换机可以不经过任何配置，当做一台“傻瓜”设备使用。交换机通电后直接连接到计算机就可以组成局域网，不过这样就浪费了可管理型交换机的大部分功能。为了提高局域网的安全性和可靠性，需要对交换机进行一定的配置和管理。本任务的内容及要求为：通过串口对交换机进行初始化设置和管理。

相关知识

1. 交换机基本知识

交换机的英文名称为 Switch，是一种基于 MAC 地址识别，能够在通信系统中完成信息交换功能的设备，如图 11-1 所示。作为局域网的主要连接设备，以太网交换机成为普及最快的网络设备之一。

图 11-1　CISCO WS-C2960 交换机

交换机要在操作过程中不断搜集信息，以建立起它本身的一个 MAC 地址和交换机端口的对应表，如图 11-2 所示。交换机在接收到一个以太网包时，便会查看一下该以太网包的目的 MAC 地址，核对一下自己的地址表，以确认该从哪个端口把包发出去，这样，就会避免和其他端口发生冲突。如果对应表里没有目的 MAC 地址，那么交换机便会把该包“广播”出去，即从所有端口转发出去。

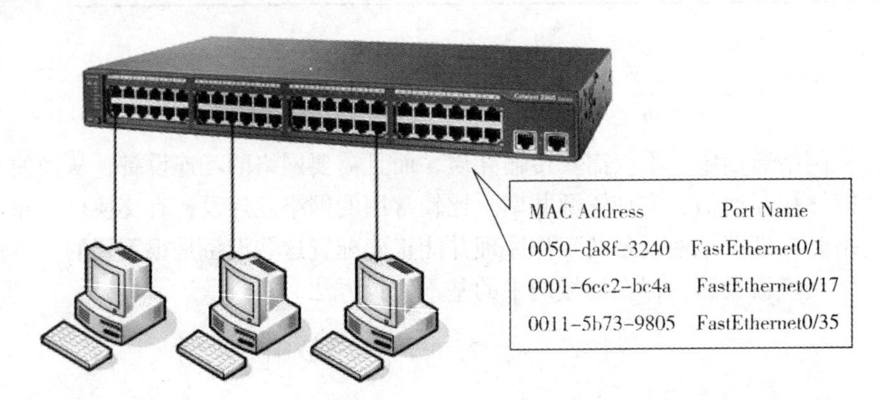

MAC Address Port Name
0050-da8f-3240 FastEthernet0/1
0001-6cc2-bc4a FastEthernet0/17
0011-5b73-9805 FastEthernet0/35

图 11-2　交换机传输数据

2. 交换机的功能

(1) 学习　以太网交换机了解每一端口相连设备的 MAC 地址，并将 MAC 地址同相应的端口映射起来，然后存放在交换机缓存中的 MAC 地址表中。

(2) 转发/过滤　当一个数据帧的目的地址在 MAC 地址表中有映射时，它被转发到连接目的结点的端口而不是所有端口（若该数据帧为广播/组播帧，则转发至所有端口）。

(3) 消除回路　当交换机包括一个冗余回路时，以太网交换机通过生成树协议避免回路的产生，同时允许存在后备路径。

综合来说，交换机是一种基于 MAC 地址识别，能完成封装转发数据包功能的网络设备。交换机可以“学习”MAC 地址，并把其存放在内部地址表中，通过在数据帧的源地址和目的地址之间建立临时的交换路径，使数据帧直接由源地址到达目的地址。

目前，市场上可供选择的交换机种类比较多，按端口可以分为 16 口交换机、24 口交换机以及 48 口交换机等；按端口的传输速率可以分为 10Mbit/s 交换机、100Mbit/s 交换机、10Mbit/s/100Mbit/s 自适应交换机、10Mbit/s/100Mbit/s/1000Mbit/s 自适应交换机以及 1000Mbit/s 交换机等。

3. 管理交换机

下面来简单了解一下配置交换机的方法。

对交换机进行访问，常用的方式有以下几种：

1）通过串口进行管理。

2）通过 WEB 方式进行管理。

3）通过 Telnet 会话进行远程管理。

4. 配置交换机

第一次配置交换机时，必须通过交换机的 Console 端口来配置管理交换机的地址。这种配置方法需要先把计算机和交换机连接在一起，这样才能进行管理。可网管型交换机都附带一条串口电缆（见图11-3），供网络管理员进行本地配置管理。这种方式并不占用交换机的带宽，因此也称为“带外管理”方式。

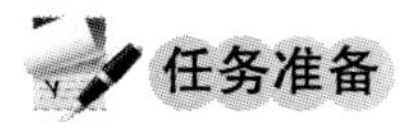

任务准备

图11-3　常见的Console电缆

实施本任务所使用的实训设备为：一台思科系列二层/三层交换机；一台计算机，运行Windows操作系统，安装超级终端。一条Console电缆。

任务实施

1）先把串口电缆的一端插在交换机的Console端口上，再把另一端插在普通计算机的串口上，此时要记住电缆是插在COM1口上还是插在COM2口上，如图11-4所示。

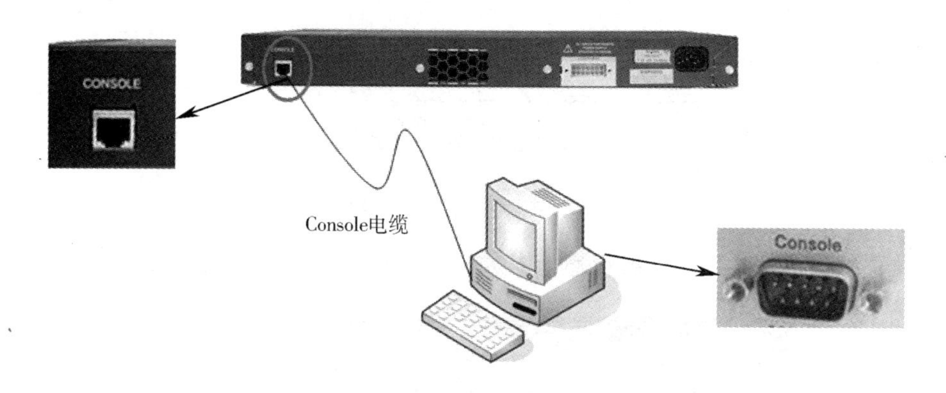

图11-4　交换机与计算机的连接

2）连接好后，接通交换机和计算机电源并开机。然后启用计算机Windows系统自带的“超级终端”程序，单击“开始”→“程序”→“附件”→“通讯”→“终端设备”→“超级终端”选项，打开“连接描述”对话框，输入连接名称“H3C”，如图11-5所示。

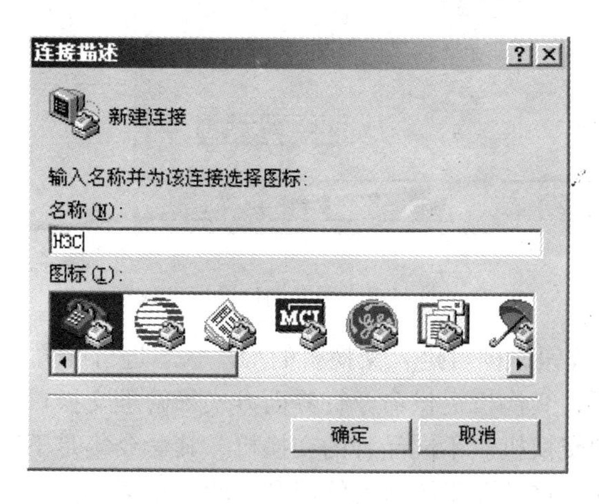

图11-5　“连接描述”对话框

3）单击图11-5所示对话框中的“确定”按钮，打开“H3C属性”对话框，设置连接端口属性，选择计算机连接端口为“COM1”，然后单击“确定”按钮，如图11-6所示。

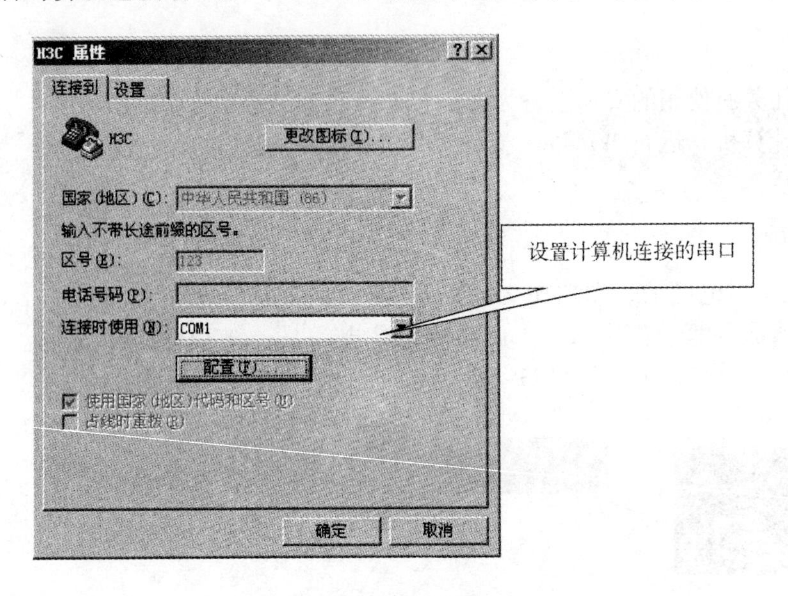

图11-6　连接端口的设置

4）设置端口通信参数，一般将通信参数设为“还原为默认值”，如图11-7所示。

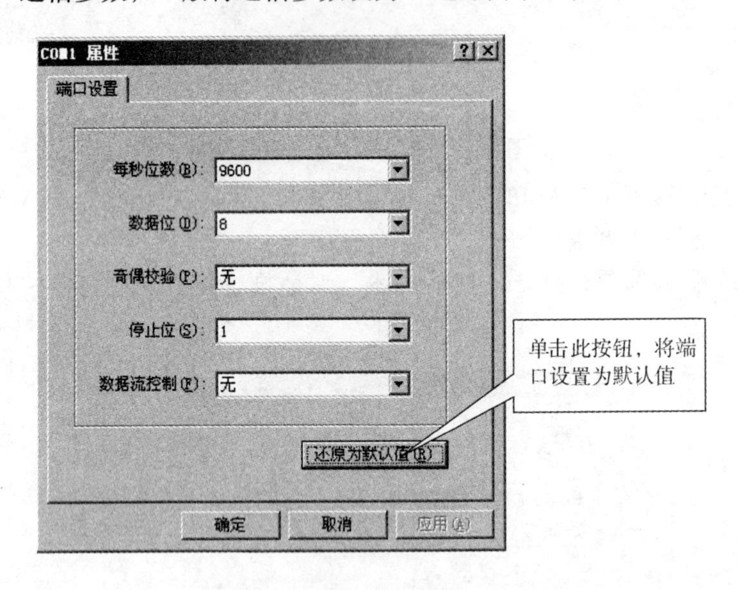

图11-7　配置端口通信参数

5）单击“确定”按钮，即可进入交换机的用户状态进行配置，如图11-8所示。

在这种管理方式下，交换机提供命令行界面方式来管理交换机。用户可以使用专用的交换机管理命令集来管理交换机。不同品牌的交换机，其命令集是不同的，甚至同一品牌的交换机，其命令集也不同。这就要靠平时的练习和经验的积累才能熟练掌握不同品牌交换机的配置命令。

```
文件(F) 编辑(E) 查看(V) 呼叫(C) 传送(T) 帮助(H)

Press Ctrl-B to enter Boot Menu... 0
Auto-booting...
Decompress Image.............................................................
.............................................................................
.............................................................................
.............................................................................
.............................................................................
.............................................................................
.............................................................................
.............................................................................
...OK!
Starting at 0x80100000...

User interface aux0 is available.


Press ENTER to get started.
<H3C>
%Apr 26 12:00:31:351 2000 H3C SHELL/4/LOGIN: Console login from aux0
<H3C>
```

图 11-8　交换机配置窗口

小技巧：在交换机任一视图下，输入“?”，获取该视图下所有命令及其简单描述，还可以在一个命令和参数后面加“?”，以寻求相关的帮助。

扩展知识

可以通过 Web 方式和 Telnet 会话两种方式对交换机进行管理。

1. 通过 Web 方式进行管理

当使用 Console 端口为交换机设置好 IP 管理地址并启用 HTTP 服务后，就可通过支持 JAVA 的 Web 浏览器访问交换机，也可通过浏览器修改交换机的各种参数并对交换机进行管理。事实上，通过 Web 界面可以对交换机的许多重要参数进行修改和设置，并可实时查看交换机的运行状态，实现人机交互。下面介绍如何通过 Web 方式管理交换机。

1）把计算机连接到交换机的一个普通端口上，然后在计算机上运行 Web 浏览器，在 Web 浏览器的“地址”栏中输入被管理交换机的 IP 地址（如 192.168.1.1）（见图 11-9），这样交换机就像一台服务器一样，把网页传递给计算机。

图 11-9　输入交换机管理地址

2）按【Enter】键后，就会出现图 11-10 所示对话框，然后分别在“用户名”和“密码”文本框中输入拥有管理权限的用户名和密码。用户名和密码应当事先通过 Console 端口进行设置。

3）单击“确定”按钮后，即可建立与被管理交换机的连接，并在 Web 浏览器中显示交换机的管理界面，如图 11-11 所示。单击网页中相应的功能项，即可查看交换机的各种参数和运行状态，并可根据需要对交换机的某些参数进行必要的修改。

图 11-10　输入用户名和密码

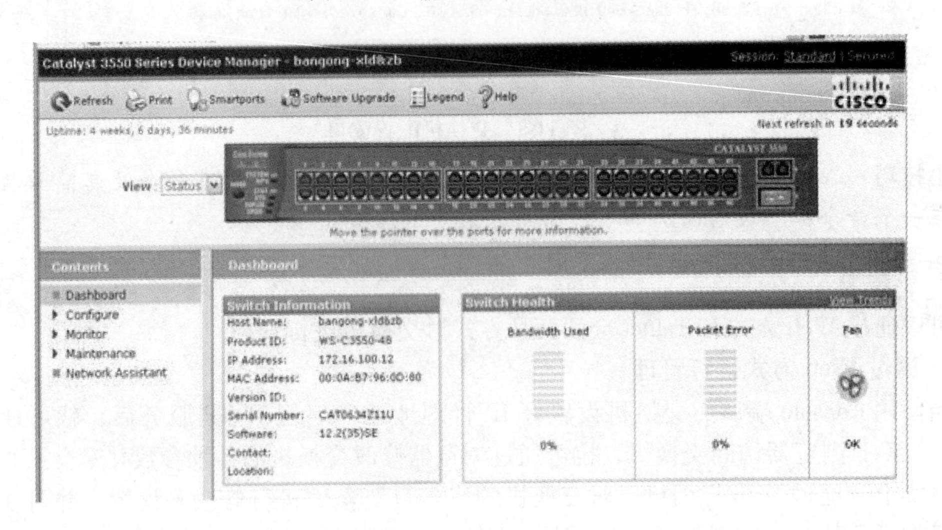

图 11-11　交换机的管理界面

2. 通过 Telnet 方式远程管理交换机

使用 Telnet 方式远程管理交换机的前提是使用 Console 端口为交换机设置好 IP 管理地址、特权密码、用户账号等，开启 Telnet 服务。使用 Telnet 方式可远程访问计算机、网络设备等，下面介绍一下使用 Telnet 方式远程管理交换机的方法。

1）在计算机系统中，单击“开始”→“运行”命令，在打开的“运行”对话框中输入 Telnet IP 地址或者 Telnet 主机名称，如图 11-12 所示。

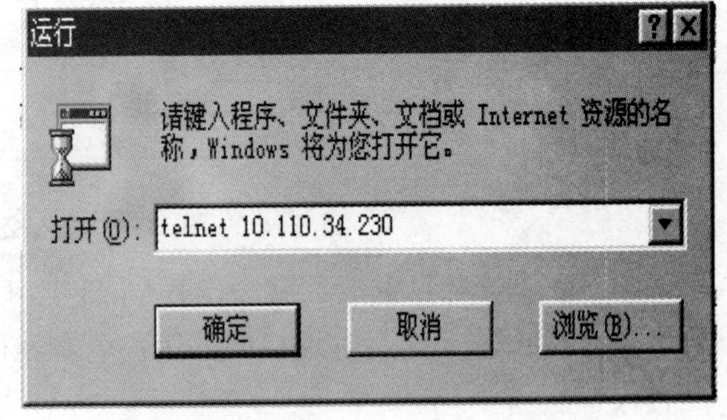

图 11-12　“运行”对话框

2）如果一切连接正常，那么就可以登录到远程交换机上了，输入相应的用户名和密码后，就可以对交换机进行管理配置，如图 11-13 所示。

```
User Access Verification

Username: user
Switch>en
Password:
Switch#
```

图 11-13　Telnet 远程登录到交换机

任务二　对思科交换机进行基本设置

知识目标：

掌握思科交换机的基本设置方法。

技能目标：

能够根据局域网的组建要求，灵活地对思科交换机进行配置和管理。

任务分析

对思科交换机进行配置，设置其名称为“SW1”，Console 口登录密码为“Console”，进入特权模式的密码为“sike”，Telnet 登录密码为“123”，并基于端口方式划分交换机 VLAN。网络拓扑图如图 11-14 所示。

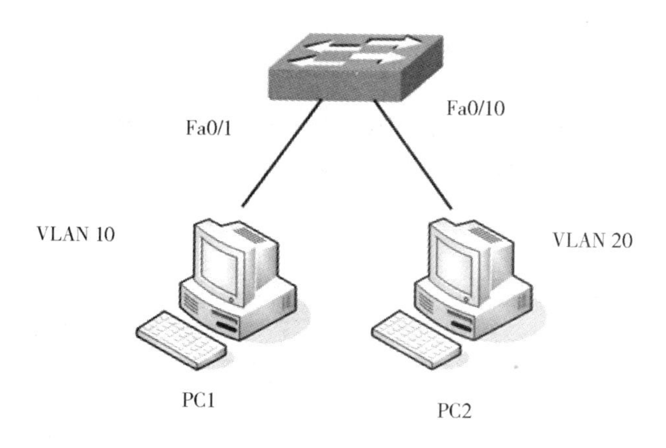

图 11-14　网络拓扑图

相关知识

1. 交换机工作模式

思科交换机管理界面分为若干个不同的模式，用户当前所在的命令模式决定了可以使用的命令。当进入一个命令模式后，可在命令提示符下输入问号“?”，列出当前命令模式下支持使用的命令。根据配置管理的功能不同，交换机分为3种工作模式，分别为用户模式、特权模式、配置模式（包括全局配置模式、接口配置模式、VLAN配置模式等）。

当用户和设备管理界面建立一个新的会话连接时，用户首先处于用户模式，在用户模式下，只可以使用少量的命令，而且命令的功能也会受到限制，命令的操作结果不会被保存。

要想使用所有的命令，必须进入特权模式。通常，进入特权模式需要输入特权模式的口令。在特权模式下，用户可以使用所有的特权命令，并可进入全局配置模式。

在配置模式下，可以进行全局配置、接口配置、VLAN配置等。如果用户保存了配置信息，那么这些命令将会被保存下来，并在系统重新启动时再次执行。下面介绍一下进入各种模式的命令、模式提示符等。

（1）用户模式Switch >：　访问交换机时首先进入该模式，输入“exit”命令可以离开该模式。该模式用于基本测试、显示系统信息。

```
Switch >
```

（2）特权模式Switch#　在用户模式下，输入“enable”进入该模式。该模式可以查询交换机配置信息、各个端口的连接情况、收发数据统计等。若要返回用户模式，则输入“exit”命令。

```
Switch >enable
Switch#
Switch#exit
Switch >
```

（3）全局配置模式Switch（config）#　在特权模式下，输入“configure”或“configure terminal”命令进入该模式，在该模式下可修改交换机的全局配置。若要返回特权模式，则输入“exit”命令。

```
Switch#config terminal
Switch （config）#
Switch （config）#exit
Switch#
```

（4）接口配置模式Switch（config-if）#　在全局配置模式下，输入“interface”命令进入该模式。该模式主要进行交换机的各种接口配置。

```
Switch (config) # interface fa0/1
Switch (config-if) #
```

（5）VLAN 配置模式 Switch（config-vlan）　在全局配置模式下，输入“vlan vlan-id”命令进入该模式，使用该模式可以配置 VLAN 参数。

```
Switch (config) # vlan 10
Switch (config-vlan) #
```

小技巧：可以简写交换机的命令，只需输入命令的一部分字符即可，如“configure terminal”命令可以写成“conf ter”。

2. VLAN 基础知识

VLAN（Virtual Local Area Network）的中文名为虚拟局域网。VLAN 是一种将局域网中的设备从逻辑上划分成一个个网段，从而实现虚拟工作组的新兴数据交换技术。同一个 VLAN 中的用户就像在一个真实的局域网内（VLAN 的用户可以位于多个交换机上）互相访问，而在不同的 VLAN 之间访问时必须经三层交换机或路由器。由于 VLAN 是从逻辑上划分的，而不是从物理上划分的，所以同一个 VLAN 内的各个站没有限制在同一个物理范围中，即这些工作站可以在不同的物理 LAN 网段中。通过 VLAN 还可以防止局域网产生广播效应，加强网段之间的管理，提高安全性，如图 11-15 所示。

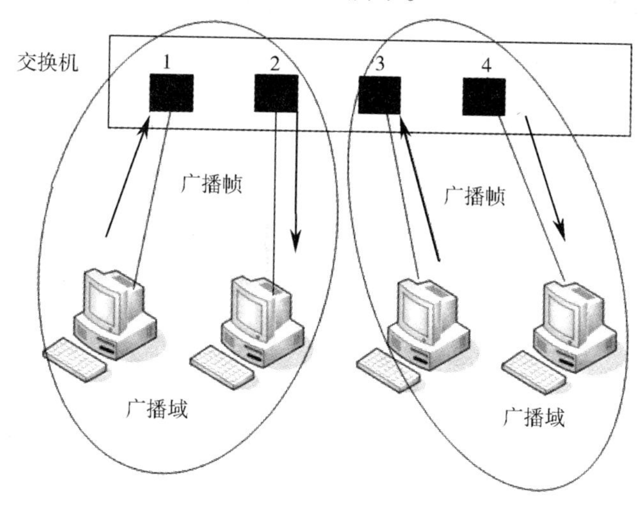

图 11-15　VLAN 隔离广播帧

（1）VLAN 的优点

1）限制广播域。广播域被限制在一个 VLAN 内，节省了带宽，提高了网络处理能力。

2）增强局域网的安全性。不同 VLAN 内的报文在传输时是相互隔离的，即一个 VLAN 内的用户不能和其他 VLAN 内的用户直接通信。如果不同 VLAN 之间要进行通信，那么需要通过路由器或三层交换机等三层设备。

3）灵活构建虚拟工作组。用 VLAN 可以划分不同的用户到不同的工作组，同一工作组的用户也不必局限于某一固定的物理范围，使网络构建和维护更方便、灵活。

（2）VLAN 的划分　VLAN 在交换机上的划分方法大致可分为：基于交换机的端口划分，基于 MAC 地址划分，基于网络层协议划分，根据 IP 组播分组划分，按策略划分，按用户定义、非用户授权划分。

基于交换机端口划分 VLAN 是最常应用的一种 VLAN 划分方法，应用也最为广泛、有效。目前，绝大多数 VLAN 协议的交换机都提供这种 VLAN 配置方法。这种划分 VLAN 的方法基于以太网交换机的交换端口。它将交换机上的物理端口划分到若干个组中，每个组构成一个 VLAN，网络管理员只需管理和配置交换端口即可，如图 11-16 所示。

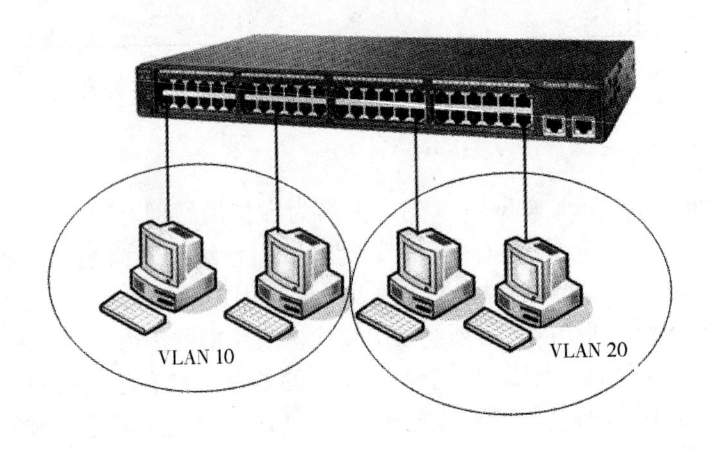

图 11-16　VLAN 的划分

在二层交换机里，同一个 VLAN 之间可以直接互相访问，但对于划分在不同的 VLAN 中的计算机，是不互相访问的，如果需要互访，那么必须通过路由器或者三层交换机来转发，如图 11-17 所示。

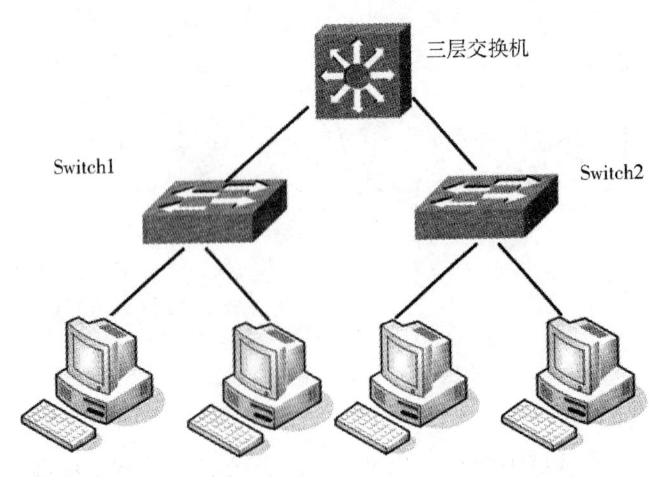

图 11-17　VLAN 间的通信

这种划分方法的优点是：定义 VLAN 成员时非常简单，只要将所有的端口都定义为相应的 VLAN 组即可，适合于任何大小的网络。它的缺点是：如果某用户离开了原来的端口，到了一个新交换机的某个端口，那么必须重新定义。

配置基于端口划分 VLAN 的命令如下：

1）创建 VLAN 的命令

Switch（config）# vlan 10　　/创建 VLAN 10

Switch（config-vlan）# exit　　/退出 VLAN 设置状态

2）划分端口到 VLAN 中

Switch（config）# interface Fa0/1　　/进入交换机的 Fa0/1 端口

Switch（config-if）# Switchport access vlan 10　　/将交换机的 Fa0/1 端口划分到 VLAN 10 中

3）为 VLAN 设置管理地址

Switch（config）# vlan 10

Switch（config-vlan）# ip address 192. 168. 0. 1 255. 255. 255. 0

任务准备

实施本任务所使用的实训设备为：一台思科系列二层/三层交换机；一台计算机，运行 Windows 操作系统，安装有超级终端；两台客户机；一条 Console 电缆，两条 EIA/TIA 568B 标准网线。

任务实施

1）使用配置线连接计算机的串口和交换机的 Console 端口，通过串口设置交换机。连接好后，开启交换机，进入交换机的用户模式，如图 11-18 所示。

```
32K bytes of flash-simulated non-volatile configuration memory.
Base ethernet MAC Address: 0090.2BBA.A3BA
Motherboard assembly number: 73-5781-09
Power supply part number: 34-0965-01
Motherboard serial number: FOC061004SZ
Power supply serial number: DAB0609127D
Model revision number: C0
Motherboard revision number: A0
Model number: WS-C2950T-24
System serial number: FHK0610Z0WC

Cisco Internetwork Operating System Software
IOS (tm) C2950 Software (C2950-I6Q4L2-M), Version 12.1(22)EA4, RELEASE SOFTWARE(
fc1)
Copyright (c) 1986-2005 by cisco Systems, Inc.
Compiled Wed 18-May-05 22:31 by jharirba

Press RETURN to get started!


Switch>
```

图 11-18　进入交换机的用户模式

2）进入交换机的全局配置模式，设置交换机的名称为“SW1”，如图 11-19 所示。

3）设置交换机 Telnet 的登录密码为“123”，如图 11-20 所示。

4）设置交换机从 Console 端口登录的密码为“Console”，如图 11-21 所示。

```
Switch>enable
Switch#conf ter
Enter configuration commands, one per line.  End with CNTL/Z.
Switch(config)#hostname SW1
SW1(config)#
```

图 11-19　设置交换机名称

```
Switch(config)#line vty 0 4
Switch(config-line)#password 123
Switch(config-line)#login
Switch(config-line)#exit
Switch(config)#
```

图 11-20　设置交换机登录密码

```
Switch(config)#line console 0
Switch(config-line)#password console
Switch(config-line)#login
Switch(config-line)#exit
Switch(config)#
```

图 11-21　设置 Console 端口密码

5）设置交换机进入特权模式的密码为“sike”，如图 11-22 所示。

```
Switch(config)#enable secret sike
Switch(config)#
```

图 11-22　设置特权模式密码

6）设置特权密码后，在以后进入特权模式时都要输入密码，如图 11-23 所示。

```
Switch>enable
Password:
Switch#
```

图 11-23　进入特权模式时输入密码

7）在交换机上创建 VLAN，如图 11-24 所示。

```
Switch(config)#vlan 10
Switch(config-vlan)#exit
Switch(config)#vlan 20
Switch(config-vlan)#exit
Switch(config)#
```

图 11-24　创建 VLAN

8）将端口 1 划分到“vlan10”中，将端口 10 划分到“vlan20“中，如图 11-25 所示。

```
Switch(config)#inter fa0/1
Switch(config-if)#switchport access vlan 10
Switch(config-if)#inter fa0/10
Switch(config-if)#switchport access vlan 20
Switch(config-if)#
```

图 11-25　将端口划分给 VLAN

9）连接客户机与交换机，并配置好客户机的 IP 地址。

小技巧：按向上箭头【↑】键和向下箭头【↓】键，可以将历史命令调出来。

任务三　跨多台交换机划分 VLAN

知识目标：

掌握思科交换机 VLAN 的基本设置。

技能目标：

能够根据局域网的组建要求，灵活地使用思科交换机进行 VLAN 的配置和管理。

任务分析

在多台交换机上划分 VLAN 的技术，使在同一 VLAN 里的计算机能跨交换机进行通信，不同 VLAN 里的计算机不能进行通信。跨交换机 VLAN 通信工作场景如图 11-26 所示。

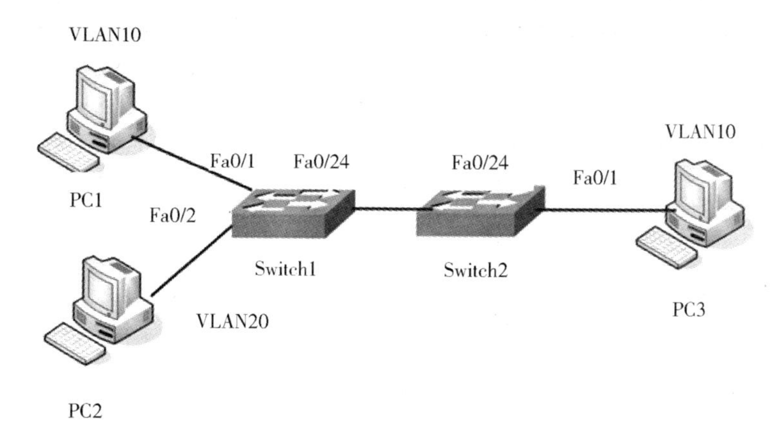

图 11-26　跨交换机 VLAN 通信工作场景

相关知识

1. 交换机的端口模式

在默认情况下，交换机所有端口的功能都是相同的，但在连接设备时，会根据连接设备对象的不同，划分 VLAN 的交换机端口模式。根据转发信息帧功能不同，交换机端口模式分为 Access、Multi 和 Trunk 三种模式。

（1）Access 模式　如果交换机的端口连接计算机或服务器，那么该端口的类型一般指定为 Access 模式。Access 模式的端口只能属于 1 个 VLAN，一般用于连接计算机的端口，只能接收到没有封装的帧。交换机端口的默认模式是 Access 模式。

（2）Trunk 模式　该类型的端口可以允许多个 VLAN 通过，可以接收和发送多个 VLAN 的报文，一般作为交换机之间的连接端口。

（3）Multi 模式　该类型的端口可以允许多个 VLAN 通过，可以接收和发送多个 VLAN 的报文，可以用于交换机之间的连接，也可以用于连接用户的计算机。

图 11-27 所示为跨交换机 VLAN 的端口模式。

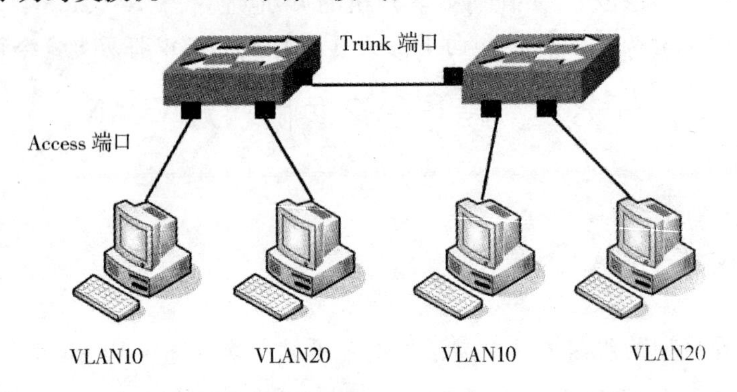

图 11-27　跨交换机 VLAN 的端口模式

2. 设置端口模式的命令

设置端口模式为 Trunk 的命令如下：

Switch（config）# interface fa0/1　　/进行端口 1 的配置

Switch（config-if）# switchport mode trunk　　/配置端口 1 为 Trunk 模式

任务准备

实施本任务所使用的实训设备为：两台思科系列二层/三层交换机；一台计算机，运行 Windows 操作系统，安装有超级终端；三台客户机；一条 Console 电缆，四条 EIA/TIA 568B 标准网线。

任务实施

1）使用配置线连接计算机的串口与交换机 Switch1 的 Console 端口，通过串口设置 Switch1 交换机。连接好后，开启交换机，进入交换机的用户模式，设置交换机的名称为 Switch1，如图 11-28 所示。

```
Switch>
Switch>enable
Switch#configure terminal
Switch(config)# hostname Switch1
Switch1(config)#
```

图 11-28　设置交换机名称为 Switch1

2）配置 Switch1 的 VLAN，在交换机 Switch1 上创建 VLAN10，将 Fa0/1 端口划分到 VLAN10 中，如图 11-29 所示。

```
Switch1(config)#VLAN 10
Switch1(config-vlan)#exit
Switch1(config)#interface Fa0/1
Switch1(config-if)#switchport access VLAN 10
```

图 11-29　配置 VLAN10

3）在交换机 Switch1 上创建 VLAN20，将 Fa0/2 端口划分到 VLAN20 中，如图 11-30 所示。

```
Switch1(config)# VLAN 20
Switch1(config-vlan)#exit
Switch1(config)#interface Fa0/2
Switch1(config-if)#switchport access VLAN 20
```

图 11-30　配置 VLAN20

4）将 Switch1 与 Switch2 相连的端口 Fa0/24 定义为 Trunk 模式，允许 VLAN 通过，如图 11-31 所示。

```
Switch1(config)#interface Fa0/24
Switch1(config-if)#switchport mode Trunk
```

图 11-31　设置 Fa0/24 端口为 Trunk 模式

5）使用配置线连接计算机的串口与交换机 Switch2 的 Console 端口，通过串口设置 Switch2 交换机。连接好后，开启交换机，进入交换机的用户模式，设置交换机的名称为 Switch2，如图 11-32 所示。

```
Switch>
Switch>enable
Switch#configure terminal
Switch(config)# hostname Switch2
Switch2(config)#
```

图 11-32　设置交换机名称为 Switch2

6）配置 Switch2 的 VLAN，在交换机 Switch2 上创建 VLAN10，将 Fa0/1 端口划分到 VLAN10 中，如图 11-33 所示。

7）将 Switch2 与 Switch1 相连的端口 Fa0/24 定义为 Trunk 模式，允许 VLAN 通过，如图 11-34 所示。

```
Switch2(config)# VLAN 10
Switch2(config-vlan)#exit
Switch2(config)#interface Fa0/1
Switch2(config-if)#switchport access VLAN 10
```

图 11-33　配置 VLAN10

```
Switch2(config)#interface Fa0/24
Switch2(config-if)#switchport mode Trunk
```

图 11-34　设置 Fa0/24 端口的模式

8）连接客户机与交换机，并配置好客户机的 IP 地址，这样就可实现跨交换机 VLAN 之间的连通了。

任务四　对华为交换机进行基本设置

知识目标：

掌握华为交换机的基本设置方法。

技能目标：

能够根据局域网的组建要求，灵活地对华为交换机进行配置和管理。

任务分析

华为交换机的配置命令与思科交换机有点不同，但配置的思路是一样的。本任务的主要内容是：进行华为交换机的配置，设置交换机名称为“SW1”，登录密码为“123”，并基于端口方式划分交换机 VLAN。华为交换机网络拓扑图如图 11-35 所示。

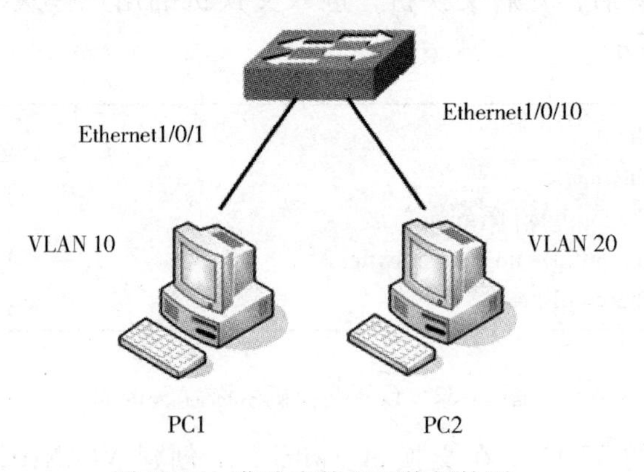

图 11-35　华为交换机网络拓扑图

相关知识

华为交换机常用的配置命令见表 11-1。

表 11-1　华为交换机常用的配置命令

操　　作	说　　明	命　　令
用户视图	交换机启动后，进入用户视图	<H3C>
进入系统视图	从用户视图进入系统视图	<H3C> system-view [H3C]
从当前视图退回到较低级别的视图	如果当前视图是用户视图，那么退出系统	[H3C] quit <H3C>
进入以太网端口视图	进入端口状态，配置端口	[H3C] interface interface-number
进入 VLAN 视图	创建 VLAN 并进入 VLAN 视图	[H3C] vlan vlan-id
Trunk 模式	配置端口为 Trunk 模式	[H3C] interface Ethernet 1/0/1 [H3C-Ethernet1/0/1] port link-type Trunk [H3C-Ethernet1/0/1] port trunk permit vlan all
显示端口配置信息	显示端口配置信息	[H3C] display interface [port _ num]
查看当前配置	查看当前配置	[H3C] display cur

任务准备

实施本任务所使用的实训设备为：一台华为系列二层/三层交换机；一台计算机，运行 Windows 操作系统，安装有超级终端；两台客户机；一条 Console 电缆，两条 EIA/TIA 568B 标准网线。

任务实施

1）使用配置线连接计算机的串口和交换机的 Console 端口，通过串口设置交换机。连接好后，开启交换机，进入交换机的用户视图。

2）进入交换机的系统视图，设置交换机的名称为“SW1”，如图 11-36 所示。

```
<H3C> system-view
[H3C]sysname SW1
[SW1]
```

图 11-36　设置交换机名称

3）设置交换机的 Telnet 登录密码为“123”，如图 11-37 所示。

```
[SW1]user-interface vty 0 4                    /进入用户界面视图
[SW1-ui-vty0-4]authentication-mode password
                                          /设置认证方式为密码验证方式
[SW1-ui-vty0-4]set authentication-mode password simple 123
                                          /设置登录验证的password为明文密码“123”
[SW1-ui-vty0-4]user privilege level 3
                                          /配置登录用户的级别为最高级别3(缺省为级别1)
```

图 11-37　设置交换机远程登录密码

4）在交换机上创建 VLAN，并将端口划分给相应的 VLAN，如图 11-38 所示。

5）连接客户机与交换机，并配置好客户机的 IP 地址。

```
[Sw2]VLAN 10
[Sw2-VLAN10]port e1/0/1
[Sw2-VLAN10]VLAN 20
[Sw2-VLAN20]port e1/0/10
[Sw2-VLAN20]quit
[Sw2]
```

图 11-38　创建 VLAN

小技巧：如果不记得命令如何拼写，那么可使用【Tab】键补全命令。

任务五　对思科路由器进行基本设置

知识目标：

掌握思科路由器的基本设置命令。

技能目标：

能够根据局域网的组建要求，灵活地对思科路由器进行配置和管理。

任务分析

本任务的主要内容及要求是：设置思科路由器的名称为“R1”，登录密码为“123”，并进行端口设置，使其连接两个不同网段的网络。思科路由器设置环境如图 11-39 所示。

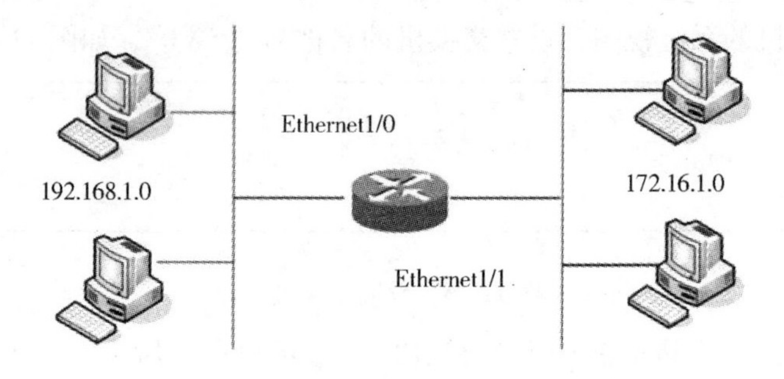

图 11-39　思科路由器设置环境

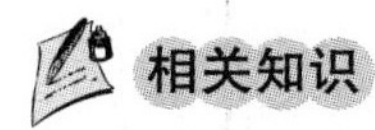

相关知识

熟悉连接局域网、广域网的核心设备——路由器

1. 路由器的基本知识

路由器的英文名称为 Router，是一种连接多个网络或网段的网络层互连设备，如图 11-40所示。它会根据信道的情况自动选择和设定路由，以最佳路径转发数据。路由器一般至少和两个网络相连（见图 11-41），并根据它所连接网络的状态，决定每个数据包的传输路径。

2. 路由器的功能

路由器的基本功能就是决定最优路由并转发数据包，即在路由表中写入各种信息，由路由算法计算出到达目的地址的最佳路径，然后根据路径转发数据包。其功能具体为：

图 11-40　CISCO 2811 路由器

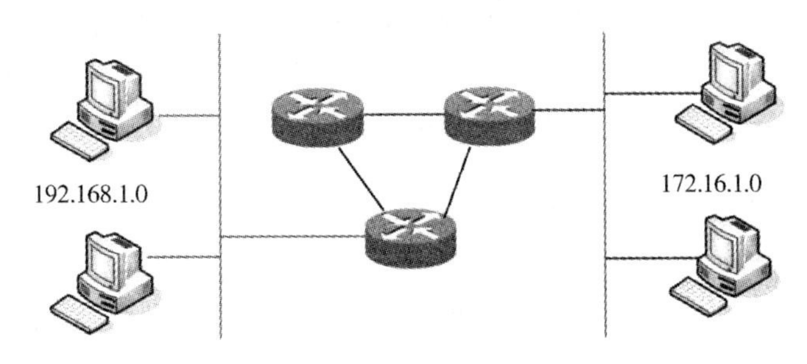

图 11-41　路由器连接两个网络

（1）网络互连　支持各种局域网和广域网端口，主要用于互连局域网和广域网，实现不同网络的互相通信。

（2）数据处理　提供分组过滤、分组转发、优先级、复用、加密、压缩和防火墙等功能。

（3）网络管理　提供路由器配置管理、性能管理、容错管理和流量控制等功能。

目前，路由器已经广泛应用于各行各业，成为实现各种骨干网内部连接、骨干网互连和骨干网与互联网互连互通业务的主力军。

3. 路由器的管理配置方式

路由器的管理配置方式和交换机一样，在第一次配置路由器时，必须采用 Console 端口方式。在使用 Console 端口设置好路由器的管理地址、用户名和密码后，同样可以采用 Telnet 和 Web 方式进行配置管理，这里就不详细叙述。

4. 路由器的设置知识

为解决不同类型网络之间的互相连通，路由器成为网络中最重要的设备之一。在目前情况下，任何一个有一定规模的网络都离不开路由器，否则网络就无法正常运作和管理。思科路由器的基本设置命令见表 11-2。

表 11-2　思科路由器的基本设置命令

操　　作	说　　明	命　　令
用户模式	路由器启动后，进入用户模式	Router >
特权模式	从用户视图进入特权模式	Router > enable Router#
全局配置模式	从特权模式进入全局配置模式	Router#config ter Router（config）#
从当前视图退回到较低级别的视图	如果当前视图是用户视图，那么退出系统	Router（config）> exit Router#
进入以太网端口视图	进入端口状态，配置端口	Router（config）#interface interface-number Router（config-if）#

任务准备

实施本任务所使用的实训设备为：一台思科路由器；一台计算机，运行 Windows 操作系统，安装超级终端；一条 Console 电缆。

任务实施

1）使用配置线连接计算机的串口和路由器的 Console 端口，通过串口设置交换机。连接好后，开启路由器，进入路由器的用户模式，如图 11-42 所示。

2）进入路由器的全局配置模式，设置路由器的名称为“R1”，如图 11-42 所示。

```
Router>
Router>enable                          /进入特权模式
Router#config ter                      /进入全局配置模式
Router(config)#hostname R1             /设置路由器的名称为 R1
R1(config)#
```

图 11-42　设置路由器的名称

3）设置路由器 Telnet 登录密码为“123”，如图 11-43 所示。

```
R1(config)#line vty 0 4                /进入vty配置模式
R1(config-line)#password 123           /设置密码
R1(config-line)#login                  /开启登录密码保护
R1(config-line)#exit
R1(config)#
```

图 11-43　设置路由器登录密码

4）配置路由器端口地址，使其能够连接两个不同网段的网络，如图 11-44 所示。

```
R1(config)#interface Ethernet1/0                        /进入以太网端口
R1(config-if)#ip address 192.168.1.1 255.255.255.0      /设置端口地址
R1(config-if)#no shutdown                               /启用端口
R1(config)#interface Ethernet1/0
R1(config-if)#ip address 172.16.1.1 255.255.255.0
R1(config-if)#no shutdown
R1(config-if)#exit
```

图 11-44　设置路由器端口

思考与练习

一、选择题

1. 在一个学校局域网中，财务部和办公室已经组建了自己部门的局域网，那么将这两个局域网互连起来最简单的方法是用（　　）。

A. 交换机　　B. 集线器　　C. 路由器　　D. 网关

2. 当交换机处在初始状态下时，要使连接在交换机上的主机之间互相通信，应采用（　　）通信方式。

A. 单播　　B. 广播　　C. 组播　　D. 不能通信

3. 在路由器上自动补齐命令行，需要按（　　）键。

A. 【Alt】　　B. 【Ctrl】　　C. 【Tab】　　D. 【Esc】

4. 下列命令属于端口配置模式是（　　）。

A. router（config）#　　B. router（config-if）#

C. router（config）　　D. router（config-vlan）#

5. 以下哪些方式不能对交换机进行配置（　　）。

A. 通过 Console 端口进行本地配置　　B. 通过 Web 方式进行配置

C. 通过 Telnet 方式进行配置　　D. 通过 FTP 方式进行配置

6. 企业内部网要与 Internet 互连，必需的互连设备是（　　）。

A. 中继器　　B. 调制解调器　　C. 交换器　　D. 路由器

7. 第一次对路由器进行配置时，采用哪种配置方式？（　　）

A. 通过 Console 端口配置　　B. 通过拨号远程配置

C. 通过 Telnet 方式配置　　D. 通过 FTP 方式进行配置

8. 思科交换机特权模式下显示的提示符是（　　）。

A. #　　B. >　　C. :　　D. /

9. 在交换机上，（　　）端口可以传递多个 VLAN 信息。

A. Access　　B. Trunk　　C. 所有　　D. Interface VLAN 1

10. 一个 Access 端口可以属于多少个 VLAN？（　　）

A. 仅一个 VLAN　　B. 最多 64 个 VLAN

C. 最多 4094 个 VLAN　　D. 依据管理员设置的结果而定

11. 当使用一个 VLAN 跨越两台交换机时，需要哪个特性支持？（　　）

A. 用三层端口连接两台交换机　　B. 用 Trunk 端口连接两台交换机

C. 用路由器连接两台交换机　　D. 两台交换机上的 VLAN 配置必须相同

12. 路由器从以下哪个模式可以进入端口配置模式？（　　）

A. 用户模式　　B. 特权模式　　C. 全局配置模式

13. VLAN 的划分不包括以下哪种方法？（　　）

A. 基于端口　　B. 基于 MAC 地址　　C. 基于协议　　D. 基于物理位置

二、操作题

1. 网络拓扑图如图 11-45 所示。PC1、PC2、PC3、PC4 分别连接到交换机的端口 1、2、

3、4。其中，1、2端口属于VLAN10，3、4端口属于VLAN20。下面请分别写出思科交换机和华为交换机配置VLAN的命令，并为每个计算机配置一个IP地址。

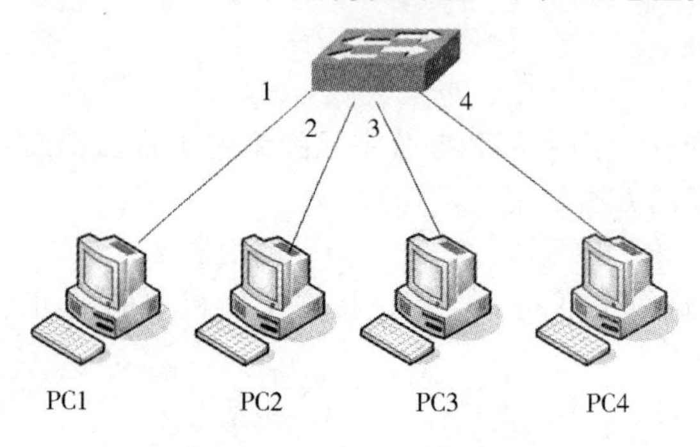

图11-45　网络拓扑图（1）

2. 网络拓扑图如图11-46所示。请在S1、S2交换机上分别定义VLAN10、VLAN20。其中，PC1、PC3属于VLAN10，PC2、PC4属于VLAN20，交换机的端口由自己定义，分别用思科交换机和华为交换机的命令配置跨交换机VLAN之间的连通。

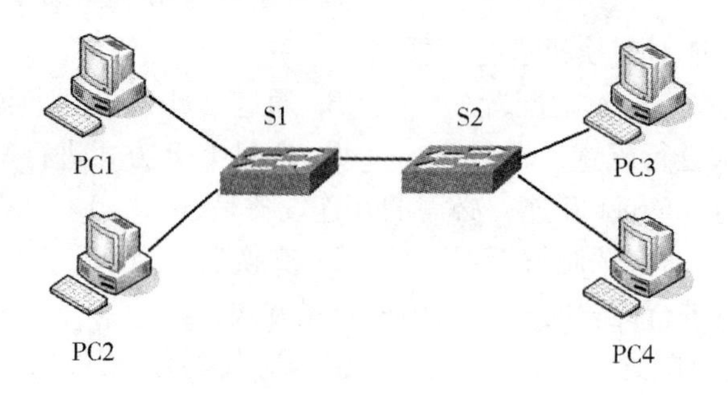

图11-46　网络拓扑图（2）

三、简答题

1. 交换机和路由器常用的配置方法（进入配置界面的方法）有哪些？

2. 简述VLAN的概念。为什么需要使用VLAN？

3. 请指出交换机上VLAN的划分方式有哪几种？在基于端口划分的VLAN中，交换机上的每一个端口允许以哪三种模式划入VLAN中？简述它们的含义。

参考文献

[1] 吴献文，陈承欢．局域网组建与维护案例教程［M］．北京：高等教育出版社，2009.
[2] 傅晓锋．局域网组建与维护实用教程［M］．北京：清华大学出版社，2009.
[3] 王祥仲，郑少京．局域网组建与维护实用教程［M］．北京：清华大学出版社，2007.
[4] 程庆梅．创建高级交换型互联网实训手册［M］．北京：机械工业出版社，2010.
[5] 梁广民，王隆杰．思科网络实验室路由、交换实验指南［M］．北京：电子工业出版社，2007.

教师服务信息表

尊敬的老师：

您好！感谢您多年来对机械工业出版社的支持与厚爱！为了进一步提高我社教材的出版质量，更好地为职业教育的发展服务，欢迎您对我社的教材多提宝贵意见和建议。另外，如果您在教学中选用了《局域网组建与维护实例教程（任务驱动模式）》（张友俊　陈桂英　主编）一书，我们将为您免费提供与本书配套的电子课件。

一、基本信息

姓名：__________　性别：__________　职称：__________　职务：__________

学校：____　系部：__________

地址：____　邮编：__________

任教课程：______________　电话：______________（O）　手机：__________

电子邮件：______________　qq：______________　msn：__________

二、您对本书的意见及建议

（欢迎您指出本书的疏误之处）

三、您近期的著书计划

请与我们联系：

100037　　机械工业出版社·技能教育分社　郎峰　收

Tel：010-88379761

Fax：010-68329397

E-mail：langfeng0930@126.com